6G 核心关键技术系列

6G 潜在关键技术
（上册）

郑 凤 ◎ 编著

电子工业出版社
Publishing House of Electronics Industry
北京·BEIJING

内 容 简 介

随着 5G 商用部署的稳步推进，6G 的研究正在如火如荼地展开。目前业界已经对 6G 的场景与需求进行了研究与探讨，并初步达成共识，认为 6G 将实现数字孪生、智能泛在的愿景，在峰值速率、时延、连接密度、可靠性、频谱效率和定位能力等方面将远超 5G，将给人们的生活和出行带来前所未有的体验。本书分为上、下两册，上册共 10 章：第 1 章介绍了 6G 研究的概况，包括发展愿景、驱动力、垂直服务与各国研究现状；第 2 章介绍了 6G 用例与性能指标；第 3 章介绍了 6G 通信的频谱；第 4 章介绍了 6G 面临的挑战与潜在关键技术；第 5 章介绍了编码、调制与波形；第 6～10 章介绍了空间资源利用技术，包括 OAM、RIS、MIMO、Cell-Free 与全息技术。

本书对 6G 潜在关键技术进行了详细介绍，可供无线通信、计算机科学等相关领域开展 6G 关键技术研究的学术界、教育界、产业界等相关人员阅读、参考。

未经许可，不得以任何方式复制或抄袭本书之部分或全部内容。
版权所有，侵权必究。

图书在版编目（CIP）数据

6G 潜在关键技术. 上册 / 郑凤编著. —北京：电子工业出版社，2022.1
（6G 核心关键技术系列）
ISBN 978-7-121-42740-4

Ⅰ. ①6… Ⅱ. ①郑… Ⅲ. ①第六代移动通信系统—研究 Ⅳ. ①TN929.59

中国版本图书馆 CIP 数据核字（2022）第 014845 号

责任编辑：刘志红（lzhmails@phei.com.cn）　　特约编辑：李　姣
印　　刷：三河市鑫金马印装有限公司
装　　订：三河市鑫金马印装有限公司
出版发行：电子工业出版社
　　　　　北京市海淀区万寿路 173 信箱　邮编　100036
开　　本：787×980　1/16　印张：24　字数：614.4 千字
版　　次：2022 年 1 月第 1 版
印　　次：2022 年 1 月第 1 次印刷
定　　价：148.00 元

凡所购买电子工业出版社图书有缺损问题，请向购买书店调换。若书店售缺，请与本社发行部联系，联系及邮购电话：（010）88254888，88258888。
质量投诉请发邮件至 zlts@phei.com.cn，盗版侵权举报请发邮件至 dbqq@phei.com.cn。
本书咨询联系方式：（010）88254479，lzhmails@phei.com.cn。

前言 PREFACE

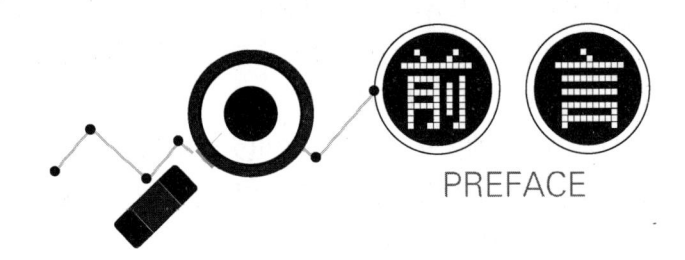

在过去的四十年中，移动网络已经更新了五代，从 1G 到万物互联的 5G，移动通信不仅深刻影响了人们的生活方式，更成为社会经济数字化和信息化水平加速提升的新引擎。1G 使用模拟技术，带来了公用和商业可用的蜂窝网络，并提供语音通信。2G 主要使用数字技术，除了语音服务，还可以提供数据传送服务。3G 能够实现多样化的多媒体技术。4G 提供了更快的上网速率，传输高质量的图像与视频。5G 实现了高速率、低时延和大宽带连接，开启了万物互联的新时代。

随着 5G 的商业部署，世界各国对 6G 的研究也开始步入轨道。按照移动通信产业"使用一代、建设一代、研发一代"的发展节奏，业界预期 2030 年左右商用 6G，各国家及组织也纷纷展开了关于 6G 的研究。预计在未来十年，6G 网络将得到蓬勃发展。不同于 5G 的人—机—物互联，6G 将实现海量机器之间的连接。空天地海一体化的网络将实现通信的全球覆盖，解决偏远地区的通信问题；智能化的引入进一步实现了自动化系统，真正减少了人类在各行各业的参与；绿色节能网络的应用也应对了全球能耗增加与资源稀缺的问题，对实现全球可持续发展至关重要。此外，6G 将频带扩展到更高频段，在解决频谱稀缺问题的同时，为人们带来极致的数据速率体验。6G 网络将是移动通信的变革性发展，带来更高的系统容量、更快的数据速率、更低的延迟、更可靠的安全性和更优的服务质量。

5G 技术在日益丰富的应用需求面前逐渐显现出不足。这些复杂应用的性能指标对即将到来的 6G 关键技术提出了挑战：一方面，6G 将延续 5G 中已有的技术并进一步增强，如机器学习、全双工、MIMO、非正交多址等；另一方面，一些新技术也将成为 6G 的潜在使能技术，如边缘智能、RIS、太赫兹通信和轨道角动量技术等。目前，6G 尚处于研发初期，关键技术的研究进展将决定 6G 的实现速度。

本书分为上、下两册。上册共 10 章。第 1 章介绍了 6G 研究的概况，包括发展愿景、驱动力、垂直服务与各国研究现状。第 2 章介绍了 6G 的用例与性能指标。第 3 章介绍了 6G 通信的频谱。第 4 章介绍了 6G 面临的挑战与潜在关键技术。第 5 章介绍了基础传输技术编码调制波形。第 6 章～第 10 章介绍了空间资源利用技术，包括 OAM、RIS、大规模 MIMO、无蜂窝 MIMO 与全息技术。

参与本书编写的团队来自北京邮电大学信息与通信工程学院，感谢编写过程中王晨晨、赵东升、梁艺源、冀思伟、段高明、李培德、杨立、张静、刘昊翔、孙宇泽、张翀羽、何智斌、闫啸天等同学的支持。

由于作者的知识视野存在一定的局限性，书中可能存在不全面之处，请广大读者与同行批评指正。

目录 CONTENTS

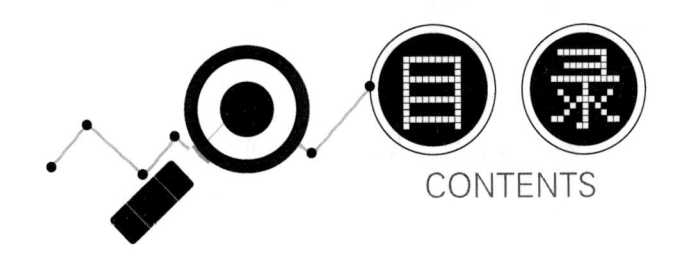

第 1 章 概述 ·································· 001
  1.1 历史回顾 ·································· 001
    1.1.1 从蒸汽时代到互联网时代 ·················· 001
    1.1.2 1G 到 5G 的发展 ·························· 002
  1.2 6G 发展驱动力 ······························ 005
    1.2.1 5G 的限制 ······························ 005
    1.2.2 宏观驱动力 ···························· 006
  1.3 6G 总体愿景 ································ 008
  1.4 6G 未来垂直服务 ···························· 009
    1.4.1 面向 2030 年的工业 4.0+的服务 ············ 009
    1.4.2 面向 2030 年的移动运输服务 ·············· 010
    1.4.3 面向 2030 年的电子健康服务 ·············· 011
    1.4.4 面向 2030 年的金融服务 ·················· 011
  1.5 全球 6G 研究进展 ···························· 011
    1.5.1 6G 标准化组织 ·························· 011
    1.5.2 各国进展 ······························ 013
  参考文献 ······································ 016

第 2 章 6G 用例与指标 ·························· 018
  2.1 6G 服务的演进 ······························ 018
  2.2 6G 用例 ···································· 020
    2.2.1 全息通信 ······························ 021

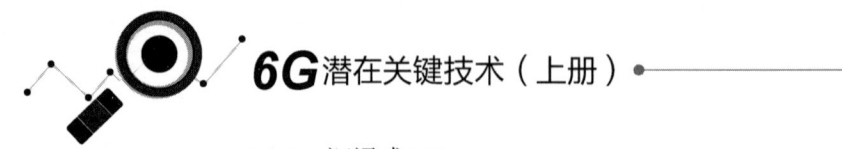

2.2.2　沉浸式 XR ··· 022
　　2.2.3　触觉网络 ··· 023
　　2.2.4　数字孪生 ··· 024
　　2.2.5　工业 4.0+ ·· 025
　　2.2.6　互联机器人自主系统 ··· 030
　　2.2.7　智能运输系统 ·· 031
　　2.2.8　无人机技术 ··· 031
　　2.2.9　新型智慧城市群 ··· 032
　　2.2.10　智能医疗 ··· 032
　　2.2.11　无线脑机交互 ··· 033
　　2.2.12　全球连接和集成网络 ·· 033
2.3　6G 的指标 ··· 034
　　2.3.1　数据传输速率 ·· 036
　　2.3.2　超低延迟 ··· 036
　　2.3.3　极高的可靠性 ·· 037
　　2.3.4　定位能力 ··· 037
　　2.3.5　覆盖能力 ··· 037
　　2.3.6　频谱效率 ··· 038
　　2.3.7　能量效率 ··· 038
　　2.3.8　计算性能 ··· 039
　　2.3.9　安全能力 ··· 039
2.4　小结 ·· 040
参考文献 ·· 040

第 3 章　6G 全频谱通信 ··· 043
3.1　移动通信频谱的演变 ··· 043
　　3.1.1　从 1G 到 5G：移动通信频谱发展 ···································· 043
　　3.1.2　全频谱通信驱动力 ·· 045
3.2　6G 频谱定义与特点 ··· 046
　　3.2.1　6G 频谱定义 ·· 046
　　3.2.2　不同频段的特点 ·· 048

目录

- 3.3 6G频谱新用例 ·· 052
  - 3.3.1 长距离回程 ·· 053
  - 3.3.2 传感网络 ··· 053
  - 3.3.3 联合雷达通信应用 ·· 054
  - 3.3.4 自动汽车驾驶 ·· 055
  - 3.3.5 智能建筑与智能城市 ··· 055
  - 3.3.6 无线认知 ··· 056
  - 3.3.7 精确定位 ··· 056
- 3.4 6G频谱面临的挑战 ·· 057
  - 3.4.1 无线电硬件 ·· 057
  - 3.4.2 多频段共存 ·· 057
  - 3.4.3 传播损耗 ··· 058
  - 3.4.4 频谱管理 ··· 059
- 参考文献 ··· 059

第4章 6G面临的主要挑战与使能技术 ··· 063

- 4.1 6G面临的主要挑战 ·· 063
  - 4.1.1 高精度信道建模 ··· 063
  - 4.1.2 极致性能传输 ·· 064
  - 4.1.3 网络全覆盖 ·· 065
  - 4.1.4 网络异构约束 ·· 066
  - 4.1.5 海量数据通信 ·· 067
  - 4.1.6 新频谱利用 ·· 067
  - 4.1.7 联合管理 ··· 068
  - 4.1.8 低功耗绿色通信 ··· 068
  - 4.1.9 数据与通信安全 ··· 069
  - 4.1.10 终端能力 ·· 069
- 4.2 6G关键使能技术 ··· 069
  - 4.2.1 基础传输技术 ·· 070
  - 4.2.2 空间资源利用技术 ·· 070
  - 4.2.3 频谱利用技术 ·· 072

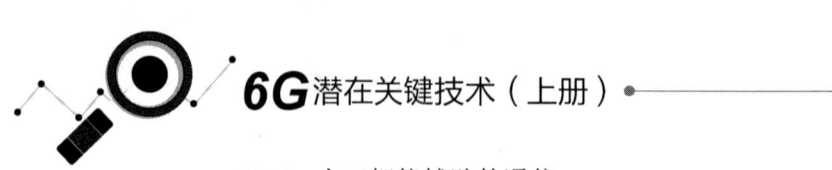

4.2.4　人工智能辅助的通信 ··· 073
　　　4.2.5　应用层技术 ·· 074
　参考文献 ·· 075

第 5 章　编码、调制与波形 ·· 078
　5.1　编码 ··· 079
　　　5.1.1　Polar 码 ··· 080
　　　5.1.2　Turbo 码 ·· 084
　　　5.1.3　LDPC 码 ··· 087
　　　5.1.4　Spinal 码 ··· 094
　　　5.1.5　物理层网络编码 ·· 095
　　　5.1.6　算法及有关方案 ·· 097
　5.2　调制 ··· 104
　　　5.2.1　6G 中的调制 ··· 104
　　　5.2.2　索引调制 ·· 104
　　　5.2.3　OTFS 技术 ··· 110
　　　5.2.4　高阶 APSK 调制 ·· 119
　　　5.2.5　过零调制及连续相位调制 ·· 121
　　　5.2.6　信号整形 ·· 125
　　　5.2.7　降低 PAPR ··· 125
　5.3　波形设计 ··· 125
　　　5.3.1　多载波波形 ·· 126
　　　5.3.2　单载波波形 ·· 130
　5.4　FTN 传输技术 ··· 137
　　　5.4.1　FTN 传输技术的原理 ·· 137
　　　5.4.2　6G 中的 FTN ·· 138
　参考文献 ·· 141

第 6 章　OAM ··· 145
　6.1　OAM 技术的基本原理及发展 ··· 146
　　　6.1.1　OAM 理论基础 ·· 146
　　　6.1.2　OAM 技术在无线通信中的发展 ·· 148

6.2　OAM 波束的产生 ·· 151
　　6.2.1　常规 OAM 产生方法 ··· 151
　　6.2.2　超表面技术 ··· 152
　　6.2.3　其他生成方法 ··· 153
6.3　OAM 的接收 ·· 154
　　6.3.1　单点接收法 ··· 155
　　6.3.2　全空域共轴接收法 ··· 155
　　6.3.3　部分接收法 ··· 156
　　6.3.4　其他接收方法 ··· 156
6.4　基于 UCA 的 OAM 通信系统 ··· 157
　　6.4.1　模型简介 ··· 157
　　6.4.2　信道模型 ··· 158
　　6.4.3　通信系统性能分析 ··· 159
　　6.4.4　非理想条件分析 ··· 162
6.5　基于 OAM 的多模传输与多径传输 ··· 164
　　6.5.1　多模态 OAM 复用 ·· 164
　　6.5.2　OAM 信道的多径效应 ··· 164
6.6　OAM 技术与其他技术的结合 ··· 165
　　6.6.1　OAM 与 MIMO 结合 ··· 165
　　6.6.2　OAM 与 OFDM 结合 ··· 168
6.7　OAM 技术面临的挑战 ··· 169
　　6.7.1　非对准情况下 OAM 的传输 ·· 169
　　6.7.2　OAM 发散角的抑制或消除 ··· 170
　　6.7.3　OAM-MIMO 的天线拓扑研究 ·· 170
　　6.7.4　OAM 模态选择 ··· 171
　　6.7.5　OAM 应用场景的选择 ··· 171
6.8　小结 ··· 172
参考文献 ·· 172

第 7 章　智能超表面 ·· 178
7.1　智能超表面简介 ··· 178

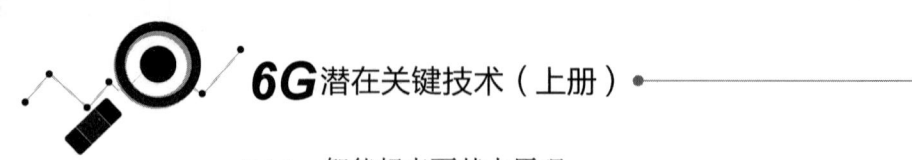

7.1.1 智能超表面基本原理 ···178
7.1.2 相关概念和名词含义 ···179
7.2 发展历史和研究现状 ···183
7.2.1 技术的起源和发展 ··183
7.2.2 研究项目情况 ···184
7.2.3 智能超表面各方面研究现状 ··194
7.2.4 研究意义 ···202
7.3 智能超表面的分类 ···202
7.3.1 按照功能划分 ···202
7.3.2 按照调控划分 ···207
7.3.3 按照响应参数划分 ···209
7.4 6G 中有前景的应用 ···209
7.4.1 辅助通信 ···209
7.4.2 节约成本 ···213
7.4.3 非通信用途 ···216
7.4.4 应用实例 ···218
7.5 智能超表面的硬件实现 ···220
7.5.1 基本硬件结构 ···220
7.5.2 信息超材料 ···222
7.5.3 可调电磁单元的实现 ···224
7.5.4 控制单元的实现 ···229
7.5.5 面临的挑战及方向 ···234
7.6 智能超表面辅助通信 ···238
7.6.1 信道模型 ···238
7.6.2 理论性能分析 ···242
7.6.3 关键算法 ···250
7.7 RIS 与其他技术的结合 ···254
7.7.1 RIS 与 NOMA 结合 ···254
7.7.2 RIS 与 UAV 结合 ··255
7.7.3 RIS 与 FD 结合 ···258

         7.7.4 RIS 与 THz 结合 259
         7.7.5 RIS 与 AI 结合 261
         7.7.6 智能超表面与无线电能传输结合 263
         7.7.7 智能超表面与定位和传感技术的结合 264
    参考文献 266

第 8 章 MIMO 283
  8.1 超大规模 MIMO 283
      8.1.1 背景 284
      8.1.2 硬件与架构问题 285
      8.1.3 工作模式 288
      8.1.4 一比特量化预编码 290
      8.1.5 面临的挑战 292
  8.2 超大规模波束成形 294
  8.3 超密集 MIMO 296
      8.3.1 背景 296
      8.3.2 分离技术 297
      8.3.3 MIMO 天线的解耦 298
  8.4 透镜 MIMO 301
      8.4.1 背景 301
      8.4.2 使用透镜阵列的波束空间 302
  参考文献 306

第 9 章 无蜂窝大规模 MIMO 312
  9.1 背景 312
  9.2 系统模型 315
      9.2.1 上行链路训练 316
      9.2.2 下行链路有效载荷数据传输 317
      9.2.3 上行链路有效载荷数据传输 318
  9.3 性能分析 318
      9.3.1 Large-M 分析 318
      9.3.2 有限 M 的可达速率 319

- 9.4 导频分配方案 ·············· 321
  - 9.4.1 效用式 ·············· 322
  - 9.4.2 可扩展式 ·············· 323
- 9.5 DCC 选择 ·············· 324
- 9.6 性能比较 ·············· 325
  - 9.6.1 大规模的衰落模型 ·············· 325
  - 9.6.2 参数和设置 ·············· 326
  - 9.6.3 结果和讨论 ·············· 328
- 9.7 优势 ·············· 333
- 9.8 研究挑战 ·············· 334
  - 9.8.1 实用的以用户为中心 ·············· 334
  - 9.8.2 可扩展的功率控制 ·············· 335
  - 9.8.3 高级分布式 SP ·············· 335
  - 9.8.4 低成本组件 ·············· 336
  - 9.8.5 前程信令的量化 ·············· 336
  - 9.8.6 AP 的同步 ·············· 337
- 参考文献 ·············· 337

第 10 章 全息技术 ·············· 342
- 10.1 全息通信 ·············· 343
  - 10.1.1 全息型通信 ·············· 343
  - 10.1.2 基于全息通信的扩展现实 ·············· 344
- 10.2 6G 无线网络的全息 MIMO 表面 ·············· 345
  - 10.2.1 HMIMOS 设计模型 ·············· 346
  - 10.2.2 功能、特征和通信应用程序 ·············· 350
  - 10.2.3 设计挑战与机遇 ·············· 352
  - 10.2.4 结论 ·············· 353
- 10.3 全息 MIMO 信道的自由度 ·············· 353
- 10.4 有源相控阵 ·············· 355
- 10.5 全息波束成形 ·············· 355
- 10.6 全息光束形成与相控阵比较 ·············· 358

  10.6.1 性能比较 ·· 358
  10.6.2 成本比较 ·· 358
  10.6.3 功率比较 ·· 359
  10.6.4 尺寸和重量比较 ··· 359
  10.6.5 总结 ··· 360
 10.7 全息无线电 ·· 360
  10.7.1 全息无线电的实现 ··· 361
  10.7.2 全息无线电的信号处理 ·· 361
 10.8 全息广播 ·· 362
 10.9 全息定位 ·· 363
  10.9.1 全息定位的基本极限 ··· 363
  10.9.2 审查的算法 ··· 364
  10.9.3 未来方向 ·· 364
 10.10 关键基础设施 ··· 365
参考文献 ··· 366

第 1 章

概　　述

几十年来,无线通信行业一直保持快速增长并对社会的发展做出创新。目前,无线网络的发展主要是由对更高速率的需求驱动产生的。连接数百万人和数十亿台机器的 IoE 系统的产生,正在产生一个根本性的范式转变。目前 5G 技术已经实现了商用,为了保持无线通信的可持续性发展,行业和学术界也已将 6G 研究提上日程。本章将展望 6G,对无线通信的发展历史、6G 驱动力、6G 愿景及 6G 的发展动态进行简述。

1.1　历史回顾

1.1.1　从蒸汽时代到互联网时代

信息通信技术起源于电信产业和计算机产业的融合,大量用于移动设备的连接,推动了社会的网络化与连接化的发展。信息通信技术对人类社会的政治、经济和文化领域都产生了深远的影响,改变着社会的生产方式。从 20 世纪 70 年代半导体技术和集成电路技术的发展,到信息技术产业的成熟,再到 20 世纪 80 年代现代电子通信技术的发展,信息通信技术逐步成熟。

从 18 世纪后半叶的第一次工业革命开始,人类进入了蒸汽时代。19 世纪 70 年代后,第二次工业革命使人类进入了电气时代。20 世纪 60 年代以来,在第三次工业革命中,信息技术的飞速发展带来互联网的诞生，人类进入了全球信息网时代。第四次工业革命利用信息化技术促进产业变革，此时人类进入了智能化时代。5G 加快了第四次工业革命的进展，实现了将以人类为主要对象的服务，延伸到人与物全连接的世界。第六代通信技术将在 5G 的基础上进一步发展，相较于人与物的连接，6G 将实现物与物的连接，即实现 IoE。6G 将使人类社会进入新的阶段，人们可以通过各种电子设备与环境进行各种真实的交互，物与物之间也可以进行直接交互。

1.1.2　1G 到 5G 的发展

1. 移动通信技术 1G 到 4G：一部科技史的变化

1G 是世界上最早的模拟信号，其刚开始只能够实现蜂窝电话的语言传输，产生的标志是在 1876 年 2 月 14 日由亚历山大·格拉汉姆·贝尔发明并向美国国家专利局申请了专利技术的电话。1G 的出现并不是为了商业民用，与大多技术一样，1G 的出现是为了实现军事通信。例如，20 世纪 40 年代出现的战地移动通信电话。而最早用于民用的是 20 世纪 80 年代出现的 1G 技术产品——大哥大，其是摩特罗拉公司旗下的产品。早期的 1G 时代并没有通信巨头，创世之初只有 A 网和 B 网，而由这二者所演进的后市的市场主宰就是我们现在所熟知的爱立信公司和摩特罗拉公司。它们在当时的 1G 市场中有着绝对的统治地位。虽然 1G 开启了通信的时代篇章，但是它留给人们的最大印象还是它的缺陷：保密性差、传输成本高、频谱使用的效率低等。1G 采用的是 0.3～3GHz 的频率其是一种分米波。1G 采用的是频率为 0.3~3GHz 的分米波，由于很多国家同时利用这一频段的频率进行通信，故使用者变多之后会导致传输速度变慢。而且通过无线电波进行信号传输的保密性能很差，信号容易遭到窃取，其安全性能极低。1G 带宽比较窄，无线电波虽然能实现很远的传播，但也仅仅局限在一定区域大小内，无法实现长途的跨区域传输。1G 技术的很多问题在其产品——大哥大上都有着缩影，如不方便携带、制作成本高、保密性能低等的问题，使得只有很少的一部分人才能拥有它。

1G 只是开始通信篇章的标志，由于其性能上的偏差和技术的缺陷根本无法满足人们的通信需求，由此开启了 2G 的篇章。在当时所有国家都使用 TDMA 的时候，美国已经专注于开发 CDMA 技术了。因为 TDMA 只能靠压缩其带宽，CDMA 相比于 TDMA 容量更大，频率的可利用率更高，也有更加强大的抗干扰能力。这就是为什么 2G 比 1G 有更好的保密性能和更高的容量。而在这场 2G 争夺战中，芬兰的诺基亚公司先下一城，抢下了巨大的市场蛋糕。诺基亚 7110 的发布，象征着手机上网时代的来临。其不仅开始进行简单的文字传输，还可以玩简单的手机小游戏、浏览一些初级的网页等。这样，诺基亚公司就占据了 2G 时代。1994 年，中国联通建立了，但直到 1995 年，中国才算是真正进入 2G 时代，由此 BB 机进入人们的生活。

由于 2G 并没有完全解决通信中的某些问题，FDMA 也开始逐渐暴露一些问题。于是各个通信公司开始寻求新的通信技术。由此开启了 3G 的篇章。3G 技术需要使用新的频段，并在新的频段中制定了新的标准，以提高各项性能，于是 CDMA 的潜能再次被挖掘，它具有频率资源多且可利用率高、容量大、通信质量高等特点。3G 是移动通信技术的一个分水岭，之前的 1G 和 2G 通信时代都无法进行长途的漫游通信，只能在一个区域中实现通信，是一种区域技术，而 3G 是国际标准。3G 时代可以实现全国的漫游，有足够的通信容量可以实现更加高效的通信服务，通信的保密性能也更加完善。由于 3G 时代可以满足更加完善的通信需要，因此 3G 开启了移动通信的新纪元。3G 时代由日本率先起步，其在 2000 年就颁发了 3G 的运营牌照。在 3G 时代，三星、苹果等智能手机开始进入人们的生活，甚至平板电脑也已有了一定的雏形。从 3G 时代开始，移动通信开始改变人们的日常生活。2008 年由史蒂夫·乔布斯发布的第一部 3G 手机更是 3G 时代的里程碑事件，真正做到了在移动情况下发送文字、图片和彩信，也可以浏览互联网基本网页。

在 2009 年，中国也颁发了自己的 3G 牌照，于是国内的通信领域正式形成了中国移动通信集团公司（以下简称中国移动）、中国联合网络通信集团有限公司（以下简称中国联通）、中国电信集团有限公司（以下简称中国电信）三足鼎立的局面。也就是这个时候，在 3G 的国家地位中，中国开始崭露头角了，中国提出了著名的 TD-SCDMA 标准，其有重要的意义。TD-SCDMA 标准刚开始的时候并没有显示出很大的优势，因为那时候中国的 3G 业务发展并不迅猛，中国也没有处于 3G 通信的第一梯队。但是从 3G 时代开始，民众开始正式接触能消费起的通信设备，也是从 3G 时代开始，通信技术开始颠覆人们的传统生活，给日常生活带来极大的便捷。

而在 3G 开始出现不久，甚至都还没有普及的时候，学术界就已经开始研究 4G 了。相比于 3G，4G 带来了更加巨大的进步。当时候 3G 通信给人们构造了一个很美好的移动通信的蓝图，但是由于技术的缺陷，无法真正满足人们在各方面的通信需求。为了更好地满足人们的通信需求，4G 的速度更快、通信质量更高、更加智能且大大压缩了成本，更加贴近人们的通信需求。2011 年，韩国开始部署 4G 网络。4G 基站基本能满足人们日常通信需求，但是当时许多国家都采用高频网络，这就如同在一个车道上出现很多的车会造成交通堵塞一样，频率资源的利用率也会因此降低。

在2013年底，中国移动、中国联通、中国电信才拿到了4G牌照，中国开始步入4G时代。用户不断增长的通信需求及学术界对通信技术的不断开拓革新共同推动着整个通信体系向前发展。在通信的开篇中，第一代移动通信完成了"移动"与"通信"的结合，自此拉开了移动通信的大幕。在数字技术不断成熟的背景下，第二代移动通信系统实现了从模拟信号到数字信号的转换过程，并不断加深新的业务深度。而当第二代移动通信所提供的业务也无法满足人们日益增长的通信需求的时候，第三代移动通信系统采用全新的码分多址的接入方式，完美地实现了对多媒体业务的结合。从此，传输速度与支持带宽成为移动通信中重要的参考指标。而以多入多出和正交频分多址接入技术为核心的第四代移动通信系统不仅在频谱效率和支撑带宽能力上做出了进一步的提升，还一举成为移动互联网的基础支持。同时，在4G商业化取得重大成果的时候，第五代移动通信也在逐渐向垂直行业渗透。在基于大规模MIMO、毫米波传输、多连接等技术的基础上，5G技术可以实现峰值速率、用户体验数据速率、频谱效率、移动性管理、时延、连接密度、网络能效、区域业务容量性能等全方位的提升。纵观上述演进历程，满足用户的通信需求是每代系统演进的首要目标，而新的通信技术则是每代系统演进的驱动力。

2. 5G的发展

3GPP在第15版中定义了第五代蜂窝技术，以满足ITU的IMT-2020性能要求，并支持与使用场景相关的各种服务，如eMBB、uRLLC和mMTC。5G是支持诸如超过10GHz的毫米波频带的高频带的第一代移动通信系统，并且使用几百MHz的频率实现每秒几千兆比特的超高速通信。5G的性能目标是超高速度、超低延时、广连接、低功耗等。5G还减少了基站压力，节约了更多的资源，降低了各类成本。在5G的演进过程中，既满足个人用户信息消费需求，同时也向社会各行业和领域广泛渗透，实现了移动通信由消费型向产业型的升级。

5G是经过4G、3G和2G技术之后获得的又一大重大成就。4G技术在传输视频上的缺点是网速慢等，5G的到来改善这一缺点，极大地满足了人们各方面传输大数据的需求。4G时延高，在人流拥挤的情况下，手机基本用不了。5G时延低，可以低至1ms，5G的超低时延提高了手机的使用质量。5G网络容量较大，足以容纳上千万、上亿万的设备，可以实现面对面传输，满足了物联网的通信要求。频谱采用高频，波段为毫米波，波长较短，具有移动性，极大地满足了用户各种需求。每一平方千米就有一百万个5G终端，比每一平方千米只有一万个4G终端多了一百倍。

到目前为止，1G到5G的设计都遵循网络侧和用户侧的松耦合准则。通过技术驱动，用户和网络的基本需求得到了一定的满足，如用户数据速率、时延、网络谱效、能效等。但是受技术驱动能力的限制，1G 到 5G 的设计并未涉及更深层次的通信需求。在第六代移动通信系统中，网络与用户将被看作一个统一整体。用户的智能需求将被进一步挖掘和实现，并以此为基准进行技术规划与演进布局。5G 的目标是满足大连接、高带宽和低时延场景下的通信需求。在 5G 演进后期，陆地、海洋和天空中都存在巨大数量的互联自动化设备，数以亿计的传感器将遍布自然环境和生物体内。基于 AI 的各类系统被部署于云平台、雾平台等边缘设备，并创造数量庞大的新应用。

5G 目前已在全球实现了商业化，但是仍存在一些技术问题，不能满足一些期望的应用使用，因此有必要进行 5G 的演进以进一步进行技术增强。目前在已有的实验中发现，毫米波通信在 NLoS 环境中在提高覆盖范围和上行链路性能方面还有待提高。例如，基站未覆盖的沙漠、无人区、海洋等区域内将形成通信盲区，预计 5G 时代仍将有 80%以上的陆地区域和 95%以上的海洋区域无移动网络信号。5G 可通信范围集中在陆地地表高度 10km 以内的有限空间区域，难以实现空天地海一体化的目标。随着传感器技术和物联网应用的发展，在很多应用场景下将需要接入更多的物理设备，5G 网络目前的接入设备数量还不能满足一些应用场景。6G 的早期阶段将是 5G 进行扩展和深入，以 AI、边缘计算和物联网为基础，实现智能应用与网络的深度融合，实现虚拟现实、虚拟用户、智能网络等功能。

1.2 6G 发展驱动力

1.2.1 5G 的限制

回顾前几代移动通信技术的发展，语音在 1G 时代定义，但是 2G 时代才得以实现；移动互联网在 3G 时代就已定义，但在 4G 时代才得到最佳的解决方案。5G 时代的主要目标是实现 IoE，但实现 5G 的垂直应用，如车联网和工业互联网等，将是一个长期的过程。虽然 5G 蜂窝系统可以支持超可靠、低延迟通信，但其性能仍限制了高数据速率、高可靠性、低延迟服务的提供，这些服务包括增强现实、混合现实和虚拟现实等。这些新兴的应用将需要通信、传感、控制和计算功能的融合，这在 5G 中基本上被忽视了。类似前几代移动通信技术的发展，5G 时代不能实现的应用将是 6G 时代需要解决的问题。

另外，目前大量产品、应用和服务不断涌现和发展，移动流量也迅速增长。根据 ITU 的预测，到 2030 年，全球移动数据流量将达到 5ZB，如图 1.1 所示。智能手机、平板电脑和可穿戴电子设备的数量将进一步增加，到 2030 年，移动用户总数将高达 171 亿。除了人与人之间的通信，M2M 的终端数量也将迅速增加，预计到 2030 年，M2M 的用户数量将达 970 亿，是 2020 年的 14 倍。移动视频服务的流量也随着应用种类的丰富而增加，目前来自移动视频的流量占移动服务流量的三分之二，并不断增加。一些应用如电子健康和自动驾驶对延迟和吞吐量有更严格的要求。根据以上分析可以看出，5G 系统将无法很好地满足 2030 年及以后的需求。

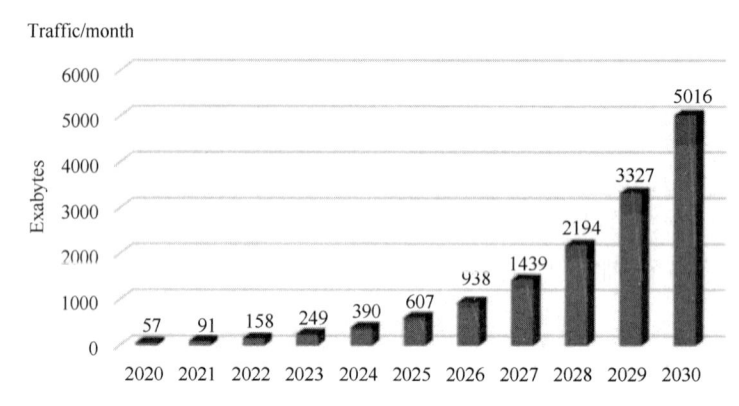

图 1.1　ITU 预测 2020—2030 年全球移动数据流量变化趋势

1.2.2　宏观驱动力

联合国发布了可持续发展目标，预计下一代网络技术将会加速实现可持续发展目标。为了实现社会的可持续发展，关键是要以人为本，了解技术和相关服务如何改变生活与环境。历代移动通信技术的发展离不开人们对应用需求的提高，本节将从宏观角度说明哪些社会需求驱动更先进的通信技术的发展。

绿色的生态环境对社会发展有重要影响。从 1G 到 5G，技术的进步虽然带来了性能的提升，但是也带来了耗能问题，技术的发展与生态产生了冲突。例如，5G 中的大规模机器连接与基站的密集部署所带来的能源消耗，给环境带来了巨大的压力；一些技术的提出也阻碍了绿色环境的构建。为了实现可持续发展的目标，下一代通信技术应使用绿色节能的通信方式。这一愿景驱动了 6G 技术向绿色节能的方向发展。在技术发展过程中，应该实现总体能源低消耗；使用无毒的材料，排放到环境中不会造成污染；使用环境友好型基站，即不会对周围环境造成电磁污染；各项技术的使用应为可持续的供应链。

随着社会向数字化发展，任何关键信息都可以用数据形式进行表达。数据所有权将成为创造价值的主要因素，数据的有效管理将促进社会的和谐发展，但是数据所有权的泛滥将带来极大的利益问题。下一代网络需要创建一个能够实时转换数据收集、共享和分析的系统，在对数据进行合理监管的同时也可为社会创造更大的价值。但是这也可能带来数据使用的隐私和道德问题。这一愿景也促使了隐私监管与平台数据经济、点对点共享经济、智能助理、智能城市互联生活、跨文化交流和数字孪生等新兴应用的发展。

传统网络中频谱的划分是不平均的，不同国家与不同地区之间的使用频段不同。在6G中，互联网接入商应平等地对待所有流量，不区分发送者、接收者、内容、服务、应用或使用设备的类别。使用更先进的频谱管理方式实现以上愿景无疑是一个好的选择，但是由于不同频谱共享的级别不同，且频谱接入模型存在多样，6G频谱管理的复杂性也将进一步提高。

随着社会的发展，人们的生活也变得更加多样化。传统教育方式是面对面授课，随着最近几年5G技术的应用，越来越多的人选择网上直播课堂的教学方式。相比传统面对面的授课方式，网上授课克服了距离与时间的限制，便利了人们的学习。因此，未来会有一个功能更强大的教育系统，带来更便捷公平的学习方式，这将对社会的教育模式做出改变。在未来课堂上，即使老师与学生不在同一地点，也可以实现面对面的触觉交流。这一愿景对全息技术与触觉网络有极大的要求，全息技术与触觉网络将把老师投影到学生面前，带来传统面对面授课的体验感。

目前世界经济正处于国家之间、地区之间、企业之间的发展的严重不平衡的阶段。在未来，国家与企业共享蓝图和工作流程将成为常态，开放配置与开放源代码将会为民间企业参与国家社会发展提供一个强有力的途径。6G商业模式将是分散的，不同机构之间通过共同描述交易内容、结构和治理以创造更大价值。边缘智能将能够实现共享信息与共享资源。公司还可以利用客户数据、云基础设施和人工智能/移动计算能力来改变运营体系。另外，6G网络无处不在的连通性与网络可访问性预计将促进偏远地区的社会和经济发展，包括当地土著人民和生活在农村地区的人，提升农村经济价值并释放发展机遇。

6G提供的不仅仅是创新的用例驱动的移动通信解决方案，还有服务于整个社会的理念。6G将会为社会的进步和发展做出贡献，例如，帮助人们、社会和经济适应数字时代，以造福人民和增进人民福祉的方式加强经济，通过"绿色交易"和较高的能源效率来保护地球环境。6G作为信息通信技术的一个组成部分，与运营技术的融合将会给人们的生活方

式带来前所未有的变化。

1.3 6G 总体愿景

6G 将会带来全新的颠覆性无线技术与创新的网络架构。6G 将构建人机物互联、智能体高效互通的新型网络，在大幅提升网络能力的基础上，同样具备智慧内生、多维感知、数字孪生、安全内容等功能。6G 将物理世界中的人与人、人与物、物与物进行高效智能互联，打造泛在精细、实时可信、有机整合的数字世界，实时精确地反映和预测物理世界的真实状态，助力人类走进人机物智慧互联、虚拟与现实深度融合的全新时代，最终实现"万物智联、数字孪生"的美好愿景。6G 将与先进技术、大数据、人工智能、区块链等信息技术交叉统合，实现感知与通信、计算、控制的深度耦合，成为服务生活、赋能生产、绿色发展的基本要素。

由 IoT 向 IoE 发展：IoT 设想构建一个能够实现机器和设备相互交互的全球网络。由于工业 IoT 等应用的增长，IoT 设备的数量正在增加。预计 IoE 将扩大 IoT 的范围，形成一个连接人、数据和事物的互联世界。IoE 将连接许多生态系统，包括异构传感器、用户设备、数据类型、服务和应用。

更宽的频谱：6G 大部分应用都需要比 5G 有更高的数据速率，为了满足 6G 应用的需求，6G 速率希望提到到 1Tbps，这激发了对高频段频谱资源的需求。另外，6G 需要更高可靠性的应用，这在较低频段更容易满足。因此，6G 将会趋向使用更宽的频段，Sub-6GHz、毫米波、THz 波段与可见光将会根据其特性应用于特定的场景。

更先进的通信技术：移动通信技术取得了显著的技术进步。例如，将智能电磁表面放置在墙壁、道路、建筑和其他智能环境中。新一代移动网络将会出现一组新的通信技术，这些技术将会提升网络在性能上的表现。例如，MIMO 和毫米波通信都是 5G 的关键促成因素；而在 6G 时代，编码调制、全双工、多址接入等技术将会在 5G 的基础上进一步改进，而一些新的通信技术，如 RIS 和 OAM 将会带来下一代通信网网络的新范式。

通信、计算、控制、定位和传感的融合：未来的通信网络将汇聚计算资源、控制架构和其他用于精确定位和传感的基础设施。不同技术的融合对于促进未来个性化与极低延迟的应用程序极为重要。以人为中心的服务预计将依赖于通信、计算、控制、定位和传感的融合服务,以促进通过以人类为中心的传感器收集的大量数据流的高效通信和实时处理。

智能化:在过去十年里,人工智能技术得到了飞速发展。近几年来,人工智能开始逐渐被应用于无线通信中。在 6G 中,人工智能将作为一种增强技术,对网络各部分进行设计与优化。传统网络涉及大量多目标性能优化问题,这些问题受到一系列复杂的约束。多目标性能优化问题通常难以获得最优解。随着机器学习技术的发展,通过在核心网络中使用相关算法,可以有效分配资源,以达到最优的性能。基于人工智能与智能材料的发展,有望实现智能无线电空间,在智能无线电空间中设备可以感知无线环境,并以自适应的方式对电磁波进行控制。另外,作为以人为中心的网络,6G 网络的智能性也体现在大量的通信服务中,如室外定位、多设备管理、电子健康、网络安全等。智能化使服务能够以令人满意与个性化的方式提供。

全覆盖:前几代移动通信中主要是地面移动通信网络,用户量约占全球人口的 70%。由于成本和技术的限制,这些网络仅覆盖全球陆地面积的 20%,不到地球表面的 6%。例如,中国 80% 以上的陆地面积和 95% 的海洋面积没有被陆地移动通信网络覆盖。5G 最初被定义为地面移动通信,因此也受到覆盖面积的限制。为了实现广泛的连接,未来的移动通信应该覆盖地球的整个表面区域,包括海洋、沙漠、森林和天空。

低能耗:在 4G 与 5G 网络中,电子设备的充电受到充电设备的限制,为了方便下一代通信的服务,低能耗与高容量电池将是 6G 的重点研究项目。为了降低能耗,用户设备的计算任务可以卸载到具有可靠电源或普及智能无线电空间的智能基站。为了获得更长的电池待机时间,可以采用各种能量收集方法,不仅可以从周围的无线电中收集能量,还可以从微振动和阳光中收集能量。远程无线充电也是延长电池待机时间的有效方法。

1.4 6G 未来垂直服务

1.4.1 面向 2030 年的工业 4.0+ 的服务

在 6G 时代,技术的发展将使工业行业的分布式制造成为可能,颠覆了当前的商业模式。连接供应网络、工厂、设备和数据显然需要流畅的生态系统协作工具。此时社会需要

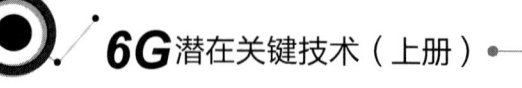

能够识别、量化、评估和管理环境废物的流动，同时有效地设计产品和流程。

未来的工业允许消费者购买专属定制产品，从供应链的角度来看，这种操作对物流、客户需求和库存有非常清晰的透明度要求。对于公司来说，快速、主动地保持供需平衡至关重要。规划、开发、采购、生产、运输和销售产品的过程需要认知供应网络，来自原材料供应商、生产商和物流提供商的信息需要实时共享。这些变化需要多种技术的融合，以及公司管理模式的变更。在自主和独立的决策过程中，对于公司与员工来说将不再需要人工干预。企业内部网将在防火墙之外连接一套更通用的大型控制中心。大型全球公司的控制中心的操作员可以远程监控他们的工厂网络，识别机械成功和失败的共同特征，并利用收集的历史数据进行处理。此外，由于工厂内无线连接传感器的大量使用，机器人和人类的合作将会加强。以上这种模式也将促使社会经济向循环经济迈进。

1.4.2　面向 2030 年的移动运输服务

自动化运输的未来机遇包括提高安全性、有效性和环境友好性。无人运输，特别是无人航空运输将会广泛被应用。所有运输方式对无线通信有着较高的要求。在未来，不同的自动运输方式包括公路、航空、海运和铁路，这些运输方式对无线系统和数字基础设施同样有较高的技术要求。

垂直用例的开发必须与未来无线系统的开发并行，并在一定程度上推动未来无线系统的开发。无线通信和定位系统是未来交通系统数字基础设施的重要组成部分。无线系统应用应该在未来公路、海上、空中、铁路运输以及无人驾驶航空和自动车辆的规划中。新的垂直服务通常会以最先进的无线解决方案为重点进行规划。垂直行业需要与电信领域的专家合作。首先应该定义垂直用例，然后将其转化为通信系统和数字基础设施的需求，这些需求包括覆盖范围、服务质量和其他关键性能指标。

在应用 6G 后，一些车辆、船只和无人机将是经过优化的机器人，用于收集和共享环境信息。车辆将支持对其动态环境的态势感知技术，如感知交通流量和无人机群。无线系统应该支持不同速度和覆盖要求的车辆，包括空中远程连接。运输系统的智能计算也将趋向于边缘云。对于促进运输系统中的关键信息共享将是重要问题，例如，关于天气和安全条件的信息，以及如何确保数据安全和保障的信息。在未来的网络中，车辆将既是基站又是终端。以车辆为节点的网络将支持超高效的短程连接，如通过使用车辆之间的可见光通信，也可以增强远程区域的连接。

1.4.3　面向 2030 年的电子健康服务

科技的发展带领医疗健康行业面向改革，6G 时代将实现以人为本的无处不在的医疗保健服务基础设施。在护理行业，将护理移出护理机构将为全新的护理模式创造机会，在这种模式下，患者可自主维护自己的健康。这将为预防与保健创造新的模式，并增加患者自我管理疾病的作用，特别是慢性疾病。新的医疗模型将需要收集更多的个人电子健康数据，临床决策支持系统利用基于人工智能的自动化系统来处理收集的大数据，利用最大似然法来关联和识别症状之间的相似性，以预测个人的健康情况。未来的医疗保健模式将临床和医疗数据与人们日常生活的数据相结合。健康数据包括人的一生中累计的健康数据量，其中也包括如基因组学或与药物治疗相关的化学过程。

1.4.4　面向 2030 年的金融服务

金融服务与能源、零售和运输等其他行业的界限越来越模糊。6G 将引领和共享绿色经济。商业模式将在共享经济中发生巨大变化。一些高价值的交易需要极低的延迟，分布式账本及其在金融领域的扩展使用也将受益于极低延迟的性能。另外，混合现实场景能够改善客户体验，尤其是在农村和偏远地区。随着共享经济的发展，新的激励模式将出现，将以环保的方式补贴产品和服务的共享使用。在未来十年，机器将替代人类支付大部分款项，例如，车辆自动支付道路或停车场的通行费，机器人自动进行与电力有关的交易。在未来，这种设备的多样性将增加。除了交易数量，交易的安全性和审计也将给 6G 网络带来重大挑战。

1.5　全球 6G 研究进展

1.5.1　6G 标准化组织

1. ETSI

ETSI 是一家大型电信 SDO，拥有来自 65 个不同国家的 900 多个成员组织。由于 6G 相关研究仍处于早期的阶段，ESTI 目前主要致力于 5G 和 5G 高级标准化活动。ETSI

预计在2030年后推出第一批6G服务。此外，ETSI支持6G欧洲资助计划——Horizon Europe 2020-2027，该计划将进行6G标准化工作。ETSI初步研究表明，6G标准化工作将包括毫米波或Sub-6GHz通信、智能表面、人工智能、SSN、能量收集和传输、纳米电子学等技术。

2. NGMN联盟

NGMN联盟是一个专注于移动通信标准开发的协会，其成员来自不同的电信利益相关方，如移动运营商、供应商、制造商和研究机构。NGMN联盟启动了一个名为"6G愿景和驱动程序"的新项目，该项目将为全球6G研发活动提供早期指引。NGMN将与其合作伙伴，即全球的移动网络运营商、供应商、制造商和学术界合作，研究下一代移动网络技术。

3. ATIS

ATIS是一家ICT解决方案开发组织，在全球拥有150家成员公司。ATIS致力于研究不同技术，包括6G、5G、物联网、智能城市、人工智能网络、DLT/区块链技术和网络安全。ATIS呼吁推动美国在6G发展上的领导地位，促进创新研究，并将美国定位为未来十年及6G服务和技术的全球领导者。

4. ITU-T

ITU-T的主要任务为召集全球电信专家开发电信标准。电信联盟于2018年7月成立了FG-NET-2030，该小组将研究2030年及以后的网络。FG-NET-2030组织了一系列研讨会，强调未来网络的要求。2020年2月，在瑞士日内瓦召开的第34次国际电信联盟工作会议上，面向2030年及未来6G的研究工作正式启动，此次会议明确了2030年前国际电联6G早期研究的时间表，包含形成未来技术趋势研究报告、未来技术愿景建议书等重要报告的计划。

5. IEEE

IEEE是最大的电子工程和电气工程专业协会，IEEE FN计划主要关注5G和下一代网络的开发和部署，目前正在制定5G及以上技术路线，以突出初期、中期和长期研究的技术趋势。FN组织了技术会议和研讨会，FN还将与IEEE标准协会合作，制定与B5G网络相关的IEEE标准。

6. 3GPP

3GPP是日本无线工业及商贸联合会、中国通信标准化协会、美国电信行业解决方案联盟、日本电信技术委员会、欧洲电信标准协会、印度电信标准开发协会、韩国电信技术协会七个电信 SDO 的联合联盟，这些 SDO 被称为 3GPP 的"组织合作伙伴"。3GPP 的主要目标是为其组织伙伴提供一个平台，以定义规范和报告，从而定义 3GPP 电信技术。

3GPP 正在实现 B5G 网络的标准化，3GPP 技术规范小组目前正在制定第 17 版。从标准化进展来看，预计在 2025 年左右启动 6G 标准第 20 版，3GPP 将专注于具体的 6G 标准化工作。预计在 2028 年下半年将会有 6G 设备产品。

1.5.2 各国进展

1. 中国

中国重视 6G 技术的发展。2018 年底，中华人民共和国工业和信息化部 IMT-2020（5G）无线技术工作组组长表明我国的 6G 研究已经启动，将在 2020 年正式研发，2030 年投入商用。2019 年 11 月，由中华人民共和国工业和信息化部牵头，联合中华人民共和国科学技术部和中华人民共和国国家发展和改革委员会，共同成立中国 IMT-2030（6G）推进组，宣布全面启动 6G 研究。到 2020 年，已经在 6G 愿景需求、潜在关键技术等方面取得了重要的研究成果，并开展了专题研究。在"十四五"规划和 2035 愿景目标纲要中，提出"前瞻布局 6G 网络技术储备"。在新型材料方向，2020 年 9 月，在南京世界半导体大会上，将第三代半导体材料纳入国家 2030 计划和"十四五"国家研发计划。2021 年 5 月，召开了 5G/6G 专题会议，IMT-2020（5G）/IMT-2030（6G）专家组汇报了 5G 和 6G 工作进展情况，推动 5G 和 6G 发展相关工作。2021 年 5 月份，中华人民共和国工业和信息化部强调进一步推动 6G 的发展，不仅要深入 6G 应用场景的研究，还要大力发展 Sub-6GHz 通信、通信感知一体化等技术。

在 2021 年到 2025 年间，国家将"超前布局 6G"作为通信领域的主要目标。我国企业、大学、科研机构积极布局 6G 研发。华为技术有限公司（以下简称华为）已经率先带头领路，在法国成立 6G 研发中心，另外华为已经和国内大学开展合作。中兴通讯股份有限公司（以下简称中兴）也在进行 6G 技术的研发工作。清华大学和中国移动也已经共同成立研究院，推进 6G 的科研合作。2019 年 12 月，广东欧珀移动通信有限公司（该公司商标为 OPPO）宣布未来三年在 6G 研发方面将投入 500 多亿元人民币。

2020 年 4 月，卫星互联网被纳入通信网络基础设施的范畴，之后，鸿雁星座、虹云工程等低轨卫星互联网计划相继问世，且都发射了实验卫星，在 6G 双向通信、高速网络方面都实现了突破。2020 年 6 月份，中国联通、银河航天与华为签署了"空天地一体化"战略合作伙伴协议，共同打造国内星链，计划提供将近 10 000 颗近地小型卫星来实现 6G 部署。2020年11月，中国首颗6G通信测试卫星在山西太原发射基地发射成功，该卫星主要用于对地遥感观测，可为智慧城市建设、农林业灾情探测等行业提供服务，该卫星平台也开展了Sub-6GHz通信在空间应用场景下的相关实验，这颗测试卫星的成功发射，意味着中国正式踏上了6G网络的赛道。2014年，我国就已经采取措施鼓励商业卫星发展，2021年5月，中国卫星网络集团有限公司正式成立，将推动国内卫星互联网加速发展。

6G需要在5G的基础上进行研发，因此我国在6G研发方面占据了巨大的优势。国家知识产权局发布了《6G通信技术专利发展状况报告》，在全球约38 000项与6G相关的专利中，有13449项（约35%）来自中国，表明中国在6G相关的知识产权方面处于领先地位，国家知识产权局还表示中国将利用其在5G方面的技术优势继续保持领先。

2．美国

美国对6G的研发也十分重视，2018年9月，美国FCC官员首次在公开场合展望6G技术，提出6G将使用Sub-6GHz频段，6G基站容量将可达到5G基站的1000倍。2019年，美国联邦通信委员会决定开放Sub-6GHz频段，供6G实验使用。美国国防部资助成立"Sub-6GHz与感知融合技术研究中心"，该研究项目由30多所美国大学组成，致力于发展6G。美国泰克公司和法国IEMN研究实验室还开发了一种100 Gbps的通信解决方案，被称为"无线光纤"。另外，美国的电信行业协会成立了"6G联盟"，聚集了谷歌、苹果、高通、三星、微软、英特尔、诺基亚等科技公司。

目前，美国在卫星通信领域领先一步。2015年，美国SpaceX公司推出了星链计划，星链计划将利用庞大的卫星网络在太空中构建一个覆盖全球的宽带网络。SpaceX公司星链计划的目标是在2025年前发射12000颗卫星，截至2020年5月已发射了第21批60颗星链卫星。亚马逊公司宣布将投资100亿美元，发射3236颗卫星进入轨道，为全球用户提供高速宽带服务。另外，谷歌公司也在合作切入卫星网络课程。

3．韩国

韩国是世界上第一个成功实现5G电信商业化的国家。5G商用前，LG电子已成立6G研发中心，采取5G和6G技术研发齐头进行。

2020年6月，韩国科学技术信息通信部召开了6G战略会议，开启了"6G研发实行计划"，该计划预计在未来5年内投入2 200亿韩元研发6G技术，并计划在2028年实现6G的商用。韩国科学技术信息通信部在韩国6G战略会议上提出确保下一代核心原创技术、抢先拿下国际标准和专利、构建研究产业基础等目标。韩国政府将着力推动低轨道通信卫星、超精密网络技术等六大重点领域的十项战略。韩国政府对外宣布，计划在 2031 年发射 14 颗 6G 通信卫星，供 6G 通信商使用。2020 年 7 月，韩国三星电子发布 6G 白皮书，阐述了 6G 通信愿景与架构。韩国三星集团表示已顺利通过了全球第一个 6G 原型系统的测试。

韩国与美国就 6G 领域达成合作协议，投资了 35 亿美元作为研究资金使用。韩国信息通信企划评价院与美国国家科学基金会签署了关于联合研究的合作谅解备忘录。韩国还与中国信息通信研究院及芬兰奥卢大学进行了合作。

4．日本

2020 年，日本政府启动了日本 B5G/6G 推广战略，以促进 6G 无线通信服务的研发。2020 年 4 月和 6 月，日本相继发布以 6G 作为国家发展目标和倡议的 6G 发展纲要，日本也是全球首个出台 6G 发展战略的国家。该纲要显示，日本将在 2025 年突破 6G 的关键核心技术，在 2030 年开始使用 6G 网络。为了支持 6G 研发，日本政府还设立了 300 亿元左右的基金。为了推动民营企业加入 6G 研发的工作中，日本政府还设立了 200 亿日元的特别基金支持民营企业的技术发展。

日本政府将发展 Sub-6GHz 技术列为"国家十大重点战略目标"之首。日本在材料和半导体行业优势明显，拥有 NTT 光驱动芯片技术与量子暗号通信系统技术。2019 年 10 月，日本通信公司 NTT 公司与索尼公司共同和美国英特尔公司签署了联合研发 6G 的协议，目的是实现新半导体技术与智能手机充电技术的突破。NTT 公司目前已研发出仅需现在百分之一的电就可以用光驱动的半导体芯片。日本 TDK 公司与美国高通公司合资公司，宣布变成完全的子公司，以强化 6G 与相关产品的研发。韩国典型运营商 LGU 与日本移动运营商将共同开发 6G，为下一代网络构建国际标准。2020 年 6 月，日本与芬兰合作开发 6G，日本"B5G 推进联盟"与芬兰 6G 旗舰组织由芬兰奥卢大学科学基金会领导，致力于推动 6G 通信技术的发展。同时，日本总务省提出了日本企业的 6G 专利份额在全球达到 10%以上，设备和软件的总份额达到 30%以上的目标。日本还将与美国合作投资 45 亿美元用于 B5G/6G 技术研发。

5．欧洲

2018 年 6 月，欧盟委员会发布新科技发展计划，致力于 6G 等前沿科技开发。欧盟在多项战略中要求加快 6G 的研发，以使欧洲成为全球 6G 技术的领跑者。2020 年，欧盟预计在 6G 研发上将投资 25 亿欧元，企业也将投资 75 亿欧元。在 2021 年世界移动大会上，成立 6G 伙伴合作计划，称为欧洲地平线计划。2021 年 1 月，芬兰诺基亚公司与瑞典爱立信公司成立了 Hexa-X 联盟，该项目受到地平线研究与创新计划资助，预计将持续两年半，为 2030 年启用新网络做准备。Hexa-X 联盟共有 20 多家企业和科研机构参与，具体内容包括研发 6G 智能网络架构、6G 技术、6G 用例等。欧盟还在 5G 公私合作计划中启动了多个 6G 项目，包括 REINDEER、RISE-6G 等，进行可重构智能表面、智能连接计算平台、新型交互式应用等多方面技术的开发。欧盟委员会于 2021 年 3 月宣布，将为 5G 发展/6G 研发的"智能网络和服务"合作伙伴项目投资，该项目将在欧盟 2021-2027 年预算中获得 9 亿欧元的公共投资。该项目将从"欧洲地平线"计划中获得研发资金。

芬兰、德国、英国等大学及科研机构加强 6G 研发工作，开发更先进的 6G 技术和详细方案。芬兰奥卢大学联手多国大学与产业界专家成立"6G 旗舰"组织，致力于 6G 通信技术的研究。该组织于 2019 年发布了全球首份 6G 白皮书，2020 年，6G 旗舰专家发布了不同主题的 12 份白皮书。德国政府目前也开始为 6G 研发项目提供资助，推动德国在开发 6G 技术、标准、专利方面发挥更大的作用。2021 年 2 月，德国研究机构弗劳恩霍夫协会启动 6G 研究项目——6G SENTINEL，开发 6G 网络中的卫星、机载平台和 Sub-6GHz 技术。2021 年 4 月，德国联邦教育与研究部启动德国首个关于 6G 技术的研究项目，计划在 2025 年之前为项目提供约 7 亿欧元资金，用于 6G 技术的研究。2020 年 11 月，英国萨里大学成立 6G 创新中心，主要研究智能表面与卫星技术。

欧洲国家还积极与亚洲国家开展 6G 研究合作。例如，英国任命越南教授为英国皇家工程学院 6G 通信技术科研小组，并与马来西亚科技网联合共建 6G 新媒体实验室；芬兰、瑞典也分别与韩国达成 6G 合作协议。

参考文献

[1] Samsung Research .6G The Next Hyper Connected Experience for All[R].2020.

[2] NTT DOCOMO, INC. White Paper 5G Evolution and 6G[R]. 2020.

[3] 赛迪智库无线电管理研究所. 6G 概念及愿景白皮书[R]. 2020.

[4] Chen S, Liang Y C, Sun S, et al. Vision, Requirements, and Technology Trend of 6G: How to Tackle the Challenges of System Coverage, Capacity,User Data-Rate and Movement

Speed[J]. IEEE Wireless Communications, 2020.

[5] Huang T, Yang W, Wu J, et al. A Survey on Green 6G Network: Architecture and Technologies[J]. IEEE Access, 2019, 7:175758-175768.

[6] Han B, Jiang W, Habibi M A, et al. An Abstracted Survey on 6G: Drivers, Requirements, Efforts, and Enablers [J]. 2021.

[7] The 5G Infrastructure Association .European Vision for the 6G Network Ecosystem [R]. 2021.

[8] University of Oulu. White Paper on 6G Drivers and the UN SDGs[R]. 2020.

[9] 中国 IMT-2030(6G)推进组．6G 总体愿景与潜在关键技术白皮书[R]. 2021.

[10] 赛迪智库无线电管理研究所．6G 全球进展与发展展望白皮书[R]. 2021.

[11] University of Oulu. 6G White Paper on Validation and Trials for Verticals towards 2030's [R]. 2020.

[12] Alwis C D, Kalla A, Pham Q V, et al. Survey on 6G Frontiers: Trends, Applications, Requirements, Technologies and Future Research [J]. IEEE Open Journal of the Communications Society. 2021.

第 2 章

6G 用例与指标

相对于之前的网络，5G 在技术上有重大的突破，5G 减少了延迟，提高了连接性与可靠性，实现了 Gbps 级别的数据速率，另外 5G 还支持在一个平台上提供多种服务类型。这些特性使 5G 成为 IoT 应用环境的关键推动者，出现机器与人的通信、机器与机器的通信等应用，包括工业自动化、智能城市、传感器之间的通信等。但 5G 系统的功能是否能跟上 IoE 应用程序的快速增长的步伐仍值得商榷。同时，随着个人和社会趋势的革命性变化，除了人机交互技术的显著发展，预计到 2030 年，市场需求将见证新一代 IoE 服务的渗透。计算机科学、人工智能和通信之间的界限正在逐渐弱化，这一演变驱动了新应用的出现，并以提供新服务的成本和复杂性之间的持续竞争挑战未来的 6G 网络。在未来，6G 网络在提供了新服务的同时也带来了性能提升上的挑战。本章将介绍 6G 服务的演进趋势，包括 6G 服务愿景带来的新用例与性能要求，进而概述 6G 网络的整体性能指标。

2.1 6G 服务的演进

在 5G 系统中，2015 年 ITU-R 建议 M.2083 首次定义了三种使用场景，即 eMBB、URLLC 和 mMTC。eMBB 解决以人为中心的应用程序，以高数据速率访问移动服务、多媒体内容和目标；URLLC 专注于为可靠性、延迟和可用性有严格要求的新应用程序实现任务关键型连接；mMTC 旨在支持与大量低成本、低功耗设备的密集连接。为了实现 5G 的服务需求，研究人员探索了大量技术，如正交频分多址、极化码、海量多输入多输出、毫米波和软件定义网络。提高 5G 性能目标还包括各种附加技术，如全双工、非正交多址和移动边缘计算。

3GPP R17 针对 5G 提出了 NR-Lite，NR-Lite 既补充了 eMBB、URLLC 和 mMTC 性能上的不足，也实现了提高数据速率、传输延迟和连接性能的目标。NR-Lite 能在这些目标之间实现性能权衡，但 NR-Lite 只能应用于具有多种性能需求的低层用户，不能满足具有多种高性能需求的用户。由于是为高度专业化的应用定制的，5G 应用场景都通过牺牲一方面的性能来实现某些方面的极端性能，并且不能完全满足预想的 6G 用例的要求。

为了扩展当前 5G 应用场景的范围，有研究学者设想了四个场景来覆盖不同服务之间的重叠区域，如图 2.1 所示。四种 6G 核心服务被确定为与 5G 相结合的增强性能。其中包括增强型 eMBB+URLLC、增强型 eMBB+mMTC、增强型 URLLC+mMTC 及基于折衷的增强型 eMBB+URLLC+mMTC，可以分别称为 uMBB、ULBC、mULC 与 6G-Lite。uMBB 将实现 eMBB 服务在整个地球上实现无处不在的覆盖，满足 6G 中商业客机、直升机、船舶、高速列车和偏远地区的连接需求和不断增长的容量需求。ULBC 支持具有低延迟、高可靠性连接和高数据吞吐量的服务，如工业现场的移动机器人和自动车辆。mULC 结合了 mMTC 和 URLLC 的功能，便于在垂直领域部署大规模传感器和执行器。

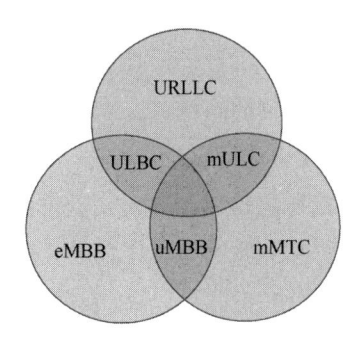

图 2.1 6G 系统的设想使用场景

ULBC 的典型应用包括 AR、VR 和全息电话会议。此类应用要求高清晰度视频流和大量交互式指令的高数据速率，实时语音的低延迟和即时控制响应，这些要求在未来可用于太空探索、空中和海上旅行及磁悬浮运输的高机动性方案。uMBB 的主要使用场景是触觉 IoT。触觉 IoT 要求更高的数据速率来支持触摸相关体验，物联网还要求密集部署的传感器和设备具有强大的连通性。mULC 将在大规模 IoT 中引起广泛关注，其应用包括智能制造和自动运输。这些应用需要大量的人员、传感器和执行器之间的通信连接，还需要低延迟来处理这些设备之间的频繁交互。6G-Lite 的典型代表场景为智能驾驶，在智能驾驶中，必须联合考虑多个事件，包括路径规划、自动驾驶、障碍物检测、车辆监控、移动娱乐和紧急救援操作。6G-Lite 可以在不同性能目标之间进行优化权衡，在高移动性条件下实现高速率、低延迟和大规模连接。

上面详述的服务旨在基于复杂物理场景中的多个目标和事件来提高人和机器的联合 QoE。它们在物理世界中可以统称为场景中心服务，目标是为用户提供高质量的无线体验。

2.2 6G 用例

6G 网络将实现"通信服务"、"计算服务"和"智能服务"的三位一体。通信服务是指传统通信中的信息传递服务；计算服务是指基于云计算、边缘计算和新型算力平台的信息处理服务，包括数据分析与数据存储；智能服务是基于通信服务和计算服务提供的 AI 服务和产品。

未来 6G 的用例将具有更高容量、Tbps 的峰值吞吐量及低于 1ms 低延迟性能。伴随分布式计算、智能计算和通过边缘云实现的存储，将会出现新的轻量级设备或可穿戴设备。这些新服务将通过涉及人类和一切事物的超链接引入，并提供终极多媒体体验。

5G 中，eMBB 的典型业务是 VR 业务，这开启了虚拟空间业务的序幕。6G 将实现物理世界与虚拟世界融合互动，可以在虚拟世界中对物理世界做出改造。虚拟世界与物理世界结合的虚实互动业务包括智能空间、数字孪生、自动驾驶、MR 等业务，虚拟空间业务包括 VR、全息显示及 XR 等业务。

随着人工智能和数字孪生技术的渗透，6G 有望促进智能社会的升级，将人类社会从物理空间扩展到虚拟空间。预计 6G 服务具有更加沉浸式、远程控制和无人值守的特点。6G 全力支持世界数字化，推动社会经济信息化从"互联网+"升级为"AI+"和"数字孪生+"时代。6G 将推动世界走向"数字孪生，智能泛在"，实现 6G 将重塑世界的目标。虚实融合互动需要物理空间与虚拟空间关键参数保持一致的时空结构，这对 6G 无线接入和传输提出了超高精度的定时和定位要求。同时,对物理空间超大维度的实时感知,产生了海量的异构数据,需要更高的传输带宽。6G 需要被设计成支持多维信息确定性传输的大容量网络。

2.2.1 全息通信

多媒体的下一步发展包括全息媒体与多感知通信,以获得更真实的体验。全息图是一种 3D 技术,它通过操纵射向物体的光线,然后使用记录设备捕获产生的干涉图案。随着构建和渲染全息图的技术逐步提高,全息应用正在成为现实。全息应用不仅包括全息图的再现,还涉及网络方面,特别是远程站点传输和流式传输全息数据的能力。

全息通信是下一代媒体技术,可以通过全息显示器呈现手势和面部表情。要显示的内容可以通过实时捕捉、传输和 3D 渲染技术获得。人们可以与接收到的全息数据进行交互,并根据需要修改接收到的视频。所有的这些信息都需要通过可靠的通信网络进行捕获和传输。

将全息通信与触觉网络应用相结合,允许用户"触摸"全息图,为远程业务提供了更便捷的应用。沉浸式全息空间既会将来自远处的人工制品投影到房间中,也会将本地用户投影到远处。技术人员可以在远程和难以到达的位置与项目的全息投影进行交互以进行远程故障排除和应用程序修复。培训和教育应用程序可以让学生做到与老师和其他学生远程互动,以便他们积极参与课堂活动。此外,沉浸式游戏和娱乐领域也将会有更好的体验感。全息技术也将不仅局限于娱乐,还可以应用到生活中的其他重要场景,如远程手术。

全息应用为了使全息显示作为实时服务的一部分,需要极高的数据传输速率,这是因为全息图由多个三维图像构成。所需的数据速率取决于全息图是如何构建的,以及需要同步显示的类型和图像数量。基于图像的方法生成人体大小的全息图,数据速率从几十 Mbps 至 4.3Tbps 不等。

全息应用在进行实时显示或实时交互的服务时,要求延迟达到亚毫秒级,以实现真正沉浸式的场景。在部分需要触觉信息传输的全息应用中,对时延的要求也将会达到亚毫秒级。在整个全息技术实现系统中,不同的传感器需要同步和协调交付。例如,从录制、传输到显示由多个部分组成,如一个地方的不同摄像机或多个地方的不同摄像机进行录制,经过不同的通信链路传输到目的地,通过多个设备进行显示。此时通信系统需要严格的同步,普通多媒体数据流的同步精度大概在毫秒级以确保数据包及时到达,而视觉、听觉、触觉信息的同步精度需要达到纳秒级。在全息图生成和接收的过程中存在大量的实时计算,

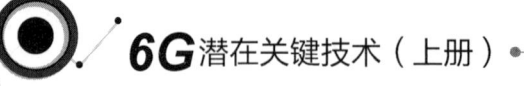

采用压缩可以降低带宽需求，但是会影响延迟。因此需要在压缩程度、计算带宽和延迟之间有一个权衡。不同全息应用对安全性有不同的要求，如果要进行远程手术，那么应用程序的完整性和安全性至关重要，因为任何失误都会危及生命，协调多个协同流的安全性是一个额外的挑战。

对于终端来说，除了基带处理能力需要进一步提升，终端显示能力需要支持 4K、8K 视频播放，终端计算能力需要实现解码、渲染与 AI 功能。此外，在终端形态上，除了手持终端，头戴式、墙挂式终端等不同形态的终端都将会在不同的全息应用中发挥各自的优势。移动设备实现全息图，存在额外的 GPU 和电池寿命的限制，移动设备的 GPU 性能是普通个人计算机 GPU 的 1/40，需要显著的改进才能满足全息图的服务需求。

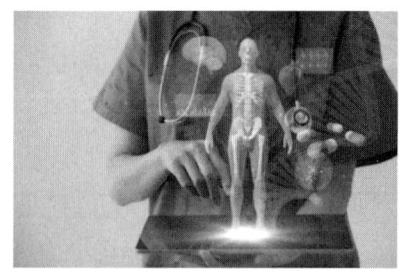

图 2.2　移动设备上的 3D 全息显示

2.2.2　沉浸式 XR

XR 是一种新兴的沉浸式技术，指由计算机技术和终端生成的所有真实和虚拟的组合环境和人机界面，融合了物理和虚拟世界、可穿戴设备和计算机产生人机交互。

VR、AR 和 MR 技术正在融合到 XR 中。真实的沉浸式 XR 体验需要不同技术的联合设计，不仅集成了无线、计算、存储等技术需求，还集成了来自人类感官、认知和生理学的感知需求。在 XR 的应用中，视觉、听觉、触觉、嗅觉、味觉乃至情感将被充分调动，用户将不再受到时间和地点的限制，将以"我"为中心享受虚拟教育、虚拟旅游、虚拟运动、虚拟绘画等虚拟体验。这需要一种新的 QoPE 度量概念来描述人类用户本身的物理因素，与经典的 QoS 和 QoE 结合。影响 QoPE 的因素包括大脑认知、身体生理和手势等。

在用户端，XR 体验将由轻型眼镜提供，此类眼镜有较高的分辨率、帧速率和动态范围，可以将图像投射到眼睛上，并通过耳机和触觉接口反馈给其他感官。实现以上功能需要集成成像设备、生物传感器、计算机处理器和用于提供定位服务和感知物理环境的无线技术。传感和成像设备可以捕捉真实的物理环境，并且虚拟世界的保真度也不断提高。沉浸式 XR 对终端的要求较高，新型的 XR 终端需要满足轻质、高分辨率/高刷新率显示、高保真定位音频及真实触感反馈等要求，此外，还需增强智能交互方面的能力。而当前的移动设备缺乏独立的计算能力，这些体验加上对分布式计算的需求，突出了无线网络对性能的需求。

对于沉浸式 XR 来说，将渲染任务全部放在终端上，对终端的能力和功耗提出了极大的要求。因此可以将复杂数据处理等功能云化，利用云端对模型进行渲染，提升模型精细度，而终端只负责采集和播放视频流，这又可以被称为沉浸式云 XR。此时对终端本身的能力要求有所降低，但对网络的要求会进一步提升。

现在的 AR 技术需要 55.3Mbps 才能支持 8K 显示，在移动设备上为用户带来较好的体验，XR 技术为了给用户带来更好的沉浸式体验，将需要 0.44 Gbps 的吞吐量。为了使沉浸式环境中的实时用户交互能够满足大规模低延迟的需求，数据速率需要达到 Tbps。随着人工智能和压缩感知方法的集成，6G 有望提供不间断和无缝的通信服务，以获得更好的 XR 体验。另外，同步定位和绘图方法将能够实现 XR 应用。

2.2.3 触觉网络

触觉互联网正在改变人们对通过无线通信系统实现的可能性的理解，触觉网络将基于互联网的应用的边界推向远程物理交互、高度动态过程的网络控制及触摸体验的通信。全息通信使得传输接近真实的人、事件和环境的虚拟视觉成为可能。如果没有一个可以实时传送图像的触觉互联网，体验将是不完整的。

在 IEEE 1918.1 工作组中，触觉互联网的定义为：一种由人或机器实时远程访问、感知、操纵或控制真实或虚拟对象或过程的网络。具体标准定义如下：① 触觉网络为远程物理交互提供了一种媒介，这通常需要触觉信息的交换。② 这种互动可能在人或机器之间，也可能在机器和机器之间。③ 在触觉网络的定义中，术语"对象"指任何形式的物理实体，包括人类、机器人、联网功能、软件或任何其他连接实体。④ 人与人在包含有触觉反馈的物理交互场景中的操作通常被称为双边触觉远程操作。在这种情况下，触觉网络的目标是：人类不应该区分地点执行操纵任务，而应在触觉网络上远程执行与本地相同的任务。⑤ 机器与机器之间的物理交互的结果与机器直接与对象交互结果相同。⑥ 触觉信息有两大类，即触觉信息和动觉信息，也可能两者兼而有之。触觉信息是指人类皮肤的各种机械感受器对信息的感知，如表面纹理、摩擦和温度；动觉信息是指人体骨骼、肌肉和肌腱感知到的信息，如力、力矩、位置和速度。⑦ 感知实时的定义对于人和机器可能不同，因此是特定于用例的。

触觉网络在不同用例的性能指标可以有如下表示。

（1）远程操作：环境高度动态时触觉网络的延迟要求低至 1～10ms，在中等动态环境中延迟可延长到 10～100ms，在静态或准静态环境中延迟可以达到 100ms～1s。

（2）沉浸式虚拟现实：为了在沉浸式虚拟现实中准确实现触觉操作，延迟应该小于 25ms。由于渲染和硬件引入了延迟，触觉过程的通信延迟应该小于 10ms。

（3）人际沟通：各种形式的人类接触，包括握手、轻拍或拥抱，是人类身体、社会和情感发展的基础。典型的触觉人际传播系统包括本地用户、远程参与者、本地环境中的远程参与者模型和远程环境中的本地用户模型。在对话模式中，交互是高度动态的，触觉通信的延迟需要达到 0～50ms 的要求。在观察模式下，交互是静态的，延迟可延长至 0～200ms。

触觉网络有助于远程操作、协作自动化驾驶和人际传播。使用通信网络可以实现触觉触摸，触觉网络设计过程中需要取消开放系统互联网络模型并采用跨层通信系统设计。实现触觉网络涉及新的物理层方案设计，包括增强信令系统设计和波形复用的实现。在设计过程中应使 6G 网络满足缓冲、排队、调度、切换和协议等过程。

2.2.4 数字孪生

目前，数字技术主要用于宏观物理指标的监测和显性疾病的防治。借助先进的传感器、人工智能和通信技术，将有可能在虚拟世界中复制完整的物理实体，这个物理实体的数字复制品被称为数字孪生体。数字孪生是指物理空间和虚拟空间之间的交互映射，将物理对象克隆成虚拟对象的能力。数字孪生使用传感、计算、建模等技术，通过软件定义对物理对象进行描述、诊断、预测和决策。虚拟对象反映了原始对象的所有重要属性和特征。人们可以与数字孪生体互动，这与实体互动具有相同的效果。用户可以通过控制自己的数字孪生体，完成一些远程的工作，如可以将城市映射到一个数字孪生体中，通过观察城市的数字孪生体可以实现对城市的实时监控与管理。

为了对物理实体进行完整复制，需要使用大量传感器，例如，复制一个完整人体数字孪生需要大量智能传感器（>100 台/人）。另外，为了复制 1m×1m 的区域，需要一个万亿像素，假设周期同步为 100ms，压缩比为 1/300，则这需要 0.8 Tbps 的吞吐量。为了保证能对物理世界能够及时做出预测或判断，数字世界和物理世界的数据交换应当尽可能快。对于关键任务，需要低至毫秒级的时延。数字孪生活动需要处理大量异构数据且难以依靠人工进行时，可以借助人工智能技术。另外，映射城市的数字孪生体时，城市中大部分基础设施都是不具有移动性的，而对于市民、汽车、地铁等具有高移动性或群移动性的部分，在数字孪生中，也需要灵活、按需支持高度差异化的移动性。

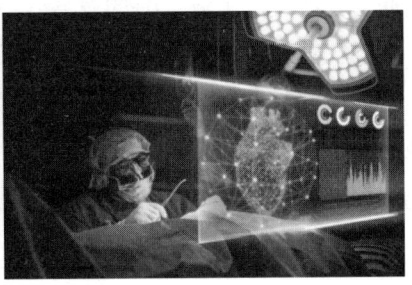

图 2.3　数字孪生

2.2.5　工业 4.0+

5G 希望在工业中实现机器类通信、超低时延和高可靠性通信，但是一些超低时延和高可靠性可能较难使用 5G 实现，因此希望在 6G 实现以上功能。在 6G 时代，工业改成工业灵活性、通用性和效率将具有显著的提高。另外，6G 时代的工厂将更加智能化，以实现工业 4.0+，工业 4.0+中将实现人们、机器人和智能机器的场景。与 5G 时代的工业 4.0 相似，云计算、边缘计算、大数据和人工智能有望将成为工业 4.0+的关键技术。

理想的工业 4.0+将需要大量的数据，利用 6G 网络的超高带宽、超低时延和超可靠等特性，可以对工厂内车间、机床、零部件等运行数据进行实时采集。工业服务的数字化和自动化对网络提出了越来越高的延迟要求。为了提高未来工业自动化的质量和成本效益，每个传感器、执行器、网络物理系统和机器人都需要以几毫秒的精度来完成指令执行。由于大量数据由工业机器人和传感器生成，仅在中心云处理数据并不是有效的解决方案，所以工业 4.0+中所有终端之间可以直接进行数据交互，而不需要经过云中心，实现去中心化操作，提升生产效率。利用边缘计算和 AI 等技术，在终端直接进行数据监测，并且能够实时下达执行命令。基于先进的 6G 网络，工厂内任何需要联网的智能设备均可灵活组网，智能装备的组合同样可根据生产线的需求进行灵活调整和快速部署，从而能够主动适应制造业个性化、定制化的大趋势。另外，操作人员可以通过 VR 或全息通信来监控远程机器，并通过触觉网络进行驱动和控制。

在 6G 时代的工业 4.0+ 中，不仅通信，而且计算、缓存、控制和智能都得到联合优化。预计需要大于 24Gbps 的数据速率，10～100μs 的端到端延迟，以及 $\geq 125\times 10^6$ 设备 / km^2 的覆盖率。无线能量传输、能量收集和反向散射通信，将为工业 4.0+ 中的能量受限传感器和机器人提供可持续的解决方案。Sub-6GHz 通信、机器学习、区块链、集群无人机、3D 网络与可见光通信也将支持工业 4.0+ 的发展。

此外，面向工业 4.0+ 的终端也将随 6G 演进：如相关研究中所描述的，面向工业的终端主要包括智能机器设备、多智能体系统和微型传感器三部分，涵盖了目前在工业中所使用的终端种类。

1. 智能机器设备

智能机器设备，也就是智能机器人，具备形形色色的内部信息传感器和外部信息传感器，如视觉、听觉、触觉、嗅觉传感器。除了具有感受器，它还有效应器，作为作用于周围环境的手段，这就是筋肉，或称自整步电动机，它们使机器人的手、脚、触角等动起来。因此智能机器人至少要具备三个要素：感觉要素、运动要素和思考要素。智能机器人是一个多种新技术的集成体，它融合了机械、电子、传感器、计算机硬件、软件、人工智能等许多学科的知识，涉及当今许多前沿领域的技术。

智能制造系统借助计算机模拟人类的智能活动，是一种在工业制造过程中能自主进行数据分析、推理、判断、构思和决策等智能活动的人机一体化系统。同时，它还可以收集、存储、完善、共享、继承和发展人类的制造智能。通过人机智能交互，可以扩大、延伸并部分地取代人类在制造过程中的脑力劳动。在制造过程的各个环节，广泛应用人工智能技术，使制造自动化向智能化方向发展。

智能制造源于人工智能的研究和发展。随着产品性能的完善化及其结构的复杂化、精细化，和功能的多样化，产品所包含的设计和工艺信息量猛增，生产线和生产设备内部的信息流量随之增加，制造过程和管理工作的信息量也必然剧增，因而促使制造技术的发展转向了提高制造系统对于爆炸性增长的制造信息处理的能力、效率及规模上。先进的制造设备离开了信息的输入就无法运转，制造系统正在由原先的能量驱动型转变为信息驱动型，这就要求制造系统不但要具备柔性，而且还要智能，否则难以处理如此大量而复杂的信息工作量。其次，瞬息万变的市场需求和激烈竞争的复杂环境，也要求制造系统更加灵活、敏捷和智能。因此智能制造日益成为未来制造业发展的重大趋势和核心内容。

除了位于工厂的智能制造等应用场景，未来工业互联网应用还将包含大量高移动性终端，如基于无人机的相关应用等。如图 2.4 所示的高空高分辨率球形显示系统，可以在高空中显示大量信息。在这些应用中,终端设备除了需要具备强大的通信能力,对功耗、重量、体积等也有较高的要求,以提高实际使用时的续航能力。为实现上述功能,需要对通信、电池、计算平台和面向应用的专用技术等系统联合进行优化,提高设备的实用性。

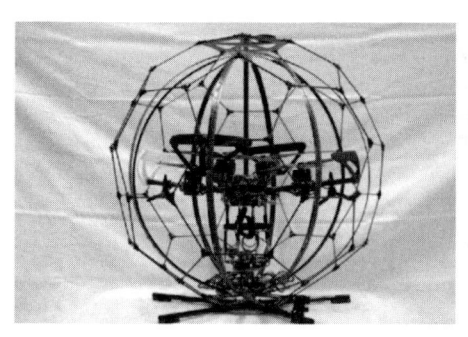

图 2.4 高空高分辨率显示(左图:设备;右图:显示时效果)

2. 多智能体系统

多智能体系统面向未来多形态智能终端组成的系统(大规模系统),从另一个层面扩展对终端新形态的探索。随着机器人产业和 ML 技术的快速发展,具有 ML 能力的智能体(Intelligent Agent)的数量将出现快速增长。因此具有大规模交互能力的终端将是未来一种终端类型,且智能体之间的智能交互需求也将成为下一代宽带移动通信系统的重要设计目标之一。

为了实现智能体之间的协同操作和合作学习,需要在智能体之间交互 ML 相关的智能数据。根据不同的智能交互场景,所需交互的智能数据可能包括 ML 模型、ML 训练集(Training Set)、机器感知(Machine Perception)数据。下面将结合具体的交互场景探讨智能体的具体交互及处理能力。

1)协同机器感知(Collaborative Machine Perception)场景

机器感知的目的是赋予智能体"类人的"观察、感知世界的能力,进而使其可以像人类那样思考、理解及行动,包括对图像、声音等环境因素的感知。在机器人技术中,机器感知是机器人进行决策推理和动作控制的重要依据。在传统机器人技术中,机器人获取的感知数据只在本地处理。但随着机器人承担任务的日益复杂化和对动作实时性的要求日益提升,机器人的本地处理能力已不足以在要求的时延内完成对感知数据的处理和学习,并形成实时决策和行动,因此需要通过云端或 MEC 分流计算能力。如图 2.5 所示,智能体将感知数据实时上传到云端或 MEC,在云端或 MEC 完成推理运算后,将动作控制指令(没有 ML 能力的机器人)或 DNN(有 ML 能力的机器人)下载给智能体。还能够通过智能体之间交互感知数据,以便智能体能够获取更全面的感知数据。因此,需要支持感知数据在智能体与云端或 MEC 之间(通过 Uu 接口)、智能体之间(通过 Sidelink)实时传输。

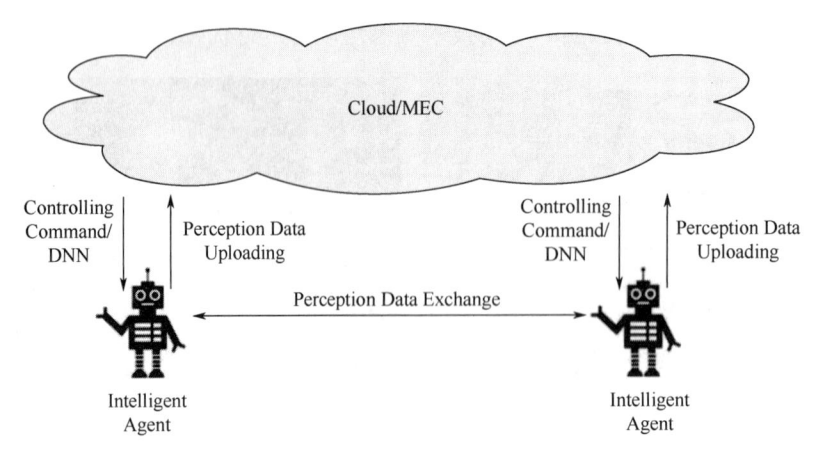

图 2.5 协作机器感知场景

2) DNN 交互场景

在如下场景中,需要智能体与云端或 MEC 之间、智能体之间实时传输 DNN。

DNN 下载:此场景下,云端或 MEC 将训练好的 DNN 下载到智能体。之所以要实时下载 DNN,是因为所需完成的任务和智能体所处的环境紧密相关,无法用一个通用的静态 DNN 适用各种环境,而智能体的存储空间不足以将所有可能的 DNN 都存储在本地,智能体需要根据环境的变化实时下载适合的 DNN,如图 2.6 所示。

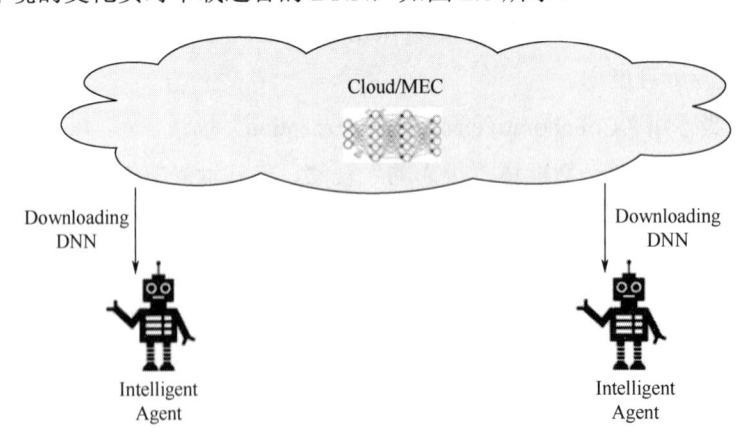

图 2.6 DNN 下载场景

协作学习(Collaborative ML):在两种情况下需要协作学习,第一种是每个智能体的计算能力不足以单独完成 DNN 的训练，需要多个智能体、或智能体与云端或 MEC 分工完成 DNN 训练；第二种是不同智能体所处的环境不同，可以获取的训练集不同，单个智能体无法单独获取 DNN 训练所需的完整训练集，且由于信息安全与隐私保护的要求，智能体不能将自己的感知数据或训练集共享给其他智能体或上传到云端或 MEC，此时需要智能体基于自身环境完成各自的 Local DNN 训练，然后上传到云端或 MEC，或在智能体之间交互 DNN，如图 2.7 所示。

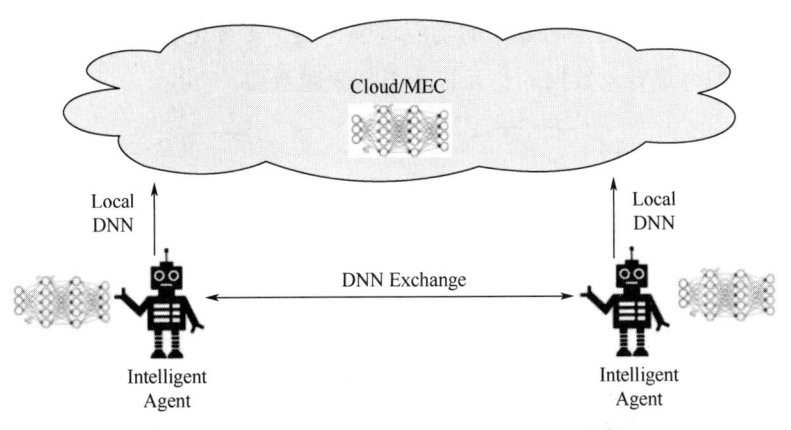

图 2.7　协作学习场景

联邦学习（Federated ML）：联邦学习与协作学习的区别在于先由云端或 MEC 向各个智能体下载 Global DNN，然后再由各个智能体基于 Global DNN 分别训练 Local DNN，然后将 Local DNN 上传到云端或 MEC，形成新的 Global DNN，如图 2.8 所示。

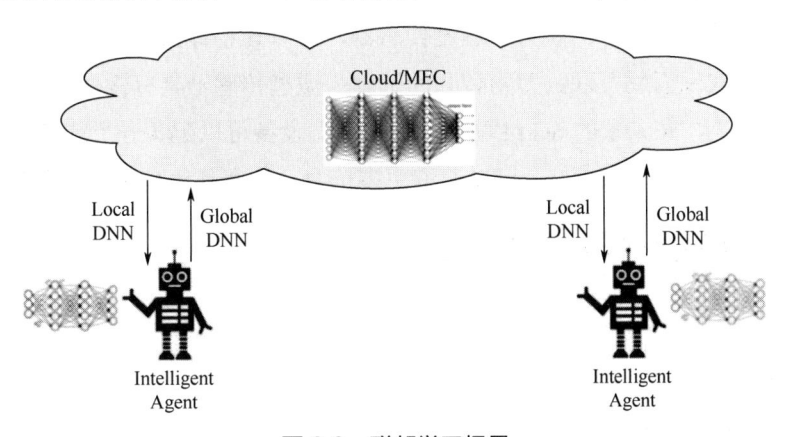

图 2.8　联邦学习场景

3）ML 训练集交互场景

在不同类型的智能体之间（如不同功能的机器人之间），无法直接交互 DNN，而需要进行训练集的交互。一种类型的智能体通常不具备对与自身任务无关的 ML 模型的训练能力，因此无法将另一种智能体类型所需的 ML 模型训练好再传输给对方。如图 2.9 所示，A 类型智能体不具备将收集到的数据训练成 B 类型智能体所需 DNN 的能力，所以将与 B 智能体相关的训练集或背景数据共享给 B 智能体，或上传到云端或 MEC，由 B 智能体或由云端或 MEC 完成训练。随着机器人的功能增强、类型多样化和在非结构化环境中工作的需求日益增长，训练集背景数据的交互将变得越来越重要。

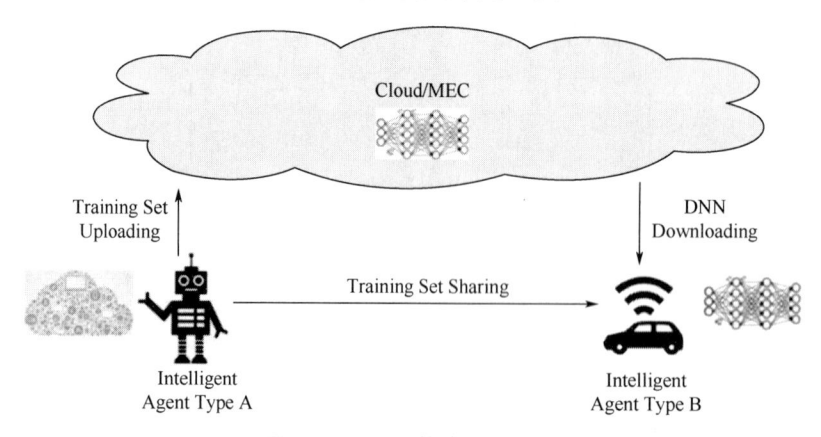

图 2.9　ML 训练集交互场景

3．微型传感器

传感器是物体感知世界的媒介，通过传感器，可以让物体拥有视觉、听觉、味觉、嗅觉和触觉等，是实现万物互联、万物智联的基础。微型传感器具有微型化、智能化、低功耗、易集成等特点，在未来的 6G 终端中，一个终端设备可以配备一个或多个微型传感器，这些传感器将赋予终端五大感官，可以获取更多信息，结合其他技术，实现真正的智能化。

2.2.6　互联机器人自主系统

CRAS 将由无人驾驶飞机运载系统、无人驾驶汽车、无人驾驶飞机群和自主机器人等设备组成。这些设备也可以被称为智能体，它们具备感知、推理、决策和执行能力，它们既可以是物理实体，也可以是虚拟系统。

CRAS 将实现智能体独立运作的零干预业务，包括无人物流、无人仓储、无人车间、无人农田、无人运维系统等生产型业务场景，通常需要无人机、无人车、机器人、监控系统、交通管理系统等智能体的联动。智能体的交互将加速智慧城市互联，数十亿个具有互联网连接的设备或传感器将直接交互，提供交互式智能和周围环境。CRAS 要求有较低的延迟，以及需要高清晰度地图的可靠传输。

2.2.7 智能运输系统

AI 支持的未来车辆网络为未来 6G 智能交通系统和 V2X 通信铺平了道路。在不久的将来，6G 必将带来真正自主、可靠、安全和商业上可行的无人驾驶汽车。2030 年及以后，希望大量联网的无人车辆以不同程度的协调运行，以尽可能提高运输和物流效率。这些车辆可以包括在家庭、工作场所或学校之间运送人员的自动汽车，也可以是运送货物的自动卡车或无人机。无人驾驶车辆相对人为驾驶有更高的效率，还可以通过减少化石燃料消耗实现节能的目标。更重要的是在安全方面，无人驾驶相对于人为驾驶的不确定因素较少，对人类更为安全。联网无人驾驶运输致力于降低目前全球运输和物流网络的伤亡率，因此需要传感器、传感器融合和控制系统的不断进步。

完全自主的运输系统要求极高的可靠性和极低的延迟，即高于 99.99999% 且低于 1ms。为了使车辆网络高效安全地运行，无线网络还需要提供超高的可靠性。自主车辆严重依赖基于极低延迟的连接及基于人工智能的技术来提供有效的路线规划和决策。在自主运输系统中，每一辆车都需要配备许多传感器，包括摄像机和激光扫描仪等。系统的算法必须快速融合多类数据，数据包括车辆周围环境、位置、其他车辆、人、动物、结构或可能导致碰撞或伤害的危险的信息，同时需要在短时间内快速决定如何控制车辆。

2.2.8 无人机技术

近年来，无人机应用已经扩展到军事和民用领域。目前无人机的应用提供了许多新的应用场景，包括空域监视、边境巡逻、交通和人群监控、农业植物保护与环境检测。与固定的基础设施相比，无人机的主要特征是易于部署、视线连接以及可控机动性。

随着 6G 和 IoE 的出现，研究人员探索了 U2X 网络的使用，通过调整通信模式以充分发挥其潜力，扩展了传感应用的范式。将 6G、IoE 和无人机集成为 U2X 网络的一个关键挑战是设计无线电资源管理以及实现信息联合传输和感知协议。U2X 网络的最大挑战是轨迹设计，轨迹的设计针对特定的领域，如客运出租车的轨道设计和蜂窝基础设施动态不同，

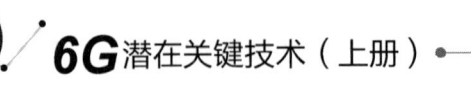

需要根据应用要求进行设计。

在 6G 中，UAV 可用作便携式基站或中继站。UAV 在热点区域、拥挤区域中可作为中继基站，这将成为下一代网络基础设施的固有部分。在紧急情况下或当蜂窝基础设施不可用或不再运行时，使用 UAV 可以快速部署网络。通过利用适当的信号方向，UAV 基站还可以为地面飞机上的乘客提供互联网连接，从而降低昂贵的卫星通信成本。将 UAV 集成到 6G 网络的关键挑战为无线电资源管理、传输协议与轨迹设计。随着 6G 与 AI 的集成，一些与基于 UAV 的移动性相关的主要问题，如有效的路线规划和电力传输，预计都将得到解决。

在 UAV 系统中，预计使用的速率需要达到 10~100Mbps，端到端的延迟为 1~10ms。区块链、AI、集群 UAV、零接触网络、能量转移与收集、智能反射表面与 3D 网络等关键技术将支持 UAV 在 6G 中的应用。

2.2.9 新型智慧城市群

随着数字时代的不断演进，通信网络成为智慧城市群不可或缺的公共基础设施。目前，不同的基础设施由不同的部门分别建设和管理，绝大部分城市公共基础设施的信息感知、传输、分析、控制仍各自为政，缺乏统一的平台对城市信息进行管理。在 6G 时代，将利用边缘计算、网络切片等结构将整个城市连接起来，城市的各个角落都将被连接起来，使用相同的标准对城市各个基础设施进行管理，实现城市的统一管理。

2.2.10 智能医疗

在 6G 时代，网络可以为医疗提供远程诊断，医生可以远程为患者提供医疗服务。在远程手术中，医生可以获得远程手术患者的实时视听反馈。医生首先得到机器人传送的实时视觉反馈与触觉信息，再通过操控机器人进行操作，触觉网络将是实现远程手术的关键技术。高数据速率、低延迟、超高可靠的 6G 网络将有助于快速可靠地传输大量医疗数据，改善医疗服务和质量。

Sub-6GHz 技术在医疗保健中将有重大用途，Sub-6GHz 可以用于皮肤病学、口腔保健、制药工业和医学成像领域。此外，在人体内配备无电池通信的体内传感器可以对人体实现可靠的监控功能，这对观察人的身体健康特征有重要用途。

2.2.11　无线脑机交互

BCI 将实现为用户定制无线系统。BCI 在传统用例上局限于医疗设备，使用大脑植入物控制假肢或其他邻近设备。BCI 是大脑和外部设备之间的直接通信路径，BCI 获取大脑信号，并将信号传输到数字设备，然后分析信号并将其解释为进一步的命令。6G 场景中，BCI 将带来更高性能的体验。通过脑机接口与设备的联合，人们可以与周围环境实现触觉接触。无线脑机还可以实现人通过设备与其他人进行情感上的沟通。与 XR 相比，BCI 用例需要对身体感知更敏感，因此 BCI 需要更高的速率、更低的时延与更高的可靠性。

2.2.12　全球连接和集成网络

从 2016 年到 2021 年，移动通信量预计将增长 3 倍，2020 年，密集地区有 $10^7/km^2$ 的设备数量，全球有超过 1250 亿台设备。6G 网络将连接个人设备、传感器与车辆等设备。此时相对于 5G 网络，6G 需要 10～100 倍的整体网络能效。6G 网络希望实现可扩展、低成本的部署，并具有低环境影响和更好的覆盖范围。5G 蜂窝网络主要部署在室外，但是 80%的移动通信量在室内产生，毫米波等高频信号无法轻易穿透介电材料，因此难以提供较好的室内连通性。6G 网络预计将在不同的环境中提供无缝且普及的连接，并要求室外与室内的服务质量相匹配。

目前通信网络架构主要考虑二维，预计在未来 6G 将实现全球连接，通信节点将无处不在，如图 2.10 所示。为了实现全球连接的目标，在设计网络时需要考虑三维网络，包括地面、空中和卫星通信。集成的三维网络将为用户带来服务与性能上的提升。

图 2.10　全球连接和集成网络

除了地面和空中通信，由于地球表面 70%以上被水覆盖，一些海洋应用需要实时监测。水下无线通信基于声波、射频波和光波的通信系统来实现。由于水下声波和射频波的低带宽和低数据速率限制，使用光波可提供低延迟的高速水下光无线通信，以换取有限的通信范围。传统的陆地和水下技术方案将不再满足水下无线网络的要求，在物理层、数据链路层、网络层、传输层、应用层及无线传感器网络都将需要新的设计方案。

在世界上的许多地方，如农村和偏远地区，都缺乏适当的连接，这导致了日益扩大的数字鸿沟。这些地区可能人口密度低、收入低、地形复杂、没有基础设施、缺乏电网。农村连通性的不足限制了互联网服务的使用和新技术的采用，这严重影响了农村和偏远地区的福祉和经济发展。一些绿洲在电网之外，但可以依靠燃料发电机或可再生能源，如太阳能、风能和水。切片和缓存、联合资源优化和使用移动平台进行数据收集，将适用于偏远地区地面无线移动解决方案。高空平台、卫星系统和 UAV 等非地面网络也可通过提供直接用户访问或回程连接为偏远地区用户提供连接。

未来十年，物联网连接设备的数量预计增长三倍。6G 网络基于无处不在的大数据，将 AI 赋能各个领域的应用，创造出"智能泛在"的世界。近乎即时的无线连接性是整个数字化的主要推动力，需要更先进的通信基础设施来实现海量数据高速、无延迟、安全可靠的分发。

2.3 6G 的指标

5G 的性能指标之间的关系是独立的，预计 6G 的不同性能指标将存在交叉关系。假设用例所需的性能按组划分，一个组的所有指标都要同时完成，但是不同的组可以有不同的要求。6G 的性能指标将不再是单一的，将实现不同宽带应用的需求变得更加专业化，需要实现应用指标需求的完全相同。因此 6G 需要实时配置，以满足这些不同的应用。表 2.1 显示了 5G 和 6G 关键绩效指标，这里提出的关键绩效指标不限于某一应用场景，而是从整体的角度提供了 6G 的预期关键绩效指标。图 2.11 所示为 5G 到 6G 的主要性能演进趋势。

表 2.1　5G 和 6G 关键绩效指标

KPI	5G	6G
峰值数据速率	上行：20Gbps 下行：10Gbps	1Tbps
用户体验数据速率	0.1 Gbps	1 Gbps
峰值频谱效率	30 bps/Hz	60 bps/Hz
用户体验频谱效率	0.3 bps/Hz	3 bps/Hz
最大带宽	1 GHz	100 GHz
区域通行容量	100 Mbps/m^2	1 Gbps/m^2
连接密度	10^6/km^2	10^7/km^2
能量效率	未定义	1 Tb/J
延迟	1ms	100μs
可靠性	$1-10^{-5}$	$1-10^{-7}$
抖动	未定义	1μs
移动性	500km/h	1000km/h
定位精度	≤10m	cm 级

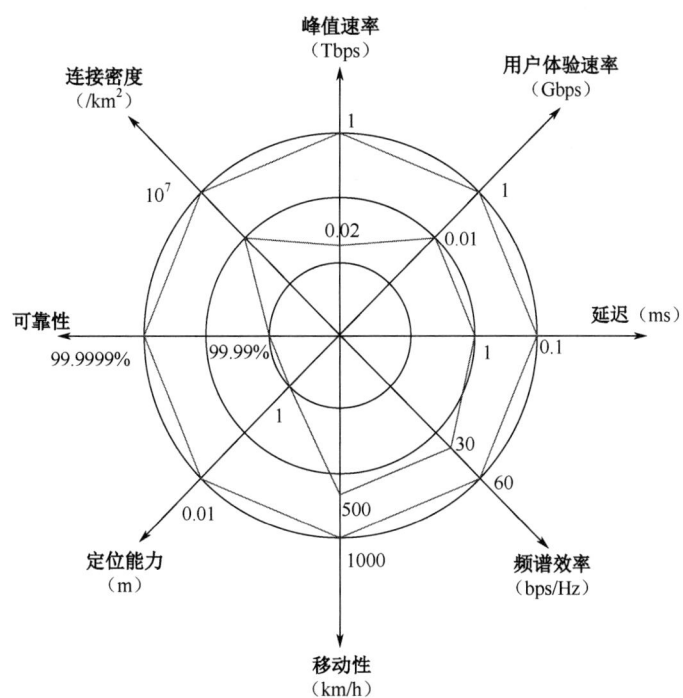

图 2.11　5G 到 6G 的性能演进趋势

2.3.1 数据传输速率

6G 的峰值数据速率为 1Tbps，这是 5G 峰值速率的 100 倍。在某些特殊情况下，如 Sub-6GHz 无线回程和前端传输，峰值速率将达到 10Tbps。95%用户位置的用户体验数据速率预计将达到 1 Gbps，是 5G 的 10 倍。对于某些场景，如室内热点，它还可以提供高达 10 Gbps 的用户体验数据速率。

6G 网络将通过使用多波段高扩频技术，允许每秒数百千兆比特到每秒万亿比特的链路。例如，Sub-6GHz、毫米波波段、THz 波段与可见光波段的组合使用。这激发了对更多频谱资源的需求，从而推动了对 FR2 频段的进一步探索。

新兴应用要求有极高的用户体验率，用户体验率是指用户在单位时间内与介质访问层之间的数据传输量。在实际网络应用中，用户体验率受多种因素影响，包括网络覆盖环境、网络负载、用户规模和分布范围、用户位置、业务应用等因素。良好的用户体验率要求更高的数据传输速率。

2.3.2 超低延迟

在 6G 时代，新型业务对快速响应和实时体验的要求也越来越高，这意味着对延迟有精确的要求。在需要在有限时间内传递数据包的及时服务场景中，如工业自动化、自治系统和大规模传感器网络，延迟的数据包是没有意义的，系统中大多数机器的运行必须有时效性。

工业互联网中的微小连接实体，如可编程逻辑控制器、传感器和执行器，必须以 10ms 的延迟精度执行，并且有时可能需要达到亚毫秒精度。交通系统也将具有数万辆车、交通信号、内容和其他组件的连接端点。为了协调这种紧密相连的机器的运行，信息的及时传递是必要的。对于需要按时到达的服务，如 UAV 集群的同步操作，需要同步不同的数据流传输，还包括在相关时间内完成的协同服务。总之，未来很多行业不仅需要降低延迟，还包括具体延迟、相关延迟等精准要求，需要精准的延迟保障服务。

为了保障对延迟敏感的实时应用的体验，与延迟相关的性能需要显著提高。性能目标包括 10~100μs 的空中延迟、小于 1ms 的端到端延迟及 μs 级的极低延迟抖动。满足这些要求后，用户体验到的延迟可以小于 10 ms，用户体验延迟包括无线链路、有线链路中所有延迟组件的总和，以及客户端和服务器端的计算。使用 10GHz 以上的带宽允许延迟低至 0.1ms，延迟抖动应低至 1 秒，以提供确定性时延。

2.3.3 极高的可靠性

6G 网络需要极高的可靠性,网络错误率应达到极低才能满足一些应用的正常运行。为了支持可靠性极高的延迟敏感型服务,如工业自动化、紧急响应和远程手术,6G 网络可靠性需要比 5G 提高 100 倍,从而使错误率达到 10^{-7}。对于一些新的使用案例要求极高的可靠性,最高可达 10^{-9},以支持关键任务和安全应用。

为了提高现有网络的可靠性,需要对无线技术中的调制和编解码技术进行改进,另外需要提高媒介访问控制层的信息交换的正确率。通信环境中的障碍物会降低可靠性。随着频率变得更高,收发器之间的障碍物对信号的堵塞将越来越明显,可重构的智能表面可以通过控制通信传播环境来提高可靠性。

2.3.4 定位能力

定位能力是指对一个或多个目标进行三维位置测定与跟踪的功能及相应精度。6G 预期提供高精度定位能力,保障虚实空间融合结构的一致性。6G 将提供比现有 5G 定位技术方案更精确的时间信息和空间信息,进一步提高 6G 未来用户的实时体验,促进信息社会的发展。

6G 定位在智能空间、混合现实等一般场景中需要厘米级精度,在精密制造、精细手术等关键现场级场景中可能需要毫米级精度。随着物联网技术的快速发展,医院、机场、工厂、隧道、养老院等场所对位置的需求也越来越大。医院希望实时定位医疗设备,方便在需要时快速呼叫;它还希望对特殊病人进行位置监控,以防止事故发生。高危化工厂需要对人员进行本地化管理,防止发生安全事故等。以智能工厂为例,智能工厂需要实时准确地定位员工、车辆和资产的位置,零延迟地在工厂控制中心显示人、车辆和物体的位置信息,进行安全区域控制、人员在职监控和车辆实时跟踪监控,通过准确控制和合理调度提高智能工厂的管理水平。

2.3.5 覆盖能力

连接密度是指每单位面积可以支持的在线设备总数。5G 时代,平均每平方米最多支持一台 5G 设备。随着物联网、体域网络、人工智能和低功耗技术的快速发展,快递物流、工厂制造、农业生产、智能穿戴和智能家居都需要网络连接。在 6G 时代,预测每个人将至少配备 1~2 部手机、1 块手表、多个贴身健康监测器、放置在鞋底的两个运动探测器等，这将使连接密度比 5G 增加近 10 倍。在热点场景，连接机器数量的爆炸性增长将需要 6G 来支持 10^7 设备/km^2。就容量而言，6G 将能够灵活高效地连接上万亿级对象。因此 6G 网络将变得极其密集，区域容量高达 1Gb/s/m^2。6G 将比 5G 支持更大的覆盖范围。移动设备支持的最大速度从 4G 的 350 km/h 提高到 5G 的 500 km/h，根据运输系统的发展，在 6G 中进一步改进，预计将达到 ≥1000km/h。

6G 预期提供广域立体覆盖能力，帮助人类扩展物理活动空间，通过空天地一体化设计和水下无线通信等丰富的连接技术，实现天空、边远、远洋、水下等多种场景的泛在连接。压缩感知和稀疏编码、边缘缓存、迁移学习和光纤将有助于解决网络密度的问题。压缩感知和稀疏编码可以通过压缩信息来减少用户的通信数据量；边缘缓存可以存储小区中的热门内容，降低中心速率需求；迁移学习可以通过共享 DNN 结构减少计算服务的数据量；光纤也可以降低回程网络和极高密度无线网络中无线速率需求。

2.3.6 频谱效率

在改进 MIMO 技术的支持下，频谱效率最高可达 60 bps/Hz，更重要的是需要在覆盖区域上实现频谱效率的均匀性，用户体验的频谱效率将达 3 bps/Hz。

2.3.7 能量效率

通信技术能源消耗越来越大，增大了成本效益和节能解决方案的压力。为了实现可持续发展的目标，6G 技术预计将特别关注更高的能效，包括每台设备的绝对功耗和传输效率。传输效率应该达到 1Tb/J，节能通信策略也将是 6G 的核心组成部分。在 6G 时代，用户期望在日常生活中获得不间断的服务，因此电池续航时间需要得到改善。考虑到环境可持续性发展，6G 网络的能耗应该最小化。能源效率也将与工业自动化制造的经济性密切相关。

索引和空间调制是增强能效的有效物理层方法。WPT 与 SWIPT 可利用能量收集向无线接收器提供能量。此外，多输入多输出系统的低分辨率多天线架构对于降低功耗和提高能效非常有效。分布式和协作式多点传输可以有效地降低基于密集小区的通信的功耗，而中继和多跳传输可通过更高的复杂性和延迟为代价来降低长距离通信的功耗。

2.3.8　计算性能

传统移动通信网络计算资源主要指完成信息传递所需的计算与存储需求，体现了网络自身运行与网络运营能力等。6G 计算涉及信息获取、处理、传输、存储、再现、安全、利用等全链条，除了传统 CPU 等算力，还需要 AI 芯片、GPU、NPU 及其他 XPU 等新算力及其组合。多种计算架构并存是 6G 计算的发展趋势。保障高性能的同时，低功耗同样是 6G 计算设计的重要准则。

终端具有较高的数据处理速度和传输速度，这使得终端的能耗将会进一步提升，为了保证良好的用户使用体验，6G 终端应当具有更强的续航能力。通过采用新型电池材料，配置新的充电技术，实现更节能的通信过程。另外还需要采用更先进的终端硬件及设计实现更高的计算性能。

2.3.9　安全能力

网络规模扩大和 AI 技术普及给 6G 安全问题带来新冲击。6G 网络将具备内生安全能力，内生安全从被动防御向主动防御与预测危险相融合方向发展。通过多标识路由技术、可信计算技术、可信区块链技术、量子保密通信技术等，解决虚实融合、智能体互联情况下的信息基础设施性能不足与网络空间安全问题。

在 6G 时代，需要整合传统安全机制和新引入的内生安全系统，创建端到端的安全系统。传统硬件级隔离确保安全，软件级引入可信机制。从预测到感知、到响应、到防御，基于业务特征和安全需求，建立独立的安全能力，在遇到网络攻击时可以自我发现、自我修复和自我平衡；对于大规模的网络攻击，它可以自动预测、报警和响应紧急情况，并可以确保关键服务在应对极端网络灾难时不会中断。传统安全机制与内生安全系统的结合体系，可以保证多样化大规模连接的安全运行。

为了提高 6G 服务的安全性，可采用基于经典信息论的主要物理层技术，如安全信道编码、基于信道的自适应、人工干扰信号和秘密序列提取。另外，可以采用基于深度学习的攻击预测方法以预防网络中的恶意检测活动。

2.4 小结

6G 定义的新用例对指标有了更高的需求，仅依靠 5G 现有的网络和技术是难以实现的。需要发展新的潜在使能技术实现目标，潜能技术的发展将会极大扩展 6G 业务的范围。

参考文献

[1] Bariah L, Mohjazi L, Sofotasios P C, et al. A Prospective Look: Key Enabling Technologies, Applications and Open Research Topics in 6G Networks [J]. IEEE Access, 2020, (99):1-1.

[2] Gui G, Liu M, Tang F, et al. 6G: Opening New Horizons for Integration of Comfort, Security and Intelligence[J]. IEEE Wireless Communications, 2020, (99):1-7.

[3] Han B, Jiang W, Habibi M A, et al. An Abstracted Survey on 6G: Drivers, Requirements, Efforts, and Enablers[J]. 2021.

[4] Baiqing, Zong, Chen, et al. 6G Technologies: Key Drivers, Core Requirements, System Architectures, and Enabling Technologies[J]. Vehicular Technology Magazine, IEEE, 2019, 14(3): 18-27.

[5] Zhang Z, Xiao Y, Ma Z, et al. 6G Wireless Networks: Vision, Requirements, Architecture, and Key Technologies[J]. IEEE Vehicular Technology Magazine, 2019, (99):1-1.

[6] 中国移动. ICDT Integrated 6G Network [R]. 2020.

[7] Tataria H, Shafi M, Molisch A F, et al. 6G Wireless Systems: Vision, Requirements, Challenges, Insights, and Opportunities [J]. 2020.

[8] ITU-T FG NET2030. A Blueprint of Technology, Applications and Market Drivers Towards the Year 2030 and Beyond [R]. 2019.

[9] Samsung Research. 6G The Next Hyper Connected Experience for All[R]. 2020.

[10] Saad W, Bennis M, Ch En M. A Vision of 6G Wireless Systems: Applications, Trends, Technologies, and Open Research Problems[J]. IEEE Network, 2020, 34(3):134-142.

[11] 紫光展锐中央研究院. 6G 无界，有 AI 白皮书[R]. 2020.

[12] Alwis et al. Survey on 6G Frontiers: Trends, Applications, Requirements, Technologies and Future Research[J]. IEEE Open Journal of the Communications Society, 2021.

[13] Huang B, Zhao J, Liu J. A Survey of Simultaneous Localization and Mapping with an Envision in 6G Wireless Networks[J]. 2019.

[14] Aggarwal S, N Kumar. Fog Computing for 5G-Enabled Tactile Internet: Research Issues, Challenges, and Future Research Directions [J]. Mobile Networks and Applications, 2019(10).

[15] The IEEE 1918.1 "Tactile Internet" Standards Working Group and its Standards[J]. Proceedings of the IEEE, 2019.

[16] Samsung. 6G The Next Hyper—Connected Experience For All[R]. 2020.

[17] 未来移动通信论坛. 初探 B5G/6G 终端[R]. 2019.

[18] NTTn DOCOMO[EB/OL]. https://www.nttdocomo.co.jp/binary/pdf/corporate/technology/rd/topics/2018/topics_180419_01.pdf.

[19] Kad A, Gd A, Bs B. Industry 5.0 and Human-Robot Co-working - ScienceDirect[J]. Procedia Computer Science, 2019, 158:688-695.

[20] University of Oulu. Key Drivers And Research Challenges For 6G Ubiquitous Wireless Intelligence[R]. 2020.

[21] University of Oulu. White Paper on 6G Networking [R].2020.

[22] 6G 概念及愿景白皮书. 赛迪智库无线电管理研究所[R]. 2020.

[23] Chowdhury M Z, Shahjalal M, Ahmed S, et al. 6G Wireless Communication Systems: Applications, Requirements, Technologies, Challenges, and Research Directions[J]. IEEE Open Journal of the Communications Society, 2020, (99):1-1.

[24] Dang S, Amin O, Shihada B , et al. What should 6G be?[J]. 2019.

[25] Saeed N, Celik A, Al-Naffouri T Y , et al. Underwater optical wireless communications, networking, an ICDT INTEGRATED 6G NETWORK d localization: A survey[J]. Ad hoc networks, 2019, 94(Nov.):101935.1-101935.35.

[26] IMT-2030. 6G 总体愿景与潜在关键技术白皮书[R]. 2021.

[27] University of Oulu. 6G White Paper on Connectivity for Remote Areas[R]. 2020.

[28] University of Oulu. White Paper on Broadband Connectivity in 6G[R]. 2020.

[29] FuTURE 论坛.6G Gap Analysis And Candidate Enabling Technologies [R]. 2019.

[30] Gui G, Liu M, Tang F , et al. 6G: Opening New Horizons for Integration of Comfort, Security and Intelligence[J]. IEEE Wireless Communications, 2020, (99):1-7.

[31] FuTURE 论坛. 多视角点绘 6G 蓝图[R]. 2019.

第 3 章

6G 全频谱通信

随着具有极高数据速率和严格带宽要求的新用例出现,实现 6G 网络的一个关键挑战是如何解决频谱的稀缺问题。由于 Sub-6GHz 与毫米波已不能满足 6G 需求,因此 6G 网络需要开发更高频段的频谱,如 THz 与可见光。5G 频谱已支持其某些典型应用,5G 部分频谱将继续应用于 6G 中,且 6G 频谱将在 5G 的基础上进一步扩展。

3.1 移动通信频谱的演变

3.1.1 从 1G 到 5G:移动通信频谱发展

频谱在各代移动通信技术发展中不断演进。1G 的典型频段为 800~900MHz,传输速率为 2.4Kbps,带宽为 30KHz。主要用户是 AMPS、NMT 和 TACS。

2G 主要频段包括 GSM850/900/1800/1900,GSM850 的频段范围为 824~894MHz,GSM900 的频段范围为 890~960MHz,GSM1800 的频段范围为 1710~1880MHz,GSM1900 的频段范围为 1850~1990MHz。GSM900/1800 频段主要由欧洲和中国使用,GSM850/1900 频段主要由美国使用。2G 的数据速率可达 10Kbps,最高带宽可达 1.5MHz。GPRS 是 GSM 网络向第三代移动通信系统过渡的一项 2.5G 通信技术,GPRS 可支持的数据速率为 20Kbps。EDGE 也是一项 2.5G 通信技术,支持数据速率可达 200Kbps,最高带宽可达 200KHz。

3G 频段标准为 WCDMA 800/850/900/1800/1900/2100MHz。其中，美国主要使用 WCDMA850/1900/1700 频段，欧洲使用 WCDMA 2100 频段。3G 涉及 WCDMA、UMTS 和 CDMA 2000 技术的引入和使用。WCDMA 和 UMTS 可实现的带宽为 5MHz，CDMA2000 可实现的带宽为 1.25MHz。HSUPA/HSDPA 和 EVDO 等不断发展的技术已经形成了 3G 和 4G 之间的中间一代，称为 3.5G，数据速率提高到 5～30 Mbps。LTE 中的 OFDMA 与 SC-FDMA 技术，WIMAX 中的 SOFDMA 技术的发展形成了 3.75G，此时数据速率达到 100～200Mbps，LTE 中的频段为 1.8GHz 与 2.6GHz，带宽为 1.4～20MHz。WIMAX 中的频段为 3.5GHz 与 5.8GHz，在 3.5GHz 时的带宽为 3.5～7MHz，在 5.8GHz 时的带宽为 10MHz。3G 的信息传输速率比 2G 网络明显提升，这也使得移动互联网得以实现。

4G 的典型频段标准按照双工的模式可以分为 TDD-LTE 与 FDD-LTE。其中，LTE 的 FDD 部分频段分为 B1～B31，FDD-LTE 上行频段范围为 1755～1765MHz，下行频段范围为 1850～1860MHz。TDD 部分为 B33～B44，TD-LTE 上行频段范围为 555～2575MHz，下行频段范围为 2300～2320MHz。在国内使用的频段范围包括 B1/B3/B5/B8/B34/B38/B39/B40/B41。中国移动用 TD-LTE 网络，所用频段为 2320～2370 MHz，2575～2635 MHz 在 Band40（2300～2400MHz）与 Band41（2496～2690MHz）的范围内。中国联通主要使用 LTE-FDD，其上行频段范围为 1955～1980 MHz，下行频段范围为 2145～2170 MHz 落在 Band1（上行为 1920～1980MHz，下行为 2110～2170 MHz）。中国电信也主要用 LTE-FDD，上行频段范围为 1755～1785 MHz，下行频段范围为 1850～1880 MHz，属于 Band3（上行为 1710～1785 MHz，下行为 1805～1880 MHz）。4G 的主要技术为 LTE-A 与 WIMAX 中的 SOFDMA。LTE-A 支持的频段为 1.8GHz 与 2.6GHz，WIMAX 支持的频段为 2.3GHz、2.5GHz 与 3.5GHz。LTE-A 中的上行数据速率为 1.5Gbps，下行数据速率为 3Gbps，带宽为 1.4MHz 到 20MHz。WIMAX 的数据速率为 100～200Mbps，带宽为 3.5MHz、7MHz、5MHz、10MHz 与 8.75MHz。

ITU-R M.2083-0 指出，在 2020 年后，没有一个单个的频率范围可以满足部署 IMT 系统所需的所有准则，特别是在地形和人口密度差异很大的国家中。因此，要满足 IMT 系统的容量和覆盖要求，需要多个频率范围。WRC-15 议程项目 1.1 重点关注低于 6GHz 的移动宽带频谱，但是 5G 的部分实际应用需要达到 6GHz 以上的频率。5G 中不仅只包含毫米波，低于 6G 的频率对于实现 5G 的容量和范围、提供跨时间和空间的一致 QoS、支持广域的 M2M 与支持超可靠的服务将很重要。

3GPP 定义了两个 5G NR 的 FR，5G 频段如图 3.1 所示。其中，FR1 定义的频率范围为

450～6000MHz，由于该频段在 6GHz 以下，因此也通常称为是 Sub-6G。FR2 定义的频率范围为 24250～52600 MHz，该范围属于毫米波。5G NR 包含了部分 LTE 频段，也新增了一些频段。5G NR 的频段号以 "n" 开头，目前 3GPP 制定的 FR1 频段范围内包括 FDD、TDD、SDL 与 SUL 的双工模式，FR2 频段范围内为 TDD 的双工模式。5G 期望获得高达 10Gbps 的网络速度、大于 100Mbps 的小区边缘速率和小于 1ms 的延迟，为了达到以上性能，5G 将在高达 100GHz 的频带中工作。

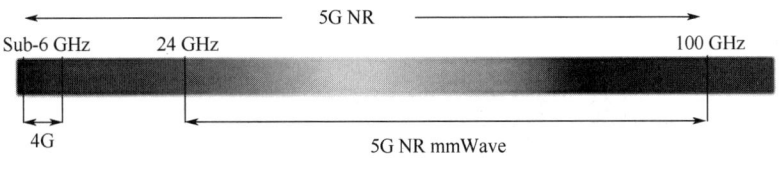

图 3.1 5G 频段范围

从移动通信的频谱划分来看，1G 到 5G 移动通信频谱的发展趋势为频段逐渐增高，带宽逐渐增大，传输速率逐渐增快，这也带来了更好的体验。因此，6G 频谱必然将向着更高与更宽的频段发展，以满足日益增长的应用需求。

3.1.2　全频谱通信驱动力

根据埃德霍姆定律的预测，在过去的三十年里，无线数据速率每十八个月翻一番。Tbps 的数据速率预计将在 2030 年之前实现，从而可提高当前网络的容量。目前在无线局域网（IEEE 802.11）和高速率无线数据个域网（IEEE 802.15.3）中的标准化工作中，数据速率的定义正从几十 Gbps 逐渐超过 100 Gbps。

在低毫米波波段，虽然先进的数字调制和复杂通信方案可以在低于 5GHz 的频率实现较高的频谱效率，但是稀缺的带宽限制了可实现的数据速率，在低毫米波波段无法达到 Tbps 链路。例如，在 100MHz 的带宽上使用 MIMO 方案可以达到 1Gbps 的数据速率，但是仍比 1Tbps 低三个数量级。6GHz 波段可以在 1m 范围内实现 10Gbps 的数据速率，但仍比 1Tbps 的数据速率低两个数量级。

据估计，2019 年全球有 95 亿个物联网设备联网。ITU 进一步估计，到 2025 年，互联物联网设备的数量将增加到 386 亿台，到 2030 年将增加到 500 亿台。处理这种大数据流和大量物联网设备是未来的两个关键设计目标。为了支持这些极高的数据速率，需要开发更好的信号处理技术，还需要提高蜂窝网络的密集化程度，更重要的是，需要新的频谱带和硬件技术来提供足够的性能。扩展频谱对于网络性能的提升具有更大的可能性。在这种背景下，为了缓解当前无线系统的频谱稀缺和容量限制，并在不同领域实现大量期待已久的应用，开发更宽的频谱资源将是 6G 的关键使能技术。

移动通信网络需要开发更多的频谱，6GHz 以下的频谱已经殆尽，26GHz、39GHz 的毫米波频段已分给 5G 使用，因此需要研究更高频段，THz 和可见光，以满足更高容量和超高体验速率的需求。

3.2 6G 频谱定义与特点

3.2.1 6G 频谱定义

2015 年，在 WRC2015 大会上确定了第 5 代移动通信研究备选频段：24.25～27.5GHz、37～40.5GHz、42.5～43.5 GHz、45.5～47GHz、47.2～50.2GHz、50.4～52.6GHz、66～76GHz 和 81～86GHz，其中，31.8～33.4 GHz、40.5～42.5GHz 和 47～47.2GHz 在满足特定使用条件下允许作为增选频段。这些频带的选择基于各种因素，如信道传播特性、现有服务、全球协议和连续带宽的可用性。WRC-2019 侧重于 5G 系统专用高频毫米波频段的分配，定义了总共 17.25GHz 的频谱。为了实现未来的 THz 通信系统，WRC-2019 还定义了在 THz 波段范围 252～450GHz 内 160GHZ 的频谱。不同频段的应用简述如下。

26 GHz 频段：用于地球探索卫星和空间研究探险、卫星间通信、回程、电视广播分发、固定卫星地球到空间服务和 HAPS 应用。

28 GHz 频段：用于 LMDS 与 ESIM 应用。

32 GHz 频段：用于 HAPS 应用、卫星间服务分配。

40 GHz 频段：低频段用于固定和移动卫星和地球探索和空间研究卫星服务，用于 HAPS 应用；高频段用于固定和移动卫星、广播卫星服务、移动服务和射电天文学应用。

50 GHz 频段：固定非静止卫星和国际移动电信服务，用于 HAPS 应用。

60 GHz 低频带：在超密集网络场景下，个人室内服务、通过接入和回程链路的设备到设备通信的未经许可的操作。

60 GHz 高频段：这是英国和美国即将推出的无牌照移动标准，目前用于航空和陆地移

动服务。

70~90 GHz 频段：目前用于固定和广播卫星服务。在美国超高密度网络环境中，用于无线设备对设备和回程通信服务的未经许可的操作。

252~296 GHz 频段：用于陆地移动和固定服务，适合户外使用。

306~450 GHz 频段：用于陆地移动和固定服务，适合短距离室内通信。

5G 分别定义了低于 6 GHz 和 24.25-52.6 GHz 的频带。美国联邦通信委员会建议，对于 6G，应考虑高于 5G 的频率，如 95~3000GHz。2019 年 3 月，联邦通信委员会开放了 95~3 000GHz 之间的频谱，用于实验用途和未经许可的应用，以鼓励新无线通信技术的发展。此外，关于在 52.6 GHz 以上频段运行的 5G 新无线电系统的使用案例和部署场景的讨论已经开始。遵循这一趋势，在未来的无线系统中，移动通信将不可避免地使用 Sub-6GHz 波段。但目前只有大约 1177 MHz 的国际移动通信频谱得到利用，预计未来十年频谱分配将增加近 3~10 倍。

6G 将通过开发 THz 频段与可见光频段获得更宽的频谱，可见光通常指频段为 430~790THz，有约 400THz 候选频谱，THz 通常指的是 0.1~10THz 的电磁波，有约 10THz 候选频谱。THz 频段与可见光频段都具有大带宽的特点，易于实现超高速率通信，是未来移动通信系统频谱的关键技术。

但并非所有的 6G 关键指标都可在高频段实现，高频对于峰值数据速率和延迟等性能指标来说是更好的选择，但是相对于频谱效率、可靠性和移动性而言，较低频谱更可取。6G 频谱也将延续毫米波频段的使用，对于一些场景，如大面积移动蜂窝，将在毫米波段进行通信。因此未来 6G 频谱将会包括 Sub-6GHz、毫米波段、THz 波段及可见光波段多个频段。

6G 频谱将会在 5G 频谱的基础上增强，从 Sub-6GHz 到毫米波，再到低 THz 和可见光区域。在未来的无线系统中，移动通信将使用 THz 波段与可见光频段，预计 6G 最高将使用高达 3 000GHz 的频率，6G 潜在频谱区域如图 3.2 所示。

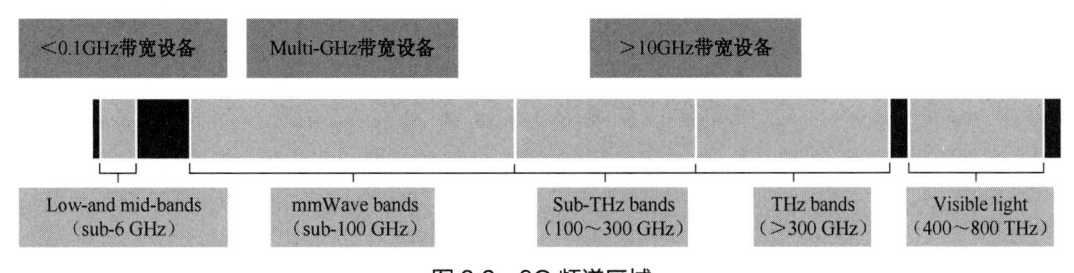

图 3.2　6G 频谱区域

目前，标准化机构正在制定面向未来无线系统的 Sub-6GHz 和 VLC 解决方案的研究项目，如 IEEE 802.15.3d 和 802.15.7，但这些技术尚未纳入蜂窝网络的标准。

3.2.2 不同频段的特点

5G 频谱在 4G 频谱的基础上，从 Sub-6GHz 扩展到毫米波，并继承了 Sub-6GHz 部分频段。6G 将在 5G 的应用需求上进一步发展，因此 6G 频谱也将继续继承 5G 频谱并继续扩展。Sub-6GHz 与毫米波不能够满足 6G 新兴的应用的要求，因此有必要开发 THz 频段与可见光频段。图 3.3 所示为在典型的部署场景中这些频带的路径损耗，给出了不同频段之间的差异与每一部分的特点。接下来将对 Sub-6GHz、毫米波、THz 波与可见光频段的定义、区别与在通信中的应用做简要介绍。

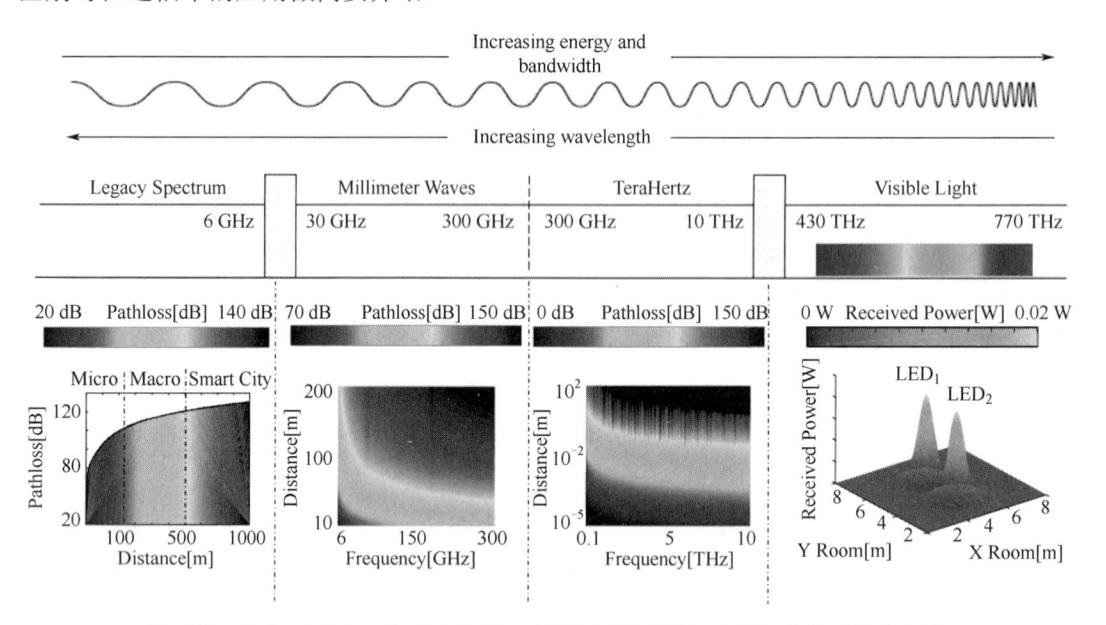

图 3.3 Sub-6GHz、毫米波和 THz 波段的路径损耗，以及 VLC 的接收功率

1. Sub-6GHz

在 4G 蜂窝标准之前，蜂窝通信仅限于 6 GHz 以下的传统频带，现在称为 Sub-6 GHz 蜂窝频带。Sub-6GHz 通常指低于 6GHz 的频段。在 4G 之后，随着应用需求的提高，仅使用低于 6GHz 的频段已不能满足更高的数据速率。频段范围也逐渐向高于 6GHz 的范围扩展。

相对于高频段的信号，Sub-6GHz 经历的路径损耗小，穿透性强，不易受到阻塞。因此使用 Sub-6GHz 波段可实现较广的覆盖范围。4G 频谱中，Sub-6GHz 可以轻松应用于 5G 通信，因此 Sub-6GHz 也是 5G 中的重要波段，提供了连续覆盖和相对可靠的通信。对于 6 GHz 以下的频带，3.5～4.2 GHz 之间的通信频带也被应用于 5G 中，并且可以提供高达 300 MHz 的带宽。Sub-6G 波段还可以为毫米波信号质量较差的用户设备提供可靠的数据通信。在高于 6GHz 频段中，由于高用户容量和干扰效应，宏基站和小小区基站之间的传输会成为一个瓶颈。低于 6 GHz 的回程通信可以作为这个问题的解决方案。Sub-6GHz 频带也可以被宏基站附近的用户用于上行链路和下行链路传输。在移动应用中，如连接的自主车辆、VR 和 AR，移动用户可能经常受到来自建筑物、车辆、植被、人类或城市家具引起的阻塞。因此在移动性下高频段范围内很难保证高可靠性，但在高频网络中无缝集成 Sub-6GHz 可以提供超高可靠和高速无线接入。

另外，根据谷歌对相同范围内、相同基站数量的 5G 覆盖进行的测试实验，在 Sub-6GHz 下运营的 5G 网络覆盖率毫米波 5 倍以上。相比于 Sub-6GHz 的基站部署，毫米波基站由于需要进行大量部署，因此将导致较高的部署成本。

2．毫米波

毫米波频段的频段范围通常被定义为 30～300GHz，其波长为 1～10mm。毫米波的频谱丰富，可以实现每秒数千兆位的通信，数据速率最高可达 100Gbps，具有较大的传输范围。由于具有较高的频率，这些波段因氧气吸收而面临严重衰减。在一些特殊的频带中，如 35 GHz、94 GHz、140 GHz 和 220 GHz，传播经历相对较小的衰减，此时两点之间能够进行长距离通信。在其他频段如 60GHz、120GHz 和 180GHz，衰减高达 15dB/km，严重的阻塞也导致了较差的衍射。另外，路径损耗、分子吸收和大气衰减等都会引起毫米波传输范围的缩短。虽然较高的穿透和阻塞损失是毫米波通信系统存在的主要缺点，但在现代蜂窝系统中，毫米波的这一特点却有助于减轻干扰，可在蜂窝系统中实现密集的小区部署。另外由于更大的覆盖范围和移动性支持，毫米波通信也适用于回程通信。

与 Sub-6GHz 频段相比，毫米波频带的带宽增加了数百倍。毫米波传输在本质上与 Sub-6GHz 相比更安全。例如，对阻塞敏感性的高度衰减使得远程窃听者甚至很难偷听毫米波传输，除非它们离发射机非常近。而毫米波信号更容易受到阻塞和植物损耗的影响，这就需要高度定向的传输。在天线尺寸相同的情况下，毫米波频率下的天线元件比 Sub-6GHz 频率下的天线元件多。因此，形成的波束可以更窄，这可以进一步促进其他应用的发展，如探测雷达。另外，在现代蜂窝系统中，毫米波系统虽然具有较高的穿透和阻塞损失的缺点，但小小区的密集部署有助于减轻干扰。

5G 之前，毫米波主要应用于雷达与卫星业务，近年来，运营商也开始使用毫米波实现通信。使用毫米波进行 5G 移动通信将需要大量基站来提供所需的覆盖范围。大约 24 GHz 到大约 100 GHz 的毫米波频率已经被探索作为 5G 标准的一部分。

毫米波频率可以实现室外基站之间的无线回程连接，这将降低光纤电缆的购置、安装和维护成本，特别是对于超密集网络。此外，数据服务器在高度定向的笔形波束的帮助下，通过毫米波频率进行通信，能够实现完全无线的数据中心。毫米波另一个潜在的应用是在高机动性情况下的车对车通信，包括子弹头列车和飞机，其中同时应用毫米波通信系统和 Sub-6GHz 的系统有可能提供更好的数据速率。

第五代蜂窝标准正式采用了毫米波系统，并为许可通信分配了几个毫米波子带。相对于 Mbps 数量级的数据速率，毫米波可实现 Gbps 数量级的数据速率，满足 5G 复杂应用的需求。但是 5G 标准无法满足未来十年数据流量的预测增长率。例如，802.11ad 标准中，工业、科学和医疗频带可达到 6.8Gbps，但是实验室环境中的速率只能达到 1Gbps。毫米波频段连续可用带宽小于 10GHz，因而难以实现 Tbps 的数据速率需求。由于毫米波中数据速率的限制，全自动无人驾驶车辆与虚拟现实等应用将继续受到毫米波的影响。许多新兴应用将通过利用 0.1~10THz 的 THz 频谱范围，扩大应用性能。

3．THz 频段

毫米波通信可实现的数据速率，可以满足 5G 中的大部分应用需求。但未来一些新兴应用可能需要 5G 系统不支持的 Tbps 链路，实现 Tbps 级别的数据速率的目标引起了人们对探索 THz 波段的浓厚兴趣。

THz 波段处于微波波段与光学波段之间，其低频段与电子学领域的毫米波频段有重叠，高频段与光学领域的远红外频段有重叠。通常来说，THz 频率范围在 0.1~10THz 之间，有约 10THz 的候选频谱，波长为 0.03~3.0 mm，是整个电磁波谱中的最后一个范围，从 100GHz 到 200GHz 的波段也被称为亚 THz 波段。根据 IEEE THz 科学与技术学报可知，THz 的范围是 300GHz~10THz，这与 ITU-R 定义的超高频频段即 300GHz~3THz 相近。根据已有的实验测试，在 240GHz 时可以达到 10Gbps 的数据速率，在 300GHz 时可以达到 64Gbps 的数据速率，在 300~500GHz 频段可实现大于等于 160Gbps 的数据速率。

THz 可以用于需要高吞吐量和低延迟的地方。WRC-19 规定了在 275-450GHz 的 THz 频率范围共 137 GHz 的带宽，分配给移动和固定服务（即 275~296 GHz、306~313 GHz、318~333 GHz 和 356~450 GHz）。

但是 THz 频段的功率消耗较高，使用 THz 进行通信时的主要噪声来源是环境中的分子噪声。和毫米波相似，路径损耗、分子吸收和大气衰减等也容易引起 THz 传输范围的缩短。THz 频带具有一组随距离变化的传输窗口，带宽超过几十 GHz 甚至是 THz。

　　THz 波和毫米波是相邻的波段，但它们的性质不同。相比之下，毫米波频段的连续可用带宽小于 10GHz，无法支持 Tbps 链路速度，而 THz 频段的距离变化传输窗口高达 THz 带宽。如果要达到 100 Gbps 的数据速率，需要达到 14bps/Hz 的频谱效率。在 THz 波段，随着频率的增加，Tbps 可以实现 bps/Hz 级别的频谱效率。与毫米波相比，THz 波段的自由空间衍射更小、波长更短，在相同的发射器孔径下，THz 波段也可以实现更高的波束方向性。通过在 THz 通信中使用高方向性天线，可以降低发射功率与天线之间的干扰。较强的方向性增加了波束对准和波束跟踪的难度和开销，同时减少了干扰管理的负担。由于 THz 波束的良好的方向性，在 THz 波段，被窃听的机会也比毫米波波段低，在毫米波波段，未经授权的用户也必须在同一窄波束上才能拦截消息。THz 波的通信窗口高于毫米波，因此，THz 频率更适合高数据速率和低距离通信。

　　自由空间衰减随着频率的增加而增加，毫米波中分子吸收损耗是主要由氧分子引起的，而 THz 波段分子吸收损耗主要是由水蒸气引起的。毫米波和 THz 波段的反射损耗都很高，导致 NLoS 路径比 LoS 路径损耗严重。在 THz 频段，当波长降低到 1mm 以下时，散射效应也会变得很严重，这将导致多径分量、角展度和延迟的增加。目前，毫米波天线比 THz 天线成熟得多，因此可以为毫米波部署天线分集和波束控制和跟踪。

　　在 60GHz 和 1THz，自由空间衰减是 21.6dB 和 46dB，高于 5GHz 系统在相同的距离的衰减。此外还需要考虑分子吸收损耗，因为 100 GHz 以上的衰减比低频带的衰减大得多。由于存在路径损耗与分子吸收，毫米波和 THz 波与其他系统相比具有极高的路径损耗。在毫米波与 Sub-6GHz 波段，由于与表面相比极小的波长，低频段时光滑的表面在毫米波与 THz 波段都会变的粗糙。这一特征将会产生较高的反射损耗，从而造成多径效应减弱和散射环境稀疏。

4．可见光频段

　　过去二十年，随着移动数据流量的指数级增长，射频通信开始出现局限性。即使有高效的频率和空间复用，当前的射频频谱也不足以满足日益增长的流量需求。与此相比，包括数百 THz 无许可带宽的可见光谱完全未被用于通信。VLC 在设计大容量移动数据网络时可以作为射频移动通信系统的补充。

　　可见光是电磁波谱中非常独特的一个频段，它是指人眼可以感知的电磁波谱部分。由于不同个体的感知能力差异，可见光的频段定义不太统一。可见光的频段为 430THz 至

790THz，波长为 390~750nm，数据速率为 100Mbps 至 1Gbps。此频段的信号传播范围较短。可见光频段无须频段许可授权，可用于自由通信，功耗低，连接基础设施部署成本低，能够在不能使用射频的环境中提供无线数据连接。与传统采用的射频频段相比，VLC 提供了超高带宽 Sub-6GHz、零电磁干扰、自由丰富的无执照频谱和极高的频率复用。

在未来 6G 网络中，射频与 VLC 技术可以共存，6G 可以受益于 VLC 的特性。混合射频 VLC 系统将同时利用两种技术的优势，使用射频可以克服 VLC 的限制，使用光无线接入网络则可以提高数据速率。

3.3 6G 频谱新用例

电磁波谱不同频段对应的应用如图 3.4 所示。6G 频谱将不仅仅局限于 Sub-6GHz 频段或毫米波频段，不同的应用对无线连接的要求也不一样，6G 系统需要适应用例的变化，以服务于用户。

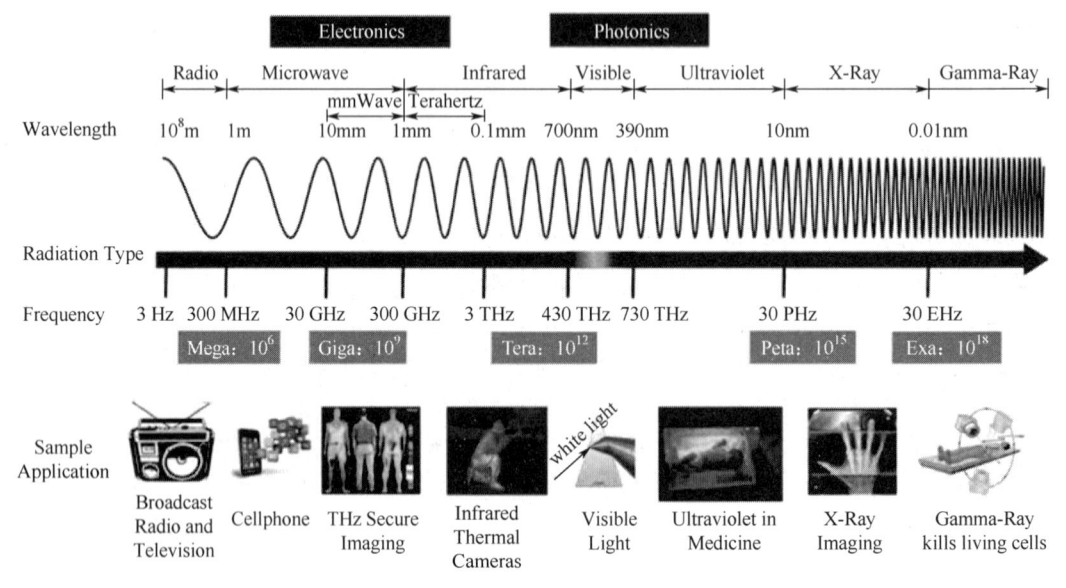

图 3.4 电磁波谱与不同频段的应用

3.3.1 长距离回程

由于安装和运营成本增加,在高密度小小区部署中提供光纤回程具有挑战性。在 5G 中,毫米波频谱适用于短程通信,并且非常适合于 LOS 的传播模型。在 60GHz 中,开发技术可以支持无线局域网和个人区域网中的操作,实现在家庭、办公室、交通中心和城市热点的互联网接入。基于 IEEE 802.11ay 的 mDN 可以成为固定光纤链路的低成本替代方案,移动数据网络的目的是在室内和室外场景中提供点到点和点到多点毫米波接入,以及在自组织网络场景中为小小区提供无线回程服务。基于 IEEE 802.11ay 的 mDN 网络的优势是更便宜的网络基础设施和高速无处不在的覆盖。目前的 5G 蜂窝回程网络预计将在 60 GHz 和 71~86 GHz 频段上运行,由于其相似的传播特性,预计将扩展到 92~114.25 GHz 频段。5G 被视为通过毫米波频段实现蜂窝通信的重要一步,预计在 6G 及更高的系统中会进一步成熟。

目前,通信基础设施由光纤维护,但光纤网络在对一些地方扩展通信时会受到限制,如天空、太空或海上。使用 THz 通信可以用来创建强大的链路,预计在未来将实现连接地面和卫星。通过使用更高的毫米波频段和 THz 频谱,可以为未来 6G 的数据密集型应用提供回程解决方案。当主干网使用 THz 通信时,需要通过增加输出功率和接收灵敏度来提高基本性能。此外,在高增益天线的前提下,波束控制技术是 THz 通信的关键。当 THz 通信用于主干网或低地球轨道通信时,即使是固定站也需要波束控制以方便安装,其发展在未来将是重要的。然而,转向宽度可能不需要很宽,并且可能不需要高速跟踪。

3.3.2 传感网络

在 6G 用例中,很多场景涉及传感网络的使用,网络基础设施和不同设备都配备了传感功能。将传感功能和基站相结合是构建 6G 传感网络的有效技术途径。感知功能将是实现 6G 多个场景的基本功能。基于基础设施的传感网络可以应用于智能交通,例如,通过使用部署在道路或交叉口附近的基础设施来感测附近的交通状态,然后在网络中共享该信息以实现交通管理智能。从终端的角度来看,为了获得传感能力,在智能手机上添加触摸板、摄像头、红外或陀螺仪等各种传感器的方法贯穿了整个智能手机的发展历史。在自动驾驶中,车辆上的所有汽车雷达都能感知周围环境的情况,然后通过无线连接将结果上传到网络端,最后由网络引导或辅助车辆的驾驶操作。从这个过程来看,感知是智能的基本能力,是未来 6G 网络和设备的重要组成部分。

一个新应用的例子是60GHz毫米波片上雷达系统。毫米波雷达芯片的发展带来了许多新的应用，包括运动识别、材料检测和三维扫描成像。因此，将毫米波雷达芯片与移动通信终端集成可以极大地扩展其应用范围。然而，感测需要巨大的可用带宽。由于分辨率的限制，毫米波雷达在真实环境中的姿态识别率很难令人满意。

毫米波和THz频率可以根据观察到的传播信号特征获取环境信息。传感应用可以利用100GHz以上的信道带宽及各种材料的频率选择性谐振和吸收特性，能够实现高增益天线及定向感测。频率的升高使得作为波长函数的空间分辨率变得更加精细，因此当频率超过300GHz时，可以体现亚毫米级的差异。

鉴于传感所需极高速率需求，THz波段具有一定潜力。通过波束扫描，在各种不同角度对接收信号特征进行系统检测，可以创建物理空间的图像。通过收集任何位置的地图或视图，可以生成各个位置物体的详细三维视图。由于在整个THz波段的特定频率下的某些材料和气体的振动吸收，可以实现基于光谱技术检测环境中的物体。THz将支持新的传感应用，如用于手势检测和非接触式智能手机的小型化雷达、用于爆炸物检测和气体传感的光谱仪、THz安全身体扫描、空气质量检测、个人健康监测系统、精确时间/频率传输和无线同步。

3.3.3 联合雷达通信应用

高频波段的另一个应用是联合雷达通信，联合通信将雷达和通信功能集成在一个系统中。通信系统正在向高于100 GHz的频谱带发展，这些频谱带适用于高数据速率通信和高分辨率雷达感测。

基于毫米波THz频率的联合雷达通信比光或红外成像的方法更有效。虽然激光雷达可以提供更高的分辨率，但在有雾、下雨或多云时，激光雷达无法工作。毫米波和THz雷达在恶劣天气下也可用于辅助驾驶或飞行。能在几百GHz频率下工作的高清晰度视频分辨率雷达将足以提供类似电视的图像质量。还可以使用低于12.5GHz的雷达，雷达在低频段时能提供更长的距离探测，但分辨率较差。同时使用高频与低频的双频雷达系统可以在大雾或大雨中驾驶或飞行。

THz波可以增强人类和计算机的视觉范围，使其能够查看到周围的角落与NLoS目标，这有助于监视、自主导航和定位等能力。建筑表面通常表现为一阶反射镜，因此如果有足够的反射或散射路径，可以看到角落周围和墙壁后面。在基于可见光和红外光的NLoS成像中，光学波长小于大多数表面的表面粗糙度，因此光学NLoS成像需要复杂的硬件和算法，同时显示出较短的成像距离，一般小于5m。由于散射信号弱、视线范围小，可见光系统在联合雷达通信中实际应用还没有得到很好的发展。

在低于10GHz的NLoS中雷达系统的损耗较小，物体也相对更平滑。然而，在较低的频谱中，由于材料是半透明的，边缘衍射变得更强，并且由于强烈的多次反射传播，图像很容易被混淆。此外，雷达系统需要精确的静态几何知识，并且仅限于目标检测，而不是隐藏场景的详细图像。

THz波结合了微波和可见光的许多优点，即具有小波长和宽带宽的特点，允许中等尺寸成像系统的高空间分辨率图像。THz散射可以对障碍物周围的物体成像，同时保持空间相干性和高空间分辨率。雷达成像系统用THz波照亮场景，通过计算后向散射信号的飞行时间生成三维图像。当散射信号的路径涉及周围表面的多次反射时，生成的三维图像会出现失真。如果LoS表面由于强烈的镜面反射可以视为镜子，则可以通过应用相对简单的镜像变换来重建NLoS物体的校正图像。

3.3.4 自动汽车驾驶

更智能的通信网络的趋势是汽车自动驾驶系统。由于低信噪比的可能性很高，并且需要支持高数据速率，在自动驾驶发展的早期，毫米波雷达已经应用于防撞和驾驶辅助领域。然而，成熟的自主车辆技术需要处理复杂的环境，并且容错性极低，这就需要高精度的传感器。与毫米波相比，THz具有更高的频率，可以实现更宽的带宽，能够提供行人、车辆和障碍物的超高分辨率成像。THz的特性可以提高自动驾驶技术的安全水平。同时，可以在车内安装一个超高速、低延迟的通信系统，将数据上传到云中。智能云可以反过来指导驾驶操作。因此，在用于汽车自动驾驶系统的传感器中，较高的毫米波和THz范围是优选的。

3.3.5 智能建筑与智能城市

VLC典型的室内应用包括形成无线通信网络的多个LED灯泡，提供类似于无线网络的连接体验。在城市中，VLC技术可以应用于汽车通信，其中汽车和交通灯可以用来传输控制信号或紧急信息数据。VLC系统允许在V2I或V2V之间建立一个attocell网络，用于超低延迟通信。VLC为办公和家庭环境提供高速、安全、密集和可靠的无线网络，并成为智能建筑和智能城市的推动者。

3.3.6 无线认知

无线认知的概念是指在提供一个通信链路的情况下,大量的计算能够从远程的设备或机器中进行并提供实时的操作。例如,轻型 UAV 不能提供进行大规模计算所需的功率或重量设备。如果具有足够宽的信道带宽和足够快的数据速率,则可以在固定基站或边缘服务器上进行极其复杂任务的实时计算,如实现情景意识、视觉和感知能力,并支持对 UAV 的实时认知,机器人、自动驾驶车辆和其他机器也可实现响应的功能。因此该应用在毫米波和 THz 波段有很好的应用前景。

THz 频率能够提供无线远程人类认知所需的实时计算能力。人脑中大约有 1 000 亿个神经元,每个神经元每秒可以发射 200 次,每个神经元连接到大约 1 000 个其他神经元。如果假设每个运算都是二进制的,则需要 20 000 Tbps 的数据速率。6G 可能在 THz 范围内为每个用户分配高达 10 GHz 的射频信道,并且通过假设每个用户能够利用 10bit/符号调制方法,并且使用 CoMP 和 mMIMO 及更先进的技术将信道容量增加 1 000 倍,此时可以实现 100Tbps 的数据速率。100 Tbps 的链路在 10 GHz 的信道带宽内提供了 0.5%的实时人类计算能力。如果想实现 1 Pbps 的信息传输速率或 5%的人脑实时计算能力,需要在 100GHz 的信道带宽通过无线传输实现。

3.3.7 精确定位

与其他方法相比,利用毫米波和 THz 成像进行定位具有独特的优势。在毫米波成像与通信方法中,即使用户到基站或接入点的路径中经历了多次反射,用户也可以定位在 NLoS 区域。在经典的定位和映射方法中,需要环境的先验知识和校准,相关文献中提出,基于毫米波成像/通信的技术不需要任何先验知识。通过构建或下载环境地图,移动设备能够利用其他功能,例如,预测信号电平、使用实时站点特定预测,或将地图上传到编译物理地图的云中,或将地图用于移动应用程序。

使用毫米波或 THz 成像在未知环境中重建周围环境的 3D 地图,可以同时合并传感和成像及位置定位。毫米波和 THz 信号通过对大多数建筑材料强烈反射作用,可以使隐藏物体成像,即 NLoS 成像,因此散射也可以有助于建模和预测。基于物理环境的 3D 地图,以及来自移动设备的时间和角度信息,厘米级定位和成像可通过毫米波和 THz 频率的大带宽和大天线阵列实现。

3.4 6G 频谱面临的挑战

未来十年的无线服务目标是在小区域达到 Mbps 的比特率，这意味着需要更高数据速率、更宽频谱和更高网络密度。为了解决这一复杂的任务，6G 必须开发不同的使能技术。当诸如毫米波和 THz 波的新频带被添加到现有频带时，与过去相比，将使用非常宽的频带。因此，似乎有许多相关的研究领域，如根据应用优化多频带的选择应用，重新检查小区间的频率重用方法，升级上行链路和下行链路中的双工方法，以及重新检查低频带的使用方法。在 Sub-6GHz 频段的无线通信技术已经较为成熟，从 Sub-6GHz 到毫米波的频谱扩展在 5G 时代带来了从初始接入到波束形成实施的多种技术挑战。6G 时代频谱扩展至 THz 与可见光频段，频段的扩展将带来更多技术上的挑战，下面将对 6G 频谱扩展所带来的问题进行简要概述。

3.4.1 无线电硬件

宽带无线电路的实现，通常会导致性能下降。有效信道带宽可能同样受到无线模块的带通响应及基带路径中高速封装的低通特性的限制。高质量无源元件和天线元件的片内集成虽然具有挑战性，但在大幅降低高频信号逃逸的封装成本方面仍显示出被低估的优势。即使在较高的毫米波区域，单个无线收发器也只能支持 20～30 GHz 的带宽。因此硬件限制，如数据转换器的速度和计算复杂性，将对宽带的有效使用提出挑战。此外，还需要研究新的波形、减轻硬件损伤，以及实现该频段器件的新材料。

3.4.2 多频段共存

为了满足传输速率不断提高的需求，6G 系统将能够在多个不同的频率区域如 Sub-6GHz、毫米波、THz 或可见光频段发送和接收信号。较高和较低的频率各有利弊，可以灵活地用于不同的应用。较高的频率，如毫米波和 THz 频率，相比较低的频率提供了更宽的带宽与更高的数据速率。因为高频段的传播损耗较大，不适用于一些长距离场景的通信，此时较低频段的信号更适用。

频谱发展到更高的频率时，关键的问题不是如何实现工作频率增加，而是将这些不同频带中的现有技术融合成一个联合无线接口，从而实现频带之间的无缝切换。在支持多种应用的情况下，必须通过仔细的频率规划来防止谐波重叠。多频段混合将影响无线通信的性能，可以通过改进无线技术包括多频段调制、多频段组网和多频段噪声处理等技术来提升超宽带通信质量。

3.4.3 传播损耗

在低于 6 GHz 的较低频率下，波的衰减主要是由自由空间中的分子吸收引起的。但是在较高的频率下，由于波长接近灰尘、雨、雪或冰雹的大小，米氏散射的影响变得更加严重。另外，大气中氧气、氢气和其他气体的各种共振会导致某些频段被吸收大量信号。

对于 183GHz、325GHz、380GHz、450GHz、550GHz 和 760GHz 频段，其特殊性质使其在空气中经受更大的距离衰减，大带宽信道传输距离将非常迅速地衰减到几十米、几米甚至更短，因此这些特定的频带非常适合短距离和安全通信。与 Sub-6G 频带相比，一些频段的毫米波与 THz 遭受着较小的损耗，在 300GHz 空气的传播中，比自由空间传播引起的损耗少 10dB/km。在 600GHz 与 800GHz 之间的大部分频谱遭受 100dB/km 至 200dB/km 的衰减，但在 100 米以上的距离时衰减仅为 10dB/km 至 20dB/km。但是高增益天线可以较好地克服大气衰减，该技术也意味着未来移动行业能够使用小型蜂窝架构能在高达 800GHz 的频率下工作。

在 100GHz 至 500GHz 之间，雨不会引起额外的衰减。对于城市中 200m 范围传播毫米波频段，雨雪衰减可以通过额外的天线增益来克服。在 THz 和红外频率下，雨、雾、灰尘和空气湍流环境下的接收功率相对于晴天的变化较小。另外，在降雪期间需要更高的发射功率来保持相同的数据速率，对于 100GHz 以上的毫米波与 THz 无线信道，经历的最大降雨衰减可以达到 30 dB/km。

在高频波段考虑较高的信道损耗时，也应考虑高频下天线将更加定向且具有更高的增益。弗里斯自由空间方程与天线增益很容易证明更高频率的链路是可行的，损失更少。理论上，只要天线的物理尺寸在链路两端的频率上保持不变，自由空间中的路径损耗就会随着频率的增加而二次下降。较高频率下无线链路能够使用更宽的带宽，同时保持与较低频率下相同的信噪比，这意味着高度定向的可操纵天线将使移动系统能够克服空气引起的衰减，进入 THz 区域。

3.4.4 频谱管理

频谱管理旨在有效利用稀缺的国家频谱资源,多年来采取了不同的形式。一般来说,频谱管理方法可分为三类,包括行政分配、基于市场的机制和未经许可的共享空间方法。

目前,许多国家预测用于 2G/3G/4G/5G 的频谱带将继续用于未来的 6G 网络。因此 6G 的频谱波段范围将比以往任何时候都大,将需要各种频谱管理方法来解决中、高甚至更高波段的差异。6G 需要灵活地在多个频段和不同的频谱管理方法下工作。本地网络的作用在 6G 中变得越来越重要,这也需要频谱管理的支持。另外随着新频段的开发,还需要考虑如何管理旧频段的应用。

频谱共享是指两个或多个无线电系统在同一频带工作的情况。这涉及频谱共享技术和监管规则的发展。在 5G 中可以使用集中频谱共享来调整不同网络片中的频谱分配。6G 将支持各种各样的服务,不同服务的需求会在 6G 中动态变化,频谱共享的需求将更高。随着人工智能技术的发展,人工智能技术算法在频谱接入决策方面的应用为动态操作提供了基础。6G 需要分布与智能的频谱共享,可以支持灵活和动态的频谱接入,并且频谱共享可以在没有中央管理单元参与的情况下动态和自动地调整。6G 中的基站具有丰富的计算和缓存资源。区块链是多种计算技术的结合,包括分布式数据库、智能契约和共识机制,有望在基站中用于动态和智能频谱共享。基于区块链的防篡改分散分类账、智能合同和共识流程非常适合灵活、动态、智能和合理的频谱共享。

关于 6G 网络的频谱讨论目前还处于起步阶段。随着新一代移动通信网络的出现,对新频谱带的需求促进了国际电联无线电通信系统的全球进程。6G 波段从低、中、高到太赫兹波段范围不等,需要不同的方法进行管理,如果拥有频谱使用权的运营商因担心竞争加剧而不愿出售频谱使用权,将会减少频谱的利用率。6G 时代,需要对如何将市场机制纳入使用进行更多的研究。特别是需要开发新的频谱授予机制,包括估值和定价机制,在吸引投资的同时刺激创新。

参考文献

[1] Wen Tong, Peiying Zhu. 6G: The Next Horizon[M]. Cambridge university press, 2021.

[2] Gupta A, Jha R K. A Survey of 5G Network: Architecture and Emerging Technologies [J]. IEEE Access, 2015, 3:1206-1232.

[3] University of Oulu.White Paper On RF Enabling 6G‐Opportunities And Challenges From Technology To Spectrum[R]. 2021.

[4] K. L. Lueth. IoT 2019 in review: The 10 most relevant IoT developments of the year [R]. 2020.

[5] Dhillon H S, Huang H, Viswanathan H . Wide-area Wireless Communication Challenges for the Internet of Things [J]. 2015.

[6] 中国移动通信有限公司研究院．2030+技术趋势白皮书[R]．2020.

[7] 洪伟，余超，陈继新，等．毫米波与Sub-6GHz技术[J]．中国科学：信息科学，2016，46(8):1086.

[8] Acts P F. World radiocommunication conference (WRC-15) [J]. 2015.

[9] University of Oulu. White Paper on Broadband Connectivity in 6G [R]. 2020.

[10] F Qamar, Siddiqui M, Dimyati K, et al. Channel Characterization of 28 and 38 GHz MM-Wave Frequency Band Spectrum for the Future 5G Network[C]// IEEE Student Conference on Research and Development (SCOReD). IEEE, 2017.

[11] Qamar F, Siddiqui M, H India M N, et al. Issues, Challenges, and Research Trends in Spectrum Management: A Comprehensive Overview and New Vision for Designing 6G Networks[J]. Electronics, 2020, 9(9):1416.

[12] Semiari O, Saad W, Bennis M, et al. Integrated Millimeter Wave and Sub-6 GHz Wireless Networks: A Roadmap for Joint Mobile Broadband and Ultra-Reliable Low-Latency Communications [J]. IEEE Wireless Communications, 2018.

[13] Andrews J G, Buzzi S, Choi W, et al. What Will 5G Be?[J]. IEEE Journal on Selected Areas in Communications, 2014, 32(6):1065-1082.

[14] Xiong W, Kong L, F Kong, et al. Millimeter Wave Communication: A Comprehensive Survey[J]. IEEE Communications Surveys & Tutorials, 2018, PP(3):1-1.

[15] Ghafoor S, Boujnah N, Rehmani M H, et al. MAC Protocols for Terahertz Communication: A Comprehensive Survey. 2019.

[16] Millimeter-wave and Terahertz Spectrum for 6G Wireless[J]. 2021.

[17] Ghosh A, Thomas T A, Cudak M C, et al. Millimeter-Wave Enhanced Local Area Systems:

A High-Data-Rate Approach for Future Wireless Networks[J]. IEEE Journal on Selected Areas in Communications, 2015, 32(6):1152-1163.

[18] Sara C A, Kunal S, Marcello C, et al. Beyond 5G: THz-Based Medium Access Protocol for Mobile Heterogeneous Networks [J]. IEEE Communications Magazine, 2018, 56(6):110-115.

[19] Sarieddeen H, Alouini M S, Al-Naffouri T Y. An Overview of Signal Processing Techniques for Terahertz Communications [J]. arXiv, 2020.

[20] Han C, Zhang X, Wang X. On Medium Access Control Schemes for Wireless Networks in the Millimeter-wave and Terahertz Bands[J]. Nano Communication Networks, 2019, 19(MAR.):67-80.

[21] Pathak P H, Feng X, Hu P, et al. Visible Light Communication, Networking, and Sensing: A Survey, Potential and Challenges[J]. IEEE Communications Surveys & Tutorials, 2015, 17(4):2047-2077.

[22] Haas H. LiFi is a paradigm-shifting 5G technology[J]. Reviews in Physics, 2018, 3:26-31.

[23] Wireless Communications and Applications Above 100 GHz: Opportunities and Challenges for 6G and Beyond[J]. IEEE Access, 2019, 7:78729-78757.

[24] Jaber M, Imran M A, Tafazolli R, et al. 5G Backhaul Challenges and Emerging Research Directions: A Survey[J]. IEEE Access, 2017, 4:1743-1766.

[25] Rodwell M, Fang Y, Rode J, et al. 100-340GHz Systems: Transistors and Applications[C]// 2018 IEEE International Electron Devices Meeting (IEDM). IEEE, 2018.

[26] Aladsani M, Alkhateeb A, TrichopouLoS G C. Leveraging mmWave Imaging and Communications for Simultaneous Localization and Mapping[C]// ICASSP 2019 - 2019 IEEE International Conference on Acoustics, Speech and Signal Processing (ICASSP). IEEE, 2019.

[27] U S, Shah S, Javed M A, et al. Scattering Mechanisms and Modeling for Terahertz Wireless Communications[J]. IEEE, 2019.

[28] Doddalla S K, TrichopouLoS G C. Non-Line of Sight Terahertz Imaging from a Single Viewpoint[C]// 2018:1527-1529.

[29] Garg S. Enabling the Next Generation of Mobile Robotics using 5G Wireless[J]. IEEE Access.

[30] Rappaport T S, Xing Y, Kanhere O, et al. Wireless Communications and Applications Above 100 GHz: Opportunities and Challenges for 6G and Beyond[J]. IEEE access, 2019, 7: 78729-78757.

[31] Rappaport T S.6G and beyond: Terahertz Communications and Sensing[EB/OL].2019 Brooklyn 5G Summit Keynote, (2019-4). https://ieeetv.ieee.org/conference-highlights/keynote- ted-rappaport-terahertz-communication-b5gs-2019?.

[32] NTT DOCOMO, INC. 5G Evolution and 6G[R]. 2020.

[33] Zhou Y Q, Liu L, Wang L, et al. Service aware 6G: An intelligent and Open Network Based on Convergence of Communication, Computing and Caching[J]. Digital Communications and Networks, 2020.

第 4 章

6G 面临的主要挑战与使能技术

> 6G 服务正在经历前所未有的改变,如前三章所述,6G 的服务需求将打破 5G 的技术范围。目前,6G 系统的实现面临着挑战,这些挑战伴随着 6G 的性能要求产生。为了克服这些挑战,需要一个颠覆性的 6G 无线系统,通过设计更高性能的物理层、网络层和应用层等技术实现 6G 的服务愿景。本章将说明 6G 面临的主要挑战,并介绍未来 6G 网络中的关键使能技术。

4.1 6G 面临的主要挑战

4.1.1 高精度信道建模

在设计 6G 系统和研究新的 6G 技术时,需要建立合适的信道模型。6G 新元素的引入,如新的频谱、应用场景和天线,将会给信道建模带来重大挑战。在对信道建模时需要考虑多方面条件的限制,如服务需求与频段特性。传统信道模型包括确定性信道建模与非确定性信道建模。在新的 6G 设计中,某些技术如 RIS、定位和成像的信道与特定环境高度相关,这是随机模型无法描述的,因此确定性信道建模方法能带来更精确的评估。6G 网络中的应用场景复杂多样,对性能精度有较高的要求,确定性信道建模可以更准确地描述不同的环境。在 6G 中将会引入复杂的新场景如感知,此类用例的算法设计和性能强烈依赖于目标的位置和周围环境。在对此类应用进行建模时，与地理位置相关的确定性模型将更有优势。不仅如此，当物体的尺寸大约等于一个波长时，传感和成像的典型应用需要考虑传播效应如衍射，并且很难通过传统的几何光学方法对其进行建模，因此计算电磁方法学被期望可以描述此类物理现象。

随着天线和集成技术的发展，ELAA 将会影响信道建模和性能评估。大规模阵列中的近场与非平稳信道将给信道建模带来一定的挑战。例如，在普通信道中可以用简单的平面波来近似，但是在近场中需要考虑球面波。在对大阵列天线的信道进行建模时需要考虑多天线信道的时空特性，因此这类特性高度依赖于环境，需要基于这些特性对信道进行建模。

另外，预计 6G 将扩展到 Sub-6GHz、毫米波与 THz 射频波段，由于 THz 频段的特性，THz 的建模将不同于 THz 与毫米波的信道建模。THz 高频段提供高数据速率，但同时也带来了高传播损耗和大气吸收特性的问题。目前 THz 只适用于适用于短距离通信，因此需要克服长距离数据传输的挑战。由于受大气吸收的影响，THz 建模需要考虑吸收、散射效应与超大规模天线阵列上的空间非平稳性。但是气候条件经常变化，因此模型也需要适应环境的动态变化。

4.1.2 极致性能传输

6G 网络中的用户应用体验要求传输性能相对 5G 将进一步提高。如第 2 章所述，6G 应实现 10Tbps 的峰值速率、100μs 的极低延迟、60bps 的峰值频谱效率与 10^{-7} 的可靠性。为了实现 6G 极限性能传输，6G 网络的频谱、物理层、媒介访问控制层与网络层等设计面临着巨大的挑战，需要在现有技术基础上进行改进与开发新的技术。

为了提高用户的数据速率，需要使用更先进的调制方案，索引调制与空间调制将是有效的解决方案。该两种调制方案利用资源块和天线的索引来传送额外的比特，由于不需要额外的资源，响应的频谱效率与能量效率也可以得到提高。分配更大的带宽也可以获得更高的数据速率，现有频谱资源越来越稀缺，扩宽频带将成为提高数据速率的另一解决方式。

为了减小延迟，可以采用基于下行链路的传输预测方法。数据驱动的下行链路系统可以主动预测用户的请求和时变信道状态，从而缩短传输延迟。为了减少操作延迟，模型驱动的动态学习可以用来训练深层神经网络，并用在线加速的深层神经网络代替传统算法。基于边缘设备上的本地和协作操作，分布式和协作处理也是减少操作延迟的重要方法。

为了提高现有网络的可靠性，需要对无线技术中的调制和编解码技术进行改进，另外需要提高媒介访问控制层的信息交换的正确率。通信环境中的障碍物会降低可靠性。随着频率变得更高，收发器之间的障碍物对信号的堵塞将越来越明显，RIS 可以通过控制通信传播环境以提高可靠性。

除了索引和调制，超大规模 MIMO 也可以被用于进一步增强系统频谱效率。在链路层，新的多址方法可以在相同的频谱上容纳更多的链路，包括非正交多址接入技术与速率分割多址接入。OAM 也可以作为提高频谱速率的方法。在网络层面，可以采用灵活的频谱管理和共享。在相邻网络中重用频率可进一步改善三维空间的频谱效率。

4.1.3 网络全覆盖

未来全球通信网络的前景是随时为无处不在的个性化用户提供快速、综合的服务。6G 需要支持 3D 空间的通信，实现地面和空中网络的集成，包括在 3D 空间为用户服务和部署 3D 基站。UAV、地球低轨道卫星和水下通信的接入将使 6G 中的 3D 连接无处不在。相关研究表明，由于新的维度和自由度，这种 3D 规划与传统的 2D 网络有很大不同。

3D 网络的构建包括多个方面的设计，例如 3D 传播环境的测量和数据驱动的建模。基于随机几何和图论为 2D 无线通信设计的分析框架需要在 6G 环境中重新调整。对于 3D 网络中的复杂资源管理的优化，由于 3D 网络中增加了一个新的维度，与传统的 2D 网络有显著不同，此时多个对手可能会拦截合法信息，这可能会显著降低整体系统保密性能。因此，需要新的资源管理、支持移动性的优化、路由协议和多址接入的新技术，网络的调度方式也需要新的设计。

卫星通信具有支持系统覆盖和用户移动速度的优势，将在 6G 基础设施中发挥重要作用。但使用低轨道卫星与地面通信仍面临一些挑战，包括多普勒频移和多普勒变化、较大的传输延迟、星间链路传输技术等。由于低地球轨道卫星的移动速度比地球自转快得多，在通信中产生了明显的多普勒频移。由于卫星传输距离比地面传输距离长得多，低地球轨道信号的传输延迟和路径损耗比地面系统高得多，导致在波形、调制、信道编码、混合自动重传请求、媒体访问控制等方面的设计存在的差异。另外，由于传输波束窄、移动速度快，星间链路波束搜索、定位、捕获和跟踪困难。此外，由于星间链路传输距离长，信号衰减严重，导致接收机灵敏度、信号检测质量和接收性能面临挑战。

为了实现 3D 网络的基本性能，需要设计速率—可靠性—延迟的权衡方法，这种分析需要根据驱动应用量化 6G 频谱、能量和其他通信要求。

4.1.4　网络异构约束

为了实现更高的性能与复杂的应用场景，6G 网络将涉及大量异构类型的通信系统，如不同频率的频带、通信拓扑、多种服务之间的交付等。

在硬件设置上，接入点和移动终端会有很大的不同。大规模的 MIMO 技术将从 5G 进一步升级到 6G，这可能需要更复杂的架构，这也会使通信协议和算法设计复杂化，可使用机器学习进行简化，但是无监督和强化学习也可能造成硬件实现的复杂性，因此将所有通信系统集成到单个平台将是一项挑战。

6G 中开发毫米波和 Sub-6GHz 通信带来了不同频段的异构。对于毫米波来说，支持毫米波频率下的应用向高频率迁移将是一个核心的开放问题。对于 Sub-6GHz 波，需要新的收发器架构和传播模型。高功率、高灵敏度和低噪声系数是克服极高 THz 路径损耗所需的关键收发器特性。考虑毫米波和 Sub-6GHz 环境的变化和不确定性，需要开发新的网络和链路层协议来优化跨频率资源的使用。由于不同频段的特性不同，Sub-6GHz、毫米波和微波单元多频段的共存也是关键问题。

6G 中包括 Sub-6G、毫米波、THz 频段的通信，同时有望扩展到可见光等非射频频段的通信，非射频通信可以开发射频通信不能实现的频谱，以及弥补射频通信其他不能实现的性能。射频与非射频链路之间需要通过制定标准或无线接口实现不同链路的转换与同时工作。这也意味着 6G 将见证射频和非射频链路的融合，这种联合射频与非射频系统的设计是一个开放的研究领域。在 Sub-6GHz 波段，收发器的设计方式包括基于光子的方式与基于电子的方式两种，也可以混合使用光子与电子方式，但是这种混合方式会带来异构系统上的复杂性。

在多频率和异构通信技术的紧密集成情况下，用户需要无缝地从一个网络移动到另一个网络，自动从可用的通信技术中选择最佳网络，而无须在设备中进行任何手动配置。这将打破无线通信中小区概念的限制。目前，用户从一个小区到另一个小区的移动在密集网络中将存在多次切换，还可能导致切换失败、切换延迟、数据丢失和乒乓效应。6G 无蜂窝通信预计可以解决这些问题，并用于提供更好的 QoS。

6G 网络还将为自动化系统提供全面支持，如支持无人驾驶汽车。自动化系统中关键问题为融合许多异构子系统，如自主计算、互操作过程、机器学习、自主云、系统机器和异构无线系统。因此，整个系统的开发将变得更有挑战性。

4.1.5 海量数据通信

6G 中的接入网络将具有非常高的密度，预计连接密度将达到 $10^7/\text{km}^2$，这意味着 6G 网络的终端数量将进一步增长。由于服务的多样性，数据需要在快速的变化的环境中进行准确的处理。由于网络节点将是自治的，因此还需要对数据进行分散处理。处理海量数据通常使用神经网络或粒子群，但是此类系统的改进和优化要建立在反复试验的基础上。因此需要开发新的理论工具，此类模型需要能够对海量数据网络进行系统、可靠的分析，并且能够实现网络的自定义。目前随机矩阵理论、分散随机优化、张量代数和低秩张量分解均可以作为理想的建模方式。

在 6G 的复杂应用场景中，接入网络在将是多样和广泛的，并且这些接入网络需要为不同类型的用户提供非常高的数据速率连接。6G 回程网络必须处理接入网络和核心网络之间连接的海量数据，以支持用户的高数据速率服务，否则将会产生瓶颈。光纤和 FSO 网络是高容量回程连接的可能解决方案。因此，对于 6G 指数级增长的数据需求，回程连接必须以高容量回程网络为特征，以支持巨大的流量。

另外，密集网络、联合学习、无小区 MIMO、分布式 MIMO 和边缘通信等技术都可以作为处理大规模数据的理论技术。

4.1.6 新频谱利用

在 5G 和以前的系统中，专用频谱分配使频谱资源被充分占用，利用率低。因此，有效的频谱管理仍然是提高 6G 通信系统频谱效率的关键方案。通过利用频谱感知和干扰管理技术，允许多个无线系统共享同一频谱。认知无线电技术允许网络中的不同子系统进行智能协调，实现互利传输和高效资源共享，包括智能认知无线电、高效动态频谱接入和智能频谱共享。

为了使智能动态频谱接入算法适用于复杂的频谱共享环境，非常需要新的计算开销更低的无模型分布式学习算法。区块链和深度学习技术被证明是频谱共享的有效方法，因此，需要开发新的智能频谱共享框架和机制。对于智能认知无线电的研究还处于起步阶段，还有许多未解决的问题需要解决。例如，对于大型服务请求网络，无线接入和多维资源分配也具有挑战性，需要通过人工智能和大数据分析等技术来解决。另外，研究人员需要解决如何共享频谱及如何管理异构网络中同步同一频率传输的频谱机制等问题，还需要研究如

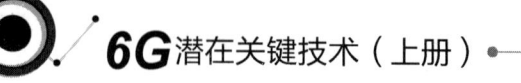

何使用标准干扰消除方法来消除干扰,如并行干扰消除和连续干扰消除。

4.1.7 联合管理

在未来 6G 的应用实例中,6G 网络的关键特征表现为能够将通信、计算、缓存和控制系统作为一个整体的系统来处理,对不同过程进行联合优化。例如,在自动化工厂中的自主控制过程中,移动机器人拍摄工业过程的视频,并将数据发送到边缘云,在边缘云中运行学习算法检测异常并做出决策,这些信息被发送回执行机构,以实施适当的对策。边缘云可以存在于固定的基础设施中,也可以通过空中平台获得。

此时该系统关键绩效指标应为端到端延迟,包括在不同节点之间传输数据所花费的时间,以及计算过程花费的时间。5G 中的移动边缘计算实现了使计算资源尽可能靠近用户,尽可能实现更确定的控制与更短的延迟。在 5G 中,通信和计算资源是分开处理的。

但是网络边缘处理存在的限制要求对通信、计算、缓存和控制进行联合的管理。此时将用户分配到访问点、动态缓存和迁移虚拟机需要联合协调,以保证严格的端到端延迟与资源的高效利用。相关研究中提出了联合计算、通信和缓存同时管理的方法,但是没有联合控制。因此未来的挑战将在于如何同时实现智能控制和严格的端到端延迟保证。

4.1.8 低功耗绿色通信

随着 6G 通信过程数据量的大幅度增长,需要对能效做出相应控制。在毫米波频段中,通过使用大型阵列等设备最大程度利用能量,从而提高能量效率,但此时功率放大器与用户设备噪声系数都会降低。在收发器上变频或下变频信道中,大阵列虽然带来了较高的数据速率,但是大阵列收发器的功率损耗可能仍然很高。由于电压调整等方法功能有限,因此需要依赖于网络层技术实现节能目标。

与 1G 及 5G 通信不同,6G 通信可以提供一种创新的路由—中断、能量收集技术,在显著优化频谱效率和能量效率之间权衡。未来网络中充满可以进行能量收集的设备,设备可以吸收环境中存在的无线电和太阳能等,充分利用环境中分布的能量,降低能量消耗。通过相应无线电传播条件实现频谱效率与能量效率的权衡十分重要,材料的特殊物理表面可通过收集环境中因反射和散射而浪费的能量实现对环境的控制。可以使用能量收集电路实现设备自供电,这对于实现离网运行、持久的物联网设备和传感器、很少使用的设备和长待机时间间隔的设备来说可能是至关重要的。

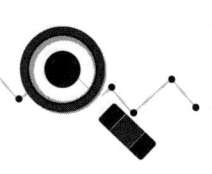

4.1.9 数据与通信安全

在 6G 时代，经济和社会对信息技术和网络的依赖将会加深，信息技术和网络在国家安全中的作用将继续上升。6G 中大量增加的物联网设备将带来额外的威胁与安全隐私问题。端到端的全双工需要用户与用户更高的信任，人工智能的出现将带来新型与更智能的攻击。随着向 THz 等更高频段的发展与天空地一体化网络的连接，数十亿设备将进行连接，此时需要使用自动化的安全算法进行解决，这给 6G 网络安全隐私都带来了极大的挑战。

4.1.10 终端能力

随着未来 6G 网络用户数量增加与更可靠的用户体验出现，6G 终端预计将出现新的特征，未来终端需要面向消费者提供更复杂、轻量与快速的服务；面向工业需要提供海量、共享与智能的服务。因此 6G 终端的将呈现出泛在化、智能化、轻量化、共享化与融合化的趋势。6G 终端在通信能力、计算能力、显示/交互/传感能力与续航能力方面将面临的更高性能的挑战。

4.2 6G 关键使能技术

6G 将继承和增强 5G 大部分技术，在 5G 基础上进一步发展。6G 系统将由许多技术驱动。为了实现理想的 6G 网络的性能，需要在现有基础上发展新技术。与 5G 相比，这些技术预计将引入大量新应用，这些应用在延迟、可靠性、能源、效率和容量方面都有非常严格的要求。此外 6G 还会在 5G 的基础上进一步探索新的技术领域，甚至是改变现有的通信范式，并且与通信之外的一些技术如 AI、区块链、计算、感知、定位等进行深度结合。本节对 6G 关键使能技术进行概括介绍，本书后面章节将对以下关键技术展开详细的介绍，包括原理介绍、研究进展与未来研究方向。

4.2.1 基础传输技术

1. 编码调制

为了适应 6G 系统的变革,实现更低的延迟、更高的可靠性和更低的复杂性,需要更加先进的无线接入技术,这其中包括了协议/算法级别的技术,即改进的编码、调制和波形。

6G 网络预计实现万物互联,在编码方面,可以用于 6G 系统的编码技术主要包括 Polar 码、Turbo 码、LDPC 码、Spinal 码、物理层网络编码等。6G 系统具有 Tbps 级别的数据速率与更高的能量效率,为了获得更好的性能,调制方案也需要进行改进,可能在 6G 系统中得到应用的调制方案包括索引调制、OTFS 技术、高阶 APSK 调制、过零调制及连续相位调制等。波形是指通过特定方法形成的物理介质中的信号形状,在 6G 系统中的波形需要支持灵活的网络切片。6G 中将有许多不同类型的用例,每个用例都有自己的特点,任何单一波形解决方案都不能满足所有场景的需要。6G 系统中可能涉及的波形包括多载波波形(灵活的 OFDM 及非正交波形)和单载波波形(SC-FDE 和 DFT-s-OFDM)。此外,作为一种有效的传输方案,FTN 传输技术可以提高信息传输的码元速率,是一种很有潜力的技术,极有可能在 6G 系统中得到广泛应用。

对本节内容感兴趣的读者,请详细阅读本书的第五章,在第五章里对于编码、调制与波形的有关内容进行了较为详细的阐述。

2. 新型多址技术

当前系统中的多址技术主要采用载波侦听多路访问,但是该方法不适用于多个接入设备的场景。非正交多址接入技术已在 5G 网络中进行了广泛的研究,但仍需要进一步提升其性能以用于 6G 网络中。基于深度学习和基于极化码的非正交多址接入技术预计是未来的发展方向,基于速率分裂的方法预计也是一种有前途的技术,速率分裂的主要优势是通过将其部分解码视为噪声来灵活管理干扰。因此,6G 中的多址技术需要进一步的研究发展,满足大规模连接与极低能耗的性能要求,6G 研究应集中在如何进一步提升性能至理论极限,同时考虑预编码和可用信道状态信息量的实际限制。有关内容将在本书第十四章详述。

4.2.2 空间资源利用技术

1. OAM

电磁波具有线性动量与角动量,其中 OAM 是一种替代的空间多路复用方法,可以作为一种新的调制资源，在 6G 系统中显示出巨大的潜力。OAM 有大量拓扑电荷，即 OAM 模态，这种基于 OAM 模态的多路复用通过传输多个同轴数据流，在 LoS 下可以实现多流传输，能显著地提高无线通信链路的系统容量和频谱效率。

基于此，本书第六章将介绍 OAM 的基本概念及在无线通信中使用 OAM 实现空间多路复用的原理，回顾 OAM 在无线通信中的发展并介绍其研究现状，简单介绍了与 OAM 相关的技术，包括 OAM 的产生、接收。此外还介绍了 OAM 的无线通信链路演示实验和 OAM 信道的传播效应。最后总结了 OAM 与其他调制技术的结合，展望了 OAM 未来的研究方向。

2．RIS

RIS 被设想为 6G 中的大规模 MIMO2.0，由许多反射单元组成，可以通过改变电磁波的相位与幅度，对环境中的电磁波重定向。与环境中的传感器相互配合后，可以根据环境状态实时对电磁波进行控制，根据最佳通信状态对电磁波的传播做出改变；可以实现低功耗通信，由于没有放大器，在转发过程中消耗的能量远远少于使用中继转发消耗的能量。通过使用对波束做出优化，可以改善信道状态，进而提高系统的信噪比。可以提升数据速率与降低发射功率，是 6G 网络中的关键使能技术，并可以与 UAV、Sub-6GHz、人工智能等技术相结合以实现整体系统的性能提升。另外，还可以支持全息射频与全息 MIMO 等应用。将在第七章对 RIS 进行详细介绍。

3．无蜂窝 MIMO 网络

6G 网络希望利用更高的频段范围，实现更高的频谱效率与更大的系统容量。随着蜂窝网络的发展，蜂窝网络的最小单位已经难以再分裂以提升系统的容量，此时蜂窝网络的发展将受到限制。在无蜂窝 MIMO 网络中，用户端将体验到只有一个整体网络的网络与之相连，在移动过程中保证通信的无缝切换，不会因切换带来额外的开销。在无小区网络中设置智能算法，可以自动识别用户的无线通信环境，并动态地为用户配置性能最佳的资源分配。将在第九章对无蜂窝 MIMO 网络进行详细介绍。

4．先进 MIMO 技术

在 5G 网络中，MIMO 技术的使用极大提高了 5G 网络的频谱效率，是 5G 关键技术。由于 MIMO 的极大潜能，预计 6G 网络中 MIMO 技术将得到进一步研究，充分发展其优势。MIMO 技术预计可以提高 6G 网络的频谱效率、能量效率和数据速率。另外，MIMO 系统的低分辨率对于实现 6G 网络中低能耗的愿景也将非常有效。MIMO 的使用也将使 6G 网络的天线数量级进一步提高，因此需要研究更先进的技术平衡 MIMO 带来的影响。将在第八章对当前的一些先进 MIMO 技术进行详细介绍。

5. 全息技术

全息技术包括全息 Radio、全息 MIMO、全息 Beamforming、全息通信和全息定位等。全息无线电是一种新的方法，它可以创造一个空间连续的电磁孔，以实现全息成像、超高密度和像素化的超高分辨率空间复用。全息 MIMO 阵列由大量的（可能是无限的）天线组成，分布在一个紧凑的空间中。全息波束形成使用软件定义的天线，可以实现多天线设备中信号高效灵活的发送与接收。全息通信塑造了全息式的智能沟通、高效学习、医疗健康、智能显示、自由娱乐，以及工业智能等众多领域的生活新形态。全息定位具备充分利用信号相位轮廓来推断位置信息的能力。有关内容将在本书第十章详细叙述。

4.2.3 频谱利用技术

1. Sub-6GHz 通信

从 2016 年到 2021 年，无线数据流量的快速增长将使移动数据流量增长 7 倍。毫米波等宽带无线电预计将满足 5G 网络的数据需求。但射频频段目前已没有更大的开发空间，因此需要开发新的频段。Sub-6GHz 频段高带宽与高数据速率的特点可以作为 6G 网络中新的应用频段，弥补毫米波的缺点。除了扩展带宽，Sub-6GHz 通信由于在这些波段经历的波长较短而提供放大增益，从而允许部署大量天线。相比于毫米波技术的成熟研究，Sub-6GHz 频段仍有较大的发展空间，尤其是 Sub-6GHz 高损耗性建模与高能耗。在 6G 网络中，Sub-6GHz 将是提供高数据速率的关键技术。第十一章将对 Sub-6GHz 通信技术进行详细介绍。

2. 可见光通信

可见光在过去的 20 年已经获得了成熟的发展，并应用于多种应用场景。可见光可以应用于 Sub-6GHz 频段，并提供高带宽，因此可继续应用于 6G 网络中。与射频信号不同，可见光主要使用二极管作为发射器。预计在 6G 中，LED 与多路复用技术的进步将使可见光通信更加成熟。为了获得更好的体验，6G 中应该实现可见光通信与射频通信的混合系统与基础设施，以同时利用可见光通信与射频通信的优势，因此射频链路与非射频链路将是发挥可见光通信潜能的关键技术挑战。第十二章将对可见光通信进行详细介绍。

3. 全双工技术

全双工技术可以在收发器端同时进行发送信号与接收信号，但是传统全双工通信中发射机与接收机电路之间的串扰比较大。在 6G 网络中将实现上行链路与下行链路的同时传输，此时全双工技术可以发挥其优势，在不使用额外带宽的情况下提高复用能力和整体系统吞吐量。预计未来全双工中需要进一步提高抗干扰技术与资源调度能力，将有利于全双工技术更好的适用于 6G 网络。第十三章将对全双工技术进行详细介绍。

4. 动态频谱共享

动态频谱共享采用智能化、分布式的频谱共享接入机制，通过灵活扩展频谱可用范围、优化频谱使用规则的方式，进一步满足未来 6G 系统对频谱资源使用的需求。在未来，结合 6G 大带宽、超高传输速率、空天海地多场景等需求，基于授权和非授权频段持续优化频谱感知、认知无线电、频谱共享数据库、高效频谱监管技术是必然趋势。同时也可以推进区块链+动态频谱共享、AI+动态频谱共享等技术协同，实现 6G 时代网络智能化频谱共享和监管。有关内容将在本书第 17.4 节详细叙述。

4.2.4 人工智能辅助的通信

1. 人工智能

为了实现 6G 的愿景，当前的无线网络应该从传统的功能集中型转变为新型的用户集中型、内容集中型和数据集中型。因此，将计算和人工智能能力添加到无线网络是至关重要的。人工智能支持的 6G 将提供无线电信号的全部潜力，并实现从认知无线电到智能无线电的转换。机器学习的进步为 6G 中的实时通信创造了更多的智能网络，在通信中引入人工智能将简化和改善实时数据的传输。传统无线技术已不能提供跳跃式的发展，将机器学习技术应用于传统无线技术中将发挥无线通信网络的极大潜力。人工智能的引入将使通信网络进入新的发展方向。随着移动数据量的增加、计算硬件的进步和学习的进步，未来 6G 网络中的许多问题可以通过人工智能方法有效解决，如调制分类、波形检测、信号处理和物理层设计。第十六章将对人工智能有关技术内容进行详细介绍。

2. 边缘智能

现代人工智能的潜在收益几乎涉及每个行业的数据分析，如交通、制造业自动化、医疗保健、教育、短视频业务、在线购物和客户服务等。这要求分布式智能应具有安全、高效和健壮的服务。另外 6G 可支持高达 1Tbps 的峰值数据速率，这使其在边缘处能够在不考虑用户设备和边缘服务器之间的距离的情况下在几分之一秒内执行任务关键型应用程序计算，保证了高可靠性、低延迟、高安全性和大规模连接性，足以处理上述各行业任务关键型应用程序。在 6G 帮助下，数据通过多个互联的边缘设备共享，训练出共同的网络进行建模。通过 6G 与边缘智能的精准融合，可以使边缘智能系统能够快速高效地预测信息、训练模型并且在极短时间内响应，进而帮助客户在未来使用具有极高复杂性的设备，处理极其复杂的智能对象。信任与安全、故障检测、可靠性、健壮性和服务水平将成为 6G 网络的基本要求，以实现面向任务关键型应用的边缘智能解决方案。有关内容将在本书第 16.2 节详细叙述。

3. 区块链

区块链作为去中心化的应用，在过去几年得到了快速的发展，区块链是分布式账本技术，提供了可扩展的去中心化平台，该平台具有安全性、隐私性、互操作性、可靠性和可扩展性的特点。因此，区块链技术将为 6G 通信系统的大规模连接提供多种设施，如跨设备的互操作性、海量数据的可追溯性、不同物联网间的自主交互及可靠性，以实现超大规模集成电路服务的目标。区块链建立了网络应用程序之间的信任，提供了分散的防篡改特性和保密性。通过建立透明度、验证交易和防止未经授权的访问，为频谱管理创建了一种安全和可验证的方法。此外，区块链在工业 4.0 的应用、无线环境监测与保护、智能医疗、6G 通信基础设施等方面可以更好地去中心化、安全性和隐私性等方面的性能。未来区块链在万物互联、数据存储、专有领域应用和人工智能方面存在系统级的大规模连接、可扩展的高安全性、高数据消耗、设备资源限制等问题，这些将是区块链在 6G 网络中的关键挑战。有关内容将在本书第 16.3 节详细叙述。

♣ 4.2.5 应用层技术

1. 语义通信

目前急剧增长的数据速率与带宽的需求，驱动了对香农公式需求的提高。未来虚拟世界与网络世界将进行融合，6G 网络应该把语义和有效性方面作为网络设计的核心方面。此网络可以通过学习人脑对问题的处理方式，在短时间内对人的处理方式进行学习。语义通信的提出将对之前的通信方式带来跨越式改变。从保证每个传输位的正确接收转变为信息中语义的正确接收，不仅节约了带宽和数据速率的开销，还能够提升传输信息的保真度。本书将在第 17.1 节讨论语义通信的概念、可能的通信框架和几个应用实例。

2. 机器类通信

6G 预计实现 IoE，这也意味着 6G 的连接密度将进一步提高。6G 中的新型用例，如互联生活、未来工厂、数字现实与车辆自动驾驶驱动着 MTC 的进一步发展。5G 中 MTC 技术分为 URLLC 与关键 MTC，在受控环境中具有小负载和低数据速率的特征，关键 MTC 适用于具有零星流量模式的大型/密集部署。6G 中机器类通信技术对于大规模物联网设备连接的需求，将会使可靠性、数据速率等指标相对于 5G 机器类通信进一步提高。当前的 MTC 架构不能实现理想和高效的连接，因此需要新的 MTC 网络架构实现 IoE。本书将在 17.2 节对 6G 中的 MTC 进行阐述，并介绍完整的 MTC 网络架构和低能耗的 MTC 设备，以及 mMTC 与关键 MTC 在 6G 中的进一步发展。

3. 感知通信计算一体化

预计未来 6G 在提高泛在通信的同时，还能提供高精度定位和高分辨率传感服务，新型技术（如人工智能、全频谱、RIS 与智能波束空间处理等）的发展，推动了通信传感计算一体化。感知、通信和计算一体化是端到端信息处理中同时实现信息获取、信息传递和信息计算的信息处理框架，包括增强感知和计算性能的感知行为，增强感知和计算性能的通信行为，以及增强感知和通信性能的计算行为。计算、感知将与通信共存，共享时间、频率和空间上的可用资源。RIS、人工智能、主动与被动感知、雷达和波束域处理技术将是实现 6G 感知计算通信一体化的关键技术挑战。有关内容将在第 17.3 节详细叙述。

4. 同步无线信息和电力传输

SWIPT 是 WIPT 的一个子集，指信息和功率从发送方到接收方的同步传输，它适用于为低功耗无线设备或传感器服务的基站组成的系统，如物联网网络。该基站能够传输信息信号，同时为低功率无线设备充电。WPT 是 SWIPT 的重要组成部分。绝大多数的 WPT 研究都致力于设计高效的能量收获器，从而提高 RF-to-DC 的转换效率。实验也表明收集的能量不仅取决于整流天线的设计，还取决于整流天线的输入信号。有关内容将在第 17.5 节进行详细叙述。

参考文献

[1] Tong W, Zhu P Y, et al. 6G: The Next Horizon[M]. Cambridge University Press, 2021.

[2] Chen S, Liang Y C, Sun S, et al. Vision, Requirements, and Technology Trend of 6G: How to Tackle the Challenges of System Coverage, Capacity, ser Data-Rate and Movement Speed[J]. IEEE Wireless Communications, 2020.

[3] Tataria H, Shafi M, Molisch A F, et al. 6G Wireless Systems: Vision, Requirements, Challenges, Insights, and Opportunities[J]. Proceedings of the IEEE, 2021, (99): 1-34.

[4] Saad W, Bennis M, Ch En M. A Vision of 6G Wireless Systems: Applications, Trends, Technologies, and Open Research Problems[J]. IEEE Network, 2020, 34(3): 134-142.

[5] Mozaffari M, Kasgari A, Saad W, et al. Beyond 5G With UAVs: Foundations of a 3D Wireless Cellular Network[J]. IEEE transactions on wireless communications, 2018.

[6] Chowdhury M Z, Shahjalal M, Ahmed S, et al. 6G Wireless Communication Systems: Applications, Requirements, Technologies, Challenges, and Research Directions[J]. IEEE Open Journal of the Communications Society, 2020, (99):1-1.

[7] Chowdhury M Z, Shahjalal M, Ahmed S, et al. 6G Wireless Communication Systems: Applications, Requirements, Technologies, Challenges, and Research Directions[J]. 2019.

[8] Weiss M B, Werbach K, Sicker D C, et al. On the Application of Blockchains to Spectrum Management[J]. IEEE Transactions on Cognitive Communications and Networking, 2019, (99):1-1.

[9] Ndikumana A, Tran N H, Ho T M, et al. Joint Communication, Computation, Caching, and Control in Big Data Multi-access Edge Computing[J]. IEEE Transactions on Mobile Computing, 2018.

[10] Alsharif M H, Kelechi A H, Albreem M A, et al. Sixth Generation (6G) Wireless Networks: Vision, Research Activities, Challenges and Potential Solutions[J]. Symmetry, 2020, 12(4): 676.

[11] 未来移动通信论坛. 初探 B5G 6G 终端[R]. 2019.

[12] Giordani M, Polese M, Mezzavilla M, et al. Towards 6G Networks: Use Cases and Technologies[J]. 2019.

[13] Gui G, Liu M, Tang F, et al. 6G: Opening New Horizons for Integration of Comfort, Security and Intelligence[J]. IEEE Wireless Communications, 2020, (99):1-7.

[14] Alwis C D, Kalla A, Pham Q V, et al. Survey on 6G Frontiers: Trends, Applications, Requirements, Technologies and Future Research[J]. IEEE Open Journal of the

Communications Society. 2021.

[15] Bariah L, Mohjazi L, Sofotasios P C, et al. A Prospective Look: Key Enabling Technologies, Applications and Open Research Topics in 6G Networks[J]. IEEE Access, 2020, (99):1-1.

[16] Samsung. 6G The Next Hyper—Connected Experience For All[R]. 2020.

[17] Strinati E C, Barbarossa S. 6G networks: Beyond Shannon towards Semantic and Goal-oriented Communications[J]. Computer Networks, 2021, 190:107930.

[18] University of Oulu. White Paper On Critical And Massive Machine Type Communication Towards 6G[R]. 2020.

第 5 章

编码、调制与波形

目前，5G 的发展正如火如荼。它具有高速率、低延迟、大规模连接的特点，不仅能使用户享受到高速度、高质量的互联网服务，还在自动驾驶、智慧城市、智能远程医疗服务等方面大放异彩。然而，学者们并不会在此止步，移动通信技术将以几乎每十年为一代的速度持续发展，6G 时代将会很快到来。根据各个国家和各个产业界的期望和设想，6G 网络将实现 100Gbps 的数据速率，信道带宽以 GHz 为单位，可以使用高于 275GHz 的 Sub-6GHz（THz）频段。与此同时，它面临着更为复杂的业务传输场景，如海洋、空间和毫米波。

然而，6G 的实现并非空中楼阁，很多先进的技术会成为它的基石。为了适应场景和需求的多样性，6G 核心技术将会呈现多元化。然而这些技术具体将会是什么呢？这是一个还很难肯定回答的问题，但研究人员已经开始寻找答案，并探讨出了一些有趣的概念。如果比较保守而谨慎地回答这个问题，那么答案则是，一些尚未成熟的技术可能会被应用于 6G 网络，它们还无法纳入 5G 系统。基于这一观点，任何不符合 3GPP 标准的技术都可能成为未来几代无线蜂窝系统的组成部分。从更大胆的角度来说，一些在设计和开发 5G 网络时根本没有考虑的新技术将会应用于 6G 网络。这些新技术会结合上一代无线蜂窝网络中已有技术的增强内容。

基于先进的无线接入技术，主要包括协议/算法级别的技术，即改进的编码、调制和波形，以实现更低的延迟、更高的可靠性和更低的复杂性。利用这三个层面的推动因素，6G 技术不仅可以在城市地区提供更好的宽带服务，还可以提供全覆盖的宽带连接。

5.1 编码

6G 网络具有 Tbps 的吞吐量、以 GHz 为单位的大信道带宽、THz 的信道特性、空天海地的网络架构。它的传输模型会基于复杂的受到场景干扰吧。6G 的信道编码需要在 5G 已有的三个场景 eMBB、URLLC、mMTC 上增强性能：提升 eMBB 峰值速率，消除 URLLC 译码错误平层，提升 mMTC 短码译码性能并达到有限码长性能界。作为无线网络通信的基础技术，新一代信道编码技术应提前对其特征进行研究和优化，对硬件芯片实现方案和信道编码算法进行验证和评估。

1. 6G 的编译码方案面临硬件方面的压力

未来的性能和效率改进可能来自 CMOS 扩展，但它的情况相当复杂。事实上，研究者必须权衡诸如功率密度/暗硅、互连延迟、可变性和可靠性等因素，此外还需要考虑成本方面的问题，这使情况变得更加复杂：掩模会在 7 纳米或更小的情况下爆炸，因此需要考虑硅面积和制造掩模的成本等问题。

2. 6G 的编码策略同样也需要改进

香农的开创性工作给信道编码的发展带来了启发，他提出了一种观点，即通过在发送的消息上附加冗余信息，信道编码可以达到无限低的误比特率。在几十年间，从香农的预测以来，人们提出了无数的 FEC 码，它们大致可以分为线性分组码和卷积码。Turbo 码、LDPC 码、Polar 码都是信道编码的过程中经常使用的编码方式。LDPC 码在编码速率、编码长度和译码时延方面非常灵活，同时它可以方便地支持 HARQ。Polar 码则更适合于低时延控制信道，也可以在量子编码中进行扩展。学者们已经开始了一些预先研究，如结合现有 Turbo 码、LDPC 码、Polar 码等编码机制，研究未来通信场景应用的编码机制；针对 AI 技术与编码理论的互补研究，开展突破纠错码技术的全新信道编码机制研究。6G 网络的信息传输面临着多用户及多复杂场景的考验，因此需要综合考虑干扰的复杂性，对现有的多用户信道编码机制进行优化。

从 4G 到 5G，数据传输的峰值速率提升了 10~100 倍，这一趋势很可能在 6G 延续。6G 设备中的单个解码器的吞吐量将达到数百 Gbps。对于基础设施链路，要求会更高，因为需要将给定小区或虚拟小区中的用户吞吐量聚合在一起。由于需要同时处理很多数据，可以采用矢量处理、空间复用等方法提高处理的速度，实现数据的快速处理。

在 6G 中，物联网系统的设备部署会更加密集，冲突会加剧，码字需要携带 UE IDs 和数据，因此需要可以支持非相干检测/解码的极大序列/码空间的联合序列编码设计。

为了保证 6G 通信系统性能的提升，不能仅依靠集成电路制造技术的进步，还必须在编译码算法方面找到解决方案。需要减少译码的迭代次数，提高译码器的并行度，综合考虑译码设计和相应的编解码算法，码构造必须足够灵活以适应不同场景需求。此外，对于解码器来说，获得合理的高能量效率至关重要。如果要保持与当前设备相同的能耗，每个比特的能耗需要降低 1~2 个数量级。面积效率（以 $Gbps/mm^2$ 为单位）、能量效率（以 TB/J 为单位）和绝对功耗（以 W 为单位）等因素给编码设计、解码器架构和实现带来了巨大的挑战。

5.1.1 Polar 码

1. Polar 码的简介及原理

Polar 码是一种新型编码方式，可以实现 BEC 和对称二进制输入离散无记忆信道，如 BSC 容量的码字构造方法。在 2008 年，Polar 码由土耳其毕尔肯大学的 Erdal Arikan 教授首次提出，由此引发了学术界的广泛关注，包括华为在内的各大通信公司都对其进行了研究。Polar 码可通过理论证明达到香农极限，并且具有可实用的线性编译码能力，是 5G 中信道编码方案的强有力候选者。2016 年 11 月 18 日，美国内华达州里诺举行了 3GPP 的 RAN1#87 会议，3GPP 确定了由华为等中国公司主推的 Polar 码方案作为 5G eMBB 场景的控制信道编码方案。

信道极化是指将一组可靠性相同的 B-DMC，采用递推编码的方法，变换为一组有相关性、可靠性各不相同的极化子信道的过程。随着码长的增加，子信道将呈现两极分化的现象。

如果信道数目充分大，信道根据互信息两极分化：一种是无噪的好信道，它的互信息趋于 1；另一种是包含的差信道，它的互信息趋于 0。

可以使用不同的构造方法评价 N 个子信道的可靠性。信息集合 P 为 K 个高可靠的子信道集合，可以承载信息比特。剩余的 $N-K$ 个低可靠子信道集合 P^c 可以承载收发两端都已知的固定比特（一般默认为全 0），称为冻结比特。

给定 (N, K) Polar 码，信息位长度为 K，码长为 N，编码器输入比特序列由信息比特与冻结比特组成，有 $a_1^N = (a_1, a_2, \cdots, a_N) = (a_P, a_{P^c})$。$x_1^N = (x_1, x_2, \cdots, x_N)$ 表示编码比特序列，Polar 码可以编码表示为：

$$x_1^N = a_1^N \boldsymbol{H}_N \tag{5-1}$$

编码生成矩阵 $\boldsymbol{H}_N = \boldsymbol{B}_N F^{\otimes n}$，$\boldsymbol{B}_N$ 是排序矩阵，完成比特反序的操作，$F^{\otimes n}$ 表示矩阵 $\boldsymbol{F}$ 进行 n 次克罗内克（Kronecker）积操作。Polar 码采用蝶形结构编码，它的编码复杂度为 O（$N\log N$）。

2. 6G 中的 Polar 码

在 6G 高可靠性场景中使用的信道编码方案必须提供比 5G 情况下更低的误码平底和更好的性能，需要考虑具有优异性能的中短码。由于其纠错能力和缺乏误码平底，Polar 码可能是 6G 的首选。

Polar 码在 5G 中可以控制信道编码方案，但它还具有被进一步挖掘的潜能。有学者已经发现基于 CRC 辅助逐次消除表的 Polar 码的误码率性能优于使用相似参数的 LDPC 码。因为基于 SC 的译码中没有出现误码平底，因此可以在移动通信中应用长 Polar 码。为了提高可达吞吐量，可以将 Polar 码与高阶调制方案有效结合，如多级极化编码调制和位交织极化编码调制。在 Polar 码调制的码率分配中选择可靠性高的极化信道传输原始信息比特，只需要考虑极化信道的可靠性，但极化信道可靠性计算的复杂度非常高，因此设计低复杂度的码字结构也是一个重要的研究课题。与此同时，研究者需要寻找接近最优的低复杂度的映射方案，将 Polar 码的输出映射到调制器的输入。由于合法的映射方案的数量非常大，任务可能会非常艰巨。

除了考虑 Polar 码的编码构造，信道特性也是需要注意的问题，它对于性能与复杂度的关系和译码算法的选择都有着重要的影响。研究者需要对衰落信道和 AWGN 信道进行有益码结构的设计。大多数现有的 Polar 码的长度是 2 的整数次方，对它们的实际应用有一定的影响，人们常常使用增信删余码来适当地调整码长度和码速率，但会导致性能下降。为了解决这个问题，一个新的研究方向产生了：基于多核的码构造，使用特定的核矩阵就可以构造长度灵活的 Polar 码。

5G 中基于随机计算的极化解码器还未得到广泛关注，在 6G 中它可能是一个有前景的研究方向。

3. 高性能的极化编译码

SC Polar 码译码算法最早由 Arikan 提出。这一算法具有良好的渐近性能。但在有限码长的情况下，单独采用极化编码以及 SC 译码性能较差，远低于 LDPC 码和 Turbo 码。为了提高 Polar 码有限码长的性能，人们采用了 CRC 码级联 Polar 码及高性能译码算法，如果码长有限，相比于 LDPC 码和 Turbo 码，它有着显著的性能增益。为了满足 6G 超高可靠性，需要进一步探索 Polar 码在有限码长下的极限性能。

经典意义上的信道容量只适用于评估无限码长条件下信道编码的极限性能，它具有重要的理论意义。但是在工程应用方面，码长通常是有限的，因此这个容量极限是不能达到的。为了评估有限码长条件下的信道容量，提出了修正信道容量计算式：

$$\tilde{C} \approx C - \sqrt{\frac{V}{N}} Q^{-1}(P_e) + \frac{\log N}{2N} \quad (5\text{-}2)$$

其中，V 是信道扩散函数；C 是信道容量；P_e 是差错概率，在信道容量基础上添加了修正项得到的近似式，称为 NA。它可以方便地评估有限码长下特定信道的容量，是近年来信息论的重大进步之一。

一种高性能的 Polar 码编译码方案如图 5.1 所示，在发送端有 CRC 编码器与极化码编码器。信号经过 AWGN 信道到达接收端。接收端使用了一种混合译码算法接收信号，这种算法由 CRC 辅助的自适应 SCL 译码算法与 CRC 辅助的 SD 算法组成。当码字较短时，CRC 的结构非常重要，它对于整个级联码的重量谱分布和最小汉明距离都有影响。优化 CRC 的生成多项式可以显著提高级联码的整体性能。

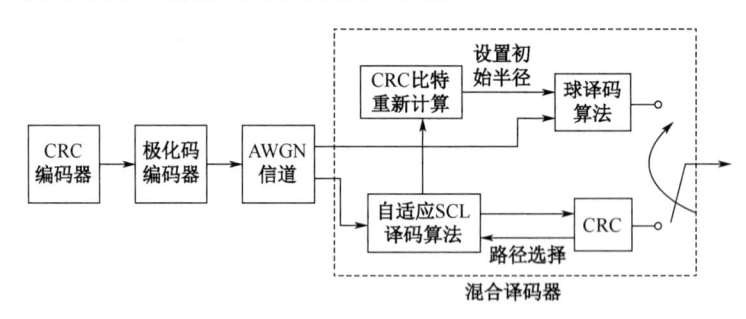

图 5.1 高性能的 Polar 码编译码方案

4. 多天线极化编码

在广义极化思想的指导下，可以建立 PC-MIMO 系统的框架，PC-MIMO 的新颖性体现在极化编码、信号调制和 MIMO 传输的联合优化上。通过多级信道变换级联的方式，可以逐渐增强极化效果。最后，原始的 MIMO 信道将被分割成一组 BMC，其容量趋向于 0 或 1。

三级信道极化变换的 PC-MIMO 系统的理论框架如图 5.2 所示。该变换由天线→调制→比特模块组成。在第一阶段，利用天线模块将 MIMO 信道分解成一组天线合成信道。在第二阶段，利用调制模块将这些天线合成信道转换成一系列比特合成信道。天线模块和调制模块的结构会影响极化效果。在两级信道变换后，通过二进制信道极化变换，在第三级将比特合成信道进一步拆分成一系列比特极化信道。提出的这种三级信道变换结构便于二进制极性编码、信号调制和 MIMO 传输联合 应用。

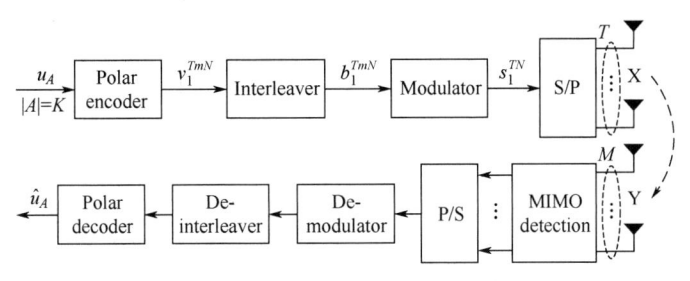

```
u_A            v_1^{TmN}           b_1^{TmN}            s_1^{TN}      T
|A|=K → Polar ────→ Interleaver ────→ Modulator ────→ S/P  ╲X
        encoder                                              ╳
                                                            ╱
û_A    Polar      De-            De-              MIMO    M
   ← decoder ← interleaver ← modulator ← P/S ← detection ╲Y
```

图 5.2 PC-MIMO 系统的理论框图

通过理论分析可知，当码长为无限长的情况下，这种三级极化的 PC-MIMO 系统能够达到信道容量极限。PC-MIMO 系统的整体极化方案可以提升系统的频谱效率，满足 6G 的高效率传输。由于这个 PC-MIMO 系统基于 MIMO 遍历容量的编码构造，因此适用于不相关的快衰落信道。对于其他信道模型，如快衰落信道，Polar 码的构造仍然是一个悬而未决的问题。类似地，未来还将研究一些在复杂度和性能之间取得更好折中的码字构造方法。

5．NOMA 中的极化编码

目前，对 NOMA 技术的研究主要集中在 NOMA 技术本身对吞吐量和连通性的优化上。在实际实现中，有效的信道编码方案对于 NOMA 是至关重要的，它保证了理论预测的可达速率能够实现。Turbo 码与 NOMA 的集成是一种简单的组合，它没有充分利用 NOMA 系统中用户可靠性的特点。本质上，接入用户的可靠性将在 NOMA 传输中表现出明显的多样性。特别是对于 PDMA，这种现象被详细描述为"完全不同的分集顺序"。从极化的角度来看，用户之间的这种可靠性的差别可以看作是广义的极化效应。因此，研究 NOMA 信道中的广义极化将是提高 NOMA 系统性能的关键。

在 Polar 码的信道感知特性和广义信道极化思想的指导下，可以设计出一个 PC-NOMA 系统。与其他编码 NOMA 系统相比，PC-NOMA 的新颖性在于允许对二进制极性编码、信号调制和 NOMA 传输进行联合优化。通过多级信道变换级联的方式，可以逐步增强极化效果。最后，NOMA 信道将被精心地分成一组 BMC，它们的容量趋向于 0 或 1。通过这种联合设计，NOMA 信道的极化使编码 NOMA 系统的性能有了很大的提高。

PC-NOMA 系统三级信道变换结构的理论框架如图 5.3 所示。具体地说，整个系统可以划分为用户→信号→比特三个模块，其中模块顺序和模块结构将影响极化效果。在第二阶段，采用比特交织编码调制方案来对抗信道衰落。然后通过执行二进制信道极化变换，比特合成信道被拆分成第三级中的一系列比特极化信道。因此，提出的三级信道变换结构便于 Polar 码和 NOMA 传输的联合统一描述。

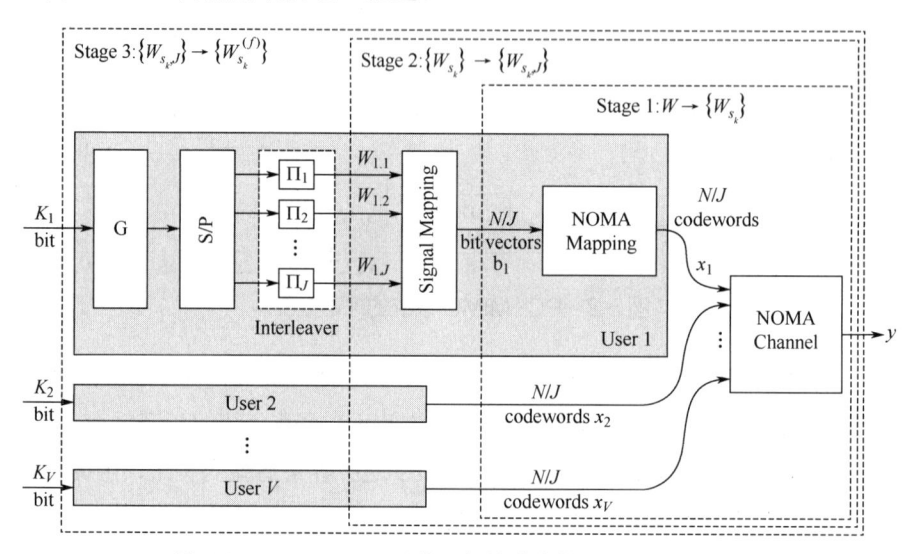

图 5.3　PC-NOMA 系统三级信道变换结构的理论框图

PC-NOMA 系统能够更好地拟合和利用 NOMA 的不规则叠加结构，表明 NOMA 码本（或叠加结构）和信道编码方案的设计应该联合进行。这也是未来的研究方向之一。

6．并行 Polar 码

并行 Polar 码包括 Polar 码和 Reed–Muller 码，有着 G_N 陪集码框架，可以支持并行和规则的高吞吐量译码。G_N 陪集码可以是与 Polar 码具有相同生成矩阵但不同信息集的线性分组码。并行译码算法可用于 G_N 陪集码的因子图，可以把 G_N 陪集码看作级联码，对内码进行并行译码。

5.1.2　Turbo 码

1．Turbo 码的简介及原理

20 世纪 90 年代初期，法国科学家 Berrou 提出了 Turbo 码。在之后的几十年里，学者们构造了级联码，改进了 MAP 概率译码算法，提出了迭代译码思想。Turbo 码是在这些理论基础上的一种推广和创新，是纠错编码领域研究的重要突破。Turbo 码是一种并行级联码，它的内码和外码都采用了卷积码算法。一种全新的译码思想——迭代译码在其中得到了应用，级联码的潜力被真正地挖掘出来了。它接近香农的随机码概念，突破了最小码距的设计思想，因此性能更接近极限。

典型的 Turbo 码编码器结构框图如图 5.4 所示，由两个反馈的编码器（称为成员编码器）通过一个交织器 A 并行连接而成。如果必要，由成员编码器输出的序列经过删余阵，从而可以产生一系列不同码率的码。与此同时，这种结构可以扩展到多个双组分码的并行级联，从而形成多级 Turbo 码。

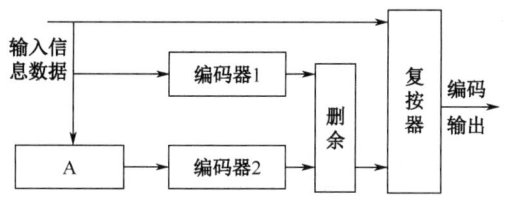

图 5.4 Turbo 码编码器结构框图

经常提到的组件编码器通常是指卷积编码器，而二进制的 BCH 编码也常常被使用。所谓的 BCH 码是循环码的一个重要子类，它具有纠正多个错误的能力。对于 BCH 码，人们已经提出了严密的代数理论，它是目前研究得最为透彻的编码之一。它的生成多项式与最小码距之间有密切的关系，因此可以根据所要求的纠错能力简单地构造出 BCH 码。它的译码器也容易实现，是线性分组码中应用最普遍的一类码。

Turbo 码由多个成员码经过不同交织后对同一信息序列进行编码，因此译码器需要使用软判决信息，而不是使用硬判决信息，这是为了更好地利用译码器之间的信息。Turbo 码的译码器采用迭代译码算法的原理：它由多个与成员码对应的译码单元、交织器和解交织器组成，将一个译码单元的软输出信息作为下一个译码器单元的输入。为了进一步提高译码性能，这个过程需要迭代数次。Turbo 码有多种译码算法，如 Log-MAP 算法、Max-log-MAP 算法和最大似然译码 MAP。

2．Turbo 收发机下一代前向纠错

Gallager 的低密度校验码解码器是第一个迭代检测辅助信道解码器。但是在 Turbo 码发现之后，解码器组件之间迭代软信息交换的全部优势才得到广泛认可。

如图 5.5 所示右部分的软信息的迭代交换非常有价值，因为译码器组件在达成一致、对它的判决足够确定它的判决之前不会做出硬判决。与同样复杂的卷积解码器的性能相比，当使用足够长的 Turbo 交织器，Berrou 的 Turbo 码的性能高出约 2dB，此时它的误比特率为 10^{-4}。在 AWGN 无记忆信道上，与香农理论极限相比，特定参数条件下 Turbo 码的误码率可以仅比前者高 0.7dB，其他任何的纠错编码方案都无法与其相比。在当今信息论和编码领域，Turbo 码凭借其优秀的译码性能成为一个重要研究方向。在高噪声环境下，Turbo 码有着良好的性能，具有很强的抗衰落、抗干扰能力，这使得 Turbo 码在信道条件较差的移动通信系统中有很大的应用潜力。

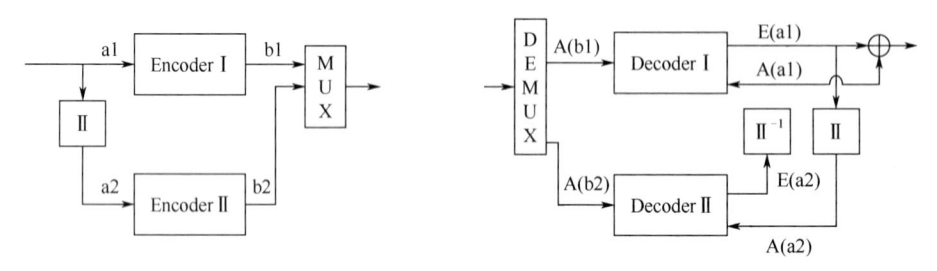

图 5.5 并行级联码的编码和解码

Turbo 码出现之后，各种各样的串行编码方案随之出现，比较有效的串行方案有并行级联码、串行级联码和混合级联码。它们依赖于不同的组成码，可以在未来对它们进行深度研究，基于迭代软信息交换的 Turbo 原理可用于上述方案的检测。

另外，设计下一代收发机的关键是通过构想出强大的软判决，在软输出解调器和极坐标解码器之间交换软外部信息，并辅助 Turbo 式探测方案。

3. HARQ 的多组 Turbo 码

HARQ 技术是指 ARQ 和 FEC 相结合的差错控制方法。这种技术通过发送附加的冗余信息，改变编码速率来自适应信道条件。FEC 方式需要复杂的译码设备，ARQ 方式的信息连贯性差，因此采用 HARQ 技术可以在一定程度上避免这些缺点，并且可以有效降低整个通信系统的误码率。HARQ 技术的发展速度非常快，在卫星通信和无线通信领域都已得到了广泛的应用。

总体来说，HARQ 系统就是把一个 FEC 子系统加到 ARQ 系统中，采用 FEC 子系统是为了纠正经常出现的传输错误，从而减少重传次数。在纠错能力范围内自动纠正错误，超出纠错范围则要求发送端重新发送，这是一种综合权衡的方法，既提高了系统的传输效率，也增加了系统的可靠性。

1997 年，Turbo 码与 HARQ 相结合的算法被第一次提出，作者对 Turbo 编解码器的结构做了一定的修改，当出错重传时，前一个传输数据块 Turbo 解码时产生的对数似然比被本次接收端的 Turbo 解码器使用，成为此次 Turbo 解码的先验信息。在中低信噪比的条件下，这种方法的使用大大降低了系统的误帧率。

多分量 Turbo 码类是并行级联码的一个特别有价值的类族，它依赖于单位速率码组件，对 HARQ 有着良好的支持作用。也就是说，在首次传输的时候，系统并没有分配冗余，因此整体的码率是统一的。如果 CRC 表示解码失败，则会传输相同信息的不同加密版本，此时解码器的冗余程度变为 50%，整体码率变为 1/2。因为总共有 N 个不同交错版本的原始信息被传输，当 CRC 出现一直失效的情况，总的码率会变为 1/N。

4. 不规则 FEC：外部信息传递图表辅助设计时代

早期的 FEC 所设计的标准即使在高斯有线信道上传输，也要最大限度地提高合法码字的汉明距离，这与最小化误码率密切相关。BCH 编码类族可以满足人们想要最大化所有合法码字对之间的汉明距离这一设计准则。卷积码的维特比译码需要用到最大似然序列估计算法，它最小化了错误序列估计概率，而不是误码率。

1974 年，Bahl、Cocke、Jelinek 和 Raviv 发明了另一种线性码组的最优译码算法。该算法可以应用于 BCJR 解码器。这种算法的复杂性较高，能够直接最小化误码率，性能与最大似然序列估计相似。直到 Turbo 码发明之前，BCJR 解码器都很少被使用。经过几十年使用不同的编码设计标准，Ten Brink 以强大的外部信息传递分析工具的形式得到了一个历史性的突破，将迭代检测辅助 Turbo 接收机的收敛行为可视化。

5.1.3 LDPC 码

1. LDPC 码的简介及原理

通信和广播系统，特别是无线系统，经常出现信道损伤的现象。因此，纠错码的使用是必不可少的。LDPC 码是由 Gallager 在 20 世纪 60 年代提出的，后来由 MacKay 和 Neal 重新发现的一类性能非常好的码。LDPC 码是由稀疏奇偶校验矩阵 H 定义的线性分组码。该稀疏奇偶校验矩阵 H 主要包含 0 而只包含少量 1，也就是说，它具有低密度的 1。LDPC 码的优良性能可以通过与 BP 算法相结合来获得。该算法借助其他比特更新每个比特的似然值作为外部信息。一般来说，获得的外部信息越多，性能就越好。LDPC 码的性能在很大程度上取决于其码结构和译码算法。

适当设计的 LDPC 码比 3G 移动通信系统中采用的 Turbo 码有更好的性能。由于出色的性能，LDPC 码可以采用多种通信和广播标准，如 IEEE802.16e、DVB-S2、IEEE802.3an（10BASE-T）等。除了上述标准，LDPC 码可以应用于各种通信系统，如 MIMO 系统。基于 BP 解码算法的性质，LDPC 码是在空间和时间域中利用多样性增益的良好选择。LDPC 码也已应用于 HARQ。例如，在 II 型 HARQ 中，即 IR ARQ 方案，需要纠错码在广泛的码率范围内提供良好的纠错能力。

尽管 LDPC 码可以广泛地推广到非二进制的情况，在本书中仅考虑简单的二进制 LDPC 码。除非特别说明，否则假设 H 是满秩。如果奇偶校验矩阵 H 具有 N 列和 M 行，则码字由满足由奇偶校验方程 $Hx^T=0$ 定义的一组 M 个奇偶校验的 N 比特序列 x 组成。消息比特数为 $K=N-M$，码率为 $R=K/N$。奇偶校验矩阵 H 之所以这样命名，是因为它对接收到的码字执行 $M=N-K$ 个单独的奇偶校验。LDPC 码大致可以分为规则 LDPC 码和非规则 LDPC 码两种类型。规则 LDPC 码是那些奇偶校验矩阵具有统一的列权重 ω_c 和统一的行权重 ω_r 的 LDPC 码，其中列（行）权重指的是列（行）中的"1"的数量。在规则 LDPC 码中，以下关系成立：$\omega_r = \omega_c N/M$，$\omega_c \ll M$，$R = K/N = 1 - \omega_c/\omega_r$。在不规则 LDPC 码中，每列或每行中的"1"的数目不是恒定的。

(N,K) LDPC 码具有块长度 N 和信息长度 K。式（5-3）示出列权重 $\omega_c = 3$，行权重 $\omega_r = \omega_c N/M = 6$ 的（12,6）规则 LDPC 码的奇偶校验矩阵 H。

$$H = \begin{bmatrix} 1 & 1 & 1 & 0 & 0 & 1 & 1 & 0 & 0 & 0 & 1 & 0 \\ 1 & 1 & 1 & 1 & 1 & 0 & 0 & 0 & 0 & 0 & 0 & 1 \\ 0 & 0 & 0 & 0 & 0 & 1 & 1 & 1 & 0 & 1 & 1 & 1 \\ 1 & 0 & 0 & 1 & 0 & 0 & 0 & 1 & 1 & 1 & 0 & 1 \\ 0 & 1 & 0 & 1 & 1 & 0 & 1 & 1 & 1 & 0 & 0 & 0 \\ 0 & 0 & 1 & 0 & 1 & 1 & 0 & 0 & 1 & 1 & 1 & 0 \end{bmatrix} \quad (5\text{-}3)$$

LDPC 码可以用 Tanner 图表示。对应于 (N,K) LDPC 码的 Tanner 图由 N 个比特节点、$M=N-K$ 个校验节点和一定数量的边组成。每个比特节点表示码字的一位。每个校验节点表示码的奇偶校验。当且仅当在奇偶校验矩阵中的相应项中存在"1"时，比特节点和校验节点之间才存在边。因此，Tanner 图表示对码字的约束，即码本身。与式（5-3）中的奇偶校验矩阵相对应的 Tanner 图如图 5.6 所示。在该 Tanner 图中，每个比特节点有三个边连接，每个校验节点有六个边连接，这符合 $\omega_c = 3$ 和 $\omega_r = 6$ 的事实。

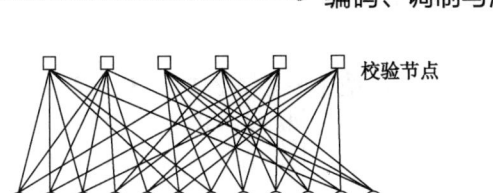

图 5.6 （12,6）LDPC 码的奇偶校验矩阵

在不规则 LDPC 码中，比特节点和校验节点通常由度分布多项式指定，分别表示为 $\lambda(x)$ 和 $\rho(x)$。λ_d 和 ρ_d 分别表示连接到 d 度比特节点和 d 度校验节点的所有边的分数，d_v 和 d_c 分别表示最大位节点和校验节点度。

在 Tanner 图中，长度为 v 的循环是一条由 v 条边组成的路径，该边循环回到自身。周期的最小长度称为周长。LDPC 码的优异性能通常可以通过与 BP 译码算法相结合来获得，其中，比特的似然沿边缘传播，并用做其他比特的外部信息。一般来说，获得的外部信息越多，性能就越好。因此，LDPC 码的性能通常取决于周期和周长。较小的周长意味着比特的信息能很快循环回到自身，并且只有少量的外部信息可以被利用，比特的似然不能得到很大改善。因此，周长可以作为 LDPC 码的一个设计参数，许多文献都试图构造大周长的 LDPC 码。必须注意的是，对于无循环的 Tanner 图，BP 算法以有限步终止，并根据符号差错概率产生最佳译码。然而，无循环 Tanner 图由于其最小距离较小而具有较差的误码率性能：当码率 $R>1/2$ 时，它们的最小距离为 2。

2．LDPC 码的分类

1）QC-LDPC 码

与其他类型的 LDPC 码及其他 QC 码相比，QC-LDPC 码具有编码优势。它可以简单地使用反馈移位寄存器进行编码，其复杂度与用于串行编码的奇偶校验位的数量及用于并行编码的码长成线性正比。由于循环对称性，它在实现时也具有优势。QC-LDPC 码的特征是奇偶校验矩阵，它由小块组成，这些块是零矩阵或循环数。循环阵是一个方阵，其中每一行都是其上一行的循环移位（右循环移位），第一行是最后一行的循环移位。循环阵的每一列是其左边列的向下循环移位，第一列是最后一列的循环移位。因此，循环阵的完全特征由它的第一行或第一列决定，它被称为循环阵的生成器。对于 QC-LDPC 码，GF(2)上的 $L \times L$ 循环阵 $\boldsymbol{P}$ 通常是满秩的，其元素可表示为：

$$\boldsymbol{P}_{i,j} = \begin{cases} 1, if\ i+1 \equiv j\ mod\ L \\ 0, otherwise \end{cases} \quad (5\text{-}4)$$

注意，对于任意整数 i，$0 \leqslant i \leqslant L$，$\boldsymbol{P}^i$ 表示将单位矩阵 $\boldsymbol{I}$ 向右移位 i 次的循环置换矩阵。

设 $L×L$ 为零矩阵，用 P^∞ 表示，以便于表达。例如，$P^1 = P$ 由下式给出：

$$P = \begin{bmatrix} 0 & 1 & 0 & \cdots & 0 \\ 0 & 0 & 1 & \cdots & 0 \\ 0 & & \cdots & & 0 \\ \vdots & \vdots & \vdots & \cdots & \vdots \\ 0 & 0 & 0 & \cdots & 1 \\ 1 & 0 & 0 & \cdots & 0 \end{bmatrix} \tag{5-5}$$

设 H_{qc} 为下式定义的矩阵：

$$H_{qc} = \begin{bmatrix} P^{\alpha_{11}} & P^{\alpha_{12}} & \cdots & P^{\alpha_{1(n-1)}} & P^{\alpha_{1n}} \\ P^{\alpha_{21}} & P^{\alpha_{22}} & \cdots & P^{\alpha_{2(n-1)}} & P^{\alpha_{2n}} \\ \vdots & \vdots & \cdots & \vdots & \vdots \\ P^{\alpha_{m1}} & P^{\alpha_{m2}} & \cdots & P^{\alpha_{m(n-1)}} & P^{\alpha_{mn}} \end{bmatrix} \tag{5-6}$$

其中，$\alpha_{ij} \in \{0,1,\cdots,L-1,\infty\}$。带 H_{qc} 的 QC-LDPC 码 C 是准循环的，即 $c = (c_0, c_1, \cdots, c_{n-1}) \in C$ 意味着对于所有 i，有 $\hat{T}^i c \in C$，$0 \leq i \leq L-1$。有：

$$\hat{T}^i c \equiv (T^i c_0, T^i c_1, \cdots, T^i c_{n-1}) \tag{5-7}$$

$$T^i c_l \equiv (c_{l,i}, c_{l,i\oplus 1}, \cdots, c_{l,i\oplus L-1}) \tag{5-8}$$

对于 $c_l = (c_{l,0}, c_{l,1}, \cdots, c_{l,L-1})$，$\oplus$ 表示模 L 加法。在 QC-LDPC 码中，如果给出第 i 行块 $H_i \equiv [P^{\alpha_{i1}} \cdots P^{\alpha_{in}}]$ 第一行中 1 的位置，则 H_i 中其他 1 的位置是唯一确定的。因此，与随机构造的 LDPC 码相比，存储 QC-LDPC 码的奇偶校验矩阵所需的存储器可以减少 $1/L$。

QC-LDPC 码可以是规则的或不规则的，这取决于 H_{qc} 的 α_{ij} 的选择。如果 H_{qc} 不包含零子矩阵，则它是一种具有列权重 m 和行权重 n 的规则 LDPC 码。否则，它是不规则的 LDPC 码。

2）阵列 LDPC 码

阵列 LDPC 码是基于"阵列码"的结构化 LDPC 码。阵列码是为检测和纠正突发错误而提出的二维码。阵列码可以被视为常规的 QC-LDPC 码。阵列 LDPC 码由 $L×L$ 单位矩阵的循环移位构成的子矩阵构成。对于素数 q 和正整数 $j \leq q$，可以定义阵列 LDPC 码的奇偶校验矩阵为：

$$H_A = \begin{bmatrix} I & I & \cdots & I & \cdots & I \\ I & P^1 & \cdots & P^{(j-1)} & \cdots & P^{k-1} \\ I & P^2 & \cdots & P^{2(j-1)} & \cdots & P^{2(k-1)} \\ \vdots & \vdots & \vdots & \vdots & \vdots & \vdots \\ I & P^{(j-1)} & \cdots & P^{(j-1)(j-1)} & \cdots & P^{(j-1)(k-1)} \end{bmatrix} \tag{5-9}$$

因此，阵列 LDPC 码是具有 $L=q$、$n=q$、$m=j$ 的 QC-LDPC 码，其中阵列 LDPC 码的列权重和行权重分别为 j 和 q。请注意，q 必须是质数才能获得良好的性能。结果表明，对于 $j \geqslant 3$，Tanner 图的周长为 6。

为了有效地编码阵列 LDPC 码，提出了一种具有以下奇偶校验矩阵的修改的阵列码：

$$\boldsymbol{H} = \begin{bmatrix} I & I & I & \cdots & I & \cdots & I \\ 0 & I & P & \cdots & P^{j-2} & \cdots & P^{k-2} \\ 0 & 0 & I & \cdots & P^{2(j-3)} & \cdots & P^{2(k-3)} \\ \vdots & \vdots & \vdots & & \vdots & \cdots & \vdots \\ 0 & 0 & \cdots & 0 & I & \cdots & P^{(j-1)(k-j)} \end{bmatrix} \quad (5\text{-}10)$$

其中，j 和 k 是指使得 $j \leqslant k \leqslant q$ 的两个整数，其中 q 表示质数。$\boldsymbol{I}$ 是 $q \times q$ 单位矩阵，$\boldsymbol{0}$ 是 $q \times q$ 零矩阵，$\boldsymbol{P}$ 是表示单个左循环移位或右循环移位的 $q \times q$ 置换矩阵。改进的阵列 LDPC 码是一种非规则的 QC-LDPC 码，$L=q$，$n=k$，$m=j$，$\boldsymbol{H}$ 的子矩阵为零。由于 $\boldsymbol{H}$ 的上三角形式，它可以被有效地编码，即编码复杂度与码字长度呈线性关系。从 $\boldsymbol{H}$ 的结构可以看出，在相应的 Tanner 图中没有长度为 4 的圈。因此，修改后的阵列 LDPC 码具有非常低的误码平底。

3. LDPC 码 MIMO 系统

LDPC 码被用于具有 Turbo 迭代接收器的 MIMO-OFDM 系统。该系统由最大后验概率解调器、BP LDPC 译码器、线性 MMSE-SIC 解调器和 BP 译码器组成。通过将检测器的 LLR 输出近似为对称高斯变量的混合，并使用高斯近似密度演化，LDPC 码在 AWGN 信道和特定 MIMO 信道中都被优化。采用优化的 LDPC 码的 MIMO-OFDM 系统和基于 MAP 的最优接收机可以使系统的遍历容量在 1dB 以内。研究还表明，与基于 MAP 的最优接收机相比，基于线性 MMSE-SIC 的次优接收机具有较小的性能损失。

准规则结构的二进制和非二进制 LDPC 码可用于空时无线传输。准规则结构的 LDPC 码应用于大分集阶的多天线系统时，在准静态衰落信道中可以获得比以往提出的空时格形码、Turbo 码和卷积码更高的编码增益。

LDPC-MIMO 系统与 BP 算法结合可以在线性处理时间内获得优异的误码性能。然而，由于采用 LDPC 码的 BP 算法不能实现精确的 MAP 译码，译码不能保证在固定的迭代次数内收敛。为了达到合理的收敛程度，BP 算法需要相当多的检测和译码迭代。增加迭代次数可以提高误码率性能，但随着迭代次数的增加，改进效果趋于饱和。在实际系统中，检测和解码迭代的次数受到限制。此外，BP 需要多次译码迭代才能传播 LLR。与并行 BP 相比，顺序 BP 可以以更高的解码延迟为代价，以更少的解码迭代来进行收敛。由于一个比特承载所有其他比特的信息，因此顺序更新比并行更新的 LLR 传播速度更快。特别地，在译码迭代次数较少的情况下，顺序 BP 可以获得比并行 BP 更好的误码性能。

4. 使用 LDPC 码的混合自动重传请求

对于差错控制，有两种众所周知的技术：FEC 和 ARQ。当反馈信道可用时，ARQ 是一种很好的技术。将 FEC 和 ARQ 相结合的技术称为 HARQ，它可以提高吞吐量。有三种类型的 HARQ 方案。第一种是 I 型 HARQ，其中 CRC 被附加到数据并被编码。第二种是 II 型 HARQ，II 型 HARQ 是 IR ARQ 方案，其在不同的传输中传输不同的编码比特。第三种 III 型 HARQ 也是 IR ARQ 方案。II 型和 III 型之间的区别在于，在 III 型中，冗余信息是可自解码的。

与 HARQ 相结合的码有很多种。LDPC 码也被应用于 HARQ。有学者提出了基于 LDPC 码的 IR HARQ 方案，其中 LDPC 码是基于多边结构构造的，它与 2 次比特节点相邻的边排列成只涉及 2 次比特节点的大循环。LDPC 码也可以与 I 型 HARQ 相结合，其中采用二维 I 型循环 $(0,s)$ 阶欧几里得几何 LDPC 码进行纠错。在使用基于协议图的 LDPC 码和 Go-back-N 协议的卫星通信中，也可以使用 LDPC 码的 HARQ 方案。

为了实现 II 型 HARQ，RC 码可以提供一种有效的框架，因为它们仅使用简单的编码器和解码器就可以容易地实现 IR 传输，其响应于来自接收器的 NACK，传输下一个较低延迟码的递增奇偶比特。在卷积码和分组码的基础上有学者设计了几种 RC 码，还提出了 RC-LDPC 码。

学者发现在较高速率下单纯的打孔不能提供一系列具有广泛速率范围的性能良好的 LDPC 码，并且较大百分比的打孔比特（擦除）会使迭代软判决解码器瘫痪。为了解决这个问题，有研究者提出了同时基于打孔和扩展的 RC-LDPC 码，可以基于 PEG 构造来构造 RC-LDPC 码。PEG 方法是一种构造平均圈长较大的 Tanner 图的通用非代数方法。在构造具有给定可变结点度分布的图时，PEG 方法从边选择过程开始，以便在图上放置新的边，它对图的圈长度的影响最小。但是，基于 PEG 方法的 RC-LDPC 码也存在一定的问题，其中大多数大的局部循环并不一定连接到具有较低权重的列元素。在应用打孔时，有必要对权重较小的列元素进行打孔，并结合较大的局部循环，以避免性能损失。然而，基于 PEG 方法的奇偶校验矩阵中权值较低的列元素均匀地由大小不同的局部循环组成。因此，很难避免在基于 PEG 方法的 RC-LDPC 码中由于打孔而导致的性能下降。为了克服上述困难，有学者提出了一种使用渐进式增加列权重顺序的构造方法，以减少由于打孔造成的性能损

失,其中大多数较低权值的列权重与较大的局部循环相结合。

5. 6G 中的 LDPC 码

1) QC-LDPC 码

与 Polar 码和 Turbo 码相比,QC-LDPC 码具有很高的并行度,非常适合高吞吐量业务。新设计的超高速 LDPC 码有望满足 6G 数据信道的要求。为了减少译码迭代次数,提高译码器的并行度,需要综合考虑新的奇偶校验矩阵设计和相应的编解码算法。

2) CC-LDPC 码

近年来,随着 Turbo 码、LDPC 码和 Polar 码的出现,最新的信道编码方案已经非常接近香农极限。在 5G 移动通信标准中,数据信道采用 CC-LDPC 码,控制信道采用 Polar 码。虽然这些方案获得了很好的性能,但仍有明显的局限性。CC-LDPC 译码收敛速度慢、复杂度高、译码延迟长,在很多方面存在不足;同时,由于码长较短、码率较低,其性能不是很好。未来的 6G 通信场景需要更高的可靠性、更低的时延和更高的吞吐量来满足实时高速率的数据传输。CC-LDPC 码最早是由 M.Lentmaier 和 A.Sridharan.et 提出的,它的编码结构类似卷积码。此外,有学者提出了空间耦合这一概念。这个术语是一个通用概念,用来表示将几个独立的码耦合为类卷积结构的现象。CC-LDPC 码的许多性能已被证明优于 BC-LDPC 码。CC-LDPC 码在更低的误码平底、更低的译码时延和更低的译码复杂度方面有着巨大的潜力。

3) 多进制 LDPC 码

在前几代移动通信中,物理层的大多数信道编码方案在二进制域中操作。为了在衰落信道中增加信道编码的稳健性并在非常高的信噪比情况下操作,可以考虑非二进制(也称为多进制)码。Davey 和 MacKay 提出了多进制 LDPC 码。这样的码可以在 Galois 域中定义。多进制 LDPC 码的基本设计类似于二进制 LDPC 码,例如,奇偶校验矩阵可以随机构造或遵循某些定义的模式,如准循环,使用 BP 或其变体作为基本译码算法。其设计复杂度和译码复杂度一般高于二进制 LDPC 码。然而,其消除奇偶校验矩阵的分割图中的"短环"的能力使得该码能够有效地对抗突发错误。

4) VLC 中的 LDPC 码

通过使用发光二极管作为发射器,利用自由光空间作为传输信道,VLC 具有进行高速数据通信的能力,是 6G 中极具潜力的技术之一。这种无线通信中存在的问题是距离问题,与 RF 相比,VLC 只能传输相对较短的距离。在 VLC 上有很多方法可以让传输的距离变得更远,其中之一就是纠错。在 VLC 上使用 QC-LDPC 码可以获得更好的性能。QC-LDPC

码的编码技术采用 G-矩阵和比特翻转算法进行译码。与未编码的 VLC 系统相比，采用 QC-LDPC 码的 VLC 系统传输距离增加了 7%，能量效率提高了 27.5%。

5）保密通信中的 LDPC 码

在日常生活中，数据库资料被窃取和信息被盗取的事情常常发生，这会造成非常严重的后果。在 6G 系统中，需要传输的数据数量大大增加，这增大了数据泄露的可能性，数据保密成为十分重要的问题。保密通信是 6G 中一个具有光明前景的研究方向。

LDPC 码与 RB-HARQ 相结合，作为一种重传策略，可以增强 AWGN 窃听信道中通信的安全性。对于不规则 LDPC 码，可变节点有不同的度，这意味着对节点的保护是复杂的。在 RB-HARQ 协议中，合法的接收器要求重传，包括解码器输出端最不可靠的比特。比特的可靠性可以用后验概率对数似然比的平均值来评价。这种方案利用误码率来评估保密性能，采用非规则 LDPC 码的 RB-HARQ 协议可以极大地提高通信系统的安全性能。

6）基于机器学习的 LDPC 码

LDPC 码因其近信道容量性能而成为无线通信的首选。然而，由于解码器的迭代性质，它消耗了巨大的功率，并且还会导致延迟。为了降低功耗和延迟，人们在解码器中引入了各种类型的 ET 技术。最近，作为 6G 研究的一部分，人们正在探索 ML 算法来取代或改进无线通信中复杂的接收算法。通过在 LDPC 译码器中使用 ML 来识别 ET 的迭代，在多调制方案下，提出的 ET 方法比 LDPC 译码器的奇偶校验方程 ET 方法的性能提高了 30%~36%，降低了 10% 的误块率。与固定迭代译码器的典型实现相比，该方法在误块率性能上的损失可以忽略不计。

7）鲁棒 LDPC 码

在 6G 通信中，数据传输量迅速增多，为了使物理信道中传输数据的高误码率降到最低，需要采用 FEC 技术。在 AWGN 噪声信道下，鲁棒 LDPC 码可以最小化误码率和 PAPR。根据系统要求，该码可以支持较宽的码率范围和较高的译码精度。

5.1.4 Spinal 码

1. Spinal 码的简介及原理

Jonathan Perry、Devavrat Shah 等人于 2011 年共同提出了一种新型的无速率码 Spinal 码。与之前的信道编码方案不同，它采用了全新的编码方案思路，可以应用于 AWGN 信道和 BSC 信道。Perry 等人的理论分析和结果证明了 Spinal 码的吞吐量已经逼近了香农容量。Spinal 码采用了 Hash 函数进行编译码，其本身的复杂度随着符号数增多、码长变长而增大，但是 Spinal 码在短码的情况下复杂度并不会太大，性能表现非常优异。Spinal 码的发展历史并不长，一些理论还不太成熟，但是它表现出了非常好的性能，值得进行深入的研究。

通过使用 Hash 函数，Spinal 码将信息转化为伪随机比特信息，然后将伪随机比特信息映射为致密的星座点进行传输。Spinal 码属于多进制无速率码，具有普通无速率码所具有的特性，即无速率和信道特征实时自适应，可以在无须拓宽带宽的情况下实现高可靠和高效传输。

利用 Hash 函数的随机性质和不可逆性质对信息进行编码，是 Spinal 码高可靠和高效的根本原因。编码随机会导致译码的局限性较大，只能采用最大似然的方式，重现所有可能形式的编码过程来进行判决译码。Spinal 码具有一定的高复杂度，但是同时也具有较好的抗衰落和抗干扰能力。

不同于之前编码方式，Spinal 码的低复杂度译码是根据其图形或代数结构来完成的。发送端将初始化信息和分块信息长度传递给接收端，接收端收到后，需要对发送信息块进行所有可能性的遍历。由于 Spinal 码有着类卷积的特性，后面符号的产生与前面符号产生是有关联的，因此译码实质是延长一棵指数增长的译码树，再根据最大似然准则，在译码树中选取与接收向量的度量最小的一个路径作为译出的码字输出。

2．Spinal 码的现状及在 6G 中的潜在应用

大多数信道编码被设计为只能选择有限的编码率，其中码的性能可以根据特定的编码率进行优化。尽管 5G QC-LDPC 可以支持多种码率，但它仍然不是低码率的。Spinal 码是真正的无码率编码，可以在很宽的码率范围内都提供良好的性能。Spinal 码的吸引力还在于在码块较短时具有接近香农容量的性能，以及在信噪比很高时具有优越的性能。因此 Spinal 编码技术是未来 6G 发展的过程中非常具有吸引力的技术之一。

5.1.5 物理层网络编码

1．物理层网络编码的简介及原理

在 5G 中，NOMA 已经成为无线接入技术设计的重要研究方向。然而，由于用户同时传输中存在的信号干扰，NOMA 的频谱效率降低。为了克服这一问题，人们提出了许多编码和信号处理技术来缓解和利用多用户干扰。受传统网络编码的启发，PNC 的概念被提出，并从信息论和实用的角度论证了其相对于传统通信的优势。特别是 PNC 通过利用用户干扰的特性可以显著提高网络吞吐量，那些基于 PNC 的设计方案正在成为 5G 网络中 NOMA

的竞争性解决方案。在 PNC 辅助网络中，接收器致力于解码来自接收信号的用户消息（称为 NC 消息）的线性加权组合。简单的 PNC 操作的网络是 TWRC，其中两个用户节点希望通过中继彼此通信。由 PNC 协助的 TWRC 有两个阶段，第一阶段是多址阶段，第二阶段是广播阶段。如图 5.7 所示，在第一阶段，用户 1 发送消息 S_1，用户 2 同时向中继发送消息 S_2。给定来自两个用户的叠加消息，中继尝试解码 S_1 和 S_2 的线性组合 $S_1 \oplus S_2$。然后在第二阶段，中继向两个用户广播 $S_1 \oplus S_2$。这样，在实际场景中，PNC 在和速率和译码性能方面优于传统的传输方案。

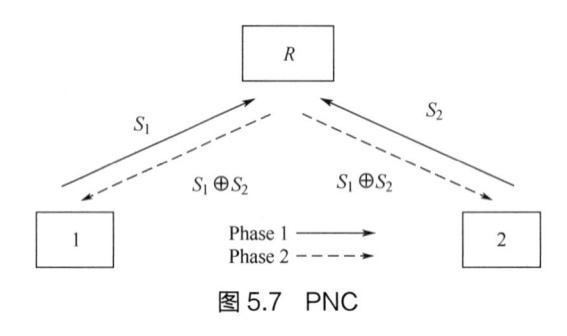

图 5.7 PNC

2. 6G 中的物理层网络编码

1）码率分集信道编码 PNC

目前大部分的相关工作都集中在 PNC 上，其中两个用户使用相同的信道编码方法。最近的一项研究调查了两个用户使用不同的调制方式和相同的编码速率，以实现速率不同的 PNC。然而，很少有人关注码率分集 PNC，其中两个用户可以使用不同码率的信道编码方式。这项研究有望进一步提高可实现的 PNC 速率，特别是在两个用户到中继信道具有不同信道条件的 TWRC 中，PNC 速率将大大提高，满足 6G 所追求的超高速率的要求。

2）多用户信道编码 PNC

有效支持海量连接对于确保即将到来的 6G 网络能够支持 IoT 功能非常重要。因此，研究 K 个用户 PNC 通信场景时，要求 $K \geqslant 3$ 具有重要意义。如何基于星座最小距离刻画 K 个用户 PNC 的译码行为仍然是一个具有挑战性的任务。

3）可即时解码的网络编码

一种特定的网络编码 IDNC 在各种度量的分析、优化和简单的算法设计方面取得了较大进展。这个子类的特殊之处在于，它在接收时刻强制对接收到的编码分组进行解码，并且不能对将来的解码进行存储。这使得解码非常简单，对于储电量低和计算能力较低的移动设备至关重要。换句话说，每个接收到的组合要么立即用于解码源包，要么被丢弃。这个简单的性质导致了 IDNC 在简单在线算法设计的分析和开发方面取得了巨大的进步。IDNC 可以减少内存消耗并降低延时,可以满足 6G 对超低成本和超低时延的要求。

4)信道和网络联合编码

对于具有噪声信道的 MARC,通过网络编码获得分集的一种方式是分开对待网络编码和信道编码。然后,在每次传输的物理层中使用信道编码,以将噪声信道转换为基于擦除的链路。在网络层,对由较低层提供的基于擦除的网络执行网络编码。

然而,中继不能只用来获得分集,它的传输可以被视为额外的冗余,如果中继与基站的连接比移动站更好,与点对点通信相比,它改进了性能。对于这种情况,中继对于没有衰落的噪声信道也是有用的,其中分集是不相关的,可以应用分布式信道编码来有效地利用来自移动站的直接冗余和来自中继的附加冗余。当然,MARC 的中继也提供了额外的冗余。为了有效地利用这种冗余,必须将分布式信道码的概念推广到信道和网络的联合编码。

对于将网络编码应用于有线网络的情况,仅考虑网络层,并且假设较低层借助信道编码提供无差错或基于擦除的链路,信道和网络联合编码的原理是利用网络编码中的冗余来支持信道编码,以实现更好的差错保护。它类似于信源—信道联合编码的原理,其中信源编码后的剩余冗余有助于信道编码对抗噪声。

在 6G 中,大量的用户不再是人而是机器,它们可以协同工作形成自适应网络编码。

5.1.6 算法及有关方案

1. 多网格 BP 译码算法

3GPP 选择了目前第 5 代移动通信标准的控制信道的信道编码——Polar 码。它是已知的唯一能实现纠错的编码。因此,Polar 码的译码实现是一个更具实际意义的挑战。Polar 码的译码方法有两种:一种是 SC 及其衍生方法,衍生方法在本质上是更加连续的;另一种是 BP 方法,该方法易于并行化,是一种适合于高吞吐量应用的理想译码方法。由于 SC 算法的衍生方法,如 SCL 译码和 CRC 辅助的 SCL(CA-SCL)的性能明显优于 BP 译码,因此如何使 BP 译码器的性能与现有 SC 算法的性能相当已成为一个热门的研究。

BP 算法是一种基于因子图的迭代信息传播算法,在 LDPC 码的译码中得到了广泛的应用。它作为一种迭代译码算法,在高信噪比条件下存在误码平底问题,人们对此进行了大量的研究,以了解和减小误码平底。在高信噪比条件下,造成误码平底的主要因素是 Polar 码因子图中的循环和停止集引起的错误收敛和振荡。周期越短,停止集越小,它们对误码性能的影响就越显著。与 CRC 等高码率错误检测方案的级联可以在一定程度上减轻振荡错误的影响，但这降低了有效码率。有学者提出了多网格 BP 解码器，其中解码器借助于 CRC 利用 Polar 码的过完整表示来连续地对原始因子图的不同排列执行置信传播。由于解码器的实现复杂度随着使用的因子图的数量的增加而线性增加，所以对所有排列进行解码变得不切实际，因此要么使用有限数量的原始因子图的随机排列，要么使用原始因子图的循环移位。为了进一步改进多网格 BP 解码器，可以使用分区逐次取消列表译码器的分区置换因子图的思想，以牺牲性能为代价来降低复杂度，通过基于数值评估的纠错性能仔细选择原始因子图的排列。

在多置换子图上进行逐次 BP 译码，即多网格 BP 译码器，可以提高误码性能。然而，当排列整个因子图时，由于解码器忽略了先前排列的信息，所以所需的迭代次数明显大于标准 BP 解码器的迭代次数。有学者提出了一种新的多网格 BP 解码器的变体，它只置换原始因子图的一个子图，这使得解码器能够保留未排列的子图中的可变节点的信息，从而减少排列之间所需的迭代次数。所提出的解码器可以更频繁地执行排列，在减轻引起振荡错误循环的影响方面更有效。

2. 基于深度学习的编码技术

随着信息论的不断发展，人们建立了各种各样的信道模型，特定的数学模型可以较好地描述现有的通信系统。虽然现代通信系统的发展已经非常成熟，但是还有一些问题需要解决。多数通信领域的信号处理算法拥有坚实的统计学和信息论基础，并且可以被证明是最优的。一般来说，这些算法都是稳定、线性并具有高斯统计特性的。然而，实际的通信系统有很多非线性模块，它是有缺陷的，不是完美的，这些算法只能近似地描述它的情况。

O'Shea 在 2017 年为了设计端到端优化的收发信机使用了深度学习中的自编码器。自编码器和通信系统物理层收发信机在功能和结构上是相似的，它的主要功能是实现数据重构，通信系统的主要目的是在接收端恢复出发射端的信号。他把收发信机看作一种自编码器结构，发射机是编码器，接收机则是译码器。通信系统收发信机的优化设计就转变为自编码器端到端的优化设计，基本结构框图如图 5.8 所示。基于自编码器的通信系统设计使用神经网络通过大量训练样本，学习数据的分布，然后预测结果。

通常利用高斯白噪声信道或瑞利衰落信道作为确定信道模型的端到端系统的仿真信道。在高斯白噪声信道下，基于自编码器的通信系统可以自动学习从比特块对应的独热（one-hot）向量到星座点符号的映射关系。接收符号在接收端进行解码，恢复出原始比特。在相同的编码速率下，传统的调制编码方案的块误码率比基于全连接神经网络方案的误码率高。O'Shea 等人将自编码器模型推广到了瑞利衰落信道下的 MIMO 系统，这种方法的性能可以接近甚至超过现有的分集和复用方法。自编码器模型也可以应用于有干扰的 MIMO 系统，它可以当作两个共用同一信道的自编码器，通过对这个模型的联合训练可以消除干扰。

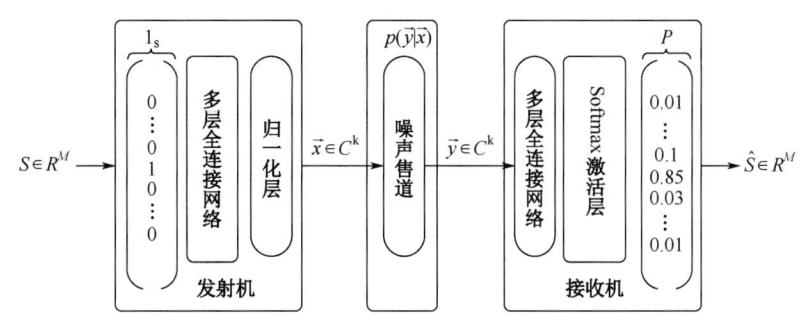

图 5.8　基于自编码器通信系统结构框图

在 OFDM 系统中，也可以使用基于自编码器的通信系统设计方法。Felix 等人在 2019 年设计的系统对每个子载波都使用了自编码器进行调制编码。与传统 OFDM 系统相比，它的块误码率更低。

在自编码器端到端的学习过程中，需要信道的先验信息进行梯度的下降优化。但是在实际场景中，精确的信道传输函数是很难获得的，需要在信道信息未知的情况下进行训练，可以使用强化学习、元学习和 GAN 来解决这个问题。

Aoudia 等人于 2018 年提出了一种基于强化学习的方法解决信道梯度消失的问题。信道和接收机相当于环境，发射机相当于智能体。环境中的信息不断反馈到智能体，智能体可以优化自身使反馈最大化。接收机会计算端到端的损失并反馈给发射机。这种迭代算法可以在没有先验信息的条件下适应任何信道。

Ye 于 2019 年提出了一种基于条件 GAN 的生成网络来降低数据集大小，它解决了信道梯度消失的问题。通过使用条件 GAN 生成了信道传输函数，条件 GAN 的条件输入是发射机的调制符号。这种结构在频率选择性衰落信道、瑞利衰落信道和 AWGN 信道下都有效。

在一定程度上，实现信道模型未知条件下的端到端训练也可以采用元学习的方法。假设有一个包含一组预设信道模型的集合，网络会在这个集合上执行元学习，模型在训练之后可以在很少的迭代次数或样本数下收敛并适应新的信道。通过这种训练，即使信道参数未知，也可以在很小的代价下得到一组合适的收发信机参数，实现通信的实时性。

3. 深度信源信道联合编码

对于基于深度学习的 JSCC 可分为两类。第一类设置离散的二进制信道，它相当于普通的通信系统中的调制模块、噪声信道和解调模块，如图 5.9 所示为基于抽象信道的比特编码。经过编码器联合编码，信源信号转化为比特流，经过离散的二进制信道后，被解码模块重建。

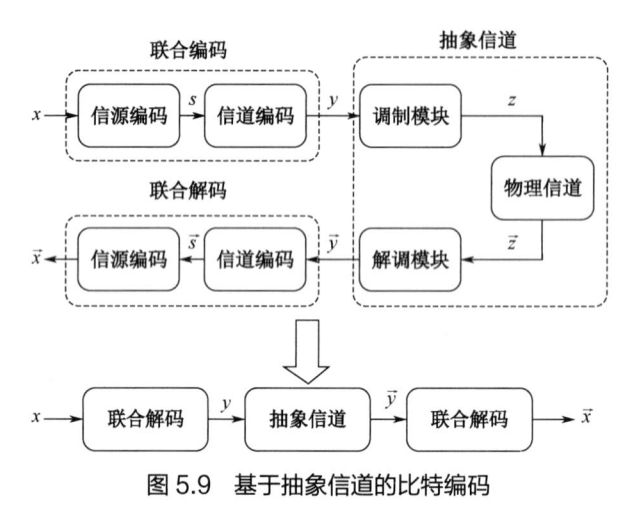

图 5.9　基于抽象信道的比特编码

第二类设置联合编码器，联合编码器包括信源编码、信道编码及调制模块。通过编码器，信源符号序列会直接转变为信道符号。经过连续物理信道后，信道符号被解码，模块在信宿重建。这是基于物理信道的符号编码，如图 5.10 所示。

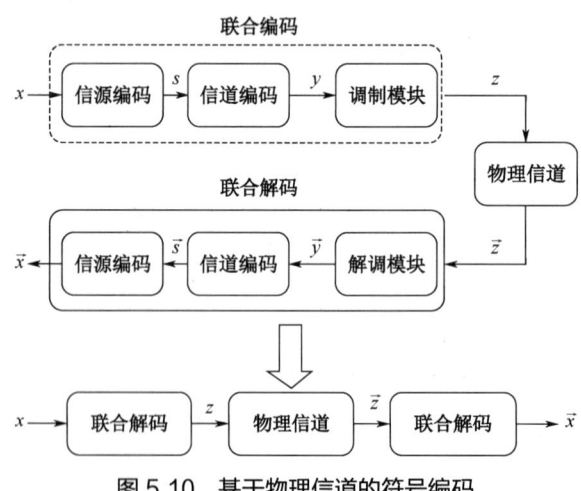

图 5.10　基于物理信道的符号编码

上述两类结构需要考虑编解码器的网络实现方式。按照深度学习的要求，不同类型的数据有着不同种类的结构，网络结构的实现与信源的情况有关系。

根据是否具有结构化特征，信源可以分为如高斯信源一样的非结构化信源和如视频、图像一样的结构化信源。

Deep JSCC 的主要研究场景是结构化信源。相较于传统设计，Deep JSCC 更具有优势，因为神经网络对结构化数据有着强大的特征获取能力。具有时间序列化结构的信源，如文本/语音等适合 RNN 网络结构；具有空间拓扑结构的信源，如图像/视频等适合 CNN 网络结构。

4．同神经网络结合的译码算法

如图 5.11 所示，神经元模型是由美国数学家 Pitts 和心理学家 McCulloch 在 1943 年提出的，神经网络就是大量的神经元的组合。在图中，a_b,c 表示两个神经元 b 和 c 之间的连接权值，偏置改变激活函数的网络输入，神经元输出的振幅由激活函数限制。

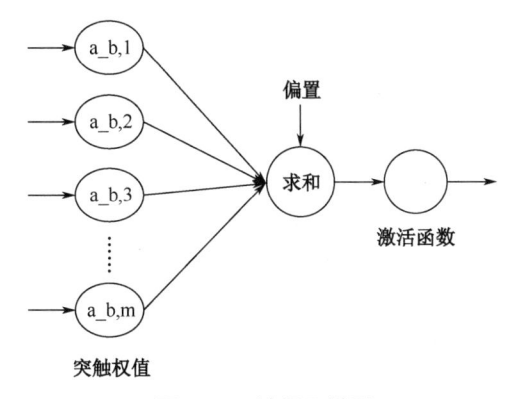

图 5.11　神经元模型

1986 年，J.J.Hopfield 教授和 J.C.Platt 教授将神经网络用于重复码和置换矩阵码的译码中，Hopfield 网络是译码的结构。M.Blaum 与 J.Bruck 说明了神经网络和图码之间存在等价的关系。非线性分组码和线性分组码的最大似然译码问题实际上是使一个神经网络收敛于它的能量函数的全局极大问题。为了充分利用分组码的代数结构，可以将径向基函数引入网络中形成径向基神经网络。它的译码不需要训练网络，而是要将所译码的码字加入网络中。这种方案以损失纠错能力为代价减少了运算量，适合任意长度的码字，网络结构简单。

LDPC 码和 Polar 码是纠错码，也是未来 6G 移动通信系统中可能使用的信道编码技术。下面介绍基于神经网络的 LDPC 码和 Polar 码的译码方法。

LDPC 码已有的译码算法大多都是基于消息置信度的迭代译码。这种方法的计算量高，需要迭代译码计算，在译码复杂度和性能两者间无法平衡。同神经网络结合的译码算法可以利用双方的优势，并行度高、时延稳定、收敛速度快。

神经网络相当于一个分类器，码字存储在网络中进行网络训练，训练结束后所要译的码字作为网络的输入。译码在实质上是对码字进行分类，将输入的码字与存储的所有码字进行匹配。

基于神经网络的 LDPC 码的译码方法如图 5.12 所示。网络由输出缓冲层和神经网络输层构成。它易于实现、译码结构简单，但性能不如标准的 BP 译码算法。随着 LDPC 的码长增加，神经网络结构会更加复杂，训练时间更长。

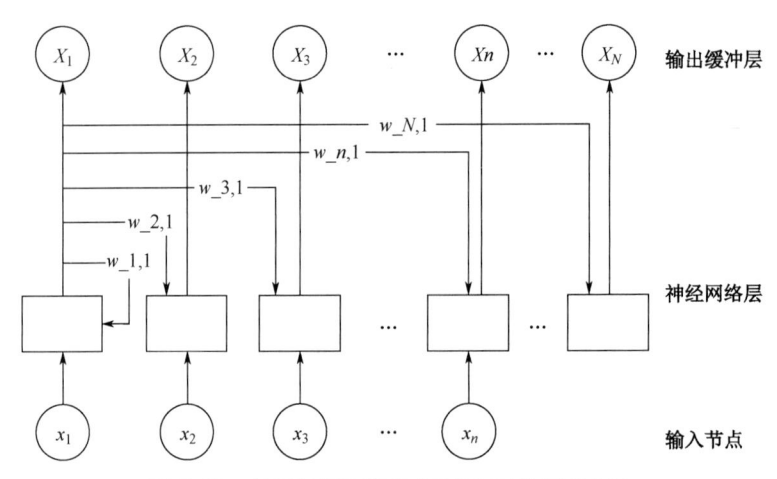

图 5.12 基于神经网络的 LDPC 码的译码方法

图 5.12 中，神经网络有 n 个输入，信道接收到的码字信息会传递给神经网络的输入端。神经网络每层的 N 个神经元表示所译码字的个数。完成 LDPC 码的译码可以使用多项式神经网络，译码中将多项式函数作为高阶感知器的判决函数。对于码长较短的 LDPC，译码的性能良好，但对于码长较长的 LDPC，译码的存储空间、计算量及复杂度会增加。

基于多层感知器神经网络的 LDPC 码译码技术使 LDPC 码的 Tanner 图中的节点关系与神经网络输入和输出的关系相对应，降低了计算复杂度和神经网络的复杂性。但如果码长较大，网络的训练时间就会很长，译码性能不如 BP 译码算法。

一般来说，训练神经网络采用的是反向传播算法，需要神经网络的每个输入序列是可见的，这限制了译码算法的性能。图 5.13 所示是基于神经网络的 LDPC 码非迭代译码方法。它使用有效 LDPC 码的基于校验序列的行训练网络，可以识别独立的子译码结构。一般神经网络的复杂函数表现能力和网络本身的学习能力不强，可以使用平行的 Hopfield 神经网络与 LDPC 码结合的译码方法，减少了神经网络的个数。递归型的神经网络达到稳定状态需要花费时间，不适合用在高速 LDPC 码中。可以使用基于校验子生成器和 LUT(Look Up Table)的 LDPC 译码方法，它的译码过程不需要进行迭代计算。

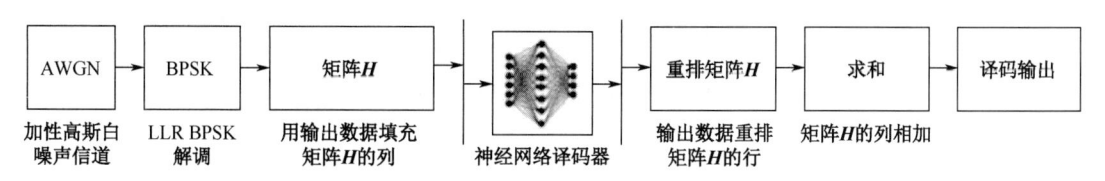

图 5.13　基于神经网络的 LDPC 码非迭代译码方法

基于一般深度神经网络的译码器可以通过学习大量的码字来实现接近最佳误码率的性能，但是随着码长的增加，网络的训练时间也会增加，这限制了在码长较长的 Polar 码中使用这种译码器。可以用神经网络辅助模块来替换极化 BP 译码器中的某些字块，这种方法改善了译码性能，但译码的复杂性高，很难让硬件具有高吞吐量。

在 Polar 码的译码过程中，使用传统的深度神经网络需要过高的网络训练和计算复杂度。改进 BP 译码算法后得到了多尺度 BP 译码算法。深度神经网络建立在多尺度 BP 算法的基础上，它的译码模型适合任何形式的 Polar 码，计算复杂度与 BP 算法相当，训练网络时只需要很小的零码字集合。

5．串行级联方案

图 5.14 所示是串行级联码的基本结构。串行级联码编码器由外部编码器（编码器 I）和内部编码器（编码器 II）组成，通过交织器相互连接。交织器在符号被传递给其他组成编码器之前打乱了符号，无论特定的比特是否被信道严重污染，其他解码器也可以提供关于这个比特的可靠信息，这体现了时间分集的思想。迭代处理的方法被应用在了串行级联码解码器中，它的性能与经典并行级联码相当。串行级联是一个相当普遍的结构，许多解码/检测方案都可以描述为串行级联结构，如 LDPC 解码、联合源/信道解码、Turbo 多用户检测、编码调制、Turbo 均衡。一个串行级联方案可以含有超过两个的组件，如图 5.15 所示是一个三级串行级联码。

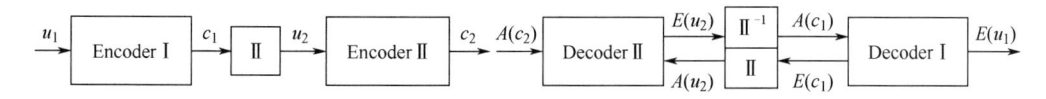

图 5.14　串行级联码编码及解码

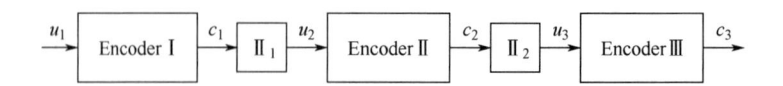

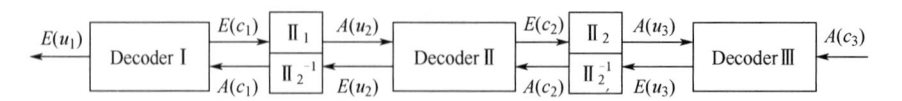

图 5.15　三级串行级联码编码及解码

5.2　调制

5.2.1　6G 中的调制

在 6G 中，调制方法可以进一步改进。在高信噪比的情况下，QAM 已被用来提高频谱效率。然而，由于硬件的非线性，在高阶 QAM 中获得的好处正在逐渐消失。本节中将主要说明 6G 可能使用的调制方法，包括 IM、OTFS、高阶 APSK 调制、过零调制及连续相位调制、信号整形及降低峰值平均功率比。下面中将分别进行详细阐述。

5.2.2　索引调制

1. IM 的原理

IM 技术不是通过直接改变信号波形来传递信息，而是通过选择不同的索引序号来传递信息。索引资源可以是虚拟的，如虚拟并行信道、空时矩阵、天线激活顺序和信号星座；也可以是物理的，如天线、频率载波、扩频码、子载波和时隙。

现在的 IM 技术主要是频域、码域、时间、空间或它们之间的相互组合。IM 方案把要传递的信息比特分成调制比特和索引比特两部分。索引比特用来选择索引，确定索引资源中（如子载波、扩频码、天线）哪些被激活，即完成信息比特到索引之间的映射，调制比特经传统调制（如 QPSK、BPSK）映射为调制符号。IM 技术的具体原理图如图 5.16 所示。

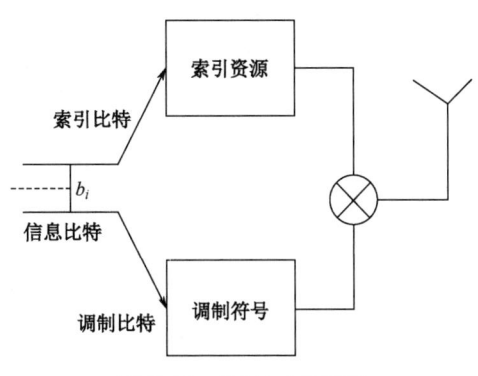

图 5.16 IM 技术原理图

2. IM 的分类

1) 空域 IM

SM 是空域中的代表性 IM 技术。如图 5.17 所示，SM 的索引资源是天线索引，X 是调制符号，X_a 指当前激活的天线。在 SM 技术中，每个传输时隙只有一根天线被激活用来传输信号。它与单个 RF 链一起工作，通过天线索引传递信息。

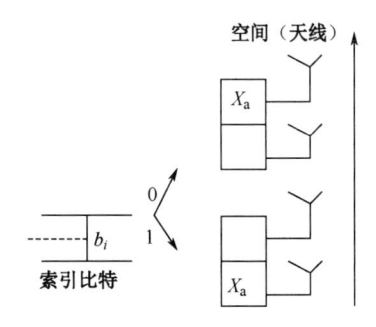

图 5.17 SM 结构图

2) 空时 IM

在 MIMO 系统的发射分集中，重点是设计空时矩阵，这是为了获得最大的编码和分集增益。空时 IM 利用空时资源传输信息。

空时 IM 的代表是差分 SM，如图 5.18 所示。空时 IM 中部分信息比特会按预先设定的扩散矩阵映射为"空时块"。天线索引是空时 IM 的索引资源，它跨多个时隙发送信号，根据索引比特和"空时块"确定天线激活顺序。差分 SM 可以省去信道估计，差分 SM 的性能损失与 SM 相比不超过 3dB。

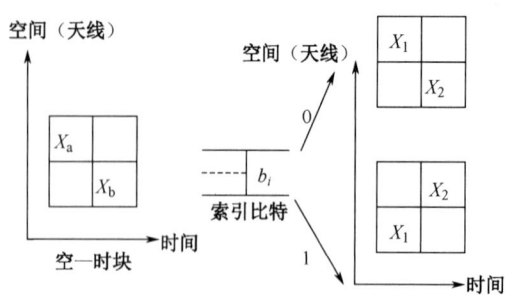

图 5.18 差分 SM 结构图

3）频域 IM

频域 IM 的调制资源是频率索引。频域中的代表性 IM 技术是 IM-OFDM，它将 SM 原理扩展到 OFDM 子载波，具体结构图如图 5.19 所示。它的索引资源是子载波，在 IM-OFDM 中，将 IM 和子载波块的概念引入频域，调制单位为一个子载波块，索引信息比特会激活其中一部分子载波，其原理是空间调制技术在频域的变体，IM-OFDM 在相同频谱效率下的误码率性能比传统 OFDM 更好。

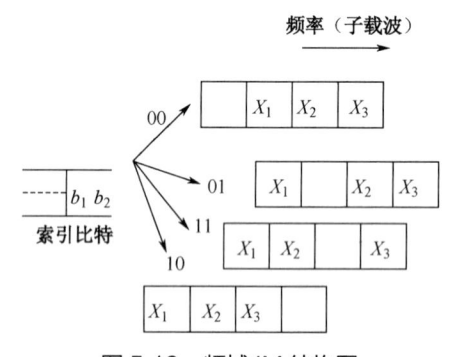

图 5.19 频域 IM 结构图

4）空频 IM

空频 IM 是天线索引和频率索引的结合，也可以说是 SM 和 OFDM 的结合。一般情况是把天线索引引入 MIMO-OFDM，即 MIMO-OFDM-IM。MIMO-OFDM-IM 比较复杂，尤其是在接收端的情况更加复杂。如图 5.20 所示的广义空频 IM 降低了复杂度。广义空频索引编码器输出的天线索引比特用于天线选择，是指从 n_t 个天线中选择 n_{rf} 个天线，另一路输出则包含 M-ary 调制比特和频率索引比特。

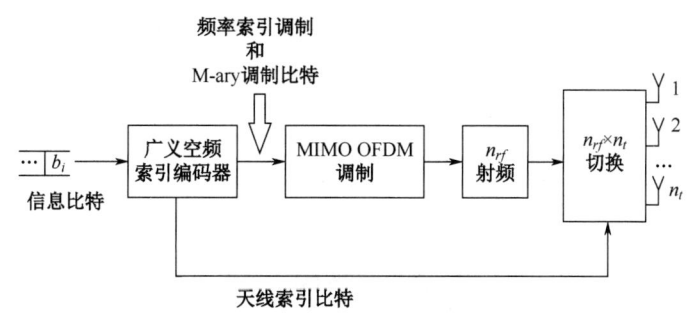

图 5.20 广义空频 IM 示意图

5) 码域 IM

码域中很有代表性的 IM 技术是 CIM，将空间调制中的天线索引变为扩频码的索引，具体如图 5.21 所示。与 SM、IM-OFDM 相比，CIM 将索引设计挑战转化为设计采用良好特性的扩频码，系统设计变得更加可控和主动。它调整映射扩频码个数来调节传输速率，既可以节约物理链路尤其是射频链路消耗，保留了扩频系统自身良好的抗多径和抗干扰能力，还可以进一步提升系统的健壮性。

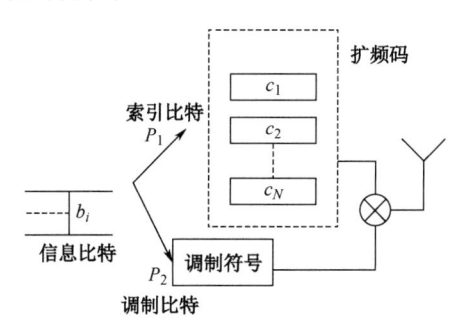

图 5.21 码域 IM 示意图

6) 空码 IM

空域和码域结合起来的一种 IM 技术是 SCIM，它将码域中的扩频码和空域中的天线结合在一起，索引资源是扩频码和天线。信息比特在发射端经串并转换后分别映射为扩频码的索引和天线的索引，激活的扩频码调制的信号会通过激活的天线发射出去。空码 IM 的具体情况如图 5.22 所示。与一维的 IM 相比，扩频码和天线的结合节省了大量的索引资源。

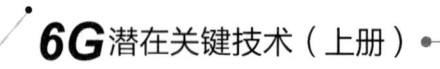

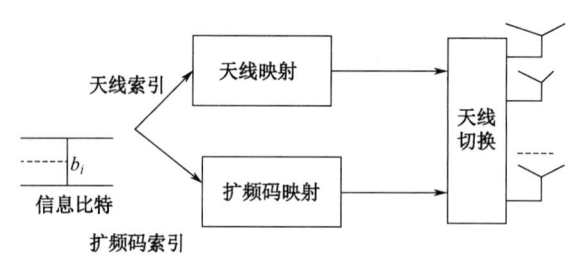

图 5.22 空码 IM 示意图

3. 6G 中的 IM

1）IM 在 6G 中的研究挑战

IM 使用一个或多个不同资源类型的索引作为信息携带载体。与传统的幅相调制相比，它可以获得更高的频谱效率。IM 的信息携带载体种类有很多。在获得额外的译码性能增益和频谱效率的同时，IM 也会给实际系统设计带来挑战。例如，在空间 IM 中，接收端想要获得最佳性能，可以采用最大似然检测译码算法。但是，当同时激活射频数或发射天线数较多时，最大似然检测复杂度呈指数级上升，实际系统难以实现。如何在保证终端译码性能的同时设计出低复杂度的检测算法，是一个值得研究的课题。

2）基于 RIS 的 IM

在非传统无线通信范例的背景下，人们对控制电磁波的反射、散射和折射特性（控制传播）越来越感兴趣，以便提高服务质量或可实现的速率。基于 IM 的新兴方案，如基于媒体的调制、空间散射调制和波束 IM，通过利用可重构天线或散射体在丰富的散射环境中发送附加信息比特来使接收信号的特征变化。另一方面，可重新配置的智能表面/墙/反射阵列/元表面是有意控制传播环境以提高接收器处的信号质量的智能设备。

事实上，基于 RIS 的传输概念与现有的 MIMO、波束成形、放大转发中继和反向散射通信模式完全不同。在该传输概念中，RIS 上的大量小型、低成本和无源元件仅反射具有可调相移的入射信号，而不需要用于射频处理、解码、编码或重传的专用能量源。受软件定义无线电的定义的启发，给出了"其中一些或所有物理层功能由软件定义的无线电"，并考虑智能表面与软件定义方式的入射波的相互作用，也可以对这些智能表面使用 SDS 的术语。换句话说，由于物理层中这些智能表面/墙壁/阵列的反射特性可以由软件控制，因此它们可以被称为 SDS。

新兴的即时通信概念属于 5G 之外的潜在范畴，并在过去几年中得到了学术界和工业界的广泛认可。与传统的调制格式相反，可用发射实体的索引，如用于空间调制技术的发射天线和基于 IM 的 OFDM 子载波，被用于传送 IM 方案的信息。基于即时消息和基于 RIS 的通信方案是 6G 极具潜力的研究方向。图 5.23 所示是三种概念性的基于 RIS 的 IM 系统实现，其中分别考虑了源(S)发射天线、RIS 区域和目的地(D)接收天线的 IM。由于第一个概念要求知道在 RIS 的被激活的发射天线指数 S，以获得最佳反射，即要求在 S 和 RIS 之间有一个额外的信令链路；而第二个概念通过激活一部分可用的反射器来降低 RIS 的有效增益，即降低有效接收信号功率，因此第三种方法，目的地(D)接收天线的 IM 更值得被关注。

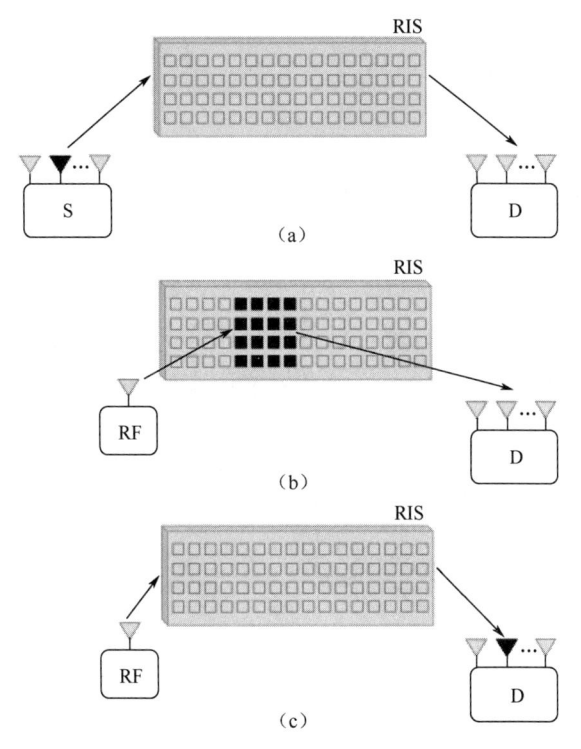

图 5.23 基于 RIS 的三种概念性 IM 系统实现

基于 RIS 的 IM 是一个有远见的概念（见图 5.24），通过融合基于 RIS 的传输技术和基于 IM 的接收天线索引技术来实现高可靠性和高频谱效率，是一种超越 MIMO 的潜在解决方案。与新兴的全数字或混合波束形成的大规模 MIMO 系统不同，该设计既不需要多个射频链，也不需要在收发两端使用模拟移相器，它利用了传播环境固有的随机性，将 RIS 看作 AP。RIS-SM 方案利用 RIS 不仅可以提高在恶劣衰落信道中的信号质量，而且可以通过根据信息比特选择特定的接收天线索引来实现 IM。

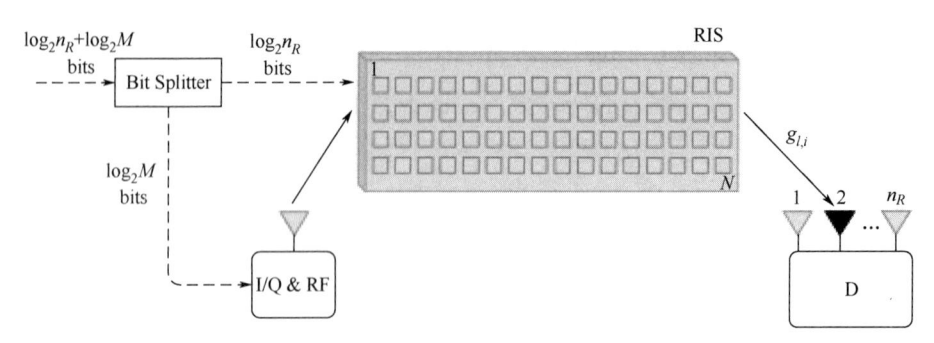

图 5.24　基于 RIS 的 IM 方案：RIS-SM

✦ 5.2.3　OTFS 技术

1. OTFS 的原理

OTFS 技术将信号调制到时延多普勒域，从时变多径信道转换到了时延多普勒域。它可以看作是将每个符号调制到特定为时变多径信道设计的二维正交基函数集合上。OTFS 技术的收发端结构框图如图 5.25 所示。发射端在基带数据 $x(n)$ 中应用了二维逆有限辛傅里叶变换，再进行 Heisenberg 变换，就可以得到 OTFS 技术中传输的时域信号。在接收端，接收信号去矢量化为矩阵，进行 Wigner 变换和有限辛傅里叶变换。在高移动性场景下，与传统 OFDM 技术相比，使用先进接收机的 OTFS 技术可以获得更好的性能。

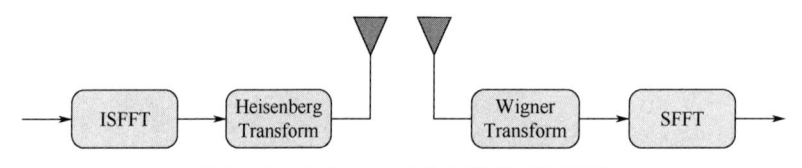

图 5.25　OTFS 技术的收发端结构框图

学者 Hadani R 和 Monk A 撰写的文章 *OTFS: A New Generation of Modulation Addressing the Challenges of 5G* 对 OTFS 技术及相关应用进行了较为详细的阐述。OTFS 载波波形、OTFS 的多载波解读和 6G 中的 OTFS 中的部分内容参考了这两位学者的文献，在此进行说明。

2. OTFS 载波波形

本节给出了 OTFS 载波波形作为时间函数的明确描述。为此可以选择由以下参数指定的延迟多普勒平面中的二维网格：

$$\Delta \tau = \frac{\tau_r}{N}, \Delta v = \frac{v_r}{M} \tag{5-11}$$

以这种方式定义的网格由沿延迟周期的 N 个点组成，间距为 $\Delta\tau$ 并且沿多普勒周期有 M 个点，间距为 Δv，在基本矩形区域内总共有 NM 个网格点。接下来在特定网格点（$n\Delta\tau$，$m\Delta v$）的延迟多普勒表示中定位一个局域脉冲 $w_{n,m}$。注意到，脉冲仅定位在基本域的边界内（由延迟—多普勒周期包围），并且在整个延迟—多普勒平面上准周期地重复其自身，如图 5.26 所示，其中 $n=3$，$m=2$。假设 $w_{n,m}$ 是两个一维脉冲的乘积：

$$w_{n,m}(\tau,v) = w_\tau(\tau - n\Delta\tau) \cdot w_v(v - m\Delta v) \tag{5-12}$$

其中，第一个因子沿延迟（时间）局部化，第二个因子沿多普勒（频率）局部化。在某种意义上，延迟多普勒二维脉冲是一维 TDMA 和 OFDM 脉冲的拼接。要在时间表示中描述 $w_{n,m}$ 的结构，需要计算 Zak 变换：$Z_t(w_{n,m})$。

使用 Zak 变换公式的直接验证揭示了所得到的波形是在时间和频率上移位的脉冲序列，其中时间偏移等于延迟坐标 $n\Delta\tau$，频率偏移等于多普勒坐标 $m\Delta v$。从局部来看，每个脉冲的形状与延迟脉冲 w_τ 相关；从全局来看，总序列的形状与多普勒脉冲 w_v 的傅里叶变换相关。OTFS 载波波形的局部结构类似于 TDM，而全局结构类似于 FDM。

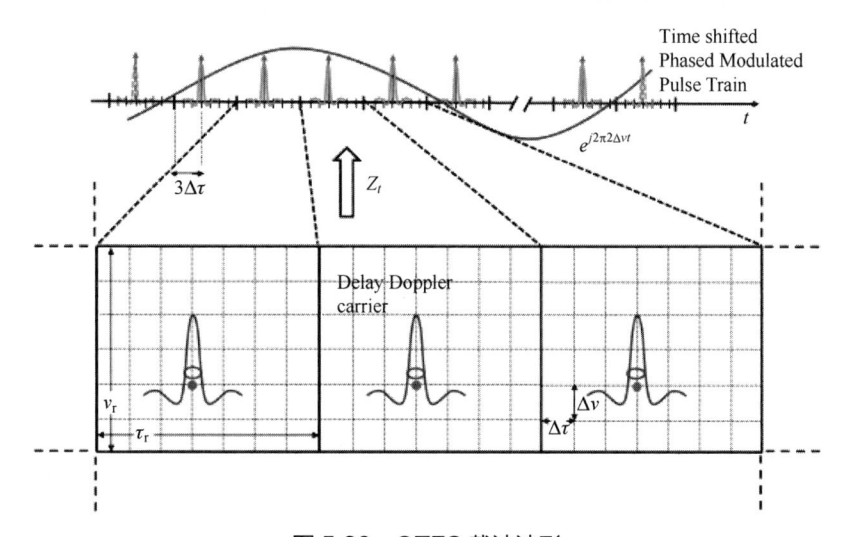

图 5.26　OTFS 载波波形

3．OTFS 的多载波解读

本节将描述一种更适合时频网格和滤波器组的经典多载波形式的 OTFS 变体。新定义的一个结果是，OTFS 可以被看作是一个时频扩展方案，由在一个互逆的时频网格上定义的一组二维基函数（或码字）组成。另一个结果是，OTFS 可以被构建为任意多载波调制（如 OFDM）上的简单预处理步骤。新的定义是基于延迟多普勒平面上的网格和时频平面上

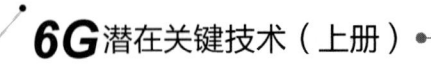

的倒数网格之间的傅里叶对偶关系。

延迟多普勒网格由 N 个沿延迟方向的点，间隔为 $\Delta\tau = \tau_r/N$ 和 M 个沿多普勒方向的点，间隔为 $\Delta v = v_r/M$ 组成；倒数时频网格由 N 个沿频率方向的点，间隔为 $\Delta f = 1/\tau_r$ 和 M 个沿时间方向的点，间隔为 $\Delta t = 1/v_r$ 组成。这两个网格如图 5.27 所示。参数 Δt 是多载波符号持续时间，参数 Δf 是子载波间隔。时频网格可以被解释为 M 个多载波码元的序列，每个多载波码元由 N 个子载波组成。传输的带宽 $B = M\Delta f$ 与延迟分辨率 $\Delta\tau$ 成反比，传输的持续时间 $T = M\Delta t$ 与多普勒分辨率 $\Delta\tau$ 成反比。

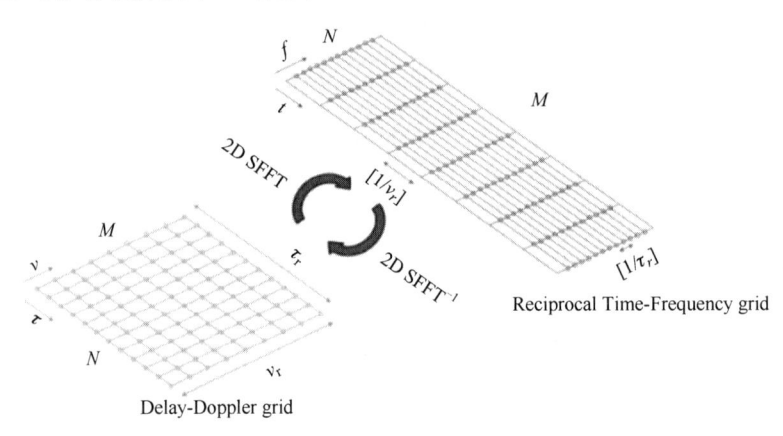

图 5.27　傅里叶对偶

这两个网格之间的傅里叶关系是通过二维有限傅里叶变换的变体实现的，称为有限 SFFT。SFFT 发送 $N\times M$ 延迟多普勒矩阵 $x(n\Delta\tau, m\Delta v)$ 到倒数 $M\times N$，通过求和公式得出时频 $X(m'\Delta t, n'\Delta f)$：

$$X(m'\Delta t, n'\Delta f) = \sum_{n=0}^{N-1}\sum_{m=0}^{M-1} e^{j2\pi\left(\frac{m'm}{M} - \frac{n'n}{N}\right)} x(n\Delta\tau, m\Delta v) \tag{5-13}$$

其中，术语"辛"是指指数内部特定的耦合形式 $\frac{m'm}{M} - \frac{n'n}{N}$。可以很容易地验证 SFFT 变换等效于沿矩阵 $x(n,m)$ 的列的 N 维 FFT 的应用，以及沿矩阵 $x(n,m)$ 的行的 M 维 IFFT 的应用。

OTFS 的多载波解释是指 $N\times M$ 延迟多普勒矩阵的 Zak 变换可以首先通过使用 SFFT 将矩阵变换到时频网格，然后通过传统的多载波发射机（列的 IFFT 变换）将所得到的倒数矩阵变换到时域，作为大小为 N 的 M 个多载波符号的序列来计算。

因此，通过使用 SFFT 变换，OTFS 收发机可以用在多载波收发机上作为预处理和后处理步骤。图 5.28 所示为多载波 OTFS 处理步骤，描述了 OTFS 的多载波收发器，以及时频域中的双选择乘性和相应的不变卷积延迟多普勒 CSC 的可视化表示。

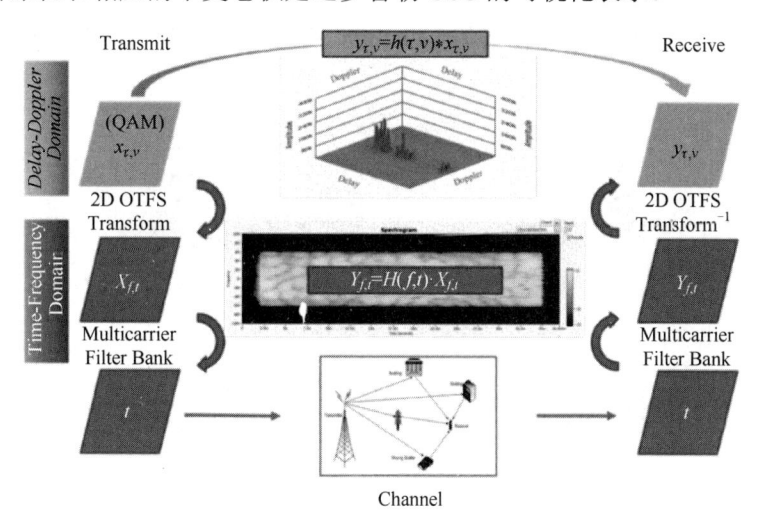

图 5.28 多载波 OTFS 处理步骤

多载波解释将 OTFS 投射为时频扩频技术,其中每个延迟多普勒 QAM 符号 $x(n\Delta\tau,m\Delta v)$ 被携带在时频网格上的二维扩频"码"或序列上,由以下辛指数函数给出:

$$\varphi_{n,m}(m'\Delta t,n'\Delta f) = e^{j2\pi\left(\frac{mm'}{M}-\frac{nn'}{N}\right)} \quad (5-14)$$

其中,该函数随时间的斜率由多普勒坐标 $m\Delta v$ 给出,而沿频率的斜率由延迟坐标 $n\Delta\tau$ 给出(参见图 5.29 中的示例)。因此,可以看到与二维 CDMA 的类比,其中码字是彼此正交的 2D 复指数。

从更广的角度来看,延迟多普勒网格和时频网格之间的傅里叶对偶关系在雷达和通信之间建立了数学联系,其中第一种理论涉及根据反射器/目标的延迟多普勒特性最大化反射器/目标之间的分离分辨率,而第二种理论是关于可以对由这些反射器组成的通信信道进行可靠传输的信息量进行最大化。

4. 6G 中的 OTFS

1)OTFS 在 6G 中的潜在应用

OTFS 是一种新颖的调制方案,在延迟多普勒信号表示的局域脉冲上复用 QAM 信息符号。OTFS 调制方案是诸如 TDMA 和 OFDM 的传统时间和频率调制方案的深远概括。

从更广的角度来看,OTFS 在雷达和通信之间建立了概念上的联系。OTFS 波形以一种直接捕捉底层物理的方式与无线信道耦合,产生组成反射器的高分辨率延迟多普勒雷达图像。因此，时频选择性信道被转换成不变的、可分离的和正交的相互作用，其中所有接收的 QAM 符号都经历了相同的局部化损伤，并且所有的延迟—多普勒分集分支被相干地组合。

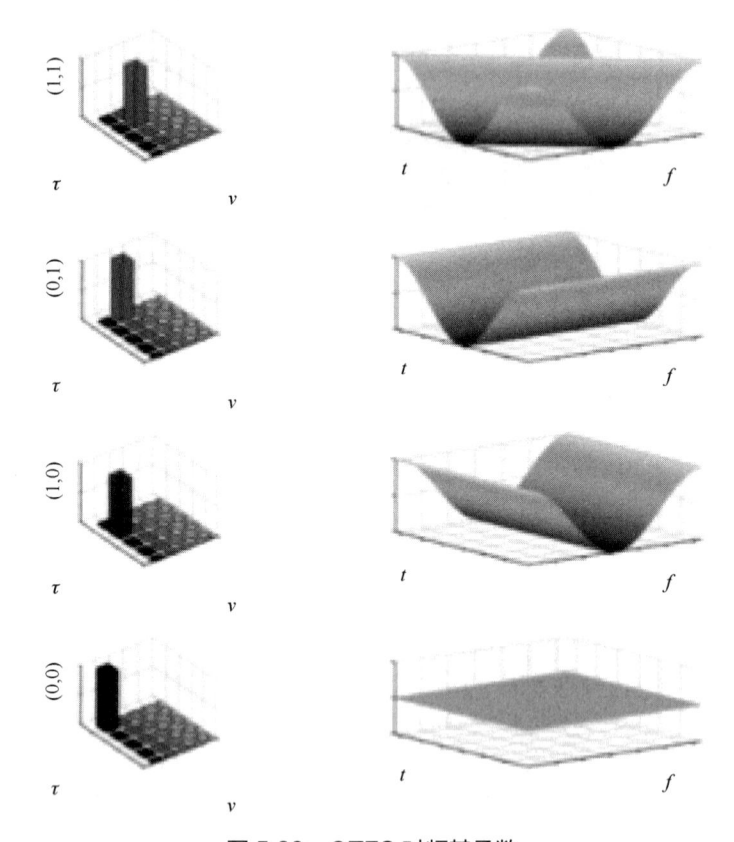

图 5.29 OTFS 时频基函数

OTFS 信道—符号耦合允许容量随 MIMO 阶线性缩放，同时满足接收端（使用联合 ML 检测）和发射端（使用多用户 MIMO 的 Tomlinson Harashima 预编码）的最佳性能—复杂度折中。在一般信道条件下，与包括诸如 OFDM 的多载波调制在内的传统调制方案相比，在高阶 MIMO 中，OTFS 具有显著的频谱效率优势。

但是，OTFS 仍存在许多未解决的问题，它的信道估计和导频设计将比 OFDM 更具挑战性，并且均衡也将比 OFDM 更加复杂。OTFS 和大规模 MIMO 的结合也是今后的研究方向。

2）OTFS 应用于高机动性条件下的通信

高机动性条件下的通信用例围绕着在移动接收者之间建立可靠和一致的通信链路的情

况,例如,在车辆对车辆通信的情况下,以及在高速列车的情况下。

移动性条件下的通信包括极端移动性的情况,在这种情况下,发射器或接收器都在移动(与发射器和接收器都是静止的并且唯一移动的物体是反射器的固定情况相反)。典型的场景包括车辆与另一辆车之间的通信、车辆与静态基站或基础设施之间的通信、基站与 UAV 之间的通信、基站与快速行驶的列车之间的通信等。高移动性通信信道的特征在于宽多普勒扩展。在高移动性条件下操作的主要目标是保持可靠和一致的通信链路,支持不同分组大小的许多用户的可预测性能。有两个主要的技术挑战:第一个挑战是多普勒效应引起的载波间干扰,这会导致信噪比下降;第二个挑战与信道的短相干时间尺度有关,该短相干时间尺度导致接收信号的瞬时功率分布和相位的不可预测的波动,使得分配的副载波和调制编码方案的适配不现实。

OTFS 技术可以应用于高机动性条件下的通信。例如,在 500km/h 的高速列车的情况下,在如此高的速度下,多普勒扩展会占 SCS 的比例很大,并会导致不可忽略的 ICI。提高性能常用的一种方法是增加 SCS。如果使用 OFDM 或 OTFS 技术,会提高 OFDM 和 OTFS 的性能,具有 15 kHz SCS 的 OTFS 比具有 60 kHz SCS 的 OFDM 性能高约 2.6dB。增加 SCS 会减小 OFDM 符号大小。然而,CP 的长度仅取决于信道的延迟扩展,因此,如果 OFDM 符号大小减小并且延迟扩展不改变,由此产生的 CP 开销会以相同的倍数增加,从而进一步降低有效吞吐量。换句话说,与此场景中的 OFDM 相比,OTFS 具有改进的误块率性能和更低的 CP 开销的双重优势。

与分配分组大小的时频网格区域的时频复用不同,OTFS 在延迟多普勒域上复用分组。在该复用方法中,每个调制符号在全时频网格上扩展,因此受到信道的所有分集模式的影响,从而产生与分组大小无关的分集增益。就系统性能而言,这意味着吞吐量一致性的提高,而这种一致性会随着更高层的 TCP 协议的加入而更加突出。

3) OTFS 应用于窄带干扰下的通信

OTFS 可以与 URLLC 数据包共存。该用例支持高优先级、低等待时间的通信数据包的传输模式的需求,这些通信数据包以覆盖的方式在常规数据包上传输,从而引入显著的窄带干扰。

6G 网络的用例围绕具有超可靠、低延迟的通信展开情况,其中包括工业互联网、智能电网、基础设施保护、远程手术和智能交通系统等应用。要满足以上使用情形,网络需要支持突然传输用于高优先级信令的低延迟小通信数据包的选项。URLLC 数据包的传输协议是通过穿孔小段并就地安装 URLLC 内容来将它们覆盖在常规数据包上。有两种方法可以实现这一点：一种是当接收器被提前通知 URLLC 入侵数据包的位置和大小时（指示的 URLLC）；另一种是当接收器没有被告知 URLLC 数据包的存在时（非指示的 URLLC）。

寄生 URLLC 数据包的存在会给托管数据包引入窄带附加干扰，这会显著影响接收器的性能。然而，在 OFDM 中，这两种传输模式对整体性能的破坏性影响是截然不同的。在第一种传输模式中，至少就其位置而言，URLLC 数据包的干扰对于接收器是已知的，因此可以通过故意忽略位于指定的干扰影响区域的信息来解码主数据包。对于大数据包，接收信号的这种丢失可以由 FEC 补偿，数据不会受到损害。这类似于在存在信道衰落的情况下恢复数据，其中接收器使用信道状态信息来定位和忽略衰落区域中的信号，并使用 FEC 补偿接收信号的损失。

非指示模式使人联想到在未知的加性窄带干扰下的操作出现的更严重的问题。在这种情况下，由于缺乏关于干扰位置的知识，接收器不能忽略导致 FEC 解码周期中的系统混乱的寄生比特。在几乎不考虑数据包的相对大小和码率的情况下，性能会显著降低。

在多载波调制中，URLLC 比特直接干扰数据比特，从而导致 FEC 译码周期的完全混乱。而在 OTFS 中，数据信息比特驻留在双重延迟—多普勒网格上，并且在 FEC 解码之前，URLLC 干扰比特通过辛傅里叶变换扩展到整个延迟—多普勒网格。由此产生很小的信噪比下降。

OTFS 作为一种扩展技术，对于指示的和非指示的 URLLC 两者都具有固有的抗窄带干扰的能力，而相比之下，OFDM 对这种类型的附加损害非常敏感。在非指示模式中，URLLC 数据包存在的情况下，OFDM 会完全崩溃，OTFS 仅会受到一定影响。

4) OTFS 应用于物联网

OTFS 可以应用于物联网，此使用案例围绕需要在基站和大量在严格功率限制下运行的小型设备之间建立通信链路展开。

到目前为止，无线网络主要支持语音通话和数据服务，所有这些都是围绕人类接收者展开的。物联网是主要的 6G 用例之一，该用例围绕预计将连接到无线网络的数十亿设备之间的大规模机器类型通信的情景。这些设备通常传输小数据包，并在严格的传输功率限制下操作，以延长电池寿命。电力限制给实现建筑物内的渗透和扩展覆盖带来了巨大的挑战。

主要的技术挑战涉及在传输功率限制和延迟要求下最大化链路预算和最小化重传次数（每位信息的能量）。为了在这些约束下最大化链路预算，应该降低传输信号的 PAPR，并在延迟要求下最大限度地延长传输持续时间。为了最小化重传次数，应该提取时间和频率分集增益。为优化性能，传输的波形应同时满足以下标准：最小 PAPR、最大分集增益、

最长传输时长。

在保持 QAM 阶数不变的情况下，同时保持较低的 PAPR 和利用多载波调制提取分集增益是一个根本的限制。通过在延迟—多普勒表示中多路复用 QAM 符号，可以克服这一基本限制。对 Zak 变换的简单分析表明沿着单个多普勒坐标分配信息 QAM 码元（称为多普勒横向分配），同时获得最大的链路预算（因为它享有较低的 PAPR 和最大的传输持续时间），并提取完全的时频分集，同时避免由于卷积延迟—多普勒信道—符号耦合而导致的受限容量饱和现象。多普勒横向分配的使用使得 OTFS 成为最大化链路预算和最小化重传次数的最佳调制方式。

5）OTFS 应用于水声通信

过去，人们没有考虑过水下的网络覆盖。在 6G 时代，水下的网络覆盖问题可进行规划并有望取得突破，UACs 将成为整个网络覆盖体系的一部分。

在实现高比特率传输方面，UACs 在 OFDM 的背景下取得了巨大的发展，并且在对抗 UWA 信道的影响（如多径传播）方面取得了显著的进展。水声信道给通信带来了巨大的挑战，如吸收损耗和扩展损耗引起的衰减，声速低（约 1500m/s）导致的高达数百毫秒的严重多径时延扩展，无处不在的运动引起的多普勒扩展和频移，以及 UACs 固有的宽带特性加剧等。重要的是，时延扩展和多普勒扩展分别导致频率选择性衰落和时间选择性衰落，因此 UWA 信道具有双选择性或双色散的特性。

为了对抗频率选择性信道的衰落，OFDM 是一种非常理想的通信方案，它将宽带 UWA 信道划分为并行的窄带信道，假设其具有时不变或慢时变特性。而在实际应用中，UWA 信道的时变性是不可忽视的，它会破坏子载波的正交性，引入 ICI，基于 OFDM 的 UAC 不再是最好的。特别是在高多普勒场景中，应该考虑时间选择性的衰落。

OTFS 是一种二维调制技术，许多研究人员已将其应用于时变多径无线信道中，以缓解时变多径无线信道的时间色散影响。在 OTFS 方案中，调制和解调过程从时间—频率域改变到延迟—多普勒域，并且对于利用延迟—多普勒表示的所有符号，可以将时变频率选择性信道转换成时间无关或不变的信道。

基于 OTFS 的 UACs 系统可以在延迟多普勒域处理信号，并通过实现时间和频率分集来提高通信性能，非常适合双选择性 UWA 信道。基于 OTFS 的 UACs 系统在误码率性能、频谱效率以及 PAPR 特性等方面均优于 OFDM 系统和 DFT-s-OFDM 系统。

6）OTFS 应用于可见光通信

6G 时代即将到来，VLC 已被证明是一种新兴的绿色、安全和低成本技术，有潜力提供高速互联网接入。与传统的基于射频的通信系统相比，VLC 具有几个关键优势，如高安全性、免许可证频谱和抗电磁干扰。此外，基于 LED 的 VLC 系统能同时提供照明和通信。

VLC 链路的性能由于移动接收器和发射器之间的多径而恶化，这会导致延迟和多普勒频移。时间色散引起的时延漂移导致 ISI，移动性造成的多普勒频移导致 ICI。由于高延迟和多普勒扩展，移动多径 VLC 系统的性能受到限制。为了提高性能，可以在 VLC 系统中对高延时扩展的信道使用 OTFS 技术。所考虑的 VLC 系统模型的框图如图 5.30 所示。

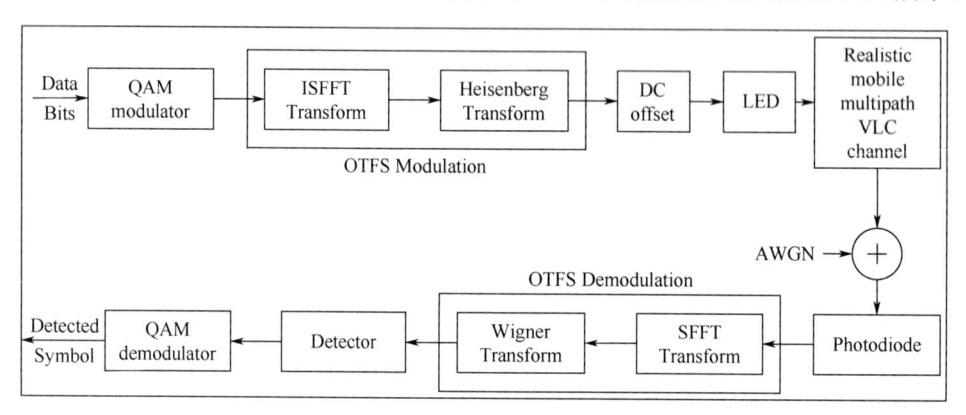

图 5.30　VLC 系统模型的框图

7) OTFS 应用于毫米波通信

OTFS 技术可以应用于毫米波通信。该用例围绕毫米波长区域中的通信展开，这是由对新的可用频谱的高需求驱动的。在这些频段上实现可靠的通信链路是具有挑战性的，因为电磁波的传播特性很差，并且在这些频率上存在高的相位噪声。

毫米波体制下的大频谱可用性为大幅提升吞吐量提供了机会。因此，毫米波频率的通信是新兴 5G 及 6G 网络演进的主要驱动力。然而，设计一个在这些高频下工作的可扩展的、具有成本效益的通信系统并不是一件轻而易举的事。

有两个基本的技术挑战需要解决。第一个技术挑战是与当代网络中常用的传统厘米波（低于 6 GHz）相比，毫米波环境下电磁传播的功率衰减问题。解决此问题的一个直接方法是保持 LoS 传播条件。然而，这对网络体系结构施加了严格的限制，需要安装许多额外的基站来进行网络增密，从而导致成本支出的大幅增加。第二个技术挑战与射频振荡器相位噪声有关，该噪声在高频时明显加剧。与这种效应相关的主要问题是相邻信号之间出现显著的 ICI，从而导致信噪比下降。

有两种方法用于减轻多载波设置中的 ICI 损害。一种方法是在接收器处结合干扰消除机制。这种方法的缺点是它使接收器结构变得相当复杂，并且另外需要知道 ICI 系数，因此产生了专门用于信道捕获的额外容量开销。另一种方法是缓解而不是消除。在该方法中，通过增加相邻信号之间的子载波间隔来减小 ICI 效应。在高载波频率下，与传统的 LTE 相比，35 倍的扩展系数变为 10～20 倍。该方法的缺点是增加了副载波间隔导致多载波符号时间缩短相同的倍数。由于 CP 的持续时间仅取决于信道延迟扩展，因此缩短符号时间可能会导致 CP 开销成比例增加，从而降低频谱利用率。

在毫米波区域存在相位噪声损害特性的情况下，使用 OTFS（无 CP）的频谱效率与 OFDM 相比更高，这主要是 CP 开销和 ICI 对 OFDM 性能的组合降级影响导致的。

✦ 5.2.4 高阶 APSK 调制

1. APSK 基于格雷码的数字调制原理

APSK 技术是数字通信系统中一种极其重要的调制方式，属于一维调制技术。它以电磁波的相移调制为主、幅度调制为辅，具有较高的频带利用率和较好的抗干扰性能，在通信系统中被广泛应用。APSK 星座图中的所有星座一般均匀分布在不同半径的同心圆周上，星座点越多，圆周上相邻点之间的相移越小，接收端的分辨率越低；同心圆越多，相邻同心圆之间的幅度值越小。调制符号中的二进制序列一般采用格雷码，这是为了提高相邻符号之间的纠错率和接收端的灵敏度。格雷码是一种绝对编码，它具有循环特性和反射特性，是一种单频自补码。由于具有自补和反射特性，求反也很方便，它可靠性高，能使错误最小化。由于具有单步和循环特性，它还可以消除随机取数时可能出现的重大误差。在通信系统的基带调制解调中，格雷码的应用十分重要，被广泛应用在映射和逆映射的过程中。

格雷码二进制序列编码格式并不唯一，工程中一般采用自然二进制数和格雷码二进制数之间的数学换算关系式来实现简单转换。这种方法简单方便，并且具有唯一性，便于接收端解调应用。这种算法的基本规则是，格雷码二进制数的最高位是自然二进制序列的最高位，自然二进制序列的高位与次高位"异或"运算获得格雷码二进制序列的次高位，其他格雷码二进制序列数位的求法与它类似。

K 个不同半径的同心圆组成了星座图，每个圆圈上分布有数量不同的等间隔的 APSK 信号点，1 个 APSK 调制符号用 1 个星座点表示，对应的星座星点信号集可以表示为：

$$\begin{cases} S_k = R_k \cdot \exp\left[j \cdot \left(n_k \cdot \frac{2\pi}{N_k} + \theta_k \right) \right] k = 1, 2, \cdots, K \\ n_k = 0, 1, 2, \cdots, N_k \end{cases} \quad (5\text{-}15)$$

其中，R_k 是第 k 个圆周的半径，S_k 是第 k 个圆周上的所有星点；N_k 为第 k 个圆周上的星点数；n_k 是为第 k 个圆周上的一个星点；θ_k 为第 k 个圆周上星点的相位偏差，可决定第 k 个圆周上第 1 个星点的初始位置。当 $\theta_k = 0$ 时，第 k 圆周上第 1 个星点位于 $\dfrac{2\pi}{N_k}$ 位置，后面星点等角度排列在圆周上。

如果 $\theta = \pi/N_k$，式（5-15）可以简化为：

$$\begin{cases} S_k = R_k \cdot \exp\left[j \cdot (n_k \cdot \pi/N_k)\right] \\ n_k = 1, 3, 5, \cdots, 2N_k - 1 \end{cases} k = 1, 2, \cdots, K; \tag{5-16}$$

为了充分利用整个星座图上的信号空间，需要合理规划每个圆周上的星点数，各圆周上的星点数排列需要满足条件 $N_k > N_k + 1$，它的意思是内圆星点数小于外圆星点数。APSK 符号可以表示为 $N_1 + N_2 + \cdots + N_k - \text{APSK}$，$M = N_1 + N_2 + \cdots + N_k$，$M$ 指调制阶数。

2．6G 中的高阶 APSK 调制

3GPP 确定的 5G 系统以移动蜂窝网络为基础，融合了车联网、工业互联网、物联网和城市市政功能服务网等陆地网络，对应的基带调制方式是传统的 $\dfrac{\pi}{2}$ – BPSK、QPSK、16QAM、64QAM。人们可以提高有效数据的吞吐量和传输速率，也可以根据系统应用场景的需求选择合适的基带调制方式。

卫星通信系统中的卫星和终端间的距离一般都比较远，其间大部分是太空，距离地面约 50km 厚的是大气层，大气层以上厚约 1000km 的是电离层。电离层与大气层、外太空与电离层之间有一层突变介质层。在 1000km 厚的电离层和 50km 厚的大气层中，高度不同，介质分布的密度也不同。大气层和电离层容易受到扰动，电气参数和介质密度等因素会受到耀斑、太阳风、太阳黑子和大气环流等因素的影响。在卫星与地面终端相互通信时，传输信道的性质为时变型非线性，不能采用只适应陆地表层空域传统的基带调制方式，需要使用适应非线性信道、传输性能更高的相移键控。

卫星与终端传输距离较远，卫星发射机所处环境特殊，卫星通信系统的发射与接收功率受到极大的限制，对各种设备的重量、体积、形状、功耗等参数都有严格要求，所以只能采用带宽效率和功率效率更高的 PSK 方式。传统的卫星通信系统的数据吞吐量和通信容量有限，调制效率较低的 PSK 方式就可以满足系统通信的业务需求。如果它与移动通信系统相结合，形成全球通系统，将大大促进卫星通信数据吞吐量和容量的快速增长。APSK 以相位调制为主，更适应非线性传输介质；调制阶数可以连续取值，更适应系统吞吐量的变化。因此高阶 APSK 是卫星通信系统中基带调制技术的最佳选择。传统卫星通信系统中

的高阶 APSK 主要是 32APSK 和 16APSK，以 16APSK 为主。

在对 6G 移动通信系统的研究中，已经开始考虑融入卫星通信网络，实现陆地与天空通信网络的融合，实现陆地和海上无死角的全球通信系统。人们需要做到在全球范围内的任何时刻、任何地方都可以通信。5G 系统的研究中就已经开始考虑融入卫星通信网络，初步考虑了协议优化、空中接口、体系架构等项目，但没有在 3GPP 的 5G 规划中表述出来，这可能是面向 6G 的重要技术。

当卫星通信系统融入移动蜂窝系统时，人们开始考虑商业利益最大化和市场的通用性，卫星通信系统将会为全民服务，会降低通信技术成本，提高通信容量和数据吞吐量。卫星通信可以为人们提供更多更优质的卫星服务业务，会改变现有卫星通信系统中的技术架构标准，使人们需要在系统中使用最基本的宽带通信技术，在基带调制方面增大调制阶数，提高吞吐量和数据传输速率。

♣ 5.2.5 过零调制及连续相位调制

1. 过零调制的原理

当今的通信系统通常使用高分辨率 ADC。然而，考虑到未来数据速率在 100Gbps 数量级的通信系统，由于具有高采样率，ADC 功耗成为一个重要的问题。一个很有前途的替代方案是基于信号带宽的 1 比特量化和过采样的接收机。这种方法需要重新设计调制、接收器同步和解映射。因为需要在过零时刻携带信息，过零调制是自然而然的选择。

ZXM 与使用时间过采样的 1 比特量化的接收器自然匹配。这样的接收器只能在采样时刻解析接收信号的符号，即它可以有效地检索接收信号的过零点之间的时间距离。因此，ZXM 需要在过零点之间的距离上传递信息。

可以利用 RLL 序列产生 ZXM 发射信号，该序列可以从 (d,k) 序列中产生。在 (d,k) 序列中，1 个 1 后面至少跟 d 个，最多跟 k 个 0。k 约束对游程长度的限制、对于接收机的同步非常重要。然而，在目前的工作中，假设 $k=\infty$，对于所选的 d 值，它使所产生的 RLL 序列的熵率最大化。(d,k) 序列的生成可以基于如图 5.31 所示的有限状态机来表示。(d,k) 序列通过 NRZI 编码被转换成 RLL 序列，如下例所示，其中，$d=1$：

$$(d,k)-\text{seq.} \ [\cdots 1\,0\,0\,0\,1\,0\,1\,0\cdots]$$
$$\text{RLL}-\text{seq.} \ [\cdots 1\,1\,1\,1\,-1\,-1\,1\,1\,1\cdots]$$

因此，两个过零点之间的最小距离可以由 d 约束来控制。

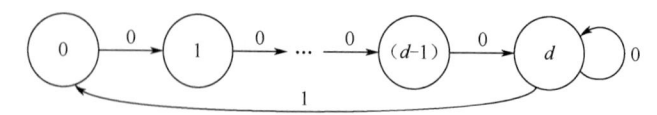

图 5.31 以 $k = \infty$ 为有限状态机的 (d, k) 序列定义

两个这样的游程长度受限序列用于生成复值发射符号序列，其可以由下式给出：

$$x^N = \frac{1}{\sqrt{2}}(\boldsymbol{a}^N + j\boldsymbol{b}^N) \tag{5-17}$$

其中，向量 $\boldsymbol{a}^N$ 和 $\boldsymbol{b}^N$ 的元素由两个长度为 n 的独立实值 RLL 序列给出，x^N 的元素 x_n 是 QPSK 符号，有 $x_n \in X = \left\{\dfrac{1+j}{\sqrt{2}}, \dfrac{1-j}{\sqrt{2}}, \dfrac{-1+j}{\sqrt{2}}, \dfrac{1+j}{\sqrt{2}}\right\}$。

利用基于 x^N 的传输符号序列，结合 FTN 信令，生成连续时间信道输入信号：

$$x(t) = \sum_{n=-\frac{N-1}{2}}^{\frac{N-1}{2}} x_n h\left(t - \frac{nT}{M_{T_x}}\right) \tag{5-18}$$

符号速率为 M_{T_x}/T，T 为单位时间间隔，M_{T_x} 是 FTN 信令因子。最后，$h(t)$ 是发射滤波器的脉冲响应。除非另有说明，否则都会使用余弦脉冲作为发射滤波器：

$$\begin{cases} h_{\cos}(t) = \left(1 - \cos(2\pi t/2T)\right)\sqrt{1/3T} & 0 \leqslant t < 2T \\ 0 & \text{其他} \end{cases} \tag{5-19}$$

使用具有相对短的脉冲响应的这种发射滤波器的优点是能够以有限的复杂度实现基于网格的接收器。

由于使用 $M_{T_x} > 1$ 的 FTN 信令可以提高时间网格的分辨率，因此，可以在时间网格上放置过零点。这抵消了由 RLL 序列中的 d 约束引起的可达速率的降低，并允许增加可达速率。注意，FTN 信令引入 ISI，但是可以通过适当选择最小游程长度 d 来很好地控制 ISI。

图 5.32 所示为通过游程编码和 FTN 产生的过零调制发射信号示意图。其中 $A_k = \dfrac{T}{M_{T_x}} I_k$。序列 $\{I_k\}$ 的元素是 RLL 序列中的游程长度。

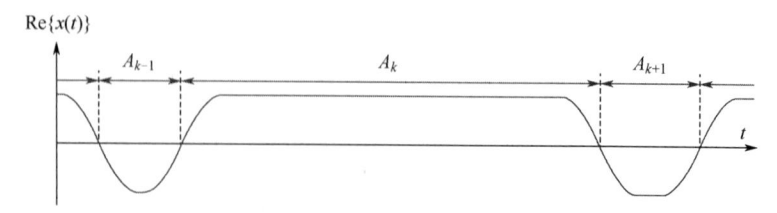

图 5.32 通过游程编码和 FTN 产生的过零调制发射信号示意图

考虑一个 AWGN 信道，使得接收滤波器输出端的信号由下式给出：

$$z(t) = \int_{-\infty}^{\infty}(x(\tau)+n(\tau))h_{R_x}(t-\tau)\mathrm{d}\tau \tag{5-20}$$

接收滤波器为 h_{R_x}。除非另有说明，否则应该在时间间隔为 $\dfrac{T}{M_{T_x}}$ 的接收滤波器上使用积分器，其脉冲响应由下式给出：

$$h_{Rx(t)} = \begin{cases} \sqrt{M_{T_x}/T} & 0 \leqslant t < \dfrac{T}{M_{T_x}} \\ 0 & \text{其他} \end{cases} \tag{5-21}$$

这里的短脉冲响应有助于限制基于网格的序列检测的复杂度。此外，$n(t)$ 是圆对称复高斯白噪声过程。请注意，在这里假设完美的定时、相位和频率同步。

信号 $z(t)$ 在 1 比特量化之前以 $1/T_s$ 的速率采样。

$$r_k = \sum_{n=-\frac{N-1}{2}}^{\frac{N-1}{2}} x_n g(kT_s - \frac{nT}{M_{T_x}}) + n_k \tag{5-22}$$

$$g(t) = \int_{-\infty}^{\infty} h(\tau) h_{R_x}(t-\tau)\mathrm{d}\tau \tag{5-23}$$

$$n_k = \int_{-\infty}^{\infty} n(\tau) h_{R_x}(kT_s - \tau)\mathrm{d}\tau \tag{5-24}$$

此外，将过采样因子定义为 $M = \dfrac{T}{T_s M_{T_x}}$。请注意，对于 $M > 1$，使用式（5-21）中的接收滤波器，噪声样本 n_k 是相关的。

2. 连续相位调制的原理

在通信系统中，幅度分辨率高的模数转换具有较高的能耗。降低能耗的一种有前途的替代方案是 1 比特量化。考虑这样一个接收机，可以采用 CPM 方案，它由于带宽效率和恒定包络而具有良好的性能。在这种情况下，关于码元持续时间的过采样是有希望的，因为 CPM 信号没有严格的带宽限制，并且减少了量化引起的可达到速率的损失。

接收机处的粗量化是有利的，因为 ADC 的能量消耗与其分辨率成指数级扩展。ADC 的能耗对于需要高采样率的应用、总能耗不受发射能量支配的短距离应用及具有电池驱动接收器的物联网应用至关重要。在这项工作中，考虑了一种在低能耗方面很吸引人的特殊情况，其中，由于量化为 1 比特，接收机仅具有关于接收信号的符号信息。通过将采样速率提高到比奈奎斯特速率更高的速率，可以减少可实现速率的损失。在这项研究中，考虑了 CPM，因为它带宽效率高、具有平滑的相变和恒定包络，能够使用低动态范围的高能效功率放大器。此外，对于在连续相变中传递信息的 CPM 信号的检测，可以采用过零检测的方法，其中过采样增强了过零的时间分辨率。

载波频率为 f_0 的通带中的 CPM 信号由下式描述：

$$s(t) = \text{Re}\{e^{j(2\pi f_0 t + \varphi(t))}\sqrt{2E_s/T_s}\} \tag{5-25}$$

其中，Re{·} 是实部。相位项由下式给出：

$$\varphi(t) = 2\pi h \sum_{k=0}^{\infty} \alpha_k f(t - kT_s) + \varphi_0 \tag{5-26}$$

其中，T_s 是码元持续时间；$h = \dfrac{K_{cpm}}{P_{cpm}}$；$f(\cdot)$ 是相位响应；φ_0 是相位偏移；α_k 是具有码元能量 E_s 的发射码元。为了获得有限个相位状态，K_{cpm} 和 P_{cpm} 是正整数。相位响应函数具有以下特性：

$$f(\tau) = \begin{cases} 0, & \text{if } \tau \leq 0, \\ \dfrac{1}{2}, & \text{if } \tau > L_{cpm}T_s \end{cases} \tag{5-27}$$

其中，L_{cpm} 根据传输符号描述存储器的深度。相位响应的导数称为频率脉冲 $g_f(\cdot)$，通常是矩形脉冲、余弦脉冲或高斯脉冲。频率脉冲 $g_f(\cdot)$ 决定了信息携带相位的平滑度，并由此影响带外辐射。发射符号是从由下式描述的表中抽取的：

$$\alpha_k \in \begin{cases} \{\pm 1, \pm 3, \cdots, \pm M_{cpm} - 1\}, & \text{if } M_{cpm} \text{ even} \\ \{0, \pm 2, \pm 4, \cdots, \pm M_{cpm} - 1\}, & \text{if } M_{cpm} \text{ odd} \end{cases} \tag{5-28}$$

其中，以 M_{cpm} 为输入基数。

3．6G 中的过零调制及连续相位调制

当前新的主流波形，如（加窗口的）OFDM、广义 FDM、OTFS 正被使用或提出，这些技术可以与多天线及与高调制基数（如 256QAM）结合，由最大化频谱效率驱动。毫米波频段以下的载波频率上需要遵循合理的优化目标。在接收端，这些波形技术通常需要分辨率在 10 位以上的 ADC 转换器。由于数据传输速率在 100 Gbps 至 1Tbps 之间，在终端内电路中的 ADC 转换器功耗大于 10 瓦，而 ADC 转换器会决定终端收发信机的功耗。围绕优化 ADC 转换器功耗的基本假设可以设计出新的调制方案。尺寸化 ADC 转换器的目标是每秒产生一定数量的转换步骤，这些步骤必须是数据速率的倍数。目前的纳米级半导体技术的电压波动低，可实现的时间分辨率高。1-bit ADC 转换器符合 ADC 转换器的质量标准，它完成了每秒所需的转换步骤数，达到了每个转换步骤的最低能量。在 6G 系统中需要找到非常低分辨率 ADC 转换器的调制方案，最低要求是 1-bit ADC 转换器，ZXM 和 CPM 是合适的调制方案。

5.2.6 信号整形

1. 信号整形的原理

PS 是一种很有前途的解决方案。通过使用相同的 QAM 星座，以不同的概率发送不同的星座点，PS 方案可以逼近最佳高斯分布，从而接近香农极限。近年来，一种被称为 PAS 的 PS 方案因其实现复杂度低而备受关注。结果表明，采用 DVB-S2 LDPC 码，PAS 可以在 1.1dB 范围内以 0.1bit/dim 的步长实现从 1bit/dim 到 5bit/dim 的传输速率转变，而无须在解调和解码之间进行迭代。

2. 6G 中的信号整形

ATSC3.0 标准采用了新的调制方法，如基于信号整形的调制方案，它被证明在有线通信或广播系统中是有效的。它在无线通信中的应用值得被仔细研究。最近，在某些设置下，与当前 AWGN 信道上的 5G 调制和编码方案相比，结合了 NR-LDPC 码的 PAS 可以具有超过 2dB 的编码增益。这表明信号整形是 6G 系统中值得研究的方向。

5.2.7 降低 PAPR

1. 降低 PAPR 的原理

PAPR 是指信号最大功率与平均功率之比，对于连续信号 $x(t)$，可以表示为：

$$\text{PAPR} = 10\log_{10}\frac{\max\{|x(t)|^2\}}{E\{|x(t)|^2\}}\text{dB} \tag{5-29}$$

2. 降低 PAPR 在 6G 中的潜在应用

降低 PAPR 是一个重要的技术方向，可以实现低成本设备的物联网、Sub-6GHz 通信的边缘覆盖、高可靠性的工业物联网应用等。已经提出了一些低 PAPR 调制方案，如 FDSS+π/2 BPSK、8-BPSK 和 CPM，但在获得较低 PAPR 时解调性能有所损失。因此，仍然需要对性能良好的低 PAPR 调制方案进行更多的研究。

5.3 波形设计

通过特定方法形成的物理介质中的信号形状被称为波形。一个灵活的波形需要考虑各种参数，如时间/频率弥散的健壮性、时延和 PAPR、频谱效率、时间/频率定位。业内在 5G 系统的发展过程中，为了减少带外辐射研究了多种 OFDM 的波形方案。这些方案包括含子载波滤波的多载波系统（通用滤波器多载波和滤波频分复用）和含子带滤波的多载波系统（广义 FDM 和滤波器组多载波）。

选择新波形不仅需要考虑上述性能，还需考虑信号处理算法的复杂性、参数选择的灵活性、帧结构设计等。在未来的系统中，新的波形需要支持灵活的网络切片。

潜在的 6G 可用频段是 52.6GHz 以上频段。与较低频段相比，当发射端频率超过 52.6GHz 时，会面临更多的挑战，如更低的功率放大器效率、更高的大气衰减引起的极大传播损耗和更大的相位噪声，因此需要有更高的峰均比、更为严格的功率谱密度监管要求。人们有必要研究适合高频段的波形，单载波系统已经应用于 IEEE 802.11ad 标准，是有效的低峰均比传输方法。单载波传输时，随着带宽的增加，使用大带宽的灵活性受到了限制。

6G 中将有许多不同类型的用例，每个用例都有自己的要求。任何单一波形解决方案都不能满足所有场景的要求。例如，高频场景面临诸如更高的相位噪声、更大的传播损耗和更低的功率放大器效率等挑战，要克服这些挑战，单载波波形可能比传统的多载波波形更可取。相反，对于室内热点，要求实现更高的数据速率，满足灵活的用户调度需求。基于 OFDM 或其变体的波形具有较低的带外辐射，在此情况下这将是一个很好的选择。6G 需要高度的可重构性，才能在不同的时间或频率针对不同的使用案例进行优化。

5.3.1 多载波波形

CP-OFDM 作为多载波波形的基础，其主要思想是将信道分成几个正交子信道，将高速数据流转换成低速数据流，然后调制到每个正交子载波上进行传输。在 OFDM 系统中，可以在发射机处添加 CP，以避免由多径引起的符号间干扰和子载波间干扰。除了 CP-OFDM，新的多载波波形还包括 F-OFDM、UFMC、FBMC 等。

1. 灵活的 OFDM

学者们已经提出了几种新的多载波调制方案，如 UFMC、广义 FDM、FBMC 及 F-OFDM。这些波形的灵活兼容框架可以基于载波/波形聚合。位于不同载波上的不同波形可以聚集在一个空中接口上，服务于不同的 5G 场景。每个波中的波形、子带带宽、子载波间隔带宽、滤波器长度和 CP 长度可以根据专用场景和服务灵活地进行选择。

这些新波形的一个共同特征是采用滤波器来抑制带外发射，并放宽对时间—频率同步的要求。但这些波形之间也有细微的差别。UFMC 和 F-OFDM 中的滤波器是在每个子带的粒度上实现的。其主要区别在于，为了向后兼容，F-OFDM 使用了更长的滤波器，在每个子带中的信号处理过程与传统 OFDM 相同；相比之下，UFMC 使用了较短的滤波器，并且用空的保护周期来代替 OFDM 的 CP。广义 FDM 可以根据广义 FDM 块中的子载波和子码元数的不同，将 CP-OFDM 作为特例覆盖。此外，可以通过为包含多个子符号的整个块添加 CP 来保持较小的开销。FBMC 中的滤波器是在每个子载波的粒度上实现的。通过设计合理的原型滤波器，FBMC 可以很好地抑制信号的旁瓣。此外，也可以通过去除 FBMC 中的 CP 作为 UFMC 来降低开销。同时，为了减少相邻子信道的干扰和计算复杂度，在 FBMC 和广义 FDM 方案中需要正交复用调制和多相网络。根据已有的研究结果，目前还不存在支持多样化需求的多载波调制方案。下面提出一种低复杂度的兼容多载波调制结构，该灵活波形的统一框架如图 5.33 所示。

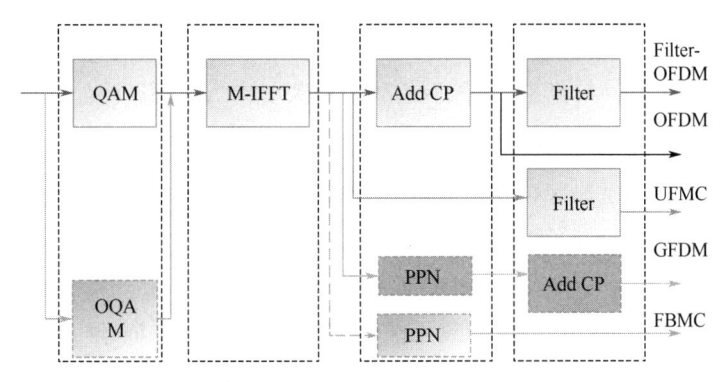

图 5.33 灵活波形的统一框架

它也可以用如下公式表示。$s_{k,n}(m)$ 是第 n 个传输码元中的第 m 个子码元和第 k 个子载波。$g_{k,m}(t)$ 是单个符号中的整形滤波器。$h_u(t)$ 是每个用户的滤波器，f_k 是副载波的频率，T 是符号持续时间，$\otimes$ 是卷积运算符。

$$x(t) = \sum_{u \in U} \sum_{k \in K_u} \sum_{n=-\infty}^{+\infty} \sum_{m=1}^{M} s_{k,n}(m) \cdot g_{k,m}(t-nT) e^{j2\pi f_k(t-nT)} \otimes h_u(t) \tag{5-30}$$

2．非正交波形

高频段（如毫米波和 Sub-6GHz 频率）在 6G 中具有广阔的应用前景，但功率放大器的非线性限制了系统的设计。由于 CP-OFDM 的 PAPR 较高，其多载波波形可能不适用于高频段。以 DFT-s-OFDM 为代表的低 PAPR 的单载波波形是很有前途的。考虑到 6G 极高的数据速率要求，特别是在高阶调制不适用的情况下，如何保持 DFT-s-OFDM 的低 PAPR 并提高其频谱效率将是一个挑战。

1）NOW 收发信机的设计

有学者提出了一种 NOW 方案来改善 DFT-s-OFDM 的频谱效率。现在的收发信机器结构如图 5.34 所示。设计了三个重要的模块，即副载波映射模块、FTN 调制模块和 FTN 解调模块。

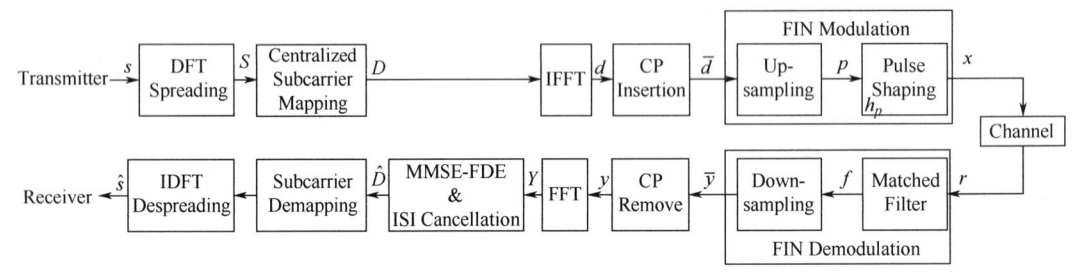

图 5.34　收发信机结构

集中式副载波映射：N 点 DFT 之后的码元被映射到 N 个副载波，用于具有 N_1 个副载波的系统带宽。对于提出的 NOW 发射机，将符号映射到低频的局部化副载波，称为集中映射方法。它可以看作是局部化映射法的一个特例。经过集中的副载波映射后，符号依次输入 IFFT 模块、并串转换模块和 CP 插入模块。

FTN 调制：对插入 CP 后的信号进行 FTN 调制。连续时间 FTN 符号可以写为 $x(t)=\sum_{m=0}^{M+2v-1}\bar{d}(m)h(t-m\alpha T)$。$\bar{d}(m)$ 表示图 5.34 中 $\bar{d}$ 的第 m 个符号。M 和 $2v$ 分别是 IFFT 大小和 CP 长度。$h(t)$ 是 T 正交基带传输脉冲，α 是时域压缩因子，它大于 0 并且小于等于 1。数据符号的传输速度比 Nyquist 信号快 $1/\alpha$ 倍，因此传输符号速率为 $1/\alpha T$。考虑到离散时间模型信令，FTN 调制包含两个离散时间信号处理模块，即上采样和脉冲整形，如图 5.34 所示。上采样在相邻数据符号之间插入零值样本，目前零值样本的数量由 α 确定。脉冲成形滤波器以上采样速率采样，然后与上采样信号进行线性卷积。

FTN 解调：在接收端增加了 FTN 解调，还包括匹配滤波和下采样两个离散时间信号处理模块。匹配滤波器具有与发射机侧相同的脉冲形状，并通过 Nyquist 上采样间隔从 $h^*(t)$ 采样。下采样从接收信号中提取有用的样本。FFT 调解后的 MMSE-FDE 模块用于消除 FTN 产生的干扰。

2）时域压缩因子 α 的影响分析

作为目前最重要的参数之一，时域压缩因子 α 可以影响各种性能。下面提供了对误块率、吞吐量、信噪比性能以及 PAPR 性能的链路级评估结果。

如图 5.35 所示，当时域压缩因子小于一个阈值（图中为 0.95）时，没有观察到误块率降低。随着时域压缩因子的减小，误码率变差，这是因为脉冲成形滤波器会截断有用信号的频谱，这将导致部分信息丢失，增加传输误码率。

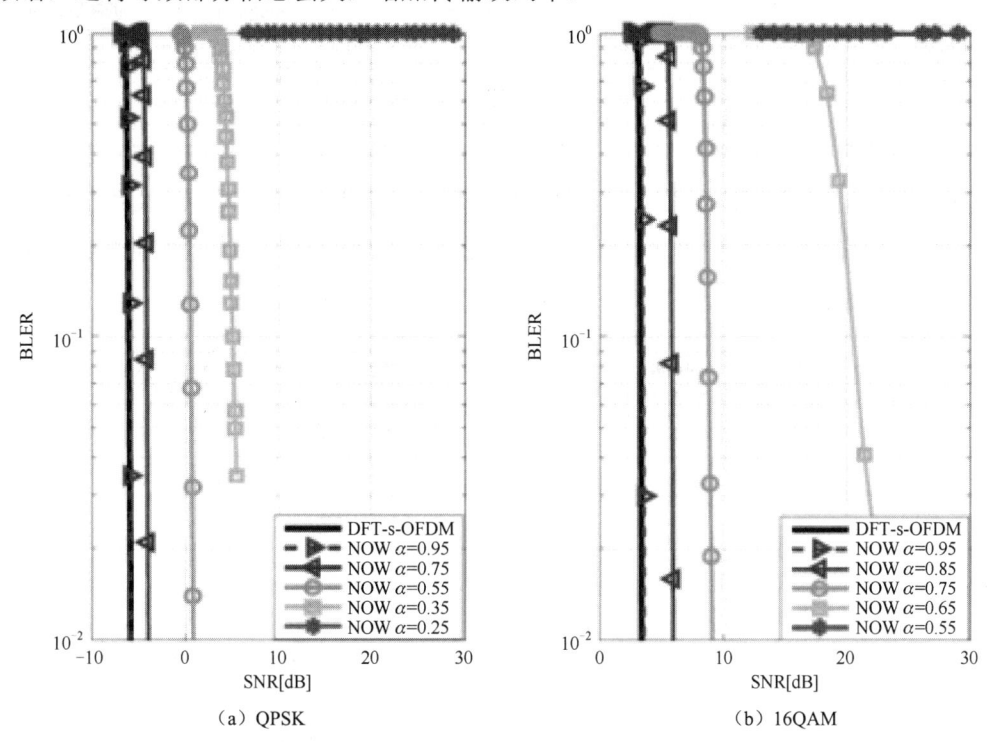

(a) QPSK

(b) 16QAM

图 5.35 DFT-s-OFDM 和 NOW 的误块率及不同的 α

$$\alpha_{opt} = 0.95(NOW) \tag{5-31}$$

α 越小，吞吐量增益越大。但是根据对发射信号的功率谱密度的分析，α 小于一个阈值将导致信号截断，从而造成信噪比损失。表 5.1 中的链路级评估结果显示了不同压缩因子下的吞吐量增益，与 QPSK 和 16QAM 下的正交波形 DFT-s-OFDM 和 CP-OFDM 进行了比较。结果表明，与正交波形相比，可以以信噪比损失为代价通过 NOW 获得吞吐量增益。

表 5.1 NOW 的吞吐量增益和信噪比损失

Compressionfactor	QPSK		16OQM	
	Throughputgain	SNR loss(dB)	Throughputgain	SNR loss(dB)
0.95	2.2%	0	2.2%	0
0.85	12.6%	1.2	12.6%	2.5
0.75	25.5%	1.9	25.5%	7.0
0.65	41.1%	3.0	41.1%	16.0

续表

Compressionfactor	QPSK		16QAM	
	Throughputgain	SNR loss(dB)	Throughputgain	SNR loss(dB)
0.55	60.7%	4.3	-	-
0.45	86.0%	6.0	-	-
0.35	108%	10.0	-	-

对 NOW 的 PAPR 表现进行评价。图 5.36 中的结果表明，NOW 的 PAPR 不仅由调制阶数和子载波数量决定，还由时域压缩因子 α 决定。研究还表明，当给定其他影响因素时，PAPR 随 α 先减小后增大，即存在一个最佳 α 来实现最小 PAPR。

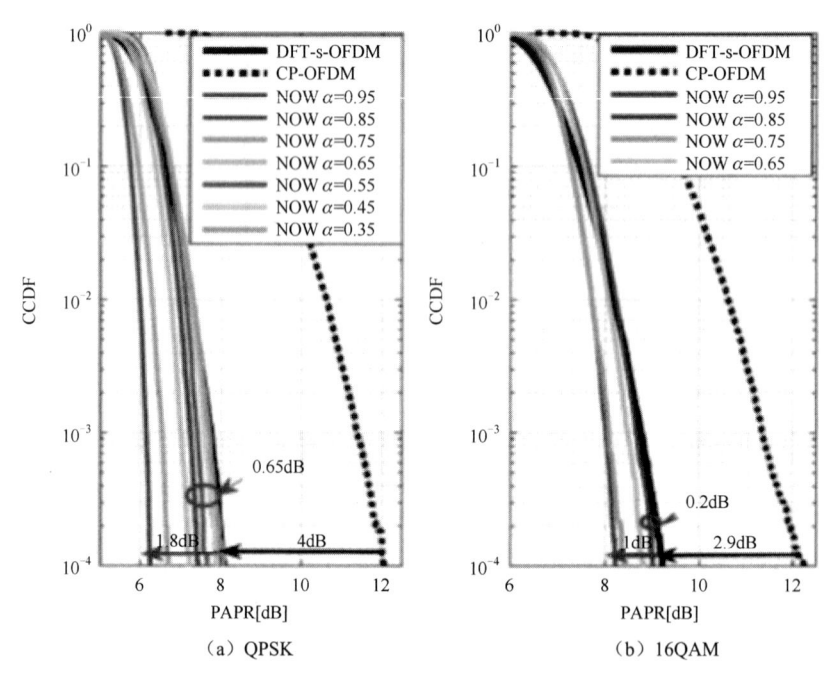

图 5.36 CP-OFDM、DFT-s-OFDM 和 NOW 的 PAPR 及不同 α

因此，通过灵活地调整压缩因子，所提出的 NOW 方案可以获得比传统正交波形 DFT-s-OFDM 和 CP-OFDM 更好的吞吐量增益和 PAPR 增益。

5.3.2 单载波波形

1. SC-FDE

SC-FDE 是基于频域均衡的单载波波形。发射机和接收机的处理如图 5.37 所示。

$d_0, d_1, \cdots d_{N-1}$ → CP →

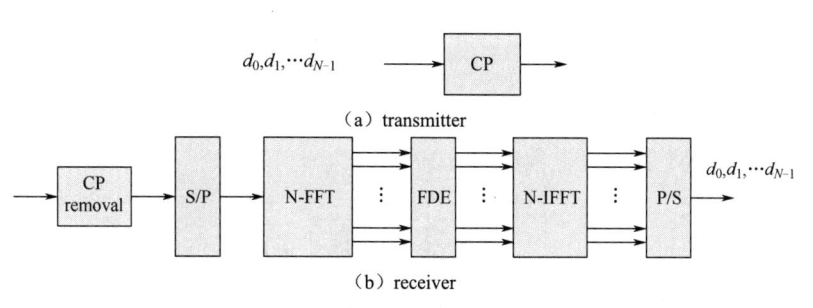

（a）transmitter

→ CP removal → S/P → N-FFT → FDE → N-IFFT → P/S → $d_0, d_1, \cdots d_{N-1}$

（b）receiver

图 5.37　发射机和接收机的处理

在接收端，接收信号通过 N 点 FFT 变换到频域，在频域均衡后，通过 N 点 IFFT 变换到时域，串并转换后输出。

2．DFT-s-OFDM

1）DFT-s-OFDM 的子类

标准 DFT-s-OFDM 的处理过程如图 5.38 所示，即首先对 M 个调制符号进行 DFT 变换，并将输出映射到作为 N 点 IFFT 输入的子载波上。

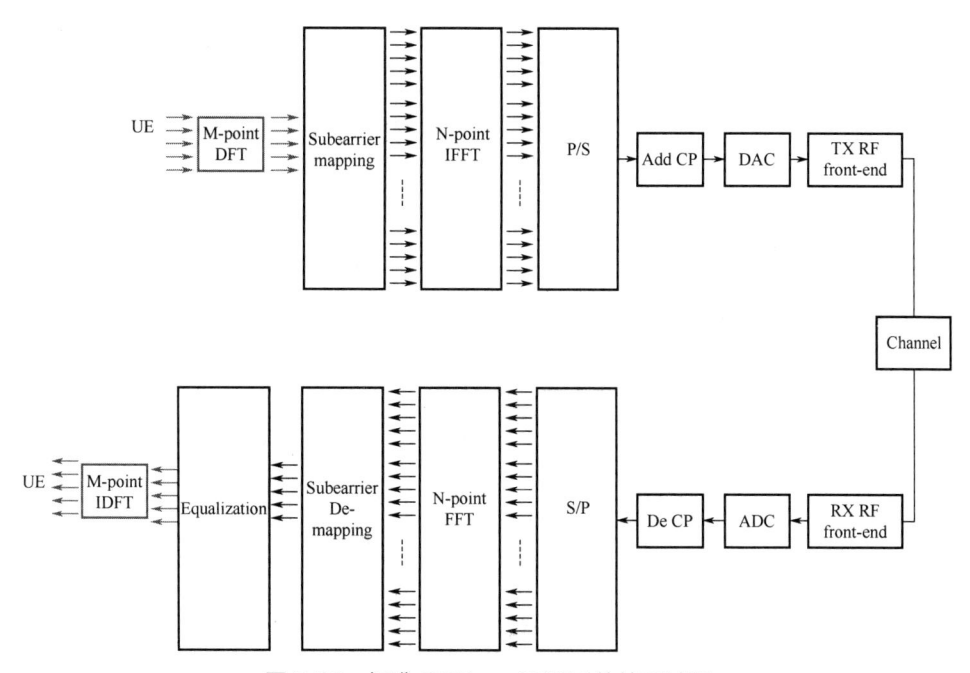

图 5.38　标准 DFT-s-OFDM 的处理过程

ZHT-DFT-s-OFDM 是基于 DFT-s-OFDM 的变形。ZHT-DFT-s-OFDM 波形的特点是用零填充代替传统的 CP 填充，以 M 个点对 DFT 的输入进行填充，具有较小的 CP 开销。

M 点 DFT 的输入大小可以根据信道时延扩展的变化而改变。通过零填充的方法可以抑制带外泄漏，从而节省 CP 开销。

ZHT-DFT-s-OFDM 的实现过程如图 5.39 所示。

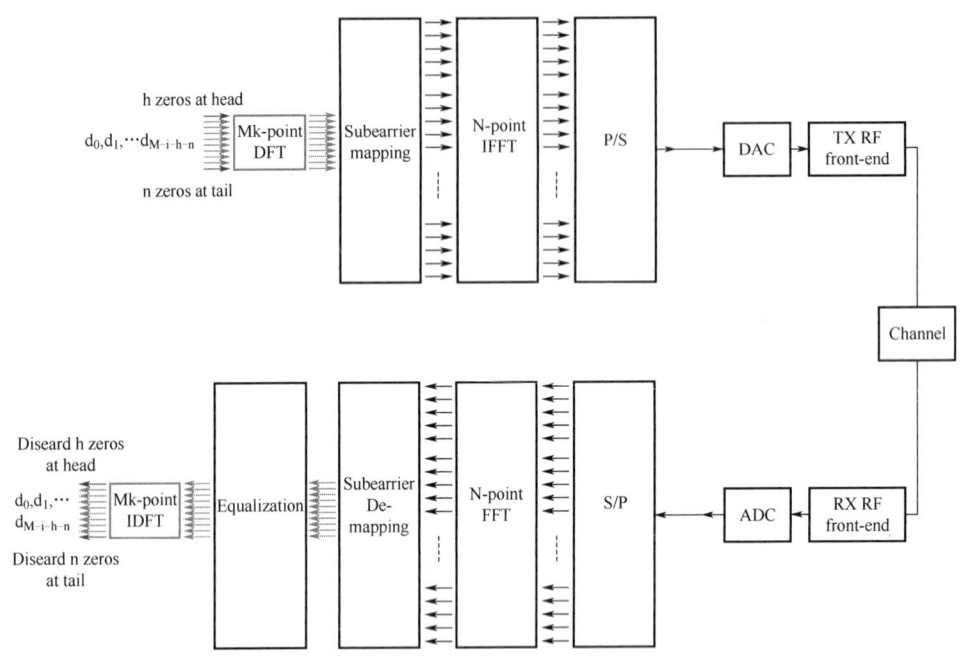

图 5.39 ZHT-DFT-s-OFDM 的实现过程

基于 ZHT-DFT-s-OFDM 的变形生成 GI-DFT-s-OFDM 波形。在 DFT 的输入端用 M 个点填零，同时在 IFFT 的输出上加上保护空间 x_{GI}，发射机如图 5.40 所示。

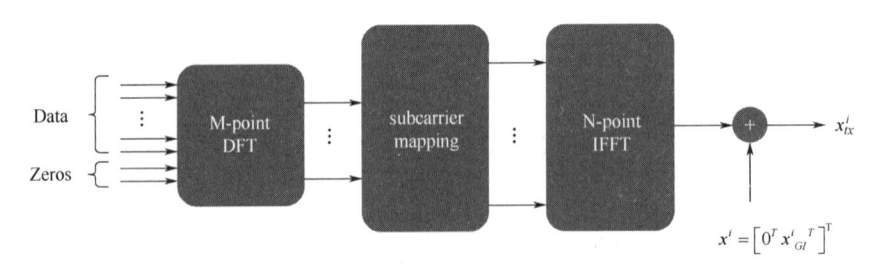

图 5.40 GI-DFT-s-OFDM 发射机

接收机如图 5.41 所示。

其中，GI 序列的选择需要满足以下特点：良好的自相关，即对于任何原始序列及其循环移位产生的序列都不相关，自相关峰是尖锐的；良好的互相关性，即互相关值和偏相关

值接近于 0。

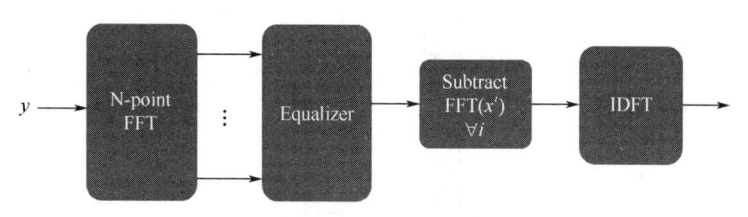

图 5.41 GI-DFT-s-OFDM 接收机

UW-DFT-s-OFDM 波形是基于 DFT-s-OFDM 的另一种变形。在 DFT 的输入中添加一个特定的序列，在开头和结尾各有 M 个点。如果特定序列是 0 序列，即 UW-DFT-s-OFDM 被回归到 ZHT-DFT-s-OFDM。可以预先定义 UW 序列在接收器处执行其他功能，如时频域中的同步、信道估计、频偏估计等。UW-DFT-s-OFDM 的实现过程如图 5.42 所示。

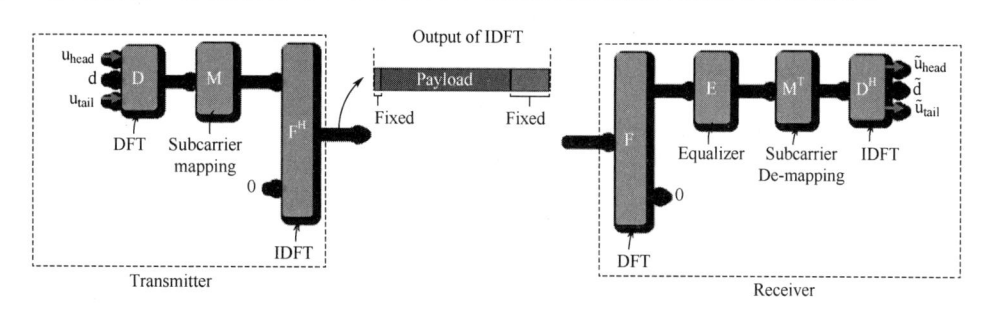

图 5.42 UW-DFT-s-OFDM 的实现过程

UW-DFT-s-OFDM 不使用 CP 来避免码元之间的干扰，但是可以大致认为前一个码元的结束和当前码元的开始是相同的序列。

2）资源映射

DFT-s-OFDM 的资源映射方法可以分为集中式和分布式两种。集中式是指不同的用户将 M 个点的 DFT 输出映射到连续的子载波上，而分布式是指不同的用户将 M 个点的 DFT 的输出映射到整个载波范围，不同的用户以交织的形式存在。

图 5.43 是 DFT-s-OFDM 集中式资源映射示意图，不同用户终端的 DFT 大小可以不同，即带宽可以灵活分配给不同的用户终端。

分布式资源映射还可以实现用户在频域的复用和灵活的带宽分配，在这种情况下，不同的用户会在频域以交织的形式存在。与集中式映射相比，分布式映射对频率误差更敏感，对功率控制的要求也更高。图 5.44 是 DFT-s-OFDM 的分布式资源映射示意图。

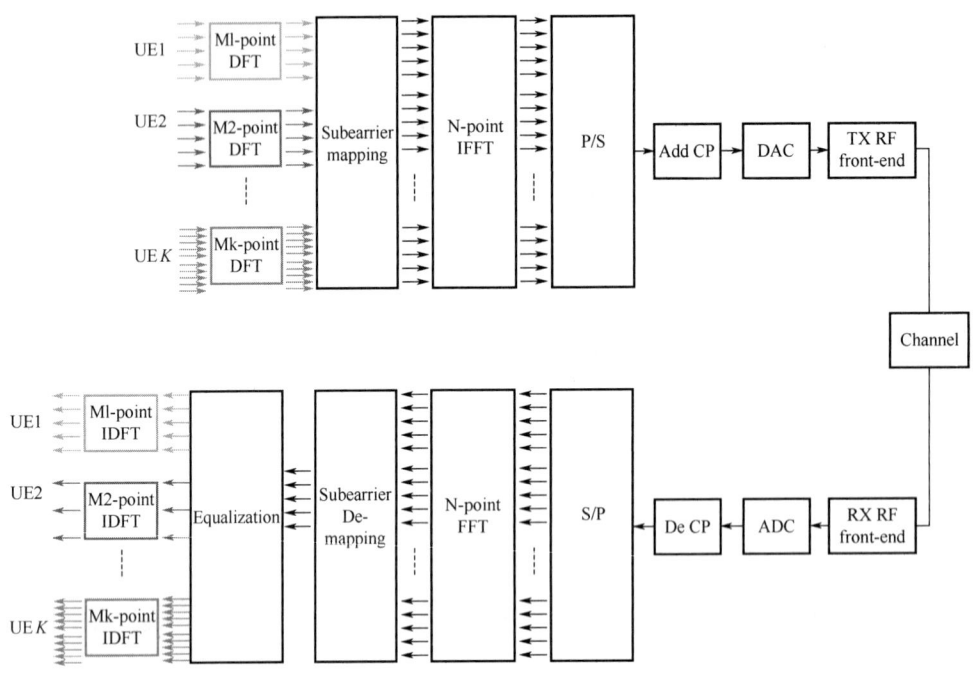

图 5.43　集中式资源映射示意图

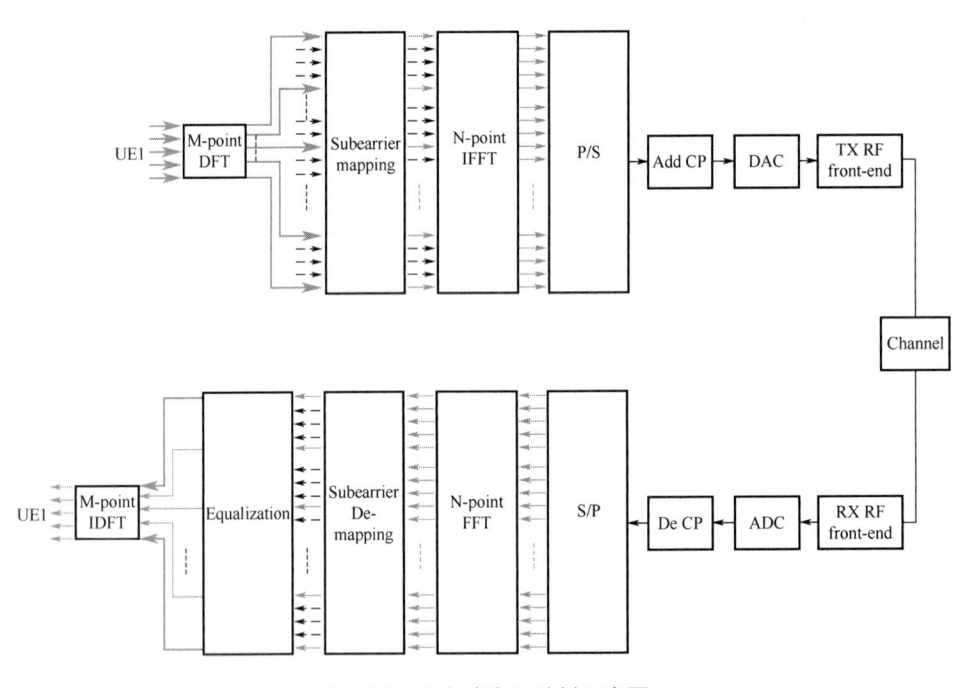

图 5.44　分布式资源映射示意图

3）性能

图 5.45 显示了采用 QPSK 和 16QAM 调制的不同 DFT-s-OFDM 波形对应的 PAPR 的性能。

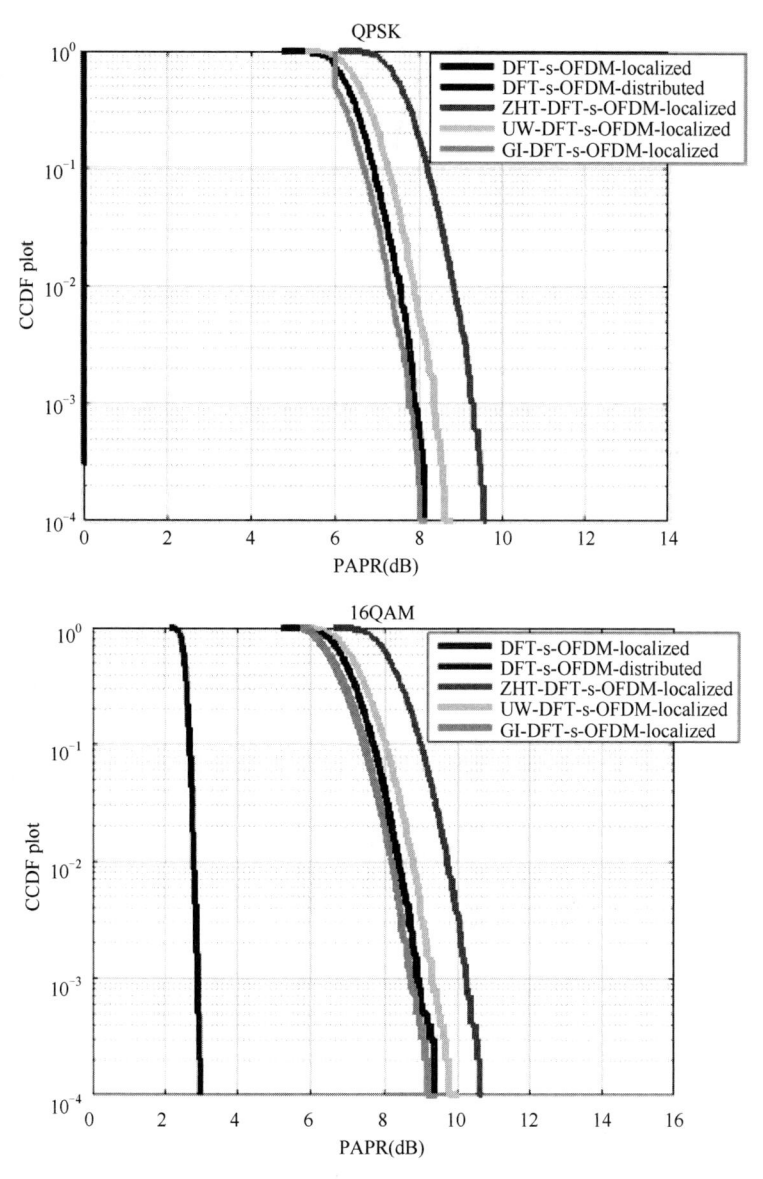

图 5.45　PAPR 的性能

可以看出，分布式 DFT-s-OFDM 的 PAPR 最小，而 ZHT-DFT-s-OFDM 的 PAPR 最大。这是因为 M 点的 DFT 填零使得 IFFT 后采样点的平均功率较小，所以分布式 DFT-s-OFDM

波形的 PAPR 比其他波形要大。

图 5.46 显示了采用 QPSK 和 16QAM 不同调制方式的 DFT-s-OFDM 波形的 CM 的性能。

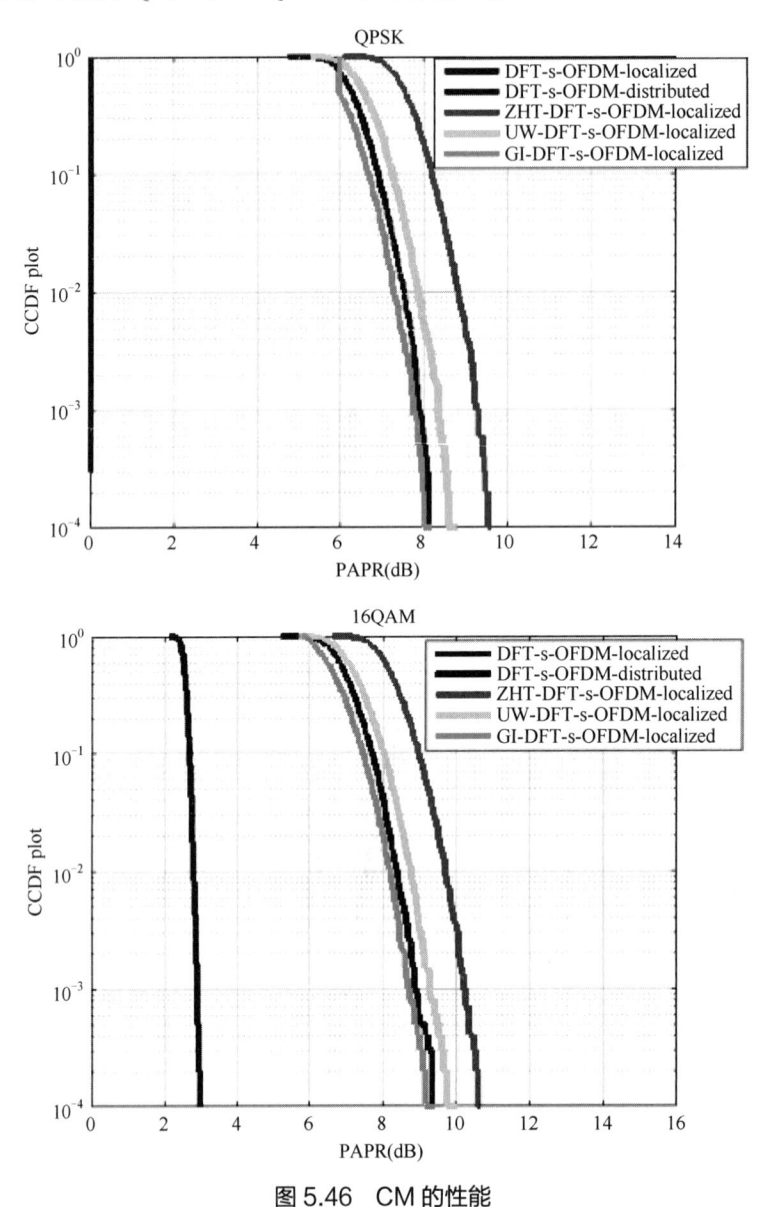

图 5.46　CM 的性能

可以看出，传统 DFT-s-OFDM 的 CM 小于单载波波形。

基于 DFT 扩展的 OFDM 也被称为 DFT-s-OFDM，它具有以下特点：发射信号的瞬时功率变化不大；可以在频域使用低复杂度和高质量的均衡；带宽的分配是灵活的。DFT-s-OFDM 已经在 5G 系统中得到了应用，NR 系统支持 DFT-s-OFDM，它的优势在于可以发射更高的频率、PAPR 值低，其值接近于单载波时的值。但它只能使用连续的频域资源。5G 基站的远点一般采用 DFT-s-OFDM。在 6G 的基站中，它很可能会被继续使用。

5.4 FTN 传输技术

5.4.1 FTN 传输技术的原理

21 世纪的信息技术发展非常迅速，工业界和学术界一直在探讨如何传输更多的信息。频谱资源是非常昂贵的，仅开发新的频段或增加天线数量无法满足日益增长的数据传输要求。因此需要设计更好的信息传输方案。

贝尔实验室的 Mazo 提出了 FTN 传输，它是一种非正交传输方式，单载波 FTN 可以表示为：

$$S(t) = \sum_{n \in Z} x_n h(t - n\tau T)\sqrt{E_s} \tag{5-32}$$

其中，E_s 是每符号平均能量，$h(t)$ 是能量归一化的脉冲成形波形，τT 是发送符号间隔时间，$\{x_n, n \in Z\}$ 是发送符号序列。$0 < \tau \leqslant 1$ 是压缩因子，当 $\tau = 1$ 时 FTN 信号转变为奈奎斯特信号，即传统的正交传输信号。

FTN 传输的码元速率比奈奎斯特无 ISI 速率高是因为人为地引入了 ISI。特别要指出的是，在一定程度上引入 ISI 不会导致接收端检测性能的下降。如果成形脉冲为 sinc() 形式的函数，$\tau > 0.802$，采用 BPSK 调制时，信号之间的最小欧氏距离 d_{min}^2 不会减小。如果带宽相同，奈奎斯特传输方式比 FTN 传输方式少传输约 25% 的比特。

在 20 世纪末，FTN 技术重新受到了人们的关注。FTN 现象也存在于升余弦类型的函数中，这个发现为 FTN 技术在实际系统中的应用奠定了理论基础。与 OFDM 技术不同，被推广至频域的频域 FTN 技术子载波之间不存在正交性，它也被称为高谱效频分复用传输。

5.4.2 6G 中的 FTN

1. FTN+人工智能

人工智能是近年来新兴的一个热门研究方向，它具有出色的预测、推理能力。在需要复杂的、大规模的逻辑运算场景中，可以使用人工智能技术。人工智能是一种解决问题的潜在方案。在通信系统中可以运用人工智能这种新的工具来处理所遇到的问题。

目前，已有学者利用深度学习来进行 FTN 信号的检测，提出了一种基于全连接的多层神经网络，用它来实现 FTN 信号检测的算法。这种算法进行了大量的样本训练，优化了全连接神经网络中每条边的权值。在相同条件下，与传统的频域均衡方法相比，该算法有着更好的误码性能。另外一种基于深度学习的 FTN 信号检测算法通过在表述 FTN 结构的因子图上添加多层神经网络来进行 FTN 信号检测，该算法采用了新的外信息更新方式，更好地适应了迭代检测系统，改善了迭代检测的收敛性。

在未来的 6G 中，可以将深度学习等人工智能技术与 FTN 技术相结合，有效解决各类问题。

2. FTN+MIMO

目前，频谱资源十分稀缺，FTN 传输可以提高频谱利用率，能够为 MIMO 等热门研究技术提供一种新的设计思路。在 6G 中可以将 MIMO 技术与 FTN 技术相结合，利用 FTN 传输的特点，更合理地支持更大容量、更高速率的通信。

假设一个宽带用户的 MIMO 系统有 n_t 个发射天线和 n_r 个接收天线。宽带传输模型的框图如图 5.47 所示。假设编码和交织的信息比特流的长度为 $n_t \times B \times N\log_2 M$ bit。其中 M 为调制阶数，B 为 OFDM 块个数，N 为 OFDM 块长度。它被分成属于每个发射天线的 n_t 个流，然后被独立地处理。在不丧失一般性的前提下，假设 $n_t \leq n_r$ 和信道支持 n_t 个空间复用流。对于调制字母表 A，天线可以表示为 $d_b^{(t)} \in A^N$，具有 N 个 M-QAM 符号。然后，每个调制块在频域中被串并转换为 $s_b^{(t)} = W d_b^{(t)}$。其中逆离散傅里叶变换矩阵 W 的第 k 行，第 n 列元素 $w_{k,n} = (1/N)\exp(j2\pi nk/N)$。

对于第 t 个发射天线，集合 $K^{(t)} \subseteq \{1,2,\cdots,N\}$ 和它的分量 $\bar{K}^{(t)}$ 分别表示要保留的子载波和要卸载（关闭）的子载波的一组索引，即 $(\bar{K}^{(t)} = \{1,2,\cdots,N\} \setminus K^{(t)})$。然后，在 $\bar{K}^{(t)}$ 中的频率分量被移除（设置为零）之后在天线 t 处发送的第 b 个 OFDM 块被表示为 $x_b^{(t)}$，它的第 K 个元素（频率分量）可以表示为：

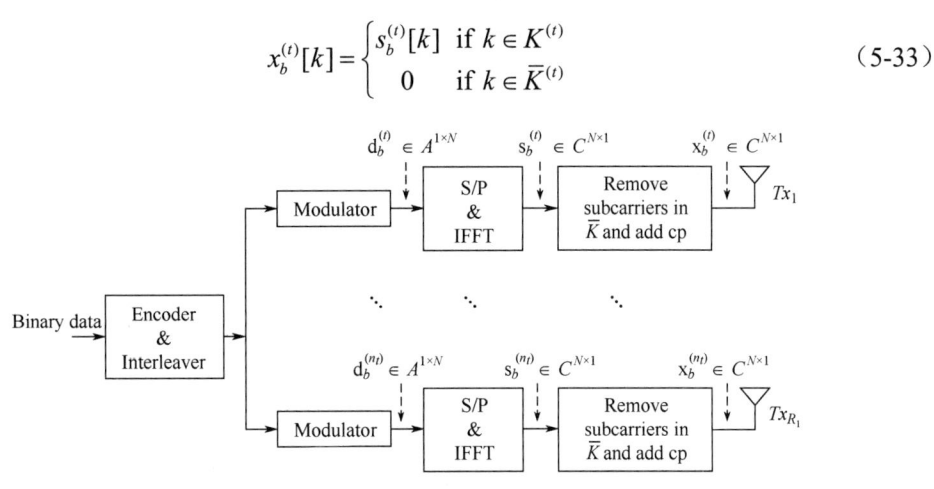

$$x_b^{(t)}[k] = \begin{cases} s_b^{(t)}[k] & \text{if } k \in K^{(t)} \\ 0 & \text{if } k \in \bar{K}^{(t)} \end{cases} \quad (5\text{-}33)$$

图 5.47　FTN MIMO-OFDM 发射机框图

3．FTN 应用于光通信

FTN 信令对高频失真的免疫力更强。因此，它已被应用于高波特率的光通信和成本敏感的短距离光通信。高波特率和对成本敏感的短距离光通信的共同特点是带宽有限。在带宽受限的通信中，FTN 信令具有优越的性能。

4．FTN+PS

将 PS 应用于 FTN 系统，对 FTN + PS 方案进行理论上的 AMI 分析，结果表明，所提出的 FTN + PS 方案优于传统的奈奎斯特规则系统。与传统的奈奎斯特规则系统相比，可以获得 FTN 系统中 PS 的 FTN 增益和 PS 增益。

当频谱效率为 2.778bps/Hz 时，所提出的 16QAM FTN + PS 方案具有 1.20dB 的理论 FTN 增益和 0.35dB 的理论 PS 增益，其中 16QAM 的仿真结果表明 FTN 增益和 PS 增益分别为 0.75dB 和 0.40dB。当误码率为 2.083 bps/Hz 时，所提出的 8QAM FTN 方案具有 1.55dB 的理论 FTN 增益和 0.30dB 的理论 PS 增益，其中 8QAM 的仿真结果表明 FTN 增益和 PS 增益分别为 0.95dB 和 0.55dB。理论分析和仿真结果表明，FTN 系统中提出的 PS 是一种提高系统性能的有效方案，适用于 6G 通信系统。

FTN 系统中 PS 方案的系统模型如图 5.48 所示。

5．可见光通信中的 FTN DFT-s-OFDM

与传统的射频通信相比，VLC 由于其自由许可和增强安全性等优点，吸引了越来越多的关注。然而，器件有限的调制带宽所引起的固有高频衰落限制了 VLC 系统的可实现容量。

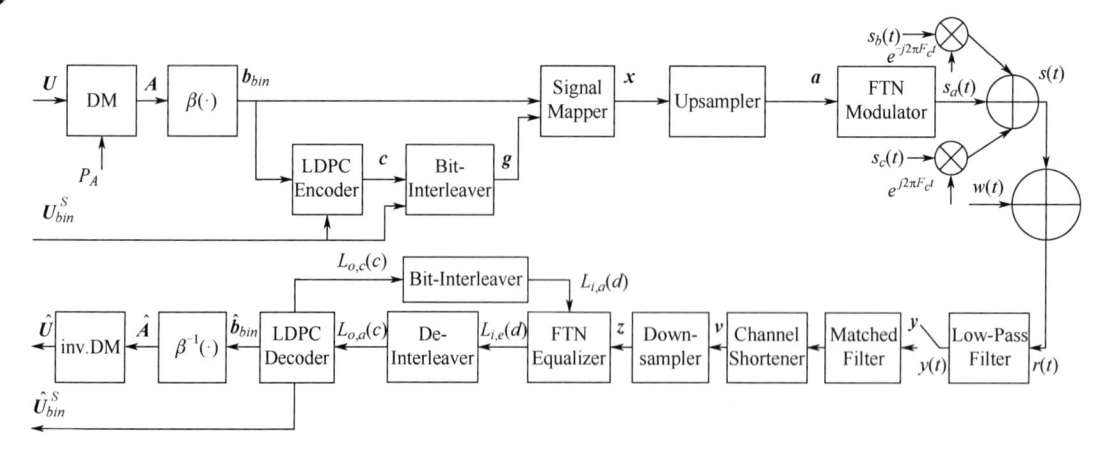

图 5.48 FTN 系统中 PS 方案的系统模型

基于 VLC 的高速双频 FTN-OFDM 系统可以避免在高频下的严重衰落问题。利用子带之间的频域重叠来实现 FTN 操作。在发射端，对每个频带进行 DFT 运算之前和在接收端进行 IDFT 之后分别进行双二进制整形和 2 抽头 MLSD，以减少 ISBI。

与传统的 DFT-s-OFDM 相比，FTN 方案中的子载波数小于用于所有单个子带的总 DFT 大小。子带的频谱边缘通过加法操作重叠，从而产生 ISBI。DFT 前的双二进制整形用于产生频谱带宽更窄的子带，这可以简单地用延迟加运算来表示。在重叠比为 γ 的情况下，SINR 可以表示为：

$$SINR = S / (N + \int_{(1-2\gamma)\pi/T_B}^{\pi/T_B} H^2(\omega)d\omega) \tag{5-34}$$

其中，$H(\omega) = 2T_B\cos(\omega T_B/2)$，$|\omega| \leq \pi/T_B$ 是双二进制信号的频谱函数。

基于双频段 FTN-DFT-s-OFDM 的 VLC 系统的装置和 DSP 框图如图 5.49 所示。DFT 大小为 64，而重叠后的子载波总数从 114 到 126 变化，以实现不同的重叠比。在插入 CP 和导频符号之后，生成的 FTN-DFT-s-OFDM 信号被馈送到 AWG。AWG 的输出首先由一个 EA 放大，然后施加一个蓝色 LD(Osram PL450)。通过雪崩光电二极管探测 1.5 米自由空间传输后的光，然后由数字存储示波器记录检测到的信号，以便进一步离线 DSP。同步之后，信号恢复采用反向处理，二抽头 MLSD 检测双二进制信号。

6．FTN 应用于卫星通信

目前的 5G 蜂窝网络的重点虽然是地面无线技术，但 NTN 技术仍然被 3GPP 的 5G 标准化进程所考虑。在所有可能的 NTN 解决方案中，HTS 系统，特别是低地球轨道卫星，有望被纳入 6G 蜂窝网络等无线网络，因为它们可以随时随地提供有效的服务，覆盖范围更广。随着 2014 年推出的最新卫星广播标准，即 DVB-S2X 的出现，HTS 通信对三维电视、超高清电视等高速率、高质量的广播业务的需求越来越大。考虑到卫星通信中频谱资源的稀缺性，FTN 信令被认为是提高频谱效率的一种创新方法，因为它可以在不增加带宽和天线的情况下提高传输速率。

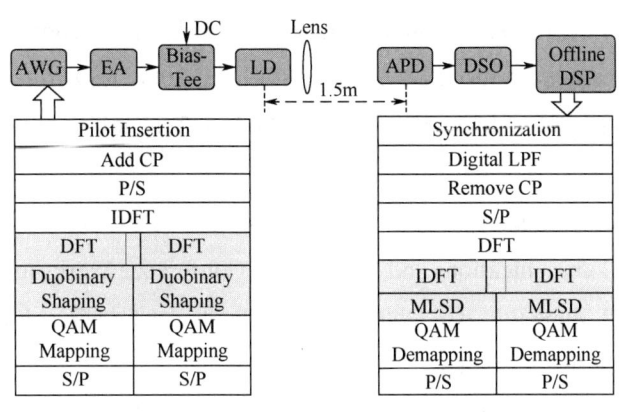

图 5.49　VLC 系统的装置和 DSP 框图

参考文献

[1] 赛迪智库无线电管理研究所. 6G 概念及愿景白皮书[R]. 2020

[2] University of Oulu. White Paper on Broadband Connectivity in 6G[R]. 2020

[3] 牛凯, 戴金晟, 朴瑨楠. 面向 6G 的 Polar 码与极化处理[J]. 通信学报, 2020, 41(5): 9-17.

[4] 东南大学. 6G 研究白皮书[R]. 2020

[5] Dai J, Niu K, Lin J. Polar-Coded MIMO Systems[J]. IEEE Transactions on Vehicular Technology, 2018, 67(7): 6170-6184.

[6] Dai J, Niu K, Si Z, et al. Polar-Coded Non-Orthogonal Multiple Access[J]. IEEE Transactions on Signal Processing, 2018, 66(5): 1374-1389.

[7] 陆小宁, 王博. TURBO 码简要介绍及其仿真研究[J]. 广东通信技术, 2002, 22(7): 13-15+34.

[8] Ohtsuki Tomoaki. LDPC Codes in Communications and Broadcasting[J]. IEICE Transactions on Communications, 2007, E90-B(3): 440-453.

[9] Li J, Narayanan K. Rate-Compatible Low Density Parity Check Codes for Capacity-Approaching ARQ Scheme in Packet Data Communications[C]. America: International Conference on Communications, Internet, and Information Technology, 2002: 201-206.

[10] Chen Z, Miyazaki N, Suzuki T. Rate Compatible Low-Density Parity-Check Codes Based on Progressively Increased Column Weights[J]. IEICE Transactions on Fundamentals of Electronics, Communications and Computer Sciences, 2006, E89-A(10):2493-2500.

[11] FuTURE Mobile Communications Forum. Wireless Technology Trends Towards 6G[R]. 2020.

[12] Zhu K, Wu Z. Comprehensive Study on CC-LDPC, BC-LDPC and Polar Code[C]. America: IEEE Wireless Communications and Networking Conference Workshops, 2020: 1-6.

[13] Yuan YF, Zhao YJ, Zong BQ, et al. Potential key technologies for 6G mobile communications[J]. Science China-Information Sciences, 2020,63(8):213-231.

[14] Pamukti B, Arifin F, Adriansyah N M. Low Density Parity Check Code (LDPC) for Enhancement of Visible Light Communication (VLC) Performance[C]. America: 2020 International Seminar on Application for Technology of Information and Communication (iSemantic), 2020: 262-266.

[15] Wang L, Guo D. Secure Communication Based on Reliability-Based Hybrid ARQ and LDPC Codes[C]. America: 2020 Prognostics and Health Management Conference (PHM-Besançon), 2020: 304-308.

[16] Gunturu A, Agrawal A, Chavva A K R, et al. Machine Learning Based Early Termination for Turbo and LDPC Decoders[C]. America: 2021 IEEE Wireless Communications and Networking Conference, 2021: 1-7.

[17] Bawage S D, Bhavikatti A M. Robust-LDPC codes for Efficient Wireless Communication system: WiMAX Technology[C]. America: 2020 International Conference on Industry 4.0 Technology (I4Tech), 2020: 131-135.

[18] 何其龙. 一种高可靠低复杂度的短码-Spinal 码研究[D]. 成都：电子科技大学，2019.

[19] Chen P, Xie Z, Fang Y, et al. Physical-Layer Network Coding: An Efficient Technique for Wireless Communications[J]. IEEE Network, 2020,34(2): 270-276.

[20] Douik A, Sorour S, Al-Naffouri T Y, et al. Instantly Decodable Network Coding: From Centralized to Device-to-Device Communications[J]. IEEE Communications Surveys &

Tutorials, 2017,19(2): 1201-1224.

[21] Hausl C, Dupraz P. Joint Network-Channel Coding for the Multiple-Access Relay Channel[C].America: 2006 3rd Annual IEEE Communications Society on Sensor and Ad Hoc Communications and Networks, 2006: 817-822.

[22] Ranasinghe V, Rajatheva N, Latva-aho M. Partially Permuted Multi-Trellis Belief Propagation for Polar Codes[C]. America: ICC 2020 - 2020 IEEE International Conference on Communications,2020:1-6.

[23] 穆天杰，陈晓辉，汪逸云，等．基于深度学习的信源信道联合编码方法综述[J]．电信科学，2020，36(10):56-66.

[24] Felix A, Cammerer S, Dörner S, et al. OFDM-Autoencoder for End-to-End Learning of Communications Systems[C]. America: 2018 IEEE 19th International Workshop on Signal Processing Advances in Wireless Communications, 2018: 1-5.

[25] Aoudia F A, Hoydis J. End-to-End Learning of Communications Systems Without a Channel Model[C]. America: 2018 52nd Asilomar Conference on Signals, Systems, and Computers, 2018: 298-303.

[26] Ye H, Liang L, Li G Y, et al. Deep Learning-Based End-to-End Wireless Communication Systems With Conditional GANs as Unknown Channels[J]. IEEE Transactions on Wireless Communications, 2020,19(5): 3133-3143.

[27] 王玉环，尹航，杨占昕．基于神经网络的信道译码算法研究综述[J]．中国传媒大学学报（自然科学版），2018,25(3):28-33.

[28] 紫光展锐中央研究院．6G 无界，有 AI [R]. 2020

[29] Basar E. Reconfigurable Intelligent Surface-Based Index Modulation: A New Beyond MIMO Paradigm for 6G [J]. IEEE Transactions on Communications,2020,68(5): 3187-3196.

[30] Hadani R, Monk A. OTFS: A New Generation of Modulation Addressing the Challenges of 5G[J]. 2018.

[31] Feng X, Wang J, Zhou M , et al. Underwater Acoustic Communications Based on OTFS[C].America: 2020 15th IEEE International Conference on Signal Processing,2020: 439-444.

[32] Sharma A, Jain S, Mitra R, et al. Performance Analysis of OTFS Over Mobile Multipath Channels for Visible Light Communication[C]. America: 2020 IEEE REGION 10

CONFERENCE (TENCON), 2020: 490-495.

[33] 张长青. 面向6G的高阶APSK调制解调技术[C]. TD产业联盟、《移动通信》杂志社:中国电子科技集团公司第七研究所《移动通信》杂志社，2019:8.

[34] Fettweis G, Drpinghaus M, Bender S, et al. Zero Crossing Modulation for Communication with Temporally Oversampled 1-Bit Quantization[C]. America: 2019 53rd Asilomar Conference on Signals, Systems, and Computers, 2019: 207-214.

[35] Landau L T N, Dörpinghau M, de Lamare R C, et al. Achievable Rate With 1-Bit Quantization and Oversampling Using Continuous Phase Modulation-Based Sequences[J]. IEEE Transactions on Wireless Communications, 2018,17(10): 7080-7095.

[36] 李双洋，白宝明，马啸. 超奈奎斯特传输技术：现状与挑战[J]. 电子学报，2020，48(1): 189-197.

[37] Abebe A T, Kang C G. FTN-Based MIMO Transmission as a NOMA Scheme for Efficient Coexistence of Broadband and Sporadic Traffics[C]. America: 2018 IEEE 87th Vehicular Technology Conference (VTC Spring), 2018:1-5.

[38] Qiao Y, Zhou J, Guo M, et al. Faster-than-Nyquist Signaling for Optical Communications [C]. Ameri-ca: 2018 23rd Opto-Electronics and Communications Conference, 2018:1-2.

[39] Kang W, Wu Z. Probabilistic Shaping in Faster-Than-Nyquist System[C]. America: 2020 IEEE Wireless Communications and Networking Conference Workshop, 2020: 1-6.

[40] Shao Y, Hong Y, Gao S, et al. Faster-than-Nyquist DFT-S-OFDM over Visible Light Communica-tions[C]. America: 2018 23rd Opto-Electronics and Communications Conference, 2018:1-2.

[41] Li Q, Gao Y, Gong F -K, et al. PAPR Analysis for Faster-Than-Nyquist Signaling in Satellite Communications[C]. America: 2020 International Conference on Wireless Communications and Signal Processing,2020: 708-711.

第 6 章

OAM

随着移动互联网、产业互联网的发展及沉浸式 VR、AR、XR 等应用场景的普及，传输业务对数据的时延、速率等方面的需求也越来越高。尽管 6G 将开发更高的频段，但在有限的带宽及万物互联的前提下，频谱资源依然紧张，因此迫切需要能提高频谱利用率的新型技术。传统的时分复用及空分复用等复用技术虽然能够在一定程度上提高频谱利用率，但时分复用的容量上限不足，而空分复用则与天线的数量有关，天线数量越多，信号处理的复杂度越高，并且还要考虑成本问题。

在传统复用技术由于种种限制而无法突破瓶颈时，OAM 技术为高频谱效率的无线通信带来了希望。区别于传统的平面波束，每一个 OAM 波束都有一个独特的螺旋相位前沿，称其为不同模态的 OAM 波束。模态一般为整数，不同模态的 OAM 波束相互正交。这种基于 OAM 模态的多路复用通过传输多个同轴数据流，在 LoS 径下可以实现多流传输，能显著地提高无线通信链路的系统容量和频谱效率。

本章将介绍 OAM 的基本概念及在无线通信中使用 OAM 实现空间多路复用的原理，回顾 OAM 在无线通信中的发展并介绍其研究现状，并简单介绍了与 OAM 相关的技术，包括 OAM 的产生、接收。此外还介绍 OAM 的无线通信链路演示实验和 OAM 信道的传播效应。最后介绍 OAM 与其他调制技术的结合，展望了 OAM 未来的研究方向。

6.1 OAM 技术的基本原理及发展

6.1.1 OAM 理论基础

根据经典电动力学理论,电磁辐射除携带 LM,还同时携带 AM。AM 分为两部分,描述粒子自旋特性的 SAM 和描述螺旋相位结构的 OAM。不同于电磁波辐射的 LM,AM 有着完全不同的性质,因此利用 AM 的通信技术与利用 LM 的通信技术存在明显区别。

20 世纪初,Poynting 预测了 SAM 的存在,其与粒子的自旋相关,在光通信中称为偏振,在无线通信中称为极化,包括左旋圆极化和右旋圆极化。目前基于偏振和极化的信息调制已经在通信中被广泛应用。1992 年,Allen 和 Barnett 等人发现在近轴传播条件下,光束的相位因子具有确定的轨道角动量的特性,这是第一次从理论上证明 OAM 的存在。

OAM 作为电磁波所携带的另外一种角动量,宏观表现为携带波前相位因子写成指数形式(l 表示 OAM 模态,φ 表示方位角)的涡旋波束,即等相位面沿传播轴方向呈螺旋状态分布。OAM 模态表示绕光束闭合环路一周线积分为 2π 整数倍的个数,当模态 l 取不同整数值时,涡旋电磁波或者波束是相互正交的,可以通过信号处理方法将不同模态的 OAM 波束进行分离。涡旋波束理论上可以拥有无穷多种相互正交的本征模态,该特性可以极大地提高通信系统的频谱利用率。

考虑一个圆柱坐标系 (r,φ,z),如图 6.1 所示,r,φ,z 依次表征径向距离、方位角和高度。

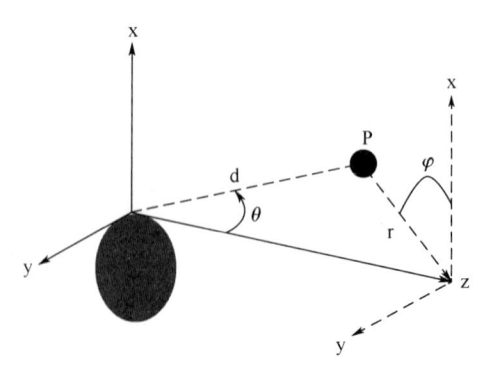

图 6.1 圆柱坐标系 (r,φ,z)

圆柱坐标系与直角坐标系的换算关系为 $x = r\cos\varphi$，$y = r\sin\varphi$，$z = z$，假设 z 为固定值，那么电场可以描述为：

$$E_l(\rho,\varphi) = A(r)\exp(jl\varphi) \tag{6-1}$$

其中，l 为本征值（OAM 模态），$A(r)$ 为幅度函数，可以表征为 l 阶第一类贝塞尔函数形式，指数形式为螺旋相位。

携带轨道角动量的电磁波有以下基本性质。

（1）$l \neq 0$ 时，电磁波的相位分布沿着传播方向呈现螺旋形态，如图 6.2 所示。不同的 OAM 模式分别对应不同的 l 值，l 的绝对值越大，螺旋相位的旋转速度越快。

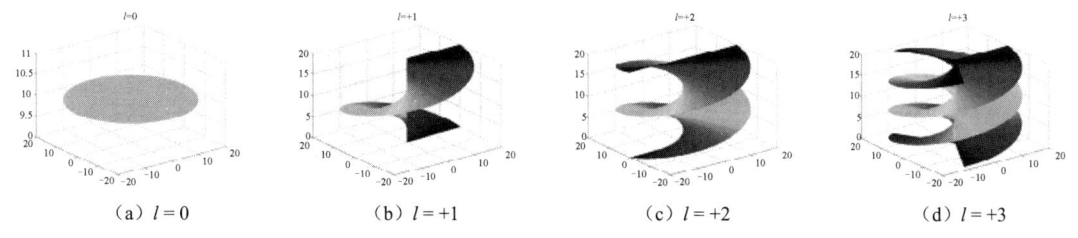

(a) $l = 0$ (b) $l = +1$ (c) $l = +2$ (d) $l = +3$

图 6.2 不同模态的 OAM 波束的涡旋相位波前

（2）理论上 l 可以取任意离散值，但一般使用整数阶的本征模，非整数阶 OAM 模态可用傅里叶级数展开为整数阶 OAM 模态叠加。

（3）不同本征模数的 OAM 模态正交：

$$\frac{1}{2\pi}\int_0^{2\pi} e^{il_1\varphi} e^{-il_2\varphi} \mathrm{d}\varphi = \begin{cases} 1, & l_1 = l_1 \\ 0, & l_1 \neq l_1 \end{cases} \tag{6-2}$$

（4）OAM 波束的主要特点是环形能量分布和螺旋相位分布，如图 6.3 和图 6.4 所示。涡旋波束中心区域场强为 0，称为暗区。能量主要集中在以波束传播轴向为中心的圆环区域上。

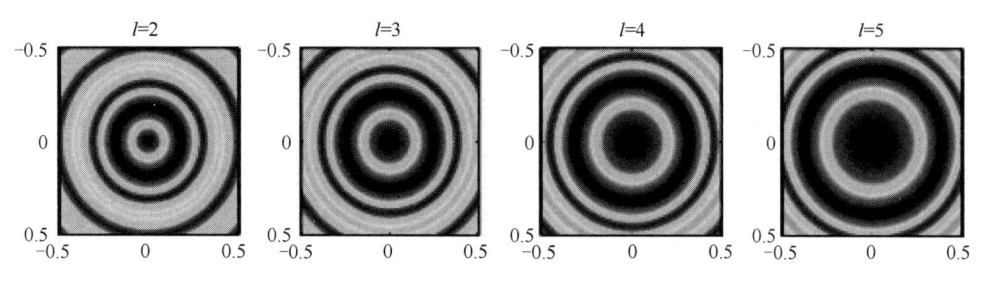

图 6.3 OAM 波束的能量分布

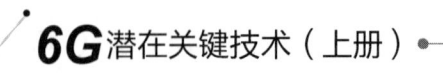

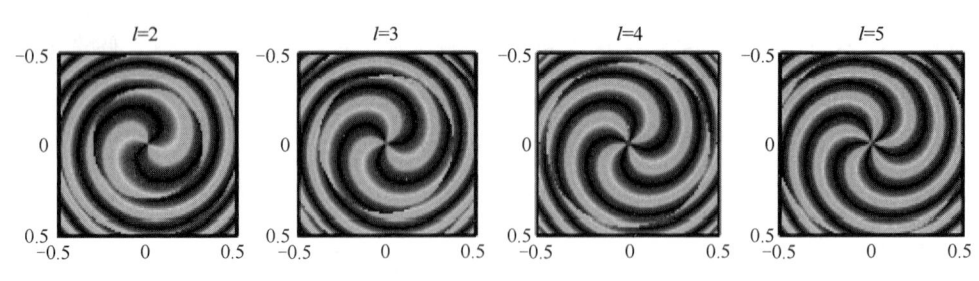

图 6.4　OAM 波束的相位分布

（5）随传播距离增大，波束逐渐发散，圆环区域半径扩大，呈现为一个逐渐扩大的中空锥形。OAM 电磁波如图 6.5 所示。

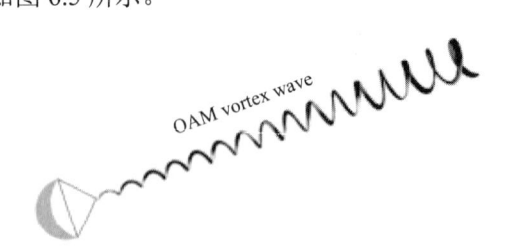

图 6.5　OAM 电磁波

（6）OAM 的模态数越大，波束发散角度越大。

6.1.2　OAM 技术在无线通信中的发展

尽管对电磁波的研究已经有一个多世纪了，但早期的研究都集中在电磁波的线性动量上，对电磁波角动量的研究起步较晚。1912 年，坡印廷就已经预言了电磁波 SAM 的存在，但直到 20 世纪 50 年代才发现并开始研究 SAM，而电磁波 OAM 直到 20 世纪 90 年代才被发现。

1992 年，Allen 首次提出了 OAM 的概念。他们发现了拉盖尔高斯光束的相位波前及场强分布的特性，认为该光束携带轨道角动量，并首次给出了轨道角动量的定义。由于不同模态 OAM 光束之间的良好正交性，该技术得到迅速发展。因为光纤能很好地反射 OAM 光束，并且光纤的全反射能有效地抑制甚至消除 OAM 波束发散角带来的发散影响，OAM 率先在光纤通信中得到了应用。

与光通信相比，无线通信是电磁波在自由空间中的传播，RF-OAM 波束的发散性给远场无线传输带来了极大的困难，因此 RF-OAM 研究发展缓慢。近些年随着一些新型材料技术和新型天线技术的发展，RF-OAM 研究的瓶颈也逐步得到突破。

2010 年，Mohammadi 通过分析理论推导及仿真证明了可以利用标准的圆形天线阵列来产生携带 OAM 的波束。相邻的天线阵子通过馈入具有恒定相位差的信号，在远场中就可以观察到该波束的相位分布及幅度分布拉盖尔高斯光束相似。假定波束轴已知，在远场采用类似的天线阵列接收整个环状波束的能量，利用相位补偿便可以解调出不同的模态。并且他们还证明，如果波束轴已知，只需要进行局部测量就可以检测到波束中的空时码，这意味着接收端不需要设置一个完整的环形天线阵列，只需接收部分的环形能量便可以对发射信号进行解调分离。

2011 年，首次实现了射频 OAM 的室外实验，在同一频率上传输了两个模态的信号。信号采用八木天线在 2.4GHz 的频点上产生，通过对商用的抛物面天线进行机械改造来产生携带 OAM 的涡旋波束，并在距离发射点 442 米的地方成功地对两个模态的信号进行了接收与解调。这项实验在威尼斯圣马可广场向国际媒体和公民公开展示，是人类第一次通过无线的方式利用涡旋电磁波传输信号。这次实验也是为了纪念古列尔莫·马可尼在 1895 年进行的第一次无线电传输实验。虽然本次实验取得了成功，但是也有人对 OAM 提出质疑，认为该技术只是 MIMO 的一个子集，因为该技术无法突破 MIMO 的理论信道容量上界。于是学术界开启了一场关于 MIMO 与 OAM 关系的辩论，关于 OAM 与 MIMO 的争议将在后边的章节介绍。

第一次射频 OAM 多模传输实验取得成功后，OAM 引起了学者们的注意，他们开始研究基于无线 OAM 的通信技术。2018 年 12 月，NEC 首次成功演示了在 80GHz 频段内，传输距离超过 40 米的 OAM 模态复用实验（采用 256 QAM 调制、8 个 OAM 模态复用）。NTT 在 2018 年和 2019 年成功演示了 OAM 模态的 11 路复用技术实验，在 10 米的传输距离下达到 100Gbps 的传输速率。这些实验主要面向于点对点的回程应用，因此考虑的都是收发端对准、静止的场景。

清华大学航电实验室经过 3 年的潜心研究，突破了长距离传输的理论和技术瓶颈。在 2016 年先后完成 1 千米传输（昌平虎峪）、7.3 千米传输（清华大学至百望山）、13.6 千米传输（清华大学至香山），以及 27.5 千米传输（清华大学至千灵山）实验。近 30 千米 OAM 电磁波长距离传输实验的成功，不仅标志着我国在该领域的研究水平已经跃居国际前列，自主创新成果达到世界领先，占领了学术制高点，而且为我国未来长距离 OAM 电磁波空间传输实验（100 千米至 40 万千米）奠定了关键理论和技术基础，我国在国际上或将开创该领域研究发展的新局面。

目前主要有两种方法来利用不同模式 OAM 波束之间的正交性。第一种是 OAM 键控，

N个不同的OAM模式可以被编码成代表0,1,…,N-1个不同的数据符号,发射机发送的OAM模式序列代表数据信息。在接收端,可以通过检测接收到的OAM模式来解码数据。2014年,B. Allen等人通过仿真证明OAM模式可以用于传送数据信息,但该方法对信号相位估计误差高度敏感,这些误差可以通过增加空间或时间样本的数量,或者通过使用信道编码来减少;此外,该方法也可以通过增加发射阵列上的元件数量来支持高阶调制。

另一种是OAM复用,将不同模式的OAM波束作为不同数据流的载波。不同模式的OAM波束可以通过空间复用和解复用对每个流的数据进行独立的调制与解调。理想情况下,传输期间可以保持各波束间的正交性,在接收端可以分离和恢复所需的数据信道,这也是目前最为常见的OAM传输方法,因为OAM相比传统MIMO的优势在于能够实现LoS径下多流传输。然而该方法要求收发端UCA阵列严格对准,当收发端未对准时,接收信号会产生模态间干扰,这会导致接收信号的解调难度增大。

由于OAM波束的发散以及波束空心暗区的存在,导致RF-OAM在远场通信时,接收端接收天线阵列的尺寸会大到难以接受。因此OAM不适合远场传输,尤其是在射频中,因为频段越低,产生相同模态的发散角会越大。为了减小这种发散角的影响,提出了PS-OAM,这是一种特殊的电磁波形式,通过横向传播携带二维OAM的电磁波来传输信息。与传统的三维OAM波束不同的是,这种二维的PS-OAM不会受发散角的影响,更适合于远场传播。

此外提出了一种基于PSOAM-MG的MIMO通信系统,将PSOAM-MG作为一个独立的发射天线。仿真结果表明,该方案可以提高信道容量,即PSOAM-MGs可以提高系统的信噪比,并且可以降低子信道的空间相关性。在此基础上还提出了一种部分开缝波导漏波天线,这类天线可以在60GHz下产生l_e=40的高阶OAM。2021年,将OAM-MG用于MG-MIMO,该方案在容量或误码率方面比传统MIMO有更好的性能。这种方法将为下一代通信和雷达系统带来新的应用。

各个企业和标准化组织发布的白皮书中都将OAM作为6G的潜在关键技术之一。人们一致认为LoS径下的OAM复用对频谱利用率的提升将会是革命性的。然而,目前主流的OAM通信系统都是基于UCA的OAM通信系统,OAM波束的发散性导致其在远场传输过程中依然面临巨大的挑战。此外,多模态复用时,收发端非共轴引起的模态间干扰也是亟待解决的问题。可以说OAM虽然在提升通信系统频谱利用率方面有巨大的潜力,但是其实际应用面临的挑战也是巨大的,无线OAM在应用的道路上任重而道远。

6.2 OAM 波束的产生

从 OAM 被发现起，如何更好地产生 OAM 波束是实际应用中存在的一个重要问题。由于 OAM 在光通信中被率先研究，OAM 光束的产生方法与技术已经相对成熟。对于射频 OAM，目前主要都是采用一些特殊天线或者天线阵列来产生或者合成的。通过电磁波的空间矢量叠加，使得波束呈现螺旋相位和环形强度分布的特征，这正是 OAM 波束的特性。

6.2.1 常规 OAM 产生方法

目前产生射频 OAM 波束的主要方法有以下几种，见表 6.1。

表 6.1 不同 OAM 产生方式的原理、优缺点及应用领域

类型	原理	优点	缺点	应用场景
螺旋相位板（SPP）	利用平面波经过厚度变化或者介电常数变化的圆形介质板引起相位时延，包括 2 种方案，即厚度螺旋增加的介质板和多孔型相位板，实际中也采用多阶梯相位板近似	原理简单，成本低	用于高频到光波波段，只能产生单一模数 OAM 波，模数较高时轴心部分加工难度大，波束发散角度大，透射损耗大，复用技术方案复杂	光通信、无线通信
波导谐振天线	方案较多，如行波谐振天线、介质谐振天线等	小尺寸，易集成	传输距离较近，离实用尚有差距	无线通信
阶梯反射法	各个阶梯之间有相位阶跃，当波束入射时，由于这种特殊的阶梯状结构导致反射波不再是平面，成为波前扭曲的涡旋电磁波	结构简单	只能产生单一模数 OAM 波，不易小型化	无线通信
旋转抛物面天线	将抛物面反射器改造为具有螺旋抬升的结构	保留了抛物面天线的优点，不需要相位控制，波束方向性强	只能产生单一模数的 OAM 波，体积大	无线通信
阵列天线	利用等距圆阵，相邻阵元采用等幅、相位差为 $2\pi l/N$ 的激励馈电	理论成熟，可产生多个模数的 OAM 波	馈电结构复杂，高阶模数 OAM 需要大量天线单元，波束发散角度大，阵元相位误差易导致波前抖动和主瓣宽度增大	无线通信
反射/透射阵列	利用馈源向周期性单元组成的反射/透射面照射，形成 OAM 波	无复杂的馈电网络	反射/透射面上单元设计复杂	无线通信

6.2.2 超表面技术

超表面可使用更便捷的方法生成 OAM。超表面由具有不同几何形状和方向的亚波长反射单元组成，通过反射单元上的突变相移局部改变波的性质。通过改变超表面的几何形状或反射系数，反射单元可以覆盖整个 2π 相移范围，从而可以实现任意波束形成。利用印刷电路板刻蚀工艺可以方便地制作出超表面，且不需要复杂的外部馈电网络，具有质量小、外形低、制造成本低等优点。用超表面生成 OAM 一般有两种方案。

第一种方案基于超表面上反射单元的突变相移生成写成指数形式，从而产生不同的 OAM 模式。反射超表面如图 6.6 所示。然而，传统超表面单元上的相位和振幅分布通常是固定的，这意味着一旦超表面制作完成，只能产生一种特定的 OAM 波束，这严重限制了现实无线通信中 OAM 的产生。最近，可编程超表面被提出来用以克服这一困难。研究者提出了一种基于 1bit 可编程超表面的可重构 OAM 发生器。然而，由于采用了非常低的相位量化，这种方法的主瓣损耗（2dB）不能被忽略。还开发了一种价格低廉的 2bit 可编程编码超表面，工作频率在 3.2 GHz 左右，用一种可重新编程的方式产生高阶 OAM 波束，基于所设计的超表面，可以产生拓扑电荷为 $l = \pm 1, \pm 2, \pm 3, \pm 4, \pm 5, \pm 6$ 的 OAM 电磁波束。2021 年，Li 等人设计了一种反射超表面，可在 Sub-6GHz 频率产生具有不同拓扑电荷的 OAM 涡旋波束。在圆偏振光的照射下，超表面在 0.3THz 到 0.45THz 的宽 Sub-6GHz 波段产生了拓扑电荷为 $l=+/-1$ 和 $l=+/-2$ 的 OAM 涡旋波束，且 OAM 光束在 0.4THz 时具有大于 90% 的高模纯度。

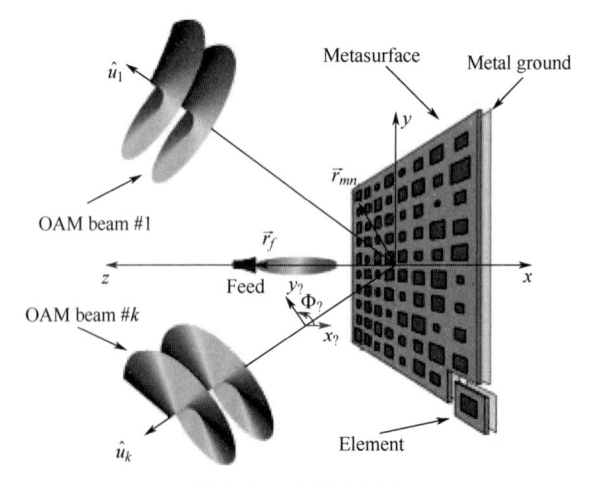

图 6.6 反射超表面

第二种方案是基于 SAM 的耦合特性，通过超表面将 SAM 转化为具有不同模态的 OAM。这一过程发生在非均匀和各向异性介质中，实现了 q 板的特性。根据动量守恒定律，可以将 SAM 转换为 OAM，如图 6.7 所示。这种效应要求在两个正交线性极化和入射圆极化波之间存在 π 的延迟。能够转换 SAM 和 OAM 的超表面被称为几何相位超表面，产生 OAM 的手性取决于入射的 SAM。2014 年，Ebrahim Karimi 等提出并证明了等离子体超表面在可见区域可以实现自旋—轨道耦合。2016 年，Chen 等人提出了复合完美电导体—完美磁导体超表面，将微波波段具有零模态 OAM 的 LCP 或者 RCP 平面波转化为具有期望 OAM 的 RCP（LCP）螺旋电磁波，转换效率可接近 100%；随后，他们又提出了准连续超表面和超薄互补超表面，为高质量、高传输效率的 OAM 生成方法提供了极大的便利。2018 年，Guan 等人将共享孔径的概念引入到超表面中，用于产生具有不同模式的 OAM 涡旋光束。与传统的共享口径方案相比，这种极化控制的共享口径超表面实现了更高的孔径效率。此外，超表面还用于 OAM 检测，该发现吸引了越来越多的研究人员的关注。

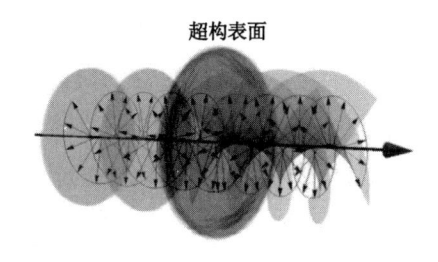

图 6.7　左旋极化的平面波转化成右旋极化的涡旋波

6.2.3　其他生成方法

除上述方法，近年来由于一些新型材料和新型天线技术的出现，又产生了一些新的 OAM 生成方法。

根据空间变换的概念，提出了一种全介质微波器件，该器件能够产生反射状态下模态为+1 的 OAM 电磁波。重要的是，由于采用了非共振超材料结构，该装置具有相当宽的工作带宽。也可以利用特征模理论分析贴片天线的电流波模式，并利用环形贴片天线成功产生三模态 OAM 波束。有研究者提出了一种带有小型 PAA 馈源的 TAA，以产生携带 OAM 的无线电波束，这种天线结合了 PAA 和透镜天线的优点，正成为高增益阵列天线的有力竞争者。最近，设计出了一种水天线，用于在频带内产生模态可调谐的 OAM 波，利用水面作为覆盖层减小了 OAM 波的发散，为基于 OAM 的远场通信应用提供了一种可行的途径。

OAM 生成也可以与 3D 打印技术相结合。有人使用 3D 打印微尺度螺旋相位板来产生 OAM 光束，同时，他们提出了一种新的 OAM 模式可重构 DDL 天线，工作频率为 300Ghz。DDL 是一种极具吸引力的天线结构，与 SPP 相比，馈电网络更简单、形状更小、介质损耗更低。由于 DDL 与 3D 打印技术的兼容性，可以实现快速成型，并且可以降低成本。

2021 年，Huang 等人提出了一种低剖面模式可重构轨道角动量圆极化阵列天线。每个元素都是一个由 4×4 正方形面片组成的亚表面子阵列，所研制的阵列天线具有 PIN 二极管数最少、增益高、体积小、发散角最小、宽频带 CP、低交叉极化、制造成本低等优点。2021 年，Yang 等人提出了一种用于宽带轨道角动量通信的 CLCDAA，产生的 OAM 波束可以覆盖 2.08~3.95GHz 的宽频带（62.02%）。该天线阵结构紧凑、设计过程简单、性能稳定，在无线通信应用中具有重要意义。Lei 等人提出了一种用于产生 OAM 的圆天线阵，且该天线阵列具有滤波特性。该滤波阵列能产生纯度 89% 以上的涡流，不仅可以提高信道容量，而且有助于避免频率异常干扰，在无线通信中具有很大的潜力。

此外，为了对反射阵列的产生和聚焦问题进行深入研究，2021 年，Li 等人设计、制作了一种新型的极化反射阵列，并通过实验证明了在微波频率范围内，该阵列可灵活的产生并聚焦任意模态的 OAM 波束。他们提出了一种多功能的分析理论，对反射阵列的补偿相位进行了理论研究，并制作了两个微波反射阵列原型，在 12GHz 下进行了实验验证。其中，两个阵列一个用于产生 OAM，一个用于聚焦 OAM 载束。与传统的反射阵列相比，聚焦 OAM 涡旋波的反射阵列可以显著减小光束直径，从而进一步提高 OAM 波束的传输效率。该设计方法和反射阵列可以促进新的有效方法的发展，通过产生和聚焦 OAM 涡波，从而应用于微波无线通信。

6.3 OAM 的接收

OAM 的接收方法主要包括单点接收、全空域共轴接收和部分接收三种。

6.3.1 单点接收法

单点接收又称为远场单点近似法,通过检测电场和磁场在三个坐标轴的幅度分量来完成 OAM 模态的检测,如图 6.8 所示。例如,在 OAM 电磁波波束上一点接收其电场的 x 分量和磁场的 y 分量(z 为传播轴方向)即可完成 OAM 模态的检测。但是,该方法为远场近似的结果,只有当 OAM 电磁波波束的发散角很小,并且接收点的极化方向与 OAM 波的极化方向完全一致时,才能取得很好的近似效果。此外,由于单点接收法接收的是磁场强度和电场强度的幅度,其检测性能受噪声影响很大。该方案只能检测单模态,对于多模态复用的情况,该方案无法检测。

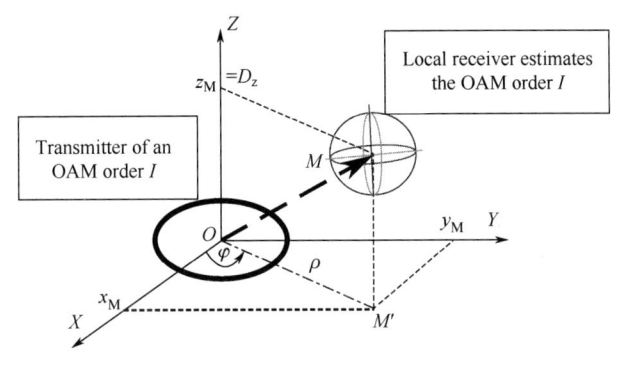

图 6.8 单点接收法

6.3.2 全空域共轴接收法

接收端采用与发射端 OAM 模态相反的接收天线从空间接收整个环形波束能量,经过相位补偿后,发射的涡旋电磁波变为常规平面电磁波。由于 OAM 波束接收阵列半径随模态数的变大而正比例增大,通过空分方式即可分离出相位补偿后的常规电磁波。这种全空域接收方法是从光学 OAM 借鉴而来。然而,由于 OAM 波束发散,所需的接收天线尺寸随着传输距离的增加而线性增大,该接收方法难以在远场通信中实现。因此,全空域的接收方法只适用于点对点短距离接收。

2014 年,有研究者全空域接收方法在 2.5m 距离处复用传输了八路 28GHz 频点信号(4 种 OAM 模式且每种模式 2 种极化),传输速率达到 32Gbps,频谱效率达到 16bps/Hz。2016 年,Rossella G.等人基于环形天线阵,采用全空域采样的接收方式在 400m 距离下传输了两路 VHF 波段的视频信号。

6.3.3 部分接收法

由于 OAM 电磁波的相位在环形波束上呈线性分布,环形波束上的任意两点间存在相位差,且不同 OAM 模态的电磁波产生的相位差不同。当天线间距固定时,天线阵子间的相位差与 OAM 模态呈正比。因此,可以在部分环形波束上均匀布置一个弧形天线阵列来接收信号,通过对接收信号做傅里叶变换即可完成不同相位差的检测,进而完成不同 OAM 模态的检测和分离。然而,由于这种接收方法是对部分环形波束进行采样,其可以检测和分离的 OAM 模态数量受接收天线个数及天线阵所形成的弧段尺寸的限制,且检测相同 OAM 模态所需的天线阵弧段尺寸随传输距离而线性增大。值得注意的是,部分接收法的一个简化情况是相位梯度法。在相位梯度法中,接收端在垂直于传播轴的环形波束上放置两个天线,通过天线间相位差来检测和区分电磁波的不同 OAM 模态。

6.3.4 其他接收方法

2017 年,有研究者提出了一种基于数字旋转虚拟天线的 OAM 模式检测方法,即通过测量相应的旋转多普勒频移来识别不同的 OAM 模式。2019 年,有研究者提出了一种有效测量远距离传输的轨道角动量特性的新方法。通过旋转 OAM 波天线并固定平面波天线作为参考,可以测量 OAM 波前的相位和幅度特性。他们也进行了实验,来验证远距离传输的 OAM 相位特性,实验结果表明,OAM 的涡旋相位特性在远距离传输后保持良好。这为在现实环境中利用 OAM 性能提供更多的选择和可能性,尤其是在远距离传输方面。

随着近几年人工智能与机器学习的兴起,AI 技术也应用到了 OAM 波束的检测与识别中。2017 年,有研究者提出了一种深度神经网络方法,该方法可以同时识别 110 种 OAM 模式,分类错误率小于 30%。同时还使用 CNN 区分了 32 种 OAM 模式,在高湍流水平下,准确率超过 99%。然而,这些解决方案的性能会因为大量的 OAM 模式和高湍流显著降低。2020 年,S. Rostami 等人提出了一种新的方法,结合持久同源性和 CNN 的有效机器学习工具来解码 OAM 模式。仿真结果表明,在强大气湍流和大量 OAM 模式下,该方法的分类精度比 CNN 提高了 10%。

如何有效检测 OAM 波束一直以来都是研究学者最关注的问题之一,研究性能更好的检测算法需要注意两个方面:一方面,需要检测算法功率上损失最小;另一方面,不能破坏正交性,除此之外还需要考虑实际的天线尺寸与间距。

6.4 基于 UCA 的 OAM 通信系统

6.4.1 模型简介

对 OAM 系统的信道进行建模和特征分析。首先给出了基于 UCA 发送、接收的 OAM 系统传输模型，该模型给出了单 OAM 模式到任意位置接收天线的信道响应的近似表达式。基于对该信道矩阵的数学形式进行分析，发现了接收天线与发送 OAM 模态 l 之间的信道响应幅度值的特征都符合阶数为 l 的第一类贝塞尔函数的形式，自变量取决于收发距离、收发 UCA 半径及频率。

首先考虑基于 UCA 的单 OAM 信号—单接收节点的传输情况，定义传输模型如图 6.9 所示。

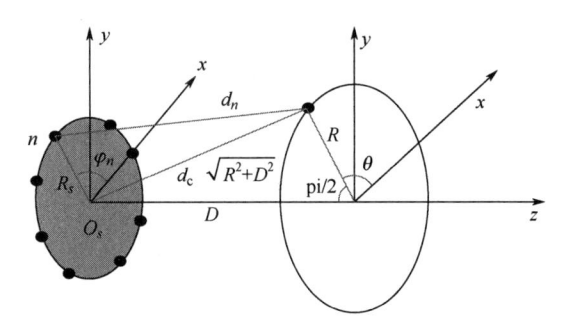

图 6.9 基于 UCA 的单 OAM 信号—单接收节点传输系统模型

表 6.2 给出了与基于 UCA 的 OAM 传输系统模型相关的一些参数，以及这些参数的定义和描述。在后面的分析中，这些参数都被多次使用。

表 6.2 基于 UCA 的 OAM 传输参数描述

	parameter	Description
1	O_s	the center of Tx UCA
2	R_s	the radius of Tx UCA
3	d_c	distance from receive point to Tx UCA center
4	R	distance from receive point to beam axis

续表

	parameter	Description
5	D	the projection distance on beam axis of d_c
6	l	OAM mode index
7	d	distance between the transmit antenna and receive antenna
8	α	attenuation and phase rotation, for large value of d, it can be seen as a constant
9	λ	the wavelength of carrier
10	N	the number of transmit antennas at the Tx UCA
11	n	the index of transmit antenna at the Tx UCA
12	k_0	$2\pi/\lambda$

6.4.2 信道模型

可以看出，图 6.9 所示是一个 MISO 模型。假设接收信号为 y，发送信号为 s，W 为发送端预编码，则无噪声情况下的接收信号可以表示为：

$$y = \boldsymbol{H}\boldsymbol{W}s \tag{6-3}$$

如果考虑 LoS 环境，收发天线之间的信道响应为

$$h(d) = \alpha \frac{\lambda}{4\pi d} e^{-jk_0 d} \tag{6-4}$$

因此信道矩阵 $\boldsymbol{H}$ 可以表征为：

$$\boldsymbol{H} = \alpha \frac{\lambda}{4\pi} \left[\frac{e^{-jk_0 d_1}}{d_1} \; \frac{e^{-jk_0 d_2}}{d_2} \cdots \frac{e^{-jk_0 d_N}}{d_N} \right] \tag{6-5}$$

其中，$k_0 = 2\pi/\lambda$，λ 为波长，d_1，d_2，d_3，$\cdots$，d_n 分别表示接收天线与第 N 根发送天线的空间距离。α 为一个负数，用于表征实际信道中由各种原因引起的衰减和相位变化，如收发天线的增益及相位影响。本节考虑单个 OAM 模态发送，模态值为 l。由 OAM 模态与 MIMO 预编码的关系可知，与 OAM 模式 l 传输方式等价的 MIMO 传输方式使用的预编码 W_l 描述为：

$$W_l = \frac{1}{\sqrt{N}} \left[1, e^{jl(2\pi/N)\times 1}, \ldots, e^{jl(2\pi/N)\times(N-1)} \right]^{\mathrm{T}} \tag{6-6}$$

对于该预编码矢量 W_l，每个天线上采用的预编码权值为相位 $e^{j\Phi_n}$，其中 $e^{j\Phi_n} = e^{jl\varphi_n}$，$\varphi_n$ 描述了第 n 根发送天线在 UCA 上的位置，由于 UCA 上的天线是在圆上均匀分布，所以存在

$$\varphi_n = \frac{2\pi n}{N} \tag{6-7}$$

根据式（6-7）可知，当发送信号 s 为一个标量时，OAM 模式 l 在接收天线上对应的接收信号 y_l 可以表征为式（6-8），其中各部分的含义在表 6.2 中给出了相应的注释。

$$y_l = \sum_{n=0}^{N-1} \underbrace{\frac{1}{\sqrt{N}}}_{\text{power}} \times \underbrace{\frac{\alpha\lambda e^{-jk_0 d_n}}{4\pi d_n}}_{\text{channel response, } n^{\text{th}} tx-rx} \times \underbrace{e^{j\frac{2\pi nl}{N}}}_{\text{precoder of mode } l,\, n^{\text{th}} tx} \times S$$

$$= \frac{\alpha\lambda}{4\pi\sqrt{N}} \sum_{n=1}^{N} \frac{e^{-jk_0 d_n}}{d_n} \times e^{-j\varphi_n l} \times S \tag{6-8}$$

为了得到 y_l，首先要做的是获取 d_n（接收天线 m 到发送天线 n 之间的距离）的表达式。由图 6.10 可知，n、m'、m 三点构成了直角三角形，根据余弦定理及勾股定理，可以得到 d_n 的表达式为：

$$d_n = \sqrt{R_s^2 + R^2 - 2R_s R \cos\varphi_n + D^2} \tag{6-9}$$

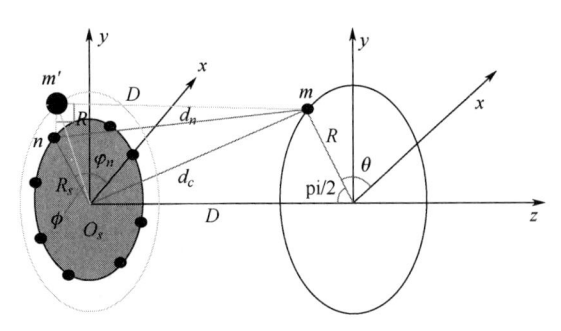

图 6.10　基于 UCA 的 OAM 传输系统模型分析

♣ 6.4.3　通信系统性能分析

OAM 技术已经被认为是可以提高通信系统容量与频谱利用率的一种潜在技术。根据上述 OAM 通信系统的信道模型，本节推导模态复用时的系统容量，观察发散角与 OAM 模态、传输距离、中心载频等参数的关系，并分析这些参数对最佳接收半径的影响。

已知窄带信道传输函数是 H，则接收信号可以表示为：

$$Y = H_{\text{OAM}} X + N \tag{6-10}$$

其中，X 表示发射信号，N 表示高斯白噪声。

为了推导基于 OAM 的无线通信系统的容量，首先采用 OAM 信道矩阵的奇异值分解。

$$H_{\text{OAM}} = U \Sigma V \tag{6-11}$$

其中，U，V 分别表示信道矩阵的左右奇异矩阵，Σ 表示信道矩阵的奇异值矩阵，λ 表示奇异值矩阵中对角线上的元素。根据香农信息理论，基于 OAM 的无线通信最大信道容量可以表示为：

$$C = \sum_{i=1}^{k} B \log_2(1 + \text{SNR}_i) \tag{6-12}$$

其中，k 表示信道矩阵 H 的秩，SNR_i 表示第 i 个模态通路的信噪比。

根据上述模型，考虑传输距离与最佳接收半径之间的关系，仿真结果如图 6.11 所示，从图中可以看到，随着传输距离的增加，波束越来越发散，接收半径也越来越大。当传输距离达到 1 000 米时，最佳接收半径已经达到 10 米，这是实际中不能容忍的尺寸。因此解决 OAM 波束发散的问题成为当前的研究热点，是 OAM 实际应用道路上的一大挑战。

此外，当传输距离确定时，最佳接收半径随着模态值的增大而增大。换句话说，不同模态的 OAM 波束的最佳接收位置不同。这也往往导致了在接收端需要配置多个接收 UCA 来接收复用的多个模态。然而这大大提高了成本，并且不能很好地克服 OAM 的模态间串扰。有学者提出优化收发端天线的拓扑来使不同模态的 OAM 波束以相同的发散角发射，这为解决该问题提供了一个解决思路。

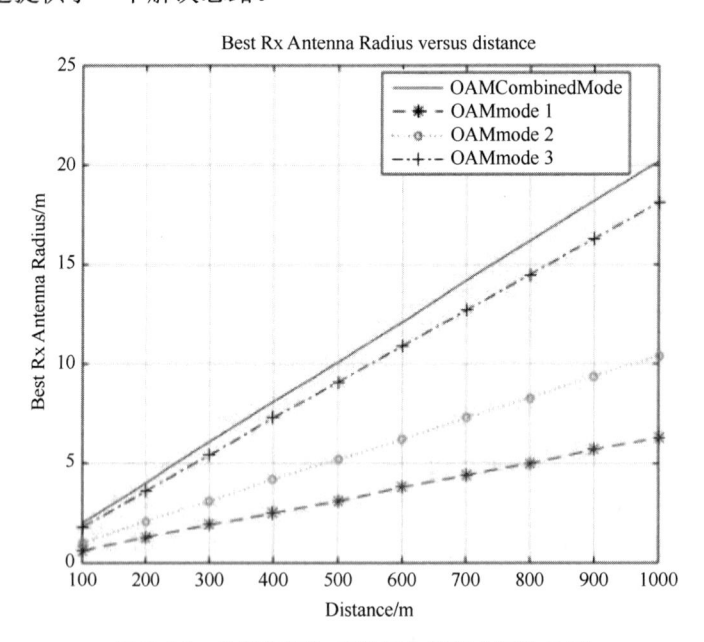

图 6.11　传输距离与最佳接收半径之间的关系

虽然 OAM 应用的频段基本是毫米波甚至 Sub-6GHz 波段，但波束的发散性仍然使远场传输时，接收天线阵列的尺寸太大。通过研究发现，当增大发射天线半径时，接收天线的尺寸呈收敛趋势。如图 6.12 所示，当发射 UCA 半径达到 2 米后，接收 UCA 的半径已经收敛到 5 米以下；当发射 UCA 半径足够大时，接收 UCA 的最佳半径将逐渐接近一个稳定值。因此，提高发射 UCA 的半径可以汇聚光学调幅波束。因此，对于 LoS，可以通过设计合理的收发 UCA 阵列半径来达到收发端匹配，使收发端阵列尺寸都在系统可以接受的范围内。

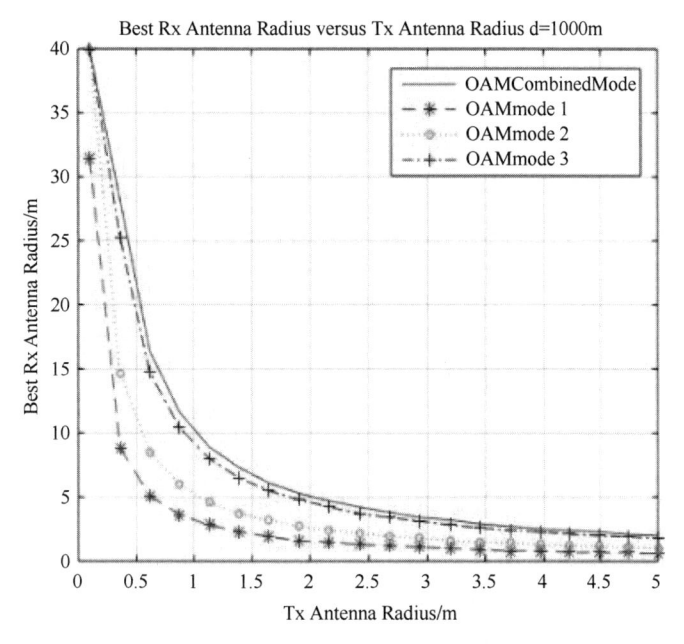

图 6.12　发射天线半径与最佳接收半径之间的关系

图 6.13 描述了在不同的 OAM 模态数和不同的天线阵列配置下，接收 UCA 的最佳半径和载波频率之间的关系。可以看出，较高的载波频率导致较小的最佳接收半径，增加载波频率可以汇聚 OAM 波束，因此 OAM 比较适合高频段信号传输，频率越高，波束越汇聚。然而由于不同频率对应的最佳接收半径不同，OAM 在宽带通信时会面临单 UCA 接收阵列不匹配的情况。当前对 OAM 的研究多是基于窄带传输，宽带通信时 OAM 遇到的问题也成为当下的研究热点之一。

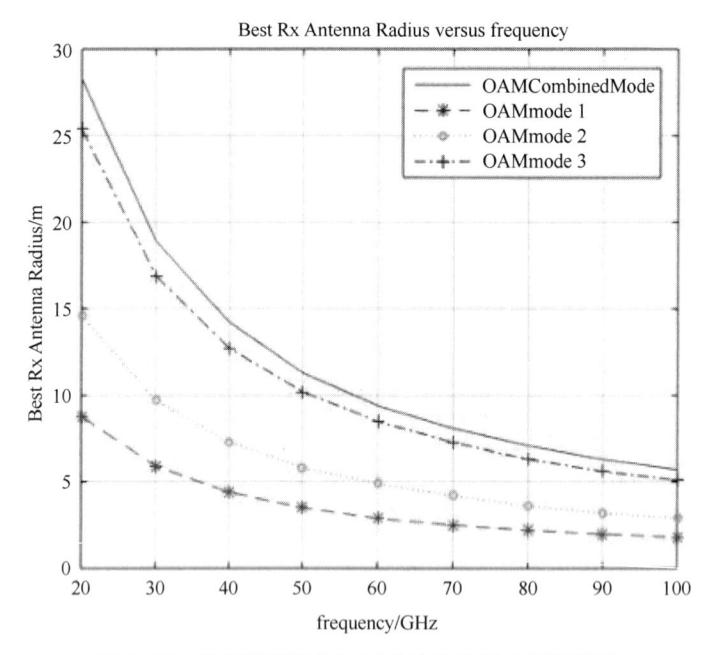

图 6.13 发射天线半径与最佳接收半径之间的关系

6.4.4 非理想条件分析

目前业内的大部分研究和实验都是在理想（如收发端共轴、收发端静止、LoS 无反射等）条件下进行的。但这些理想假设会大大限制 OAM 技术在移动通信中的应用。另外，实际天线部署空间是有限的，需要在受约束的条件下获得更好的 OAM 传输性能。

无线通信中有多种方式来形成和接收各种模态的涡旋电磁波。但是，对于不同的形成方法与接收方法，其对应的实现复杂度、成本、天线部署需求都不一样，而且其性能也存在差异。基于 OAM 的无线传输容量对传输参数的变化是非常敏感的。这些传输参数具体包括发送天线拓扑形状、发送天线的间距、收发距离、通信频率、接收天线拓扑形状、接收天线的间距及接收天线的位置等。

（1）天线拓扑与配置带来的性能影响：无线通信的场景繁多，不同场景对收发天线拓扑、发送和接收天线的间距、通信频率、收发距离的选择有不同的要求。而这些参数的改变对 OAM 无线传输系统的性能会造成比较剧烈的影响，在系统设计时，需要进行参数的优化。

（2）终端移动与旋转带来的性能影响：无线通信的场景都需要考虑一定的移动性。这种移动性给 OAM 复用技术带来了更高的要求，需要更准确的 CSI 反馈技术，以及更实时、更智能的发送端预处理和接收算法。与之类似的，手持终端可能会发生旋转，导致天线位置发生改变，这实际上也是终端移动的另外一种形式。

（3）收发端非共轴带来的性能影响：已有研究表明，OAM 在共轴条件下传输时，各模态间有良好的正交性。但是在实际情况下，共轴条件是比较难达到的，并且在移动通信中，典型的场景也不是一对一的链路传输，而是一个网络节点对多个终端服务的，这样很难使所有的终端传输都满足共轴条件，因此会破坏 OAM 模态间的固有正交性，产生模态间干扰，需要新的解决方案。

（4）NLoS 反射传输带来的性能影响：无线通信中不可能所有的情况都是 LoS 的传播，NLoS 下的通信也占了较大的比例。NLoS 的反射问题是影响各模态正交性的一个重要因素。反射会造成 OAM 模态的偏转变化，影响传输能力，使原有的一些基本假设被破坏。所以反射场景需要新的方案和算法。

针对上述非理想的情况，很多研究者也在研究相应的解决方案，希望通过波束控制、信道估计与反馈、发端预处理等方法来补偿性能损失。

1. 阵列状态估计

考虑收发端天线阵列发生偏转时，任何一端对信道的状态信息都是未知的，一般通过获取 CSI 信息来估计阵列的偏转状态。通过振幅调制谱分析，得到平均振幅调制值分布和振幅调制模式方差分布。研究发现，当发生错位时，均值分布和方差分布表现不同，即均值分布的极值点随倾斜而移动，而方差分布的极值点不随倾斜而移动，该分布特征可用于定位倾斜奇点和原始枢轴点。借助提取分布特征的图像处理算法，可以进行错位测量。与以往的射频—涡流调制域反馈方案相比，以非迭代方式实现了失调射频—涡流光束的测量和接收，效率更高，耗时更少。此外还进行了概念验证实验，测量了 20 千兆赫下倾斜 10° 的射频—调幅波束的失准信息，误差仅为 0.39°。

2. 波束控制实现相位补偿

基于 UCA 的 OAM 通信系统要求收发端天线阵列必须完美对准，这在实际中很难做到。通常情况下将未对准分为两种状态，即共轴非平行和非共轴。任意一种未对准情况都可以分解成这两种状态的叠加。通过发射端波束控制、接收端波束控制或者收发端同时波束控制，可以使未对准模型变成等效对准模型，从而解决未对准带来的性能下降问题。

考虑到 OAM 是传统 MIMO 技术的一个子集，有研究者提出一种波束控制的方法来使收发端未对准的天线阵列达到等效对准状态。每个天线单元携带一个模拟移相器，使不同的天线单元携带不同的相位因子，来补偿由收发端 UCA 偏角引起的相位变化，从而使合成的波束具有方向性。

6.5 基于 OAM 的多模传输与多径传输

6.5.1 多模态 OAM 复用

传统的空间复用是用多个空间分离的接收器接收每个数据。基于多输入多输出的信号处理对于降低信道间串扰至关重要。然而，随着天线元件数量的增加，基于多输入多输出的信号处理使传统的空间复用系统变得更加繁重，尤其是在 Gbps 这种高数据速率下。而对于 OAM 复用系统，高阶 OAM 模式的检测给接收机带来了挑战，因为高阶 OAM 波束有较大的发散角，随着距离的增加，接收机也需要更大的接收尺寸。同时每种类型的复用技术可实现的数据信道数量是有限的，并且使用任何一种方法来实现更多数量的信道相对比较困难。如果将两种复用技术相结合，二者可能会相互补充并提高系统性能。如果传统空间复用系统中的每个天线孔径可以发射多个独立的携带信息的 OAM 波束，则容纳的信道总数可以进一步增加，从而增加系统传输容量。此外，系统的复杂性可以通过利用正交调幅波束的正交性来降低。

使用 OAM 多路复用与传统 MIMO 复用相结合的 16 Gbps 的毫米波通信链路已经得到证明。实验建立了一个具有 2×2 天线孔径结构的空间多路复用系统，每个发射机孔径包含多路复用的 OAM 波束，其中，$l=\pm1$ 和 $l=\pm3$ 四个 OAM 信道中的每个信道都以 28 GHz 的载波频率承载 1G baud 16-QAM 信号，从而实现 16 Gbps 的容量。在传播距离超过 1.8 m 以后，来自一个发射器孔径的 OAM 波束在空间上与来自接收器孔径平面中的其他孔径的 OAM 波束重叠，导致非同轴 OAM 信道之间的串扰，使用 4×4 MIMO 出信号处理减轻了信道干扰。实验表明，OAM 复用和传统的空间复用与多输入多输出处理相结合，可以相互兼容和补充，从而具备提高系统性能的潜力。

6.5.2 OAM 信道的多径效应

在实际的无线通信环境中，存在许多 NLoS 径的场景，已经有研究人员探索了稀疏多径环境中的无线通信，其中包括一条 LoS 路径和少量的 NLoS 路径。在这样的环境中，基于多输入多输出的信道容量仍然受秩不足的约束。因此,选择更优的通信系统来实现稀疏多径环境下的高容量传输是一个有待解决的问题。OAM 是一种可以在稀疏多径环境下实现高容量的技术,然而,现有的研究主要集中在无线通信 LoS 径中,需要建立和分析多径环境下基于 OAM 的无线通信模型。

多径效应可能会对 OAM 复用系统产生重大影响。例如,信道内和信道间的串扰,即反射能量不仅可以耦合到具有相同 OAM 值的同一数据信道中(如传统的单波束链路),还可以耦合到具有不同 OAM 值的另一个数据信道中。此外,对特定 OAM 光束的检测,需要用空间滤波器来滤除其他光束的能量,这可能会降低从反射光束接收的功率。图 6.14 显示了由平行于链路的反射器的镜面反射引起的 OAM 光束的多径效应。将一个反射器放置在距离波束中心 h 的地方,假设反射器具有 100%反射率,则可将反射波束视为来自成像天线 Tx′和成像 SPP 的模态数为-ℓ 的 OAM 波束。OAM 光束的正交性取决于螺旋波前,反射导致 OAM 光束波前相位畸变,引起通道内和通道间串扰。

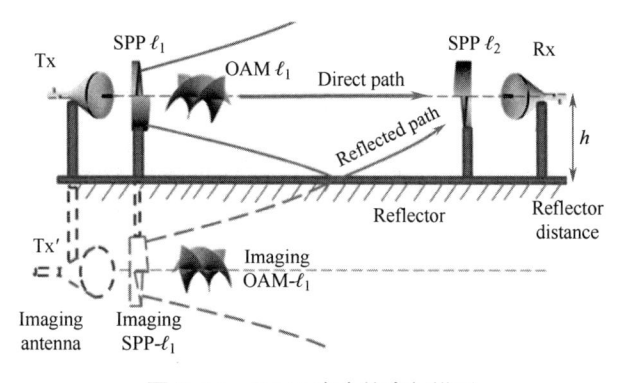

图 6.14　OAM 光束的多径模型

6.6　OAM 技术与其他技术的结合

6.6.1　OAM 与 MIMO 结合

1. OAM 与 MIMO 关系

基于 OAM 的无线通信技术的发展遇到了很大的争议,主要集中在两个问题上:一是

OAM 是否提供了一个新的维度？另一个是 OAM 和 MIMO 之间的关系是什么？这在研究者中引起了很多讨论。2011 年，Tamburini F 等人完成了基于相同频率的 OAM 无线通信的室外实验，他们认为，新的无线电技术允许在同一频率上无限使用无线信道，这是一种新的自由度。这在当时引起了极大的轰动和争议。Michele Tamagnone 等人立即回应说 OAM 不是一个新的维度，而是 MIMO 的一种特殊实现。他们指出，OAM 技术允许在视线条件下对两个信号进行解码，因为接收天线之间的间隔很大，使得发射天线位于接收"阵列"的近场菲涅耳区域。这种接收天线之间的大间距也严重限制了该技术的实际应用。由此展开了一场关于 OAM 技术与 MIMO 技术的讨论。Tamburini F 和 Michele Tamagnone 分别在 New Journal of Physics 上发表文章，评论并回答对方的意见。Tamburini F 强调电磁角动量（维数×质量×速度的伪矢量）是电磁场中携带的一种独特的基本物理观测数据，MIMO 技术是一种基于线性动量（质量×速度的普通矢量）的多端口工程技术。结果表明，OAM 无线电独立于 MIMO 无线电。他们还从理论上解释了 OAM 技术和 MIMO 技术在每个光子携带的最大信息量上的差异。然而，任何在发射端和接收端有多个天线的系统都可以被视为 MIMO，并用信道矩阵 H 来描述。在广义 MIMO 的定义下，OAM 技术只是其中一种特殊的实现方式。

对于 OAM 是否提供了一个新的自由度这一问题，认为 OAM 可以分为两大类，一类被称 q-OAM，另一类称为 s-OAM，由于天线技术的限制，目前无线通信中讨论的 OAM 大数属于 s-OAM，其是由空间中多个不同相位的电磁波合成的空间涡旋波束。虽然一组电磁波能够合成的涡旋状态有多种，且能对应不同的 OAM 模态，但从单个电磁波表现出来的量子特性来看，每个电磁波绕轴旋转都是同一种量子自旋状态。由于其需要依靠多个电磁单元辐射出的电磁波来合成涡旋波束，可以把它理解为一种波束形成。从量子学的角度看，当 q-OAM 电磁波发送时，无须馈电相位差就已经具备了不同模态的轨道角动量。并且 q-OAM 对应不同模态的波的微观粒子拥有不同的绕轴旋转状态。对于 q-OAM 在通信方面的应用研究进展相对较少，主要因为要发送和分离出具有不同量子自旋状态的电磁波非常困难。q-OAM 主要是物理学家们在进行一些理论研究，短时间内不具备工程应用的可能性，因此本书暂不讨论 q-OAM。

MIMO 理论上是一种处理方向/空间和波数的通用技术，没有规定信号形式和天线使用方式，也没有指出如何根据信道特征进行空间采样。因此 OAM 是属于 MIMO 的一种应用形式，因为其使用的也是传统意义上的空间资源。但由于目前的空间采样采用几何波束形式，只能高效地让信号在空间方向上区分，不能高效地让信号在波数上区分，因此其具有一个非常好的特征：不再需要利用大量的不相关路径来进行空间复用，即使是在 LoS 环境中，该技术也能够通过大量的 OAM 模态来分别承载多路数据，实现 LoS 下的高自由度的空间复用传输并且接收检测的复杂度变低。

在接收天线尺寸受限的前提下，OAM 不会超过同等天线规格的 MIMO 的容量极限，也不会提高给定信道的最大自由度，即 MIMO 和 OAM 具有相同的理论性能上界，并且基于 OAM 的无线通信也不会增加通信链路中的信道容量。这一结论与 Ove-Edfors 等人的结论一致。他们提出在不同 OAM 模式子信道上的通信是 MIMO 解决方案的一个子集。在 2015 年，Tamburini F 等人对基于 OAM 的通信系统和 MIMO 系统做了对比，达成了共识：OAM 与 MIMO 技术的本质区别在于信号处理复杂度的问题。这里的 OAM 实际上指的是这里定义的 s-OAM。自此，OAM 与 MIMO 的关系基本上已经有了确定的答案，那就是 OAM 是 MIMO 的一种特殊实现形式。

然而，最新的研究表明存在一种特殊的情况，即基于 UCA 的 OAM 在锁孔信道中不再被视为 MIMO 的一个特例，而是可以在锁孔信道中提供额外的自由度。这种物理现象为克服传统多天线无线通信中的锁孔效应提供了一种很有前途的方法。

虽然 s-OAM 并不能突破广义 MIMO 的容量上界，但在多径信道稀疏的情况下，信道矩阵的秩（自由度）远小于天线数量，利用传统的 MIMO 技术来复用不同传输层的方法在这种场景中表现不佳。而未来随着 AR/VR 等沉浸式业务的发展，单用户复用更多的层来提升容量会是一个趋势。基于不同 OAM 模态来划分空间资源看起来要比传统的方法更有优势，其构成的正交基可以显著降低子信道之间的互相关性，增加空间复用自由度。

2．OAM 与 MIMO 结合实例

由于在降低单用户信道相关性方面的优良特性，将 OAM 与 MIMO 这两种技术结合成为了一个新的研究方向。2017 年，有研究者证明了 OAM-MIMO 在某些 NFC 场景中的可行性。随后，Hirano 发现当 UCA 半径增大时，OAM-MIMO 的性能得到改善，他还基于提出的 OAM 无线信道模型推导了 OAM-MIMO 通信系统的容量。同时，他们研究了一些系统参数（如较大的 OAM 模式间隔和天线间距）对 OAM-MIMO 通信系统容量的影响。仿真结果表明，系统的信道容量随着 OAM 状态间隔和天线间距的增加而增大。

此外，也有研究表明 OAM 与 MIMO 结合可以提高频谱效率。通过 OEM 通信框架，获得 OAM 和基于大规模 MIMO 的毫米波无线通信的乘法频谱效率增益。结果表明，该通信规模比传统的基于 MIMO 的大规模毫米波通信规模要大，且 OEM 毫米波通信可以显著提高频谱效率。为了最大限度地提高基于 OAM 的 MIMO 系统的频谱效率，提出了一种基

于分形 UCA 的 RMMVR MIMO 系统，该方案可以有效地将多模复用和 MIMO 空间复用结合起来。

6.6.2 OAM 与 OFDM 结合

已有的一些学术研究证明，OAM 与传统的 OFDM 兼容，可以在无线通信中获得极高的容量。

1. OFDM-OAM 原理

传统的 OFDM-OAM 使用移相单元，具体过程可分为两个阶段：OFDM 频率调制和本征模调制。

首先，通过在频域中进行 M 点 IDFT，将原始信息符号调制成 M 组 OFDM 信号，OFDM 信号可以通过向原始信号中添加子载波信号来获得。

$$v(t,f) = s(t)e^{j2\pi ft} \qquad (6-13)$$

其次，通过在空域内进行 N_t 点 IDFT，可以将每组 OFDM 信息符号调制成最多具有 N_t 个不同特征模式的 OAM 信号，涡流信号可以通过在常规电磁波信号中加入螺旋相位因子 $e^{jl\varphi}$ 来获得。

$$v(t,\varphi) = s(t)e^{jl\varphi} \qquad (6-14)$$

模态 l，频率 f 的 OFDM 涡旋波可由下式产生。

$$a_{l,f} = \frac{P_{l,f}}{\sqrt{N_t M}} x_{l,f} e^{j2\pi\left[\frac{(n-1)l}{N_t} + \frac{(m-1)f}{M}\right]} \qquad (6-15)$$

在 OFDM-OAM MIMO 系统中，发射机可以同时产生具有不同本征模式和子载波的多个 OFDM-OAM 信号。因此，第 n 个发射单元上的总激励为每个独立的本征模式和子载波馈电的电流的线性叠加。因此，OFDM-OAM MIMO 系统中的总激励变成：

$$a_{l,f} = \sum_{l \in L} \sum_{f \in F} \frac{P_{l,f}}{\sqrt{N_t M}} x_{l,f} e^{j2\pi\left[\frac{(n-1)l}{N_t} + \frac{(m-1)f}{M}\right]} \qquad (6-16)$$

2. OAM 与 OFDM 结合实例

实验证明，在高 SE 的无线涡旋电磁波通信中，OAM 和 OFDM 不存在冲突。然而，在射频涡旋无线通信中，如何联合使用 OFDM 和 OAM 模式来实现多路复用仍是一个具有开放性和挑战性的问题。宽带信道如 5G 毫米波信道由于多径延迟的不同而表现出 FSF，从而导致码间干扰。OFDM 作为处理 FSF 的最常用技术，对宽带 OAM 无线通信至关重要。

事实上，OAM 和 OFDM 已经被共同使用。值得注意的是，OFDM 也是在时域内通过基带 DFT 实现的。因此，OAM 和 OFDM 的结合可以通过时空 DFTs 的级联来实现。

然而，这些研究主要集中在实验上验证 OAM 与 OFDM 联合应用的可行性，缺乏 OAM 信号传输与分解的理论分析。同样，假设稀疏多径环境中基于 OAM 的无线信道模型是已知的，并且不存在由反射路径引起的模式间干扰。在前人研究的基础上，建立了稀疏多径环境下基于 OAM 的无线信道模型，该模型包括一条 LoS 路径和多条反射路径，在抵抗多径干扰的同时获得了高容量。

6.7 OAM 技术面临的挑战

OAM 通信技术在提升频谱效率方面有极大的潜力，然而多用户、非对准及 UE 移动等场景下的通信还存在很多问题。例如，OAM 信号中非零模态信号主瓣发散及收发天线的配置等问题对整体性能影响巨大。OAM 大多数在无线通信领域中仍处于探索阶段，未来的研究趋势应当主要集中在以下几个方面。

6.7.1 非对准情况下 OAM 的传输

OAM 系统要求收发天线轴心对齐，当收发机之间出现轴心偏角时，接收器会产生模间串扰，导致误码率增大，系统性能下降。无线通信尤其是移动通信中存在很多非理想状态（如非共轴、NLoS 等），这些非理想条件会破坏 OAM 模态的正交性，使一些原有的优良特征丧失，并且会使涡旋电磁波的接收方法失效。解决非对准情况下 OAM 的传输问题是将涡旋电磁波应用于移动通信的关键。目前大多数的接收方法都是基于理想条件下的仿真或实验。虽然当前也有一些针对某些非理想条件的解决方案，如收发天线非共轴情况下的波束接收方案，但该方案是在非对准状态先验信息已知的情况下对收发端进行调整的，实际中无论是发射端还是接收端都无法预知阵列的偏转状态，因此该方案仍有很大的局限性。

2020 年，saito 提出了基于干扰消除的迫零算法来解决非对准问题，由于非对准会造成模态间干扰，这种干扰对不同模态的影响是不同的。通过非线性的干扰消除，优先解调 SINR

较好的模态。然后在接收端重新构造出该模态的接收信号，减去构造信号再解调其他模态，以此方法循环迭代，最终解调所有模态。但该方法仅适用于偏角较小的场景。

对于非对准状态的估计问题，也有研究者提出了基于传统的 AOA 估计算法来进行收发端阵列偏转状态的估计，以便确定收发端波束偏转向量。虽然基于平面波的 AOA 估计已经比较成熟，但是基于涡旋波的 AOA 估计算法目前研究较少。可通过 ESPRT 算法对波束的 AOA 进行估计，然后通过计算得出偏转向量的俯角与方位角。然而该算法的一个主要缺点是，它需要利用发射天线参数的部分知识来处理接收到的 OAM 训练信号的幅度，这在接收机处可能难以获得。

目前一些补偿方案只能解决较小幅度的离轴和非平行情况，比较适合点对点的应用场景，而对于移动通信的典型场景则存在大幅度的离轴与旋转，并且终端还可能发生快速的旋转和移动。这些非理想条件都是移动通信中肯定会面临且必须要解决的问题，因此需要有针对性地进行优化。

6.7.2 OAM 发散角的抑制或消除

现有的 OAM 接收检测方法是采用一个大口径的天线（或天线阵）将整个环形波束接收下来，随着传输距离增大，涡旋电磁波的发散角变大，所需接收天线尺寸也越来越大。这种接收方法在远距离传输时变得异常困难，天线尺寸几乎无法接受。另一个方面，接收端采用大口径的天线部署也限制了其在无线通信中的应用场景。因此，如何较大幅度地抑制甚至消除能量发散角，解决远场下的 OAM 传输问题是值得进一步探索的。目前针对抑制能量发散角，研究者也提出了一些解决办法，如部分波面检测算法，它虽然可以增加通信距离，但会破坏 OAM 模式的正交性。

2021 年，有人提出了一种新型的人工电磁透射超表面结构，利用全波仿真分析成功验证了涡旋波束扫描。其中涡旋波的发散角通过超表面调节，在一定程度上可以抑制涡旋光束的发散角，这为 OAM 今后在通信中的应用提供了新的解决方案。

6.7.3 OAM-MIMO 的天线拓扑研究

传统的 MIMO 技术侧重于在给定的一些经典天线拓扑下，最大限度地开发其潜在的性能潜力。但是由于应用场景不同，在设计天线结构时考虑的条件就不同。在不同的尺寸限制、通信频率、收发距离条件下，如何设计天线拓扑才能获得最优的性能是传统 MIMO 并没有充分研究的。基于圆柱坐标系下辐射场的理论公式,分析了其传输和接收特性。通过计算多个 OAM 波的上下边界的函数公式及分析多个 OAM 波的最佳接收位置的振幅和相位,确认多模 OAM 波的共同接收采样区域。不同的天线拓扑的通信性能存在显著差异,如何在不同的应用场景下找到最优天线拓扑结构,这将是未来研究的重点。

6.7.4 OAM 模态选择

OAM 中不同模态相互正交的特性为信息的传输提供了新维度,因此如何利用不同模态进行信号的调制和处理也成为研究的重点。除了可以像传统通信一样直接传输信息,OAM 电磁波中不同的模态也可用于索引调制、保密传输等新的应用场景。无论是部分相位面接收还是虚拟旋转接收,可利用的 OAM 模态数都是有限的(小于发射天线数),直接利用不同模态传输信息所带来的增益也是有限的。将 OAM 模态组合调制,模态组合对应独立的信息传输通道,可以显著提高频谱利用率。

有研究者提出了一种在湍流外差相干抑制链路中选择特定轨道角动量模涡旋光束的新方法。基于 CNN 的 OAM 波束 IPM 是 OAM 的显著特点,根据不同模式的光强分布模式,将 CNN 训练成 OAM 模式分类器,通过光强分布与 OAM 模式的映射来区分 OAM 模式,并输出模式信息。结果表明,在中等强度大气湍流条件下,智能相位匹配的精度高达 99%。

而针对基站之间的回传链路,在采用多输入多输出时,由于风的吹动会导致收发端阵列发生微小的偏转,这种偏转会造成系统性能下降,这种性能下降被认为特别严重,因为在每个 OAM 模式下从多个 UCA 传输多个流时,模式间干扰会增加。考虑到上述背景,提出了一种仅采用偶数模式进行 OAM 复用的模间干扰抑制方法。因为在光束轴未对准的情况下,来自相邻模态的干扰是模态间干扰的主要组成部分。利用这一特性,只有偶数模式用于 OAM 传输,奇数模式未被使用,这样可以显著降低模态间干扰的影响。

6.7.5 OAM 应用场景的选择

目前来说,产生不同模式的涡旋电磁波的方法有很多种,如 SPP 板、UCA 等。不同的产生方法,其对应的实现复杂度、成本、所需的天线数量都不一样,而且其性能也存在差异。OAM-MIMO 系统也有多种应用场景,针对不同的应用场景,服务的对象、接受服务的人员数量不同,对通信的标准要求也不同。因此针对不同场景选择不同的 OAM 实现方法也是值得研究的。

6.8 小结

本章介绍了 OAM 的基本概念及其在无线通信中的应用,回顾了 OAM 在无线通信中的发展并梳理了研究现状;还介绍了几种生成和解调 OAM 波束的方法;最后总结了 OAM 与其他调制技术的结合,展望了 OAM 未来的研究方向。

从理论角度来看,OAM 复用可以被认为是另一种形式的空间复用,OAM 模式复用的实现不同于传统的射频空间复用的实现。后者采用多个空间分离的发射器和接收器孔径对来传输多个数据流。由于每个天线单元接收到的是不同发射信号的叠加,每个原始信道可以通过使用电子数字信号处理器来解复用;而理想情况下的 OAM 复用是指复用的波束在整个传输过程中完全共轴,并且仅使用一个发射机和接收机孔径(尽管具有特定的最小孔径),使用 OAM 波束正交性来实现有效的解复用,而不需要进一步的数字信号后处理来消除信道干扰。因此,这两种方法之间存在显著的实现差异。然而,可以将 OAM 复用和传统的空间复用相结合,并在二者的空间自由度之间进行折中(在给定孔径大小的限制内),以便实现最有利的利用。

参考文献

[1] Allen L, Beijersbergen M W, Spreeuw R, et al. Orbital angular momentum of light and the transformation of Laguerre-Gaussian laser modes. 2016.

[2] 郑凤, 陈艺戬, 冀思伟, 等. 轨道角动量通信技术的研究[J]. 通信学报, 2020, 041(005):150-158.

[3] Mohammadi S M, Daldorff L K S, ergman J E S, et al. Orbital Angular Momentum in Radio — A System Study[J]. IEEE Transactions on Antennas & Propagation, 2010(2):565-572.

[4] Tamburini F, Mari E, Sponselli A, et al. Encoding many channels in the same frequency through radio vorticity: first experimental test[J]. New Journal of Physics, 2012, 14(11): 78001-78004.

[5] DOOHWAN L, HIROFUMI S. An experimental demonstration of 28 GHz band wireless OAM-MIMO (orbital angular momentum multi-input and multi-output) multiplexing [C]//2018 IEEE 87th Vehicular Technology Conference (VTC Spring). Piscataway: IEEE Press, 2018: 1-5.

[6] Zhang C, Zhao Y. Orbital Angular Momentum Nondegenerate Index Mapping for Long Distance Transmission[J]. IEEE transactions on wireless communications, 2019, 18(11): 5027-5036.

[7] Allen B, Tennant A, Qiang B, et al. Wireless Data Encoding and Decoding Using OAM Modes[J]. Electronics Letters, 2014, 50(3):232-233.

[8] 张倬钒，郑史烈，池灏，et al. Plane Spiral Orbital Angular Momentum Electromagnetic Wave[C]// Microwave Conference. IEEE, 2015.

[9] Xiong X, Zheng S, Zhu Z, et al. Performance Analysis of Plane Spiral OAM Mode-Group Based MIMO System[J]. IEEE Communications Letters, 2020, PP(99):1-1.

[10] Xiong X, Zheng S, Zhu Z, et al. Direct Generation of OAM Mode-Group and Its Application in LoS-MIMO System[J]. IEEE Communications Letters, 2020, PP(99):1-1.

[11] 紫光展锐. 6G：无界，有 AI [R]. 2020.

[12] 未来移动通信论坛.《6G 新天线技术》白皮书[R]. 2020.

[13] Beijersbergen M W, Kristensen M, Woerdman J P. Spiral Phase Plate Used to Produce Helical Wavefront Laser Beams[C]// Lasers and Electro-Optics Europe, 1994 Conference on. IEEE, 1994.

[14] Liang J, Zhang S. Orbital Angular Momentum (OAM) Generation by Cylinder Dielectric Resonator Antenna for Future Wireless Communication[J]. IEEE Access, 2016, (99):1-1.

[15] F Tamburini, Mari E, B Thidei, et al. Experimental Verification of Photon Angular Momentum and Vorticity with Radio Techniques[J]. Applied Physics Letters, 2011, 99(20):321.

[16] Singh R P, Poonacha P G. Survey of Techniques for Achieving Topological Diversity[C]// Communications. IEEE, 2013.

[17] Wu H, Yuan Y, Zhang Z, et al. UCA-based Orbital Angular Momentum Radio Beam Generation and Reception under Different Array Configurations[C]//2014 Sixth International Conference on Wireless Communications and Signal Processing (WCSP). IEEE, 2014.

[18] Xing Y L, Yu J C. High-Efficiency and High-Polarization Separation Reflect array Element for OAM-Folded Antenna Application[J]. IEEE Antennas & Wireless Propagation Letters, 2017, 16(99):1357-1360.

[19] Han J, Li L, Yi H. 1-bit Digital Orbital Angular Momentum Vortex Beam Generator Based on a Coding Reflective Metasurface[J]. Opt. Mater. Express, 2018, 8(11):3470.

[20] Shuang Y, Zhao H, Ji W, et al. Programmable High-Order OAM-Carrying Beams for Direct-Modulation Wireless Communications[J]. IEEE Journal on Emerging and Selected Topics in Circuits and Systems, 2020, PP(99):1-1.

[21] Li J S, Zhang L N. Simple Terahertz Vortex Beam Generator Based on Reflective Metasurfaces[J]. Optics Express, 2020, 28(24):36403.

[22] Yu S, Li L, Shi G, et al. Generating Multiple Orbital Angular Momentum Vortex Beams Using a Metasurface in Radio Frequency Domain[J]. Applied Physics Letters, 2016, 108(24):662.

[23] Chen M, Li J J, Sha W. Orbital Angular Momentum (OAM) Generation by Composite PEC-PMC Metasurfaces in Microwave Regime[C]// IEEE International Symposium on Antennas and Propagation and USNC-URSI National Radio Science Meeting. IEEE, 2016.

[24] Yefeng, Chen, Rushan, et al. Polarization-Controlled Shared-Aperture Metasurface for Generating a Vortex Beam With Different Modes[J]. IEEE Transactions on Antennas and Propagation, 2018.

[25] Yi J, Cao X, Feng R, et al. All-Dielectric Transformed Material for Microwave Broadband Orbital Angular Momentum Vortex Beam[J]. Physical Review Applied, 2019, 12(2).

[26] Li W, Zhu J, Liu Y, et al. Realization of Third Order OAM Mode Using Ring Patch Antenna[J]. IEEE Transactions on Antennas and Propagation, 2020, (99):1-1.

[27] Feng P Y, Qu S W, Yang S. OAM-Generating Transmit-array Antenna With Circular Phased Array Antenna Feed[J]. IEEE Transactions on Antennas and Propagation, 2020, (99):1-1.

[28] Ming J, Shi Y. A Mode Reconfigurable Orbital Angular Momentum Water Antenna[J]. IEEE Access, 2020, PP(99):1-1.

[29] Huang H F, Zhang Z P. A Single Fed Wideband Mode‐reconfigurable OAM Metasurface CP Antenna Array with Simple Feeding Scheme[J]. International Journal of RF and Microwave Computer‐Aided Engineering.

[30] Yang Z, Zhou J, Kang L, et al. A CLoSed-Loop Cross-Dipole Antenna Array for Wideband OAM Communication[J]. IEEE Antennas and Wireless Propagation Letters, 2020.

[31] Lei R, Li S, Yang Y, et al. Generating Orbital Angular Momentum Based on Circular Antenna Array with Filtering Characteristic[J]. International Journal of RF and Microwave Computer‐Aided Engineering, 2021.

[32] Nguyen D K, Sokoloff J, Pascal O, et al. Local Estimation of Orbital and Spin Angular Momentum Mode Numbers[J]. IEEE Antennas and Wireless Propagation Letters, 2017:50-53.

[33] Diallo C D, Nguyen D K, Ch Ab Ory A, et al. Estimation of the Orbital Angular Momentum Order using a Vector Antenna in the Presence of Noise. IEEE, 2014.

[34] Yan Y, Xie G, Lavery M, et al. High-capacity Millimetre-wave Communications with Orbital Angular Momentum Multiplexing[J]. Nature Communications, 2014, 5:4876.

[35] Vourch C J, Allen B, Drysdale T D. Planar Millimetre-wave Antenna Simultaneously Producing Four Orbital Angular Momentum Modes and Associated Multi-element Receiver array[J]. IET Microwaves, Antennas & Propagation, 2016, 10(14):1492-1499.

[36] Y Yao, Liang X, Zhu W, et al. Experiments of Orbital Angular Momentum Phase Properties for Long-Distance Transmission[J]. IEEE Access, 2019, (99):1-1.

[37] Knutson E, Lohani S, Danaci O, et al. Deep Learning as a Tool to Distinguish Between High Orbital Angular Momentum Optical Modes[C]// SPIE Optical Engineering + Applications. Optics and Photonics for Information Processing X, 2016.

[38] Doster T, Watnik A T. Machine Learning Approach to OAM Beam Demultiplexing via Convolutional Neural Networks[J]. Applied Optics, 2017, 56(12):3386.

[39] Rostami S, Saad W, Hong C S. Deep Learning With Persistent Homology for Orbital Angular Momentum (OAM) Decoding[J]. 2019.

[40] Chen R, Zhou H, Moretti M, et al. Orbital Angular Momentum Waves: Generation, Detection and Emerging Applications[J]. IEEE Communications Surveys & Tutorials, 2019.

[41] Gao X, Song X, Zheng Z, et al. Misalignment Measurement of Orbital Angular Momentum

Signal Based on Spectrum Analysis and Image Processing[J]. IEEE Transactions on Antennas and Propagation, 2019, PP(99):1-1.

[42] Chen R, Xu H, Moretti M, et al. Beam Steering for the Misalignment in UCA-Based OAM Communication Systems[J]. IEEE Wireless Communication Letters, 2018:1-1.

[43] Yan Y, Xie G, Lavery M, et al. High-capacity Millimetre-wave Communications with Orbital Angular Momentum Multiplexing[J]. Nature Communications, 2014, 5:4876.

[44] Yan Y, Li L, Xie G, et al. Multipath Effects in Millimetre-Wave Wireless Communication using Orbital Angular Momentum Multiplexing[J]. Scientific Reports, 2016, 6(1):33482.

[45] Tamagnone, M., C. Craeye, et al, Comment on Encoding Many Channels on the Same Frequency Through Radio Vorticity: First Experimental Test[J]. New Journal of Physics, 2012,14(11),118001.

[46] Tamburiini F, B Thidé, Mari E, et al. Reply to Comment on Encoding Many Channels on the Same Frequency Through Radio Vorticity: First Experimental Test[J]. New Journal of Physics, 2012, 14(11):118002.

[47] Zheng F, Chen Y, Ji S, et al. Research Status and Prospects of Orbital Angular Momentum Technology in Wireless Communication[J]. Progress In Electromagnetics Research, 2020, 168:113-132.

[48] Oldoni M, Spinello F, Mari E, et al. Space-Division Demultiplexing in Orbital-Angular-Momentum-Based MIMO Radio Systems[J]. IEEE Transactions on Antennas & Propagation, 2015, 63(10):4582-4587.

[49] Chen, R., H Xu, X. Wang, et al. On the Performance of OAM in Keyhole Channels[J]. IEEE Wireless Communications Letters, 2019,8(1), 313-316.

[50] Yuan Y, Zhang Z, Ji C, et al. On the capacity of an orbital angular momentum based MIMO communication system[C]// International Conference on Wireless Communications & Signal Processing. IEEE, 2017.

[51] Hirano, Takuichi. Equivalence Between Orbital Angular Momentum and Multiple- input Multiple-output in Uniform Circular Arrays: Investigation by Eigenvalues[J]. Microwave and Optical Technology Letters, 2018, 60(5):1072-1075.

[52] Cheng W, Zhang H, Liang L , et al. Orbital-Angular-Momentum Embedded Massive MIMO: Achieving Multiplicative Spectrum-Efficiency for mmWave Communications[J]. IEEE

Access, 2017.

[53] Zhao L, Zhang H, Cheng W . Fractal Uniform Circular Arrays Based Multi-Orbital-Angular-Momentum-Mode Multiplexing Vortex Radio MIMO[J]. China Communications, 2018, v.15(09):126-143.

[54] Chen R, Xu H, Moretti M, et al. Beam Steering for the Misalignment in UCA-Based OAM Communication Systems[J]. IEEE Wireless Communication Letters, 2018:1-1.

[55] Saito S, Suganuma H, Ogawa K, et al. Performance Analysis of OAM-MIMO using SIC in the Presence of Misalignment of Beam Axis[C]// 2019 IEEE International Conference on Communications Workshops (ICC Workshops). IEEE, 2019.

[56] Long W X, Chen R, Moretti M , et al. AoA Estimation for OAM Communication Systems With Mode-Frequency Multi-Time ESPRIT Method[J]. IEEE Transactions on Vehicular Technology, 2021, (99):1-1.

[57] Zheng Y, Feng Q, Xue H, et al. A Transmission Metasurface Design for OAM Beam Generation and Beam Scanning[C]// 2019 IEEE MTT-S International Wireless Symposium (IWS). IEEE, 2019.

[58] Yang Z, Zhang H, Pang L, et al. On Reception Sampling Region of OAM Radio Beams Using Concentric Circular Arrays[C]// 2018 IEEE Wireless Communications and Networking Conference (WCNC). IEEE, 2018.

[59] Yang C, Shan K, Chen J, et al. CNN-Based Phase Matching for the OAM Mode Selection in Turbulence Heterodyne Coherent Mitigation Links[J]. IEEE Photonics Journal, 2020, 12(6):1-13.

[60] H Suganuma, Saito S, Ogawa K, et al. Mode Group Selection Method for Inter-mode Interference Suppression in OAM Multiplexing[C]// 2020 International Symposium on Antennas and Propagation (ISAP). 2021.

第 7 章

智能超表面

最近，RIS 因其能够通过智能地重构无线传播环境来增强无线网络的容量和覆盖范围的潜力而受到极大关注，被认为是 6G 通信网络中一项有前途的技术。在此背景下，广大研究者和企业对 RIS 进行了大量的研究，包括实现其可重构性的硬件材料、对其进行配置的波束成形技术和资源分配技术等。基于这些研究，本章对 RIS 进行了详细的介绍，首先简要阐明其基本原理和现有研究中的多个名称，之后介绍其起源和研究现状，并对研究现状进行了详细的描述，包括 RIS 的分类、硬件材料及其在辅助无线通信中的研究等，最后阐述了 RIS 与其他先进技术结合的研究进展。RIS 辅助通信系统见图 7.1。

7.1 智能超表面简介

7.1.1 智能超表面基本原理

RIS 采用可编程的新型亚波长二维超材料，通过数字编码主动对电磁波进行智能调控，形成可以对幅度、相位、极化和频率进行控制的电磁场。智能超表面技术通过对无线传播环境的主动控制，在三维空间中实现信号传播方向调控、信号增强或干扰抑制，构建出智能可编程的无线环境新范式，可以用于通信系统中的覆盖增强，可显著提升网络传输速率、信号覆盖及能量效率。通过对无线传播环境的主动定制，可根据所需无线功能，如减小电磁污染和辅助定位感知等，对无线信号进行灵活调控。智能超表面技术无须传统结构发射机中的滤波器、混频器及功率放大器组成的射频链路，可降低硬件复杂度、成本和能耗。

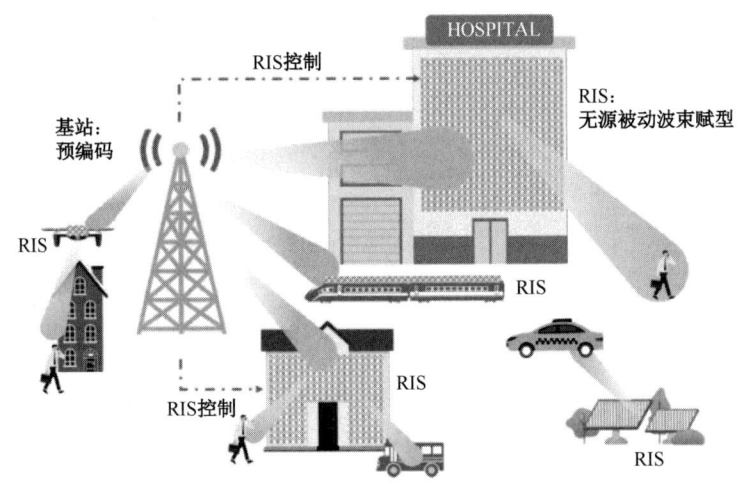

图 7.1　RIS 辅助通信系统

7.1.2　相关概念和名词含义

智能超表面是一个跨学科新兴技术，在学术界其也被称为 LIS、RIS 或 SDS 等。RIS 通过使用大量低成本的反射材料，使无线传输环境可控、可编程，从而提高无线网络的能量效率和频谱效率。RIS 可以看作是一种部署在信道中的无源多天线技术，与传统的主动波束形成方法相比，RIS 的被动波束形成方法产生大量相移反射信号形成波干扰，影响电磁环境，这样就既简化了源波束形成所需的大量射频链路，又大大地降低了成本。

智能超表面技术所面临的挑战和难点主要包括超表面材料物理模型与设计、信道建模、信道状态信息获取、波束赋型设计、被动信息传输和 AI 使能设计等。

1. 技术概述

智能超表面设备由大规模器件阵列和阵列控制模块构成，如图 7.2 所示。大型器件阵列是由大量的器件单元规则地、反复地排列在一个平底板上组成。为达到可观的信号操控效果，通常需要几百或者几千个器件单元组成器件阵列。每个器件单元都具有可变的器件结构，例如，器件单元中包含一个 PIN 二极管，PIN 二极管的开关状态决定了器件单元对外界无线信号的响应模式。智能超表面的阵列控制模块可以控制每个器件单元的工作状态，从而动态地或半静态地控制每个器件单元对无线信号的响应模式。大规模器件阵列的每个器件单元的无线响应信号互相叠加，在宏观上形成特定的波束传播特征。控制模块是智能超表面设备的"大脑"，它根据通信系统的需求确定智能超表面的无线信号响应波束，使原有的静态通信环境变得智能、可控。

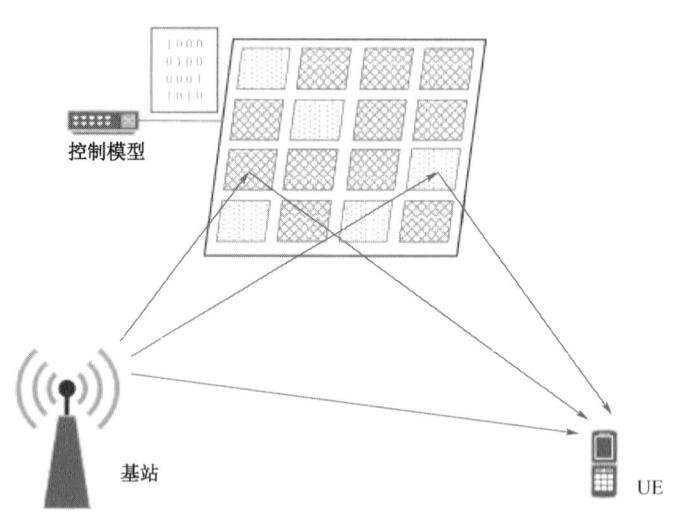

图 7.2 智能超表面示意图

智能超表面技术在多个技术领域均有所应用，根据应用场景不同有多种不同的设计方案。按照器件单元的物理原理可分为 Tunable Resonator 可变电容型、Guided Wave 波导型、Element Rotation 极化型等；按照无线信号输出形式可分为反射型智能表面和透射型智能表面；按照无线信号响应参数可分为相位控制型智能表面、幅度控制型智能表面和幅度相位联合控制型智能表面；按照响应参数控制分类可分为连续控制型和离散控制型；按照控制智能表面幅度和相位的频次或快慢可分为静态、半静态/动态控制的智能表面，其中静态的智能表面目前就可以应用到已有系统中，如 4G/5G 系统。考虑器件设计和制作的复杂度，学术界普遍选择使用单一无线信号响应参数的离散控制型器件单元进行研究。目前，学术界广泛讨论的 IRS 就是一种基于信号反射的相位控制智能表面，通过 1 bit 的指示信息控制器件单元的反射信号的相位，实现 0 或 π 的相位翻转。

得益于不需要射频和基带处理电路，智能超表面设备与传统无线通信收发设备相比有几点优势：

（1）智能超表面设备有更低的成本和实现复杂度。

（2）智能超表面设备具有更低的功耗。

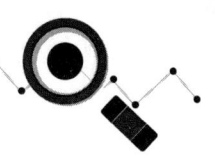

（3）智能超表面不会引入额外的接收端热噪声。

（4）智能超表面设备厚度薄、重量小，可以实现灵活的部署。

虽然智能超表面设备有上述的优势，但是其无法对无线信号进行数字处理，只能实现模拟的信号波束。

2．6G 中的应用场景

RIS 的应用场景主要分为两类：一类是低成本多天线传输场景部署在发射机附近，包括无源波束形成、联合预编码和超大规模 MIMO。另一类是能量覆盖场景部署在接收器附近，包括 NLoS 覆盖、边缘用户增强和高精度定位。在 5G 和 6G 阶段，为支持更高的数据通信速率，毫米波和太赫兹的频段被逐渐开发出来以用于无线通信。2019 年世界无线电通信大会对毫米波做了进一步修订，将 26 GHz、40 GHz、66 GHz 频段划分为 5G 及国际移动通信系统未来发展的频段。未来的 6G 通信业务需要更高的通信速率和更大的连接密度，需要利用更多的频谱资源以实现更高的频谱效率。许多新兴技术被认为是 6G 通信系统的潜在技术方向，如太赫兹通信和超大规模 MIMO 技术。2019 年 4 月，奥卢大学举办的第一届 6G 无线峰会发布了第一版 6G 白皮书，太赫兹通信被纳入 6G 通信的潜在关键技术。智能超表面技术已经应用于雷达技术中的无源阵列天线并获得了显著的天线增益，无线通信环境中的遮挡物会造成阴影衰落，导致信号质量下降。传统的无线通信系统通过控制发射设备的发射信号波束和接收设备的接收信号波束来提升接收信号的信号质量。对于毫米波和太赫兹频段，高频信号的透射和绕射能力更差，通信质量受物体遮挡的影响更明显。在实际部署中，智能超表面可以为物体遮挡区域的终端提供转发的信号波束，扩展小区的覆盖范围，如图 7.3（a）所示。对于超高流量的热点业务，如 VR 业务，基站与终端的直通链路可能无法提供足够的吞吐量。智能超表面可以为热点用户提供额外的信号传播路径，提升热点用户的吞吐量，如图 7.3（b）所示。

智能超表面技术可以与大规模 MIMO 技术结合，克服收发天线数量增加带来的成本和功耗增大的问题，在降低设备成本的同时提升 MIMO 的空间分集增益，如图 7.3（c）所示。4G 时代引入了 Massive MIMO 的概念，并获得明显的性能增益，但是随着天线数量增多，基站需要更多的射频链路，导致更高的功耗和复杂度，使基站的成本大大增加，限制了 Massive MIMO 天线规模的进一步升级。智能超表面是 Massive MIMO 的一个演进方向。由于智能超表面只反射或折射入射信号，不需要具备射频链路，避免了硬件复杂度和功耗的问题，可以进一步提升多天线规模，获得更高的波束赋形增益。

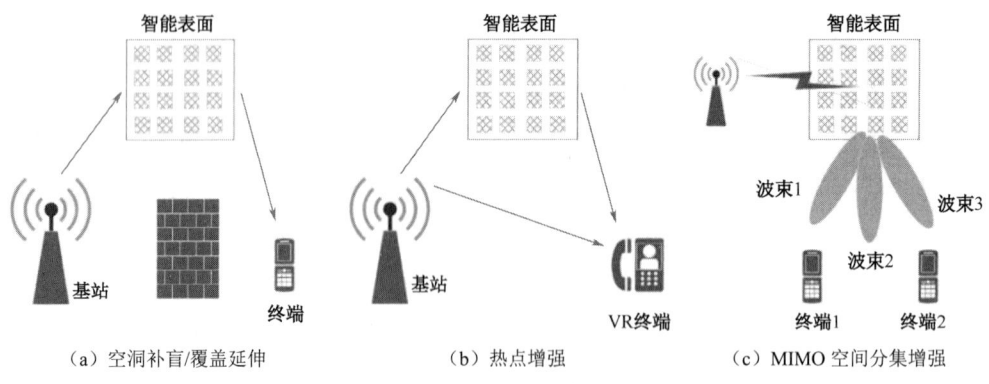

（a）空洞补盲/覆盖延伸　　　　（b）热点增强　　　　（c）MIMO 空间分集增强

图 7.3　智能超表面技术的应用场景

3. 名词含义

1）大型智能表面（Large Intelligent Surfaces，LIS）

LIS 被视为超越大规模 MIMO 的进一步技术。LIS 通常被定义为主动表面，其各个天线元件配备有专用射频（RF）链、功率放大器，具有信号处理能力，每个单元可以有一个完整的 RF 链和一个独立的基带单元。

2）智能反射面（Intelligent Reflecting Surfaces，IRS）

IRS 通常指用作反射器并且由可单独调谐的元件组成的表面，其相位响应可针对波束控制、聚焦和其他类似功能进行单独调整和优化。通常假设每个元件不能放大撞击的无线电波，只能修改它们的相位响应，而不能修改它们的振幅响应。

3）数字可控散射器（Digitally Controllable Scatterers，DCS）

DCS 通常用于强调以数字方式控制智能超表面。在这种情况下，重点放在智能超表面的各个单元上，这些单元被视为局部散射体。DCS 通常由不能放大接收信号的无源元件构成，它的工作是基于元件之间的相互耦合。

4）超表面（Metasurface）

超表面是指一种厚度小于波长的人工层状材料。可实现对电磁波偏振、振幅、相位、极化方式、传播模式等特性的灵活有效调控，超表面可视为超材料的二维对应。

5）超材料（Metamaterials）

超材料是指亚波长尺度单元按一定的宏观排列方式形成的人工复合电磁结构。由于其基本单元和排列方式都可任意设计，因此能构造出传统材料与传统技术不能实现的超常规媒质参数，进而对电磁波进行高效灵活调控，实现一系列自然界不存在的新奇物理特性和应用。

6）智能全表面（Intelligent Omni-Surface，IOS）

智能全表面是智能超表面的一个重要实例，它能够以反射和传输的方式向移动用户提供服务覆盖。

7）数字编码超表面（Digital Coding Metasurface）

利用二进制的数字状态表示反射波或透射波的幅度和相位，对超材料的电磁特性实现了数字化表征，其设计原理和方法较传统的模拟超材料都更为简单：通过将编码单元按照不同的数字序列排列在阵面上，便可以实现具有相应不同功能的数字编码超表面。由于其单元状态为有限的二进制数字状态，因此利用可编程控制加载在单元结构中有源器件，可实现对编码状态及整体功能的实时调控。

8）频率选择表面（Frequence Selective Surface，FSS）

频率选择表面是一种二维周期阵列结构，其本质是一个空间滤波器，通过与电磁波相互作用表现出明显的带通或带阻的滤波特性。FSS 由于具有特定的频率选择作用而被广泛地应用于微波、红外至可见光波段。

9）电磁超构表面（Electromagnetic Metasurface，EM）

电磁超构表面，又称超表面，指一种厚度小于波长的人工层状材料。根据面内的结构形式，超表面可以分为两种：一种具有横向亚波长的微细结构，一种为均匀膜层。超表面可实现对电磁波相位、极化方式、传播模式等特性的灵活有效调控。

10）软件可控表面（Software Controllable Surfaces，SCS）

SCS 通常用于强调通过使用软件定义的联网技术来控制和优化智能超表面的能力。当智能超表面的单元元件配备有纳米通信网络以实现单元元件之间的通信时，通常使用 SCS。智能超表面通常配备低功耗传感器以用于环境监测。传感和通信的联合功能为智能超表面提供了执行简单本地操作的能力，从而使其更具自治性。然而这可能会影响整个智能超表面的复杂性和功耗。

由于智能超表面的命名并不统一，本书将使用 RIS 来指代任何类型的智能超表面。

7.2 发展历史和研究现状

7.2.1 技术的起源和发展

第六代无线网络，其目标是满足比 5G 更严格的要求，如超高的数据速率和能效、全球覆盖和连接，以及极高的可靠性和低延迟。然而，现有的适应 5G 服务的技术趋势可能无法完全满足这些要求，这些趋势主要包括部署越来越多的活跃节点，如基站（BSs）、接入点（APs）、中继站和分布式天线/远程无线电头端（RRHs），以缩短通信距离，从而实现增强的网络覆盖和容量。但这会导致更高的能耗和部署维护成本在基站/接入点/中继站封装更多天线，以利用巨大的多输入多输出增益，这需要增加硬件和能源成本及信号处理复杂性；迁移到更高的频段，如毫米波（mmWave）甚至太赫兹（THz）频率，以利用其大而可用的带宽，这不可避免地导致部署更多的活动节点，并为其安装更多的天线，以补偿其更高的远距离传播损耗。

鉴于上述问题和限制，迫切需要开发颠覆性的新技术和创新技术，以低成本、低复杂性和低能耗实现未来无线网络的可持续容量增长。除此以外，实现超可靠无线通信的根本挑战来自用户移动性导致的时变无线信道。应对这一挑战的传统方法，要么通过利用各种调制、编码和分集技术来补偿信道衰落，要么通过自适应功率/速率控制和波束形成技术来适应信道衰落。然而，这不仅需要额外的开销，而且在很大程度上对随机的无线信道的控制也很有限，因此无法克服实现高容量和超可靠无线通信的最终障碍。

基于上述原因，为未来 6G 及以上的无线网络寻找创新、节能且经济高效的解决方案仍然迫在眉睫。RIS 成为 B5G/6G 无线通信系统实现智能和可重构无线信道/无线电传播环境的一个有前途的新范例。

智能超表面技术最早由电磁学、材料学的科学家进行研究，之后被引入实际应用中，如电磁隐身材料、全息成像、雷达波束扫描等。智能超表面在 20 世纪就已经被提出，其技术前身是军用雷达和反雷达设备，主要应用于毫米波、太赫兹等高频波段，因此在早期并没有引起移动通信系统的关注。RIS 是由电磁材料构成的人工表面，通过利用电子器件来实现高度可控。本质上，RIS 可以有意控制入射波的反射/散射特性，以提高接收器处的信号质量，从而将传播环境转换为智能环境。由于其有前途的收益，RIS 技术自出现以来受到了各界的广泛关注，被认为是 6G 系统中潜在的关键技术之一。

✦ 7.2.2 研究项目情况

1. 合作研究项目

工业界对 RIS 技术的兴趣高涨，希望通过实施 RIS 并进行商业化以创造新的价值链，与此同时，已经启动了几个试点项目来推进这一新领域的研究。尽管目前的研究状况可能离实现定义的 RIS 还很远，但一些研究人员正在努力实现智能超表面。从概念上讲，它是一种可编程的薄墙纸,也是一种可编程的玻璃,它能够按照要求操纵无线电波。

2017 年,VISORSURF 目标开发一套完整的硬件和软件组件,用于具有可编程电磁行为的智能互联平面物体,即 HyperSurfaces(见图 7.4)。其关键促成因素是超表面,这种人工材料的电磁特性取决于其内部结构。HyperSurfaces 通过嵌入的电子控制元素和定义良好的软件编程接口和工具合并超表面。控制元件接收外部软件命令并改变超表面结构,产生所需的电磁行为。此前,超表面并没有提供一个明确的方式来整合产品和与物联网的互连性。设计和操作超表面仍然是一个非常专业和没有记录的任务,限制了它们在广泛的工程领域的可及性和使用。

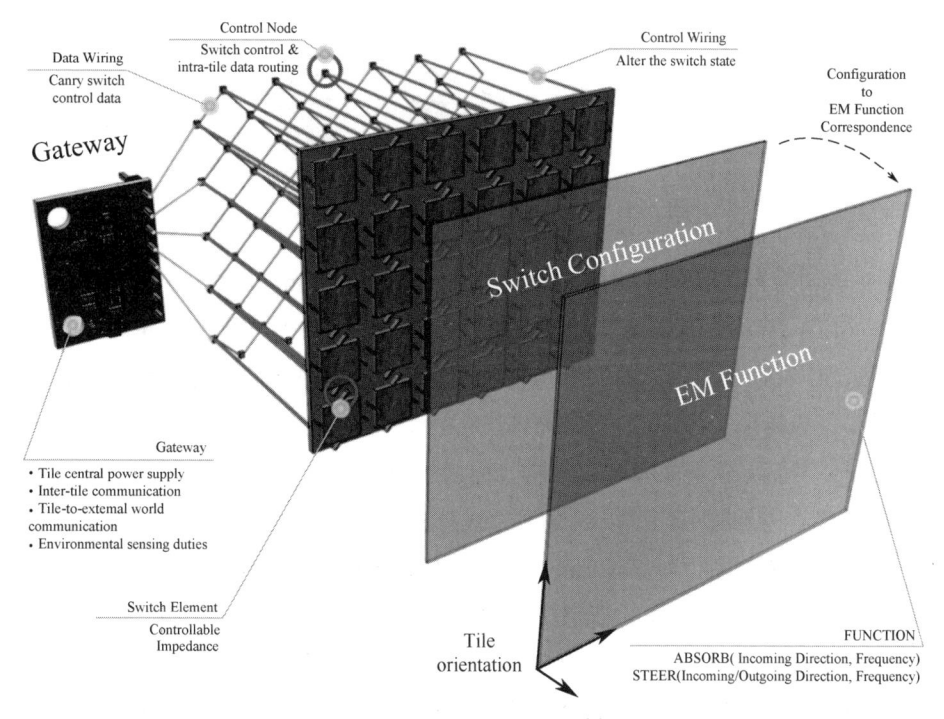

图 7.4 HyperSurfaces 结构图

2018 年 11 月 29 日,在 NTT DOCOMO 与 Metawave 公司合作下,世界上第一个成功的超结构反射器在日本东京都江东区进行演示,如图 7.5 所示。使用 28GHz 频段的 5G 数据通信在位于东京国际交流中心屋顶的 5G 基站(爱立信)和运行实验车的 5G 移动站(英特尔)之间进行测量。演示中使用的超结构反射器,其反射波的反射方向和波束形状是确定的,以便利用这些微小的结构扩大 5G 站点的面积,形成反射阵列平面内的波束。东京国际交流中心为障碍物,不在视线之内。该演示的结果显示,在 Metawave 的超结构反射阵列的位置上，通信速度达到了 560 Mbps，而在没有反射器的情况下，通信速度为 60 Mbps。这使以前无法进行 5G 数据通信的地区，通信质量得到了极大的改善，范围扩展了约 35 米。配备 5G 移动站的车辆的通信速度提高了 500 Mbps。

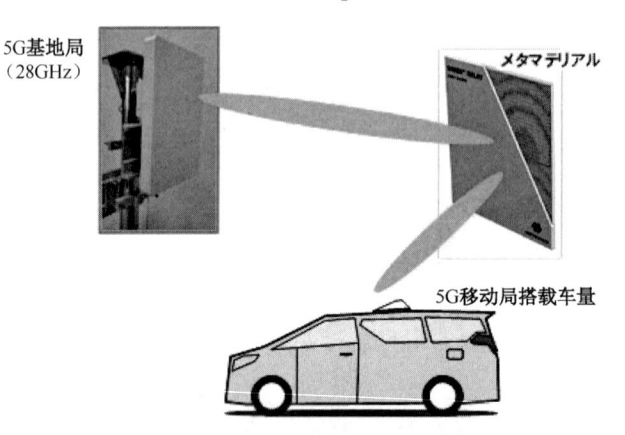

图 7.5　NTT DOCOMO 实验系统配置图

在 2019 年，来自华盛顿州贝尔维尤的 TowerJazz 和 Lumotive 宣布成功展示了用于汽车激光雷达（LiDAR）系统的首个全固态（无任何移动部件）光束转向集成电路。转向概念是基于 Lumotive 的 LCM 技术，通过应用电场控制激光束方向。这个想法最初是由杜克大学超材料和集成等离子体中心主任 David Smith 博士提出的。他提出了全息光束形成的概念。通过在一个表面上建造微型金属结构（称为超材料或超表面），它可以改变这个表面的折射率。当这些结构足够小，可以像微型天线阵列一样工作时，它们会对电场做出响应，并通过施加电信号来控制折射率。Lumotive 与 TowerJazz 的合作是一个重要里程碑，并将使 Lumotive 能够将这一革命性的技术投入生产。

同年，在 2019 年洛杉矶世界移动大会上的 5G 毫米波现场，Pivotal Commware 对其创新和专利 HBF 技术进行了测试，实现了千兆级连接，如图 7.6 所示。首先，他们找到了一个实时的 5G 毫米波（28GHz）5G 基站（gNB），将实验场合设置在酒店的会议室里，因为 gNB 对酒店的大部分会议空间和客房缺乏 LoS（举行演示的会议室对 gNB 完全没有 LoS，而传统上，毫米波被认为是 LoS 技术）。其次，将 Echo 5G 安装在面向街道的窗户上，Echo 5G 是一个可自行安装的窗上精密波束成形转发器，旨在抵消毫米波的渗透、反射和结构阴影损失，因此它可以用毫米波信号温和地覆盖室内。最后，由于 Echo 5G 用户对基站缺少 LoS 不足，在酒店停车场安装了 Pivot 5G 户外网络中继器。Pivot 5G 本质上是一个基站代理，它捕捉、塑造和重定向来自 5G 基站的毫米波信号，绕过建筑物等障碍物，并引导覆盖范围扩大 5G 基站的范围。

图 7.6　Pivotal Commware 演示的设备部署图

测试中，他们使用了一个三星 S10 5G 手机。从会议室内的基准测试开始每个演示，以显示在不使用 Echo 5G 用户和 Pivot 5G 网络中继器的情况下是否可以实现整个 5G。在每个基准测试中，手机要么无法连接到 5G，要么以低吞吐量（<100 Mbps）连接。当打开 Echo 5G 用户和 Pivot 5G 后，立即在 5G 网络上持续实现了 1000 Mbps 的吞吐量，手机位于 Echo 5G 的 LoS 中 15～20 英尺（1 英尺=0.304 8 米）处。为了创造一个更具挑战性的测试，他们搬到了会议室后面的一个走廊里。在那里，手机无法连接到 5G，使用 4G 连接的吞吐量低于 70 Mbps。随着 Echo 5G 用户和 Pivot 5G 的打开，立即持续实现了 800 Mbps 的 5G 吞吐量，手机的位置在 20～30 英尺处，不在 Echo 5G 的 LoS 内。最后，他们转移到第二个走廊的测试地点，离 Echo 5G 用户有 2 个障碍物和 30 多英尺远，此时手机仍然没有发生 5G 的连接。随着 Echo 5G 的打开，实现了 5G 连接，但吞吐量下降到 150 Mbps，这仍然超过了未使用该技术的会议室内的手机的最佳性能。

ARIADNE 项目于 2019 年 11 月 1 日开始，计划将新型高频先进无线电架构和 AI 网络结合起来，以形成一种新型的智能通信系统，超越 5G，如图 7.7 所示。新的智能系统方法是必要的，因为在新的频率范围内，新的无线电属性的规模和复杂性不能用传统的网络管理方法来优化操作。到目前为止，ARIADNE 项目指定其系统模型作为未来调查的基础，这些调查将在项目范围内进行。对 D 波段定向链路的分析，包括考虑合适的信道建模方法和性能评估的方法，另外机器学习技术的应用也进行了初步研究。这为 D 波段 RIS 和可重构天线的应用奠定了基础。

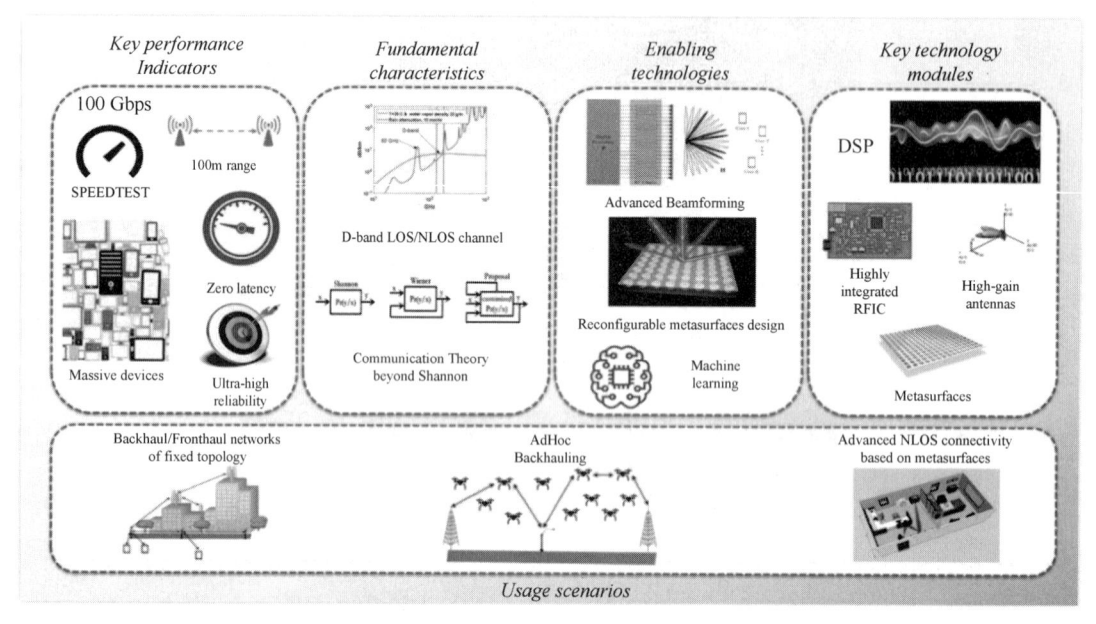

图 7.7 ARIADNE 系统

东南大学崔铁军院士与北京大学李廉林研究员团队利用智能超表面实现了成像仪与识别器，它能够远程监控人类的动作、肢体语言，以及日常生活中的生理状态，为未来的智能家居、人机交互界面、健康监控和安全筛查开辟了新的途径。为了使用单个设备实时完成复杂的连续任务，利用 ANNs 提出了一种能够自适应操控电磁波，采集智能数据，并实时处理数据的智能超表面，其工作原理如图 7.8 所示。三个人工神经网络被用于一个综合的层次结构，将测量的微波数据转化为整个人体的图像，在整个图像中对特别指定的点（手和胸）进行分类，并在 2.4GHz 的 Wi-Fi 频率下实时识别人的手势。

该神经网络驱动的智能超表面能够：① 在全视图场景中对多人进行原位高分辨率成

像；② 将电磁场（包括环境 Wi-Fi 信号）快速聚焦到选定的局部点，避免身体躯干和环境的不良干扰；③ 通过即时扫描感兴趣的局部身体部位，监测现实世界中多个非配合人的局部身体体征和生命体征。所设计的反射式可编程超表面由 32×24 个尺寸为 54×54 mm^2 的数字超原子组成，每个超原子集成一个 PIN 二极管（SMP1345-079LF）进行电子控制。智能超表面包括主动和被动的操作模块。

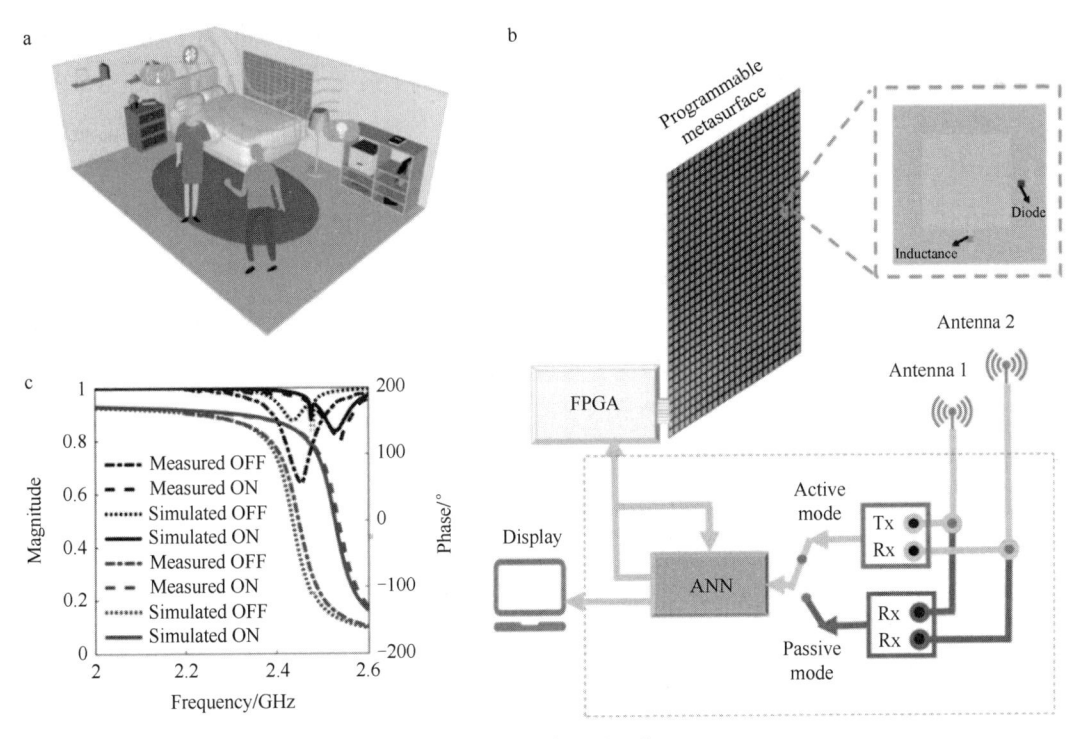

图 7.8　智能超表面的工作原理

实验表明，使用训练过的智能超表面生成被测试人员的高分辨率图像后，从这些图像中可以轻易地识别出被测试人员的身体姿态信息，它还能清晰地检测被测试人员在 5 厘米厚的木墙后面的动作情况。

2020 年 1 月 17 日，NTT DOCOMO 宣布，该公司与全球玻璃制造商 AGC 合作，已成功进行了世界上首次使用 28 GHz 5G 无线电信号的透明动态超表面原型试验。新的超表面在一个高度透明的包装中实现了对无线电波反射和穿透的动态操纵，适合在建筑物和车辆的窗户及广告牌上不引人注目地使用。AGC 根据 DOCOMO 提出和设计的理论模型，使用微加工技术制造了光学透明的超表面。轻微移动玻璃基板可以在三种模式下动态控制无线电波:完全穿透入射无线电波、部分反射入射无线电波和全部反射无线电波。与使用半导体的传统方法相比,这种新设计有两个优势:它允许动态控制,同时保持窗口的透明度,并且有利于基板的放大。

在试验中,无线电波被垂直发射,以测量两种模式的穿透力:第一种模式为完全穿透,即超表面基底和可移动的透明基底相互连接,第二种模式为完全反射,即超表面基底和可移动的透明基底相隔200多微米。在28 GHz下对这两种模式的测试都取得了成功。无线电波在穿透模式下穿过基底,在反射模式下被阻挡,这两种情况下都没有衰减。在目前的测试中,两个基片之间的距离是手动控制的,但在未来的测试中,将使用压电制动器在穿透和反射模式之间高速切换。

2020年2月,MIT公布了由研究人员设计的RFocus超表面原型,如图7.9所示。RFocus原型由3720个廉价的天线组成,这些天线布置在6平方米的表面上。按比例计算,每个天线单元的成本预计只有几美分或更少。超表面的功能可以作为反射镜将一侧的信号反弹至指定位置,也可以作为透镜将穿透的信号折射至指定的位置,但无论何种使用方式,这都是将原本散布在环境中的信号再次集中向目标,让收发器都在无须加大天线或输出功率的情况下,使信号增强达9.5倍之多。不仅可以增强Wi-Fi信号,还能放大5G基站信号及给物联网等小型设备提供数据连接等。RFocus虽然需要特别的控制器来管理上面的微型天线阵列,但由于表面本身不发射新的无线电波,因此该结构在接近被动模式下工作,可以通过低功率电子电路自适应地配置,以便波束形成并能将冲击无线电波分别聚焦到指定的方向和位置。

图7.9 麻省理工学院的RFocus原型机(照片:Jason Dorfman, CSAIL)

2021年1月26日,NTT DOCOMO 和 AGC 宣布他们已经开发出一种原型技术,利用附着在窗户表面的薄膜状超表面透镜(见图 7.10),将从室外收到的 28 GHz 5G 无线电信号有效引导到室内的特定位置。而且这种材料对 LTE 和 sub-6 频段无线电波没有影响,不会影响传统无线频率的性能。

图 7.10 静态亚表面透镜(左)和动态超表面透镜(右)

DOCOMO 和 AGC 还进行了相关试验,将穿过窗户的 28 GHz 信号引导到室内的特定位置,并提高信号的强度。28 GHz 等高频无线电波在长距离传输中具有高衰减,其高指向性导致低绕射(或物体周围的弱弯曲),因此很难穿透窗户,即使能穿透,也会被减弱到无法在室内充分传播以建立无线通信链路的程度。这种新型超表面透镜是由一种人工工程材料制成的,这种材料所具有大量亚波长单位细胞周期性地排列在二维表面上,在超表面基板上以各种形状排列的元素可以附着在玻璃窗上,将无线电信号定向到室内的特定点(焦点)。据说室外基站的无线电波可以在窗户的宽阔表面上被接收到,然后在中继器和反射器的帮助下,有效地传播到建筑物内的特定焦点。

试验证明,超表面透镜(如图 7.11 所示)提高了室内焦点接收的 28GHz 无线电信号的功率水平。此外,试验还证实了控制焦点位置的能力,以及从单焦点切换到双焦点的能力。

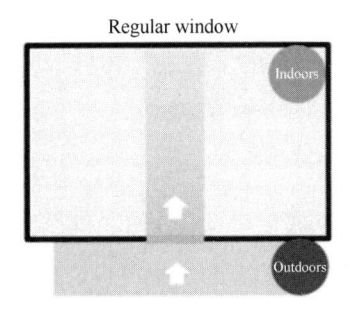

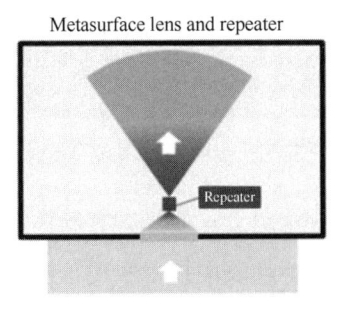

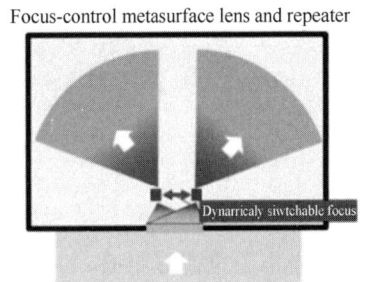

图 7.11 超表面透镜方案

由于蜂窝网络的运行仍然受到无线信道固有限制的制约，2021 年 5 月 1 日，欧盟资助的 PathFinder 项目开启，将试图推动无线 2.0 模式，以使无线信道适应蜂窝网络的运行。该技术允许设计和生产软件 RIS，优化无线信道，并允许从这些信道中控制波。该项目旨在为 RIS 授权的无线 2.0 网络建立理论和算法基础，这将促进无线网络的进一步变革。PathFinder 的首要目标是推导出以下几种模型：① 受物理启发的 RIS/无线电波交互模型，来建立 RIS 使无线 2.0 网络的理论和算法基础。② RIS 网络的通信与信息理论模型。③ RIS 网络的大规模分析模型。④ 算法对 RIS 运行进行设计和优化。⑤ 测量实验验证所开发的模型和算法。这些目标的实现确实可以改变无线网络，推动整个欧洲社会的经济和智力增长，创造新的就业机会，增加收入，简化生活。

同年，华中科技大学尹海帆教授研究团队自主研制的智能超表面无线通信原型系统（见图 7.12）成功打破业界性能记录，在不改变发射信号功率的前提下，实现了接收信号增强 500 倍的实测效果。团队完成了业界首个智能超表面的室外远距离信号传输实验，利用其信号增强作用克服电磁波远距离传播的损耗，实现了 500 米传输距离外高清视频流的实时播放。

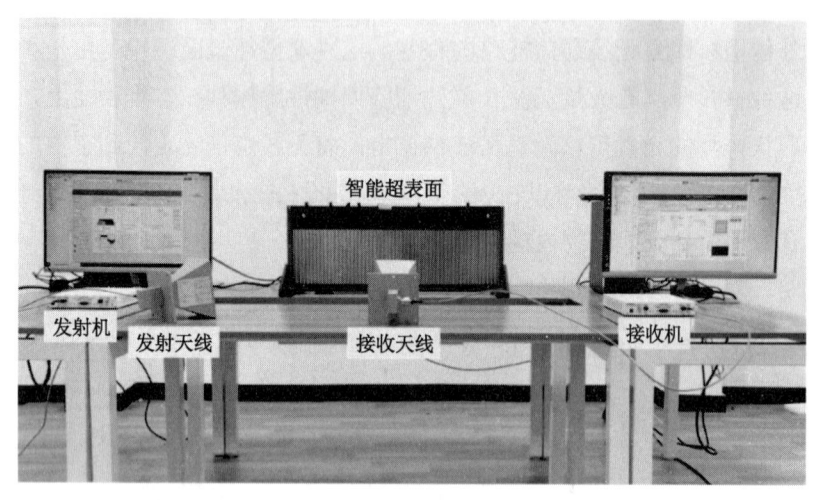

图 7.12　团队研发的基于智能超表面的无线通信原型系统

该团队将 1080p 高清视频从华中科大启明学院亮胜楼通过无线信号传输至 500 米之外的原光电国家研究中心，并基于智能超表面技术实现了接收端信号功率的大幅度提升，从而实现视频流的在线播放，场外测试照片如图 7.13 所示。

图 7.13 外场测试照片

此外，在信号穿墙测试中，智能超表面也获得了 400 倍的信号功率增益，极大地弥补了信号穿墙时的损耗，保证了通信质量。这些实地测试结果表明，智能超表面将有望成为解决 5G 乃至未来移动通信的网络覆盖痛点和高功耗痛点的一个关键技术。

2021 年 6 月底，中兴通讯携手中国联通完成全球首个 5G 中频网络外场下的智能超表面技术验证。测试结果表明：在 5G 中频基站非视距覆盖小区边缘，5G 终端参考信号接收强度提升可达 10dB，5G 小区边缘用户性能提升 40%以上。同时，中兴通讯联合中国电信在上海完成业界首个 5G 高频外场智能超表面技术验证测试测试结果表明，在距离 5G 高频

（26GHz 频段）基站 150 米以上的非视距覆盖盲区或弱区，5G 终端参考信号接收强度提升可达 12.5dB，5G 高频弱区内用户性能改进可达 296%。智能超表面反射技术将为 5G 高频基站网络的深度覆盖提供科学可行的创新技术途径。

7.2.3 智能超表面各方面研究现状

1. 路径损耗和信道建模

RIS 能够改变入射电磁波的幅度和相位，其二维结构和可重构电磁响应使得其在未来的无线网络中具有潜在的应用潜力。一开始的研究工作大多是基于简单的数学模型，认为 RIS 是一个具有相移值的对角矩阵。而目前 RIS 辅助无线通信研究面临的主要问题是缺乏易于处理和可靠的 RIS 物理和电磁模型。RIS 对无线电波的响应尚未从物理学和电磁学的角度进行广泛的研究，这可能会导致相对简化的算法设计和性能预测。建立精确的路径损耗模型是链路预算分析、评估 RIS 辅助系统的性能增益、优化 RIS 结构和部署的必要前提。此前，一些初步的研究工作已经开始尝试建立 RIS 的路径损耗模型。

针对不同的应用场景，借助在暗室中进行的信道测量，推导了 RIS 的路径损耗模型，其测量是通过使用三个工作在 10.5 GHz 以下的 RIS 来进行的，但所提出的路径损耗模型没有给出天线和单晶胞的联合归一化功率辐射方向图的显式表达式。利用天线理论提出了 RIS 辅助链路路径损耗的物理模型，证实了之前的发现。在最小散射天线的假设下，计算 RIS 近场和远场散射场的辐射密度，讨论了路径损耗随传输距离的变化规律，但没有给出平面 RIS 单元的明确描述。通过给出一维 RIS 在远场和近场区域路径损耗的积分和近似闭式表达式，在近场和远场区域观测到不同的变化规律为传输距离和 RIS 的大小的函数。利用格林定理的向量推广，将之前的分析推广到二维 RIS，描述电场和磁场的变化规律与传输距离和 RIS 大小的函数关系。Khawaja 使用无源反射器来增强毫米波通信的覆盖范围。但是，由于无源反射器与 RIS 不同，所提解析表达式不能直接用于表征 RIS 的路径损耗。Gradoni 介绍了一种基于互阻抗理论的路径损耗模型。端到端信道模型以代数形式表示，它代表 MIMO 通信系统。该方法适用于天线为最小散射辐射单元的 RIS，并考虑了天线间的相互耦合。然而，这种方法并不直接适用于平面 RIS。之后，Khawaja 的路径损耗模型被用于系统优化，优化了之前提出的路径损耗模型，提升了路径损耗模型的精度。并提出了两种不同的 RIS 辅助毫米波无线通信的路径损耗测量，用于镜面反射和智能反射。

2. 预编码

通过设计预编码方案，合理设计 RIS 的相位，反射信号可以添加到从其他有路径的接收器接收到的信号中，这有助于最小化传输功率，或者提高传输性能，包括频谱效率，能量接收，遍历容量、符号错误率、信道容量、速率和功率效率等。RIS 增强的物理层安全性已在进行了相关研究。为了提供更好的性能，研究了所需数量的反射元件。为了实际实现，研究人员研究了具有有限分辨率移相器和相位误差的 RIS 的应用。

预编码设计对于促进 RIS 增强的多用户系统中的信息传输也是非常重要的。在现有的工作中，MUI 被认为是一个有害的成分，并尽可能地通过预编码和反射设计来抑制它。然而，最近的研究发现，MUI 也可以被视为有用的信号能量来源，通过符号级预编码技术来增强信息传输，与线性块级预编码相比，它将有害的 MUI 转换为建设性干扰，以提高符号检测性能。有研究者首先设计了用于 RIS 的码元级预编码器，以实现单天线接收机的调制和最小化最大码元误码率（SER）。基于这一发现，提出将符号级预编码和 RIS 结合起来的方法，以享受这两种技术的优势。随后有研究者提出了基站的单比特符号级预编码和 RIS 的相位转移的联合设计，目的是在 PSK 调制下最小化用户的最差符号错误概率。结果表明，与传统的线性预编码和单比特符号级预编码相比，拟议的联合设计可以获得更好的符号错误概率性能。同样为 MSER，通过对 RIS 处的反射元件和发射机处的预编码器进行交替优化，提出了 MSER 预编码和 MMED 预编码。仿真结果表明，在复杂高斯输入的假设下，所提出的反射和预编码设计可以提供比现有设计更低的误码率。

此外，在典型的通信场景中，RIS 由于"双衰落"效应只能获得微不足道的容量增益，为了突破这一基本物理极限，人们提出了主动 RIS 的概念，提出了一种联合发射和反射预编码算法对主动 RIS 和被动 RIS 进行了比较。结果表明，与没有 RIS 相比，现有的被动 RIS 在典型应用场景中仅能实现 3% 的可忽略容量增益，而提出的主动 RIS 可以实现 129% 的显著容量增益，从而克服了"双衰落"效应的根本限制。在远场情况下使用 LIS 时，空间干扰抑制对于实现高频谱效率非常重要。ZF 预编码在实际曲面尺寸上优于 MR，但这种差异是渐近消失的，当使用 ZF 预编码时，可以针对不同的效用函数有效地优化功率分配。

各种先进的优化算法和基于深度学习的方法已经被提出用于 RIS 辅助系统的设计。利用深度强化学习的最新进展，有研究者研究了基站的发射波束成形矩阵和 RIS 的相移矩阵的联合设计，仿真结果表明，所提出的算法不仅能够从环境中学习并逐渐改善其行为，而且与两个最先进的基准相比，还获得了相当的性能。还有研究者研究了一种 RIS 辅助的无线保密通信系统，首次提出了一种基于深度强化学习的安全波束形成方法来实现动态环境

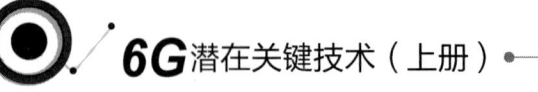

下的最优抗窃听波束形成策略，仿真结果表明，基于深度 PDS-PER 学习的保密波束形成方法可以显著提高系统的保密率和 QoS 满足概率。

3．基于表面的调制和编码

综上可知，RIS 的优势主要用于提高信号的质量，缓解相关信道的相移，没有控制这些相移的任何额外目的。RIS 的一个有前途的应用是将数据调制和编码到它们各自的可重构元件中。RIS 的这种应用可以看作是空间调制和指数调制的一个例子。特别是，最近关于该主题的研究活动构成了基于可重构天线的空间调制概念的概括，该概念已有相关介绍，并进行了工程设计和实现，在此不再赘述。

有研究者提出了利用 RIS 作为无源发射器的概念，RIS 改变反射元件的参数，通过利用附近的射频（RF）信号发生器产生的未调制载波信号来调制和传输信息符号，研究了基于 RIS 的空间调制的误码率；利用 RIS 实现正交相移键控（QPSK）发射机和 8-PSK 发射机的试验台平台已经验证了这一想法。通过研究 RIS 的辐射方向图，既研究了基于 RIS 的空间调制的误码概率，又研究了采用 RIS 的空间移位键控（Space Shift Keying，SSK）和空间调制方案提供的错误概率。结果表明，基于 RIS 的空间调制能够以低错误率提供高数据率。通过将信息调制到 RIS 反射元件的 ON／OFF 状态来应用空间调制原理。有研究者提出了一种基于 RIS 的通信的反射调制方案，其中反射模式和发射信号均携带信息。数值结果表明，所提出的优化方案在误码率方面优于现有解决方案。也有人提出了三种基于 RIS 的不同架构，用于毫米波通信中的 BIM，从而避免了毫米波频率的视线阻塞。有研究者研究了一种 RIS 辅助的通信链路，由于以前的工作大多假定一个固定的 RIS 配置，而不考虑传输的信息，他们证明了通过联合编码发送信号和 RIS 配置中的信息的方案来实现容量，通过提出了一种新的基于分层编码的信令策略，该次优策略在足够高的信噪比下优于无源波束形成。一种新的调制方案是利用 RIS 的相移，以一种有效的频谱方式将额外用户（U2）的数据叠加到普通用户（U1）上，得出了平均误码率的分析表达式。数值结果表明，该方法可以以更高的精度获得 U2 的数据，同时通过设置适当的相移和足够大的单元数量来确保 U1 的数据的准确性。

4．信道估计

在 RIS 增强的无线通信系统中，由于 RIS 提供的巨大的无源波束成形增益是以更多的信道估计开销为代价实现的，CSI 对于实现 RIS 的无源波束成形增益至关重要。然而，之前关于 RIS 的工作主要是在完美 CSI 假设下进行的，这有利于推导出系统的性能上限，但这在实践中难以实现。由于其大量的无源元件没有发射和接收能力，这实际上是一项具有挑战性的任务，需要新的算法和协议来执行信道估计，同时保持 RIS 的复杂性尽可能低，并尽可能避免板上信号处理操作。

与为 RIS 配备专用传感器、接收电路以实现其信道估计的方法相比，基于用户发送并由 RIS 反射的接收导频信号，使用适当设计的 RIS 反射模式来估计 AP 处的级联用户 RIS AP 信道的方法更具成本效益。以前采用这种方法进行 RIS 信道估计的工作都是基于最小二乘法，假设一个简单的逐个元素的 ON/OFF 的反射模式，但这主要有两个主要的缺点。第一，频繁地实现大规模 RIS 元件的 ON/OFF 切换是非常昂贵的，因为这需要对每个 RIS 元件进行单独的振幅控制（除了相移）。第二，RIS 的大孔径没有得到充分利用，因为每次只有一小部分元素被打开，这降低了信道估计的准确性。为了克服上述问题提出了一种新的 RIS 反射（相移）模式，即在信道估计和数据传输阶段，其所有元素都以最大的反射振幅开启，来进行信道估计。并在一个实际的宽带 RIS 增强正交频分复用（OFDM）系统中，连续执行信道估计和反射优化。仿真结果证实了所提出的信道估计和反射优化方法的有效性。

此外，Nadeem 在研究不完全 CSI 条件下 RIS 辅助的 MISO 通信系统方面做出了初步贡献。他们利用了 BS 的大规模衰减统计的先验知识，在 RIS 在多个信道估计子阶段应用一组最佳相移矢量的协议下，得出贝叶斯最小均方误差（MMSE）信道估计。性能评估结果说明了拟议系统的效率，并研究了其对信道估计错误的敏感性。Jensen 介绍了估计从发射机到接收机的级联信道的最佳方法，即包括从发射机到 RIS 的链路和从 RIS 到接收机的链路的组合信道。结果表明，该算法的估计方差比传统方法小一个数量级。将基于 RIS 的系统中的信道估计问题公式化为约束估计误差最小化问题，该问题通过使用拉格朗日乘数法和基于双上升的算法来解决。结果表明，该方法在低信噪比条件下具有更高的精度。还有研究者开发了一种估计级联信道的算法，所提出的方法通过利用级联信道中可用的稀疏性来利用压缩感测方法。

由于 RIS 通常使用大量反射元素，而且没有信号处理能力，信道估计的一个主要挑战是应对估计信道状态信息和向表面报告优化相移所需的开销。通过一种开销模型，可将其纳入系统速率和能量效率的表达式中，然后针对 RIS 的相移、发射和接收滤波器、用于通信和反馈阶段的功率和带宽优化。该框架的特点是在具有 RIS 的网络中，优化的无线电资源分配策略和相关开销之间的权衡。

5．RIS 和中继的比较

当新技术成为人们关注的焦点时，有必要认真研究与类似的成熟技术相比，这些新技术可能提供的潜在优势和局限性。因此，将 RIS 与可能被认为与它们密切相关的传输技术进行比较是明智的。

在一项针对解码和前向中继的 RIS 比较研究中，全面讨论了 RIS 和中继的所有优缺点。

（1）从性能比较的角度来看，得出了结论：如果 RIS 的大小足够大，RIS 可能优于中继。如果考虑通过使用大量廉价天线来实现 RIS，这意味着需要几个天线元件来实现良好的性能，而不需要使用功率放大和信号再生。然而，一个有趣的发现是，就可实现的数据速率而言，被配置为作为简单异常反射器工作的足够大的 RIS 可能优于理想的全双工单天线解码和前向中继。如果考虑其他性能指标，如能效和功耗，如果在不使用有源元件和功率放大器的情况下实现 RIS，增益可能会更大。

（2）RIS 具有比继电器更低的硬件复杂度，尤其是在使用廉价的电子器件进行大规模生产时。最近已经实现一个由 3720 个廉价天线组成的大尺寸 RIS 的原型。

（3）继电器中使用的有源电子元件是造成附加噪声的原因，这种噪声会对传统继电器协议的性能产生负面影响。此外，作为异常反射器的 RIS 不受加性噪声的影响。但是，它们可能会受到相位噪声的影响。如果它们几乎是被动的，RIS 不能放大或再生信号。

（4）中继辅助系统的频谱效率取决于采用的双工协议。被配置为反常反射器的 RIS 不受半双工约束和环回自干扰的影响。此外，元面的表面反射系数可以被设计为最佳地结合从发射器和 RIS 收到的信号。

（5）在继电器中，将可用功率分配到 N 个天线中，使总功率保持恒定。与此相反，在 RIS 中，每个组成元素在通过传输率对接收信号进行缩放后，在不增加噪声的情况下，反射出从发射器接收的相同数量的功率。作为 N 的函数，更有利的缩放规律并不一定意味着 RIS 的性能优于中继。对于一个固定的总功率约束，事实上，作为传输距离的函数的路径损耗也是不容忽视的。

将经典的重复编码 DF 中继与 RIS 进行了比较，所得出的结果是，即使考虑了理想的相移和平坦信道，但 RIS 仍需要数百个可重新配置的单元才能具有竞争力。因此，RIS 需要许多单元来补偿低信道增益。尽管 RIS 所需单元会比中继站多，但在研究中的模拟中击败 DF 中继所必需的具有数百个单元的 RIS 在物理上仍可能很小，因为决定路径损耗的通常是 RIS 的总大小。

值得一提的是，可以在电磁级实现的信号处理比在数字域实现的信号处理更简单。此外，具有高功率效率的基于元表面的 RIS 的实现需要复杂的超表面结构的设计，这是该领域的重要研究方向。

6. RIS 用于新的频段

无线数据流量一直在高速增长，这一趋势预计在未来十年将加速。为了满足该需求，无线行业正在设计未来的无线传输技术和标准，以释放包括毫米波、太赫兹和可见光光谱在内的大量未使用频带提供的潜在机会。与目前使用的微波频率相比，由于波长缩小了几个数量级，在这些高频段，衍射和材料穿透将导致更大的衰减，从而提高了视线传播、反射和散射的重要性。因此，毫米波和太赫兹通信的路径损耗都很大，尤其是当传输路径被障碍物阻塞时。常用的解决办法是增大发射功率或部署额外的网络基础设施，如中继。但中继的特性会导致网络能耗增加，导致硬件复杂度和成本增加。RIS 能够改变入射电磁波的幅度和相位，RIS 的二维结构和可重构电磁响应使得其在未来的无线网络中具有潜在的应用潜力。

毫米波通信具有丰富的频谱资源，能够支持多千兆位无线接入。然而，严重的路径损失和高方向性使它容易受到阻塞事件的影响，这在室内和密集的城市环境中是经常发生的。针对这一问题，引入 RIS 技术，为毫米波信号的覆盖提供有效的反射路径。在这个框架中研究了 RIS 辅助毫米波系统的联合主动和被动预编码设计，其中部署了多个 RIS 来辅助从基站到单个天线接收器的数据传输。分析表明，接收到的信号功率与反射元件的数量呈二次曲线增长，无论是单 RIS 还是多 RIS 的情况。结果还表明，RIS 可以帮助创建有效的虚拟 LoS 路径，从而显著提高毫米波通信中抗阻塞的健壮性。

在室内毫米波环境信道通常是稀疏散射的，并由强大的 LoS 路径主导。因此，当 LoS 路径不存在时，在这种信道上的通信一般来说是非常困难的。因此，有研究者研究了在没有 LoS 路径的室内毫米波环境中利用 RIS 的信道容量优化问题，并提出了两个优化方案，利用 RIS 反射元件的定制能力，以最大限度地提高信道容量。第一个优化方案只利用了 RIS 反射元件的可调整性；第二种优化方案是联合优化 RIS 反射元件和发射相位编码器。仿真结果表明，RIS 反射元件的优化产生了明显的信道容量增益，而且这种增益随着 RIS 元件数量的增加而增加。

THz 通信系统被认为是未来室内应用场景中支持超高速数据传输的一种有前途的替代方案。同样由于存在潜在障碍，室内太赫兹通信的视线通信链路不可靠。可利用 RIS 来提高太赫兹通信系统的反射传输，通过调整 RIS 的所有相移值来改变太赫兹信号的传播方向，然后通过选择最优的相移值来提高求和速率性能。数值结果验证了上述结论，也说明了 RIS 增强太赫兹通信系统的优点。

有研究者研究了无线 VR 网络中，将 RIS 与 VR 用户联系起来的问题。为了提供无缝的 VR 体验，需要持续保证高数据率和可靠的低延迟。首先提出了一个基于熵值风险的新型风险框架，用于速率优化和可靠性能。还提出了一个 RNN 强化学习框架，以捕捉动态信道行为并提高传统 RL 策略搜索算法的速度。仿真结果表明，所提出的方法产生的最大队列长度仅在最佳解决方案的 1%以内。

在光通信中，由于光链路很容易被环境中的障碍物阻挡，所以一直被认为很难直接进行无线通信。RIS 作为一种新型的数字编码超材料，可以通过建立新的链路来显著改善光通信的覆盖范围。一种基于光学 RIS 的可控多分支无线光通信系统通过在环境中设置多个光 RIS，建立多个人工信道，以提高系统性能，降低断电概率。根据数值结果，发现多分支系统的误码率和中断概率下限与单一直达路径系统相比明显降低。因此，光 RIS 辅助的多分支无线通信是以应对光通道障碍的一个有前途的解决方案。

7. 基于机器学习的设计

机器学习已经在许多领域显示出其压倒性的优势，包括计算机视觉、机器人学和自然语言处理，在这些领域，机器学习已经被证明是一个强大的工具。与上述机器学习应用不同，通信的发展极大地依赖于理论和模型，无论信息论还是渠道建模，考虑到通信网络逐渐增加的复杂性，这些传统方法目前显示出一些局限性。因此，对将其应用于通信领域，特别是无线通信的机器学习的研究引起了研究界的兴趣。此外，最近无线研究人员开始研究将基于模型和数据驱动的方法结合在一起的可能性，试图利用它们的优势克服其固有的局限性。机器学习被认为是实现 RIS 赋能的 SREs 愿景的潜在推动者。

最近在室内通信环境中考虑了由可调单元元件组成的 RIS，用于将信号反射聚焦到预期的用户位置。然而，当前的概念验证需要复杂的 RIS 配置操作，这些操作主要通过有线控制连接来实现。由此提出了一种深度学习方法，用于在室内通信环境中部署 RIS 时进行高效的在线无线配置。所训练的 DNN 被输入目标用户处的测量位置信息，以输出 RIS 的最佳相位配置，用于聚焦于该预期位置的信号功率。

RIS 最近也已成为提高无线通信系统能量和频谱效率的有希望的候选者。传统的方法是使用 SDR 技术寻找次优解，但由此产生的次优迭代算法通常会导致高复杂度，因此不适合实时实现。有研究者采用深度学习技术来降低基于 RIS 的无线网络的设计复杂性，仿真结果表明，与基于半定松弛和交替优化的传统方法相比，该方法保持了大部分的性能，同时降低了计算的复杂度。

作为反射阵列，RIS 能够在不需要射频链的情况下辅助 MIMO 传输，从而显著降低功耗。有研究者利用 DRL 的最新进展，研究了基站发射波束成形矩阵和 RIS 相移矩阵的联合设计。实验结果表明，所提出的算法不仅能够从环境中学习并逐步改进其行为，并且具有良好的性能。

RIS 有前途的覆盖范围和光谱效率增益也越来越引起人们的兴趣。然而，要在实践中采用这些表面，需要解决诸如配置无源表面上反射系数的挑战。一种新颖的深度强化学习框架可以用于以最小的波束训练开销预测 RIS 反射矩阵。有研究表明，在线学习框架可以收敛到假设完美信道知识的最佳速率，在这种操作中，表面可以在没有任何基础设施控制的情况下自行配置。

RIS 辅助的 MISO 无线传输系统也是一个重要的研究方向。受到 DRL 在解决复杂控制问题上的巨大成功的启发，开发了一个基于 DRL 的框架来优化 RIS 辅助下行 MISO 无线通信系统的相移设计。结果表明，所提出的基于 DRL 的框架可以以相对较低的时间消耗几乎达到接收信噪比的上限。

8．多址边缘计算

MUEC 是一种网络架构概念，可在任何网络（如蜂窝网络）的边缘实现云计算能力和信息技术服务环境。MEC 背后的基本理念是，通过在离客户更近的地方运行应用程序和执行相关处理任务，可以减少网络拥塞，提高应用程序的性能。最近，一些研究人员研究了 RIS 在这种情况下的应用。

MUEC 系统中的计算卸载构成了支持移动设备上资源密集型应用程序的有效范例。RIS 可以减轻传播引起的损害，它能够提高光谱效率和能量效率。研究 RIS 在 MUEC 系统中的有益作用，通过考虑单设备和多设备场景提出了延迟最小化问题，结果表明，该 RIS 辅助 MUEC 系统能够显著优于没有 RIS 的传统 MEC 系统。

RIS 作为一种新兴的具有成本效益的技术，可以提高无线网络的频谱和能源效率。通过设计一个 RIS 辅助的边缘推理系统，从移动设备生成的推理任务被上传到多个基站并由多个基站协同执行，目标是根据每个基站执行的任务集、基站发射和接收波束成形矢量、移动设备的发射功率和 RIS 相移，最小化网络功耗。也有研究者提出了一个 RIS 辅助的绿色边缘推理系统，其中从资源受限的 MD 生成的推理任务被上传到多个资源增强型基站并协同执行。仿真结果证明了部署 RIS 的最高性能增益，并确认了所提出的算法在降低整体网络功耗方面相对于基线算法的有效性。

7.2.4 研究意义

RIS 被认为是一种很有前途的新技术，可以通过软件控制反射来重新配置无线传播环境。控制周围环境以提供更有利的传播特性的想法代表了研究者们对无线系统设计范式的转变。与其将环境中的反射和散射视为只能随机建模的不可控制现象，不如将其视为可以优化的系统参数的一部分，从而克服无线信道的随机性。

一般而言，无线链路上的可实现速率受调制顺序和空间流数量的限制，两者都是根据当前的信道实现来决定的。调制顺序根据在接收器处感知到的信号强度进行调整，这是信道增益的结果。为了保持低误码率并避免重新传输，蜂窝边缘的用户将被迫使用低阶调制，从而只获得较低的速率。此外，可以根据信道的可用本征模的数目来调整空间流的数目。虽然 LoS 可能具有较高的信道增益，但会受到空间稀疏的低秩信道的影响，从而限制空间流的数量和可实现速率。这些情况可能出现在任何无线网络中，但预计未来的通信系统将受到更强烈的影响。特别是，在未来几代通信系统中使用的更高频带（如 30～100 GHz）的传播特性，这些场景将更频繁地出现。RIS 通过在平面上集成大量低成本的无源反射元件，每个元件以特定的相移反射信号，从而协同的实现定向信号增强或抑制，可用于改变这些场景中的信道实现，是未来无线通信一个很有前途的选择。

7.3 智能超表面的分类

目前，各种 RIS 正在研究和设计中，其中包括用于发射、反射和透射的表面，以及不同调控方式的表面（有源 RIS 与无源 RIS），这些内容将在本节中详细阐述。

7.3.1 按照功能划分

RIS 的一个重要性质就是可重构性，即可以根据需求操纵电磁波，具体地说，超表面应该能实现如图 7.14 中的电磁操纵功能。

（1）反射：这个功能可以将入射的无线电波反射到一个指定的方向，但这个方向不一定与入射方向一致。

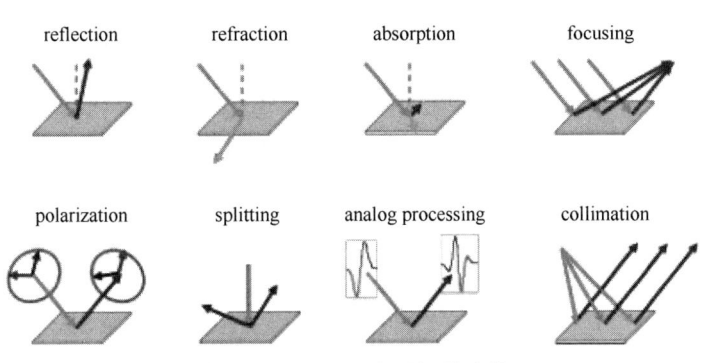

图 7.14　基本的电磁操纵功能

（2）透射：这个功能可以将入射的无线电波折射到一个特定的方向，但这个方向不一定与入射方向一致。

（3）吸收：该功能使给定入射无线电波的反射和折射无线电波为零。

（4）聚焦/波束形成：该功能为聚焦（即集中能量）冲击的无线电波到指定位置。

（5）极化：这个功能为改变入射无线电波的偏振（例如，入射的无线电波是纵向电偏振，反射的无线电波是横向磁偏振）。

（6）准直：这个功能为聚焦的补充。

（7）分裂：这个功能为一个给定的入射无线电波创建多个反射或折射无线电波。

除此之外，通过使用有源器件可以使得超表面具有发射电磁波的功能，基于此可将 RIS 进行如下分类。

1）用于发射的 RIS

如图 7.15 所示为基于 RIS 的发射机通用架构，图中的 R1，R2…为宏单元，它是由 RIS 中的多个散射单元组成的（具体数量根据要实现的功能和采用的技术确定），可以看作是实现基于 RIS 发射机的基本单元。以 8PSK 调制为例，宏单元需要能够实现八种不同的相移，这些相移对应于传统 PSK 调制器所调制的相移，这是通过设计构成宏单元的散射元件来实现的。如图 7.15 所示，通过馈线向 RIS 发送未调制的信号，RIS 对发来的信号进行适当的反射来实现调制。为了对信号进行调制，RIS 由编码器控制，编码器输出用于配置 RIS 的两种数据流。第一个数据流用于设置每个宏单元的反射系数（R_1，R_2，…），每个反射系数对应于 8PSK 调制的一个相移。第二个数据流对应于传统调制符号。这两个数据流用于同时控制在给定时间内被激活以供传输的宏单元（图 7.15 中 R3，R5，R6，R12）和它们发射的调制信号（图 7.15 中 R3，R5，R6，R12 反射的光束）。图 7.15 中的发射机架构是足够通用的，可以实现多种基于 RIS 的发射机。

（1）基于 RIS 的调制：假设与 RIS 状态相对应的数据流只控制宏单元是激活还是未激活，这意味着每个宏单元的反射系数分别仅为 1 或 0。在任何传输实例中，只有一个宏单元被激活。此外，假设调制符号的数据流包含一个 PSK 符号。然后，可以使用图 7.15 中基于 RIS 的发射机方案来实现基于其的空间调制和索引调制，其中发送的数据被编码到激活的宏单元和 PSK 调制符号上。空间调制的这种具体实现是有吸引力的，因为可以在 RIS 上部署许多宏单元，从而使得大量的比特可以调制到宏单元的开关状态上。

（2）基于 RIS 的多流发射机：假设与 RIS 状态相对应的数据流控制每个宏单元的反射系数，从而模拟 PSK 调制。此外，调制符号的数据流是不启用的，即 RIS 不通过这个控制信号接收任何比特。可以使用图 7.15 中的发射机方案来实现基于 RIS 的空间多路复用，其中同时传输的数据流的数量取决于激活的宏单元的数量。一般情况下，数据流数量越大，RIS 的控制和配置网络的复杂度越高。在相关研究中可以找到基于 RIS 的多流发射机的现有原型例子。这种空间复用的具体实现是有吸引力的，因为多个数据流同时传输，仅仅采用单个馈线，即单个功率放大器和单个 RF 链。

（3）基于 RIS 的编码：假设与 RIS 状态相对应的数据流控制每个宏单元的反射系数，从而模拟一组离散的值。一般来说，考虑所有宏单元同时被激活。另外，假设数据流中的调制符号属于给定星座图中的符号。那么，利用图 7.15 中的发射机方案，可以实现将数据联合编码到调制符号 x_1, x_2, $\cdots$ 和宏单元反射系数 R_1, R_2, $\cdots$ 上。最近有研究者从信息理论的角度研究了这个实现，证明了在调制符号和 RIS 的配置上联合编码信息，作为信道状态信息的函数，与不利用 RIS 的配置进行数据调制的基线方案相比，发射机方案提供了更好的信道容量。这个结果是很重要的，因为它证明了从信息理论的观点来看，接收功率最大不一定是最优的。

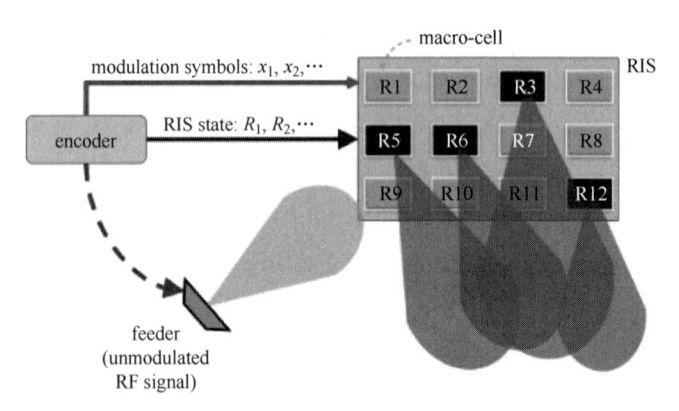

图 7.15 基于 RIS 的发射机通用架构

基于这三个示例，还可以实现其他几个发射机，它们都利用了通过简单的射频馈线对 RIS 发射的无线电波进行整形这一特性。

2）用于反射的 RIS

如图 7.16 所示为用于反射的 RIS 的典型架构，该 RIS 由一个智能控制器和三层电路板组成。在外层，大量的金属片（元件）被印刷在介电基板上，与入射信号直接相互作用。在该层的后面，使用铜板来避免信号能量泄漏。最内层是一个控制电路板，负责调整每个元件的反射振幅/相移，由附在 RIS 上的智能控制器控制。在实际中，FPGA 可以作为控制器，它还充当网关，通过单独的无线链路与其他网络组件（如 BSs、APs 和用户终端）进行通信和协调，以便与它们进行低速率信息交换。

图 7.16 给出了单个元件结构的一个示例，其中 PIN 二极管嵌入在每个元件中。通过直流馈电线路控制其偏压，PIN 二极管可以在等效电路中所示的"开"和"关"状态之间切换，从而产生 π 的相移差。因此，通过智能控制器设置相应的偏置电压，可以独立地实现 RIS 元件的不同相移。为了有效地控制反射振幅，可在元件设计中采用可变电阻负载。例如，通过改变每个元件中电阻的值，入射信号能量的不同部分被耗散，从而在[0,1]中实现可控反射振幅。在实践中，期望对每个元件的振幅和相移进行独立的控制，为此，需要有效地集成上述电路。

虽然连续调谐 RIS 元件的反射幅度和相移对于通信应用肯定是有利的，但是在实际实现中成本很高，因为制造这种高精度元件需要复杂的设计和昂贵的硬件，同时元件的数量会变得非常多。例如，如图 7.16 所示，为了实现 16 级相移，每个元件需要集成 4 个 PIN 二极管。由于元件尺寸有限，这不仅使元件设计极具挑战性，而且还需要更多来自智能控制器的控制引脚来激励大量 PIN 二极管。因此，对于通常具有大量元件的 RIS，只实现离散的幅度/相移级更具成本效益，每个元件需要少量的控制位，例如，1 位用于两级（反射或吸收）幅度控制，或两级（0 或 π）相移控制。注意，这种粗略量化的幅度/相移设计不可避免地会导致指定接收器处的 RIS 反射和非 RIS 反射信号不对准的问题，从而导致一定程度的性能下降。

3）用于透射的 RIS

最近出现了一种新的 RIS——IOS，IOS 不仅具有反射信号的功能而且可以进行透射，从而为表面两侧的移动用户提供全方位的通信服务。与 IRS 相似，IOS 是一个二维的散射元件阵列。如图 7.17 所示，每个可重构元件由均匀分布在电介质衬底上的多个金属片和 N 个 PIN 二极管组成。金属贴片通过 PIN 二极管接地，PIN 二极管可根据预定的偏置电压在其通断状态之间切换。PIN 二极管的开/关状态决定了 IOS 对入射信号的相位响应。每个金属贴片最多能在入射信号中引入 2^N 种不同的状态,从而产生不同的相移,并且这些相移是均匀分布的。当信号从表面的任意一侧撞击到 IOS 的这些可重构元件中的一个时,入射功率的一部分被反射,并向撞击信号的同一侧和相反一侧传输。

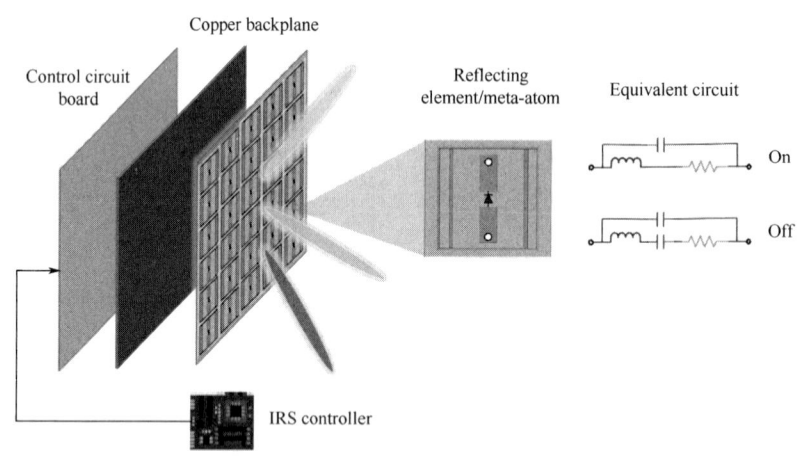

图 7.16　用于反射的 RIS 典型架构

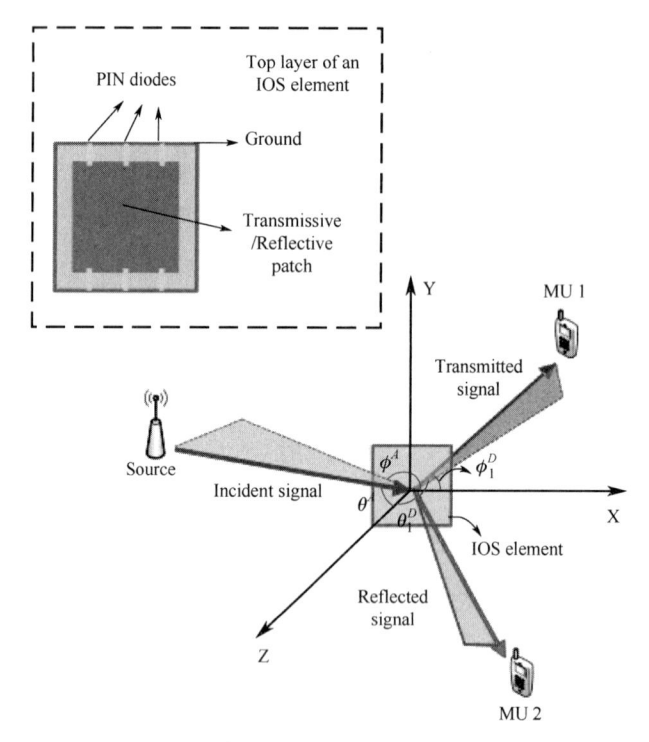

图 7.17　单个元件的 IOS 的反射和透射

IOS 的可重构元件对入射信号的响应是一个复数值。特别是，响应取决于入射方向、离开方向（反射或透射）和 IOS 元件所诱导的相移。每个元件的响应幅度与每个元件的尺寸及入射角和离去角上的辐射功率有关。在图 7.17 所示为撞击到 IOS 的可重构元件上的信号方向，以及由 IOS 的可重构元件向移动用户重新发射的信号方向。需要指出的是，反射和透射信号的幅度可能不同。IOS 的反射和发射信号之间的功率比是由可重构元件的结构和硬件实现所确定的。此外，反射和透射信号引起的相移可以不同，这也与元件的结构和硬件实现有关。

除此之外，一些文献研究了使用 RIS 作为透镜以辅助近场环境下的定位，传统的定位算法通常是使用基于 AOA 和 TOA 等中间量估计的，但这种解决方案需要发射机和接收机之间的多次交互以及极其精确的系统同步，这可能会减少通信的可用带宽，并具有较高的成本。一种可能的替代解决方案是从与移动节点（源）发射的信号相关联的球面波前推断发射器位置，虽然在远场传播状态下，波前是平面的，并且只有 AOA 信息可以使用天线阵列来推断，但是当在近场状态（菲涅耳区）下操作时，波前往往是球形的，并且距离信息，如位置，也可以从中推断出来。而 RIS 可以直接在电磁层面对其波前进行操纵以实现低复杂度的定位功能，有研究者比较了以下三种不同的结构：带有信号天线的 RIS 透镜、带有多个天线的不可重构透镜和标准平面阵列。结果表明，使用硬件复杂度较低的大型 RIS 透镜可以实现更精确的定位。虽然目前对这方面的研究较少，且没有具体的概念架构，但这仍然为未来 6G 中实现低成本的定位功能提供了一个有效的解决方案。

7.3.2 按照调控划分

RIS 可根据调控方式的不同，如根据 RIS 所调控的是电磁波的磁特性还是电特性，分为有源表面和无源表面。

1. 无源 RIS

目前广泛研究的 RIS 实际上是无源的。无源表面之所以有吸引力，是因为它能够在不使用任何功率放大器或射频链，也不应用复杂的信号处理的情况下，对撞击它的无线电波进行整形并转发输入信号，具体如图 7.18（a）所示，无源表面包括大量无源元件，每个无源元件能够以可控相移反射入射信号。无源元件由一个反射贴片组成，贴片端接一个阻抗可调电路，用于相移。由于是无源工作模式，无源表面元件实际上消耗零直流功率，因此引入的热噪声可以忽略不计。此外，无源表面可以在全双工模式下工作，没有显著的自干扰或增加的噪声，并且只需要低速率控制链路或回程连接。最后，无源表面结构可以很容易地集成到无线通信环境中,因为极低的功耗和硬件成本允许它被部署到建筑立面、房间和工厂天花板、笔记本电脑机箱甚至人类服装中。

2. 有源 RIS

与无源表面类似,有源表面也可以按需求对入射信号进行反射,如图 7.18(b)所示。与只反射信号而不放大信号的无源表面不同,有源表面可以进一步放大反射信号。为了实现这一目标,有源表面元件的关键组件是额外集成的有源放大器,这可以通过许多现有的有源组件来实现,如电流反相转换器、不对称电流镜,甚至一些集成芯片。另一方面,有源表面可嵌入 RF 电路和信号处理单元,以实现收发器的作用。同时,通过将越来越多的软件控制天线元件封装到有限尺寸的二维(2D)表面上,这可以看作是传统大规模多输入多输出系统的自然发展。有源表面的实际实现还可以是无限数量的微小天线元件与实现连续天线孔径的可重构处理网络的紧凑集成。通过利用全息原理,这种结构可用于在整个表面上发送和接收通信信号。另一种有源表面的实现基于分立的光子天线阵列,集成有源光电探测器、转换器和调制器,用于传输、接收和转换光或射频信号。

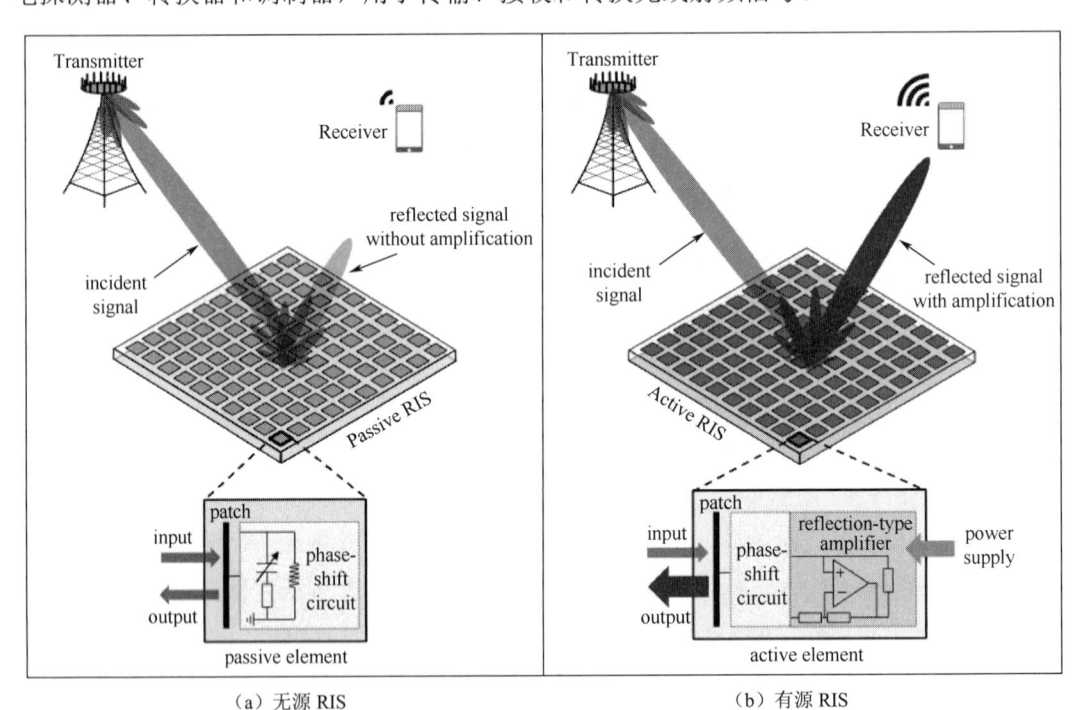

(a)无源 RIS

(b)有源 RIS

图 7.18 无源 RIS 和有源 RIS 比较

7.3.3 按照响应参数划分

目前，RIS 在通信中的研究一般是将其建模为一个对角矩阵，即 $\Phi = \mathrm{diag}(\beta_1 e^{j\phi_1}, \cdots, \beta_N e^{j\phi_N})$，其中，$N$ 表示 RIS 中的单元数，$\{\beta_1, \cdots, \beta_N\}$ 和 $\{\phi_1, \cdots, \phi_N\}$ 分别表示 RIS 单元的振幅系数和相移。根据 $\{\beta_1, \cdots, \beta_N\}$ 和 $\{\phi_1, \cdots, \phi_N\}$ 的离散和连续性，可将 RIS 分为离散表面和连续表面。对于离散表面，响应参数只能取离散值，而这会使其在实际应用中出现一定的性能损失；对于连续表面，由于要实现无限多的幅度和相移值，使得表面上集成的元件数增多，成本及实现难度增大，目前已经有很多对离散表面和连续表面的性能的研究，这部分内容将在 7.6 节中详细阐述。

除此之外，根据 $\{\beta_1, \cdots, \beta_N\}$ 和 $\{\phi_1, \cdots, \phi_N\}$ 的可变性，可以将 RIS 分为幅控表面、相控表面和幅相联合控制表面。对于幅控表面，$\{\phi_1, \cdots, \phi_N\}$ 是固定的，只有 $\{\beta_1, \cdots, \beta_N\}$ 可以变化；对于相控表面，$\{\beta_1, \cdots, \beta_N\}$ 是固定的，只有 $\{\phi_1, \cdots, \phi_N\}$ 可以变化；而对于幅相联合控制表面，$\{\beta_1, \cdots, \beta_N\}$ 和 $\{\phi_1, \cdots, \phi_N\}$ 都是可以变化的。

7.4 6G 中有前景的应用

从 5G 至 6G，移动通信系统在不断发展，许多关键技术都在其中发挥着重要的作用。MIMO 技术演进至今，规模不断扩大，在提高性能的同时也带来了一些问题，如复杂度高、硬件成本高、能耗较大。因此，在 6G 中需要开发更灵活的硬件体系结构，寻找能源效率高、频谱高、成本低的解决方案。RIS 是 6G 中一种非常有前景的技术，可以辅助通信、节约成本，并且还具备一些非通信的用途。

7.4.1 辅助通信

1. 增强覆盖

超表面由亚波长金属或介电散射粒子的二维阵列组成，可以通过不同的方式转换入射到它上面的电磁波。通过在无线通信环境中引入 RIS，建立了基于 RIS 的智能无线环境。它既可以通过调节超表面有效控制入射信号的幅度、频率、极化方式和相位，也可以实现覆盖增强，而且不需要复杂的编译码和射频处理操作。

如图 7.19 所示，当用户位于信号无效区域中，障碍物阻塞了用户与其服务基站之间的 LoS 路径。此时若部署与基站和用户都具有直视路径连接的 RIS，则可以使信号绕过障碍物，从而创建一条虚拟 LoS 路径连接。通过这种方法可以扩展易受室内阻塞影响的毫米波通信的覆盖范围。

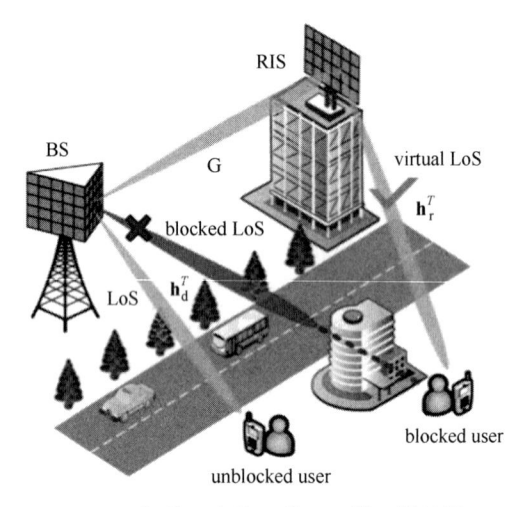

图 7.19 部分用户位于信号无效区域的情况

2. 增强物理层传输的安全性

目前已有大量利用 RIS 提高无线通信物理层的安全性的研究。在 Wyner 提出的最简单的窃听信道中，发送器和合法接收器进行通信，并通过窃听者进行窃听。这个简单的模型已经扩展到广播窃听信道、复合窃听信道、高斯窃听信道和 MIMO 窃听信道。

可以利用 RIS 提高用户的数据速率，减少窃听者的数据速率，以提高通信安全性。前者和后者传输速率经过改良，被称为保密数据速率。

很多研究者都在这个方面进行了研究，例如，J. Chen 等人研究了多个合法接收者和多个窃听者的情况。H. Shen 等人研究了在窃听者存在的情况下，多天线基站与单天线合法用户之间的通信。H. Yang 等人研究了一个 RIS 辅助的无线安全通信系统，部署 RIS 保证多个合法用户在多个窃听者存在的情况下的安全通信。为了提高系统的保密率，考虑不同的服务质量要求和时变信道条件，提出了一个联合优化基站波束形成和 RIS 反射波束形成的设计问题。

RIS 的波操纵具有一定的灵活性，体现在它可以同时向预定接收器产生增强光束，并且向非预定接收器产生抑制光束，这可以用来增强无线通信中的物理层安全性。如图 7.20 所示为 RIS 用于改进物理层安全性的应用，当从 BS 到窃听器的链路距离小于到合法用户的链路距离时，或者窃听器位于与合法用户相同的方向，即使在后一种情况下通过在 BS 处采用发射波束成形，可实现的保密通信速率仍然高度受限。然而，如果 RIS 部署在窃听器附近，则 RIS 反射的信号可以被调谐以抵消来自窃听器处的 BS 的（非 RIS 反射的）信号，从而有效地减少信息泄漏。

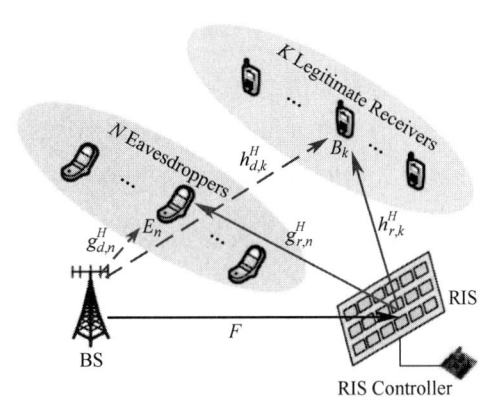

图 7.20　RIS 用于改进物理层安全性的应用

3. 增秩

超表面被实现为离散散射元件的组。每个元件（也称为超原子或晶格）都有能力向入射波引入相移。局部表面相位的变化是通过调节表面阻抗来实现的，该表面阻抗能够操纵入射波。这种操作会造成相位不连续，需要在表面上突然改变相位。RIS 遵循广义 Snell 定律，其离散结构提供了极大的设计灵活性。RIS 辅助的无线通信系统是一个全新的领域，有很多方面仍未被探索。

在每个用户配备单个天线的情况下，RIS 具有通过添加可控多径来改善条件较差的多用户 MIMO 信道的能力。学者们研究了具有莱斯衰落信道的 RIS 辅助的点对点多数据流 MIMO 设置。

事实上，RIS 辅助的单用户 MIMO 系统具有增秩能力，同时可以通过优化相移来保持相干相位对准。点对点 MIMO 通信的经典瓶颈之一是空间复用提供的容量增益仅在高 SNR 时大，并且高 SNR 信道主要出现在信道矩阵具有低秩的 LoS 场景中，因此不支持空间复用。在 LoS 环境中使用和优化 RIS 可以提高信道矩阵的秩，从而大幅提高容量。

RIS 通过添加具有明显不同空间角度的多路径来丰富传播环境，即使在直接路径具有低秩的情况下也能获得复用增益。它的性能在很大程度上取决于信道路径损耗和展开角度。为了发挥出 RIS 的全部潜力，需要对它进行仔细部署，并且必须正确选择 RIS 中的相位，否则传输速率会降低。

4. 减小电磁污染

天然和人为的各种电磁波的干扰及有害的电磁辐射都是电磁污染。随着无线通信技术的蓬勃发展，射频设备功率成倍增加，地面上的电磁辐射也在大幅度增加，对人体的健康造成了威胁。

RIS 近乎无源的特性为重新定义通信的概念提供了独特的思路。在这种通信概念中，信息可以在不产生新的电磁信号的情况下，通过回收现有的无线电波来进行交换。部署额外的网络基础设施和使用更多的频谱会增加人类的电磁暴露水平，RIS 可能对减少电磁污染和降低人类的电磁暴露水平非常有利，因此电磁敏感的环境中也可以部署 RIS，如在医院中。

虽然未来的医院可能会部署大量传感器，但这种巨大的连通性可能不是 RIS 在这种应用中的主要目的。医院对电磁辐射更敏感，因此无线电强度必须足够低，以符合非常严格的规定。在这种情况下，RIS 可以发挥关键作用。它通过将信号从敏感区域转移出去，可以在不影响通信质量的情况下控制有害辐射。

5. 提升性能

目前设计的无线网络环境是自然固定的，设计时通常依赖于优化所谓的通信链路端，如发射机和接收机。因此，在过去几十年中，为了提高无线网络的性能，人们提出了许多先进的技术，其中包括基于使用的先进调制/编码方案和协议。例如，在发射机处使用多个天线、强大的传输和重传协议，以及在接收机处使用稳健的解调和解码方法。另一方面，无线环境通常被建模为一个无法控制、只能适应的外部实体。根据这种设计模式，通信工程师通常根据无线信道的具体特性来设计发射机、接收机和传输协议，以达到预期的性能。例如，配备有多个辐射元件的发射机可以根据其工作的无线信道的特定特性进行不同的配置，以便在空间复用、空间分集和波束形成增益方面实现所需的权衡。

事实上，虽然环境是自然生成的，但它可以通过设计进行编程。因此，为了补偿无线信道的影响和/或为了利用无线信道的特性，当前无线网络设计的总体范式包括在发射机处预处理信号和/或在接收机处后处理信号。RIS 为无线研究人员提供了更多设计和优化无线网络的机会，这些网络建立在无线环境所扮演的不同角色之上。事实上，RIS 能够在无线电波由发射机发射之后、在接收机观察到它们之前，对冲击到它的无线电波进行整形，在一定原则上，它可以按照人们的愿望定制无线环境，以满足特定的系统要求。因此，无线环境不再被视为随机的不可控制的实体，而是作为网络设计参数的一部分，这些参数要经过优化，以支持不同的性能指标和服务质量要求。

如图 7.21 所示的通信理论模型是一种 RIS 辅助的 SRE 模型，该 SRE 利用 RIS 的状态来定制无线环境，同时与发射机联合编码信息。在该设置中，无线环境的转换概率取决于影响无线信道的 RIS 的状态和由发射机根据 RIS 的状态编码的数据。与普通的模型相比，执行联合发射机 RIS 编码的模型通常可以产生更好的信道容量。

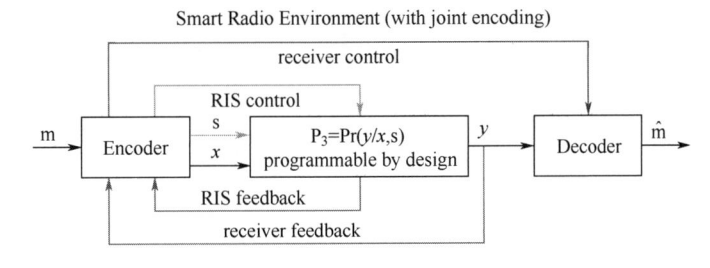

图 7.21 RIS 辅助的 SRE 模型

总而言之，无线网络的最终性能限制可能还没有达到。最新的研究证明，通过对发射机、接收机和环境的共同优化，可以进一步提高点对点无线通信系统的信道容量。特别是，信道容量可以通过利用 RIS 作为除发射机外的额外信息编码和调制的手段来提高，使系统性能得到明显增强。

7.4.2 节约成本

由于具有以下几个方面特性，在通信系统中使用 RIS 可以大幅度降低成本。

1. RIS 具有二维结构

如图 7.22 所示的 RIS 模型为人造材料的二维结构，其横向尺寸远大于其厚度。通常，RIS 的横向尺寸比无线电波的波长大得多（例如，比波长大几十倍或几百倍，这取决于实现的函数），它的厚度比无线电波的波长小得多。由于这个原因，RIS 通常被认为是一种电磁材料的零厚度薄片。该二维结构使 RIS 更容易被设计和部署，损耗更小，实现成本更低。

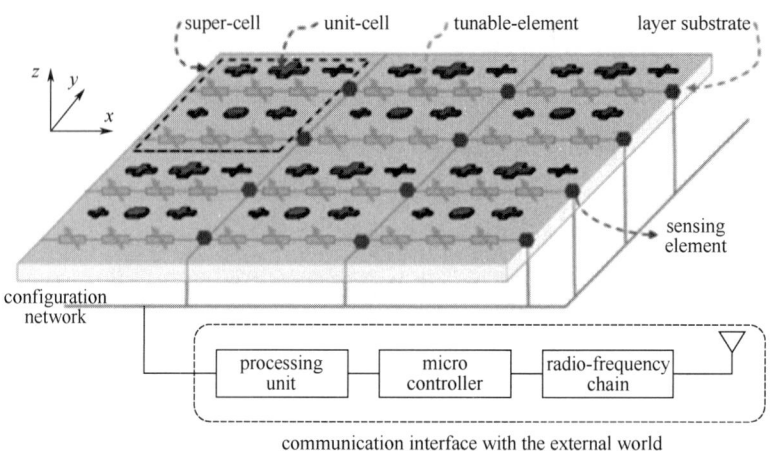

图 7.22　二维结构的 RIS 模型

2．RIS 的制造材料

为了实现和制造近无源的 RIS，创新的环保超材料的使用为构建未来的可持续设计无线网络创造了可能。未来制造 RIS 的材料对环境影响很小并且高度可回收，具有很高的成本效益。

3．RIS 可以代替大规模天线阵

RIS 是一种薄的二维表面，可以用不同的方式实现。最好的选择可能是使用由超材料组成的超表面，这些超材料具有不寻常的电磁特性，可以在不需要传统 RF 链的情况下进行控制。事实上，RIS 具有大量的反射元件，当同时考虑信道估计误差和空间相关的多用户干扰时，通道硬化效应与 massive MIMO 系统相似。此外，热噪声、干扰和信道估计误差造成的损伤随着 RIS 反射面数量的增加而变得可以忽略不计。也就是说，RIS 的性能可以与 massive MIMO 系统的性能相媲美。

目前，MIMO 的波束赋形需要进行调相，每个天线阵元需要有多个移相器，这涉及多路数据的叠加问题。例如，有 1 路原始数据和 8 个天线阵元，这实际上是 1 至 8 的映射。把 1 路数据分成 8 路需要有分路器，这 8 路上每路有 1 个移相器调整相位，再把其馈到天线阵元上去。当有多路原始数据时，还可能会需要合路器合并数据流。而这些器件并不廉价。目前的天线阵规模较小，成本还在可以承受的范围之内。但随着高频技术在 6G 中的应用，如太赫兹技术的普及，导致成本会大幅度提高，这是因为太赫兹传输波长小，支持的天线阵规模变大，所需要的器件的数量也变多了。与传统的有源 MIMO 阵列相比，大型

RIS 通常不需要这些元件，因此可以以非常低的成本和能耗进行生产，用它来代替大规模天线阵可以减少成本。

4．调制信息

无线发射机在现代无线通信系统中起着至关重要的作用，在过去的几十年，无线通信系统的发展取得了巨大的进步。然而，尽管电子技术发展迅速，但在发射机架构的设计方面却很少有根本性的创新。当今大多数高性能发射机仍然依赖于传统架构。传统无线发射器如图 7.23（a）所示，其中每个 RF 链需要一个 PA、两个混频器和几个滤波器。当它应用在 UM-MIMO 中时，具有极高的硬件成本和功耗。为了解决上述问题，有许多学者对此进行了研究。有学者提出了直接天线调制技术，即利用时变天线直接产生调制的 RF 信号，极大地简化了硬件结构。然而，这样的架构只支持几个低效的基本调制方案，如 OOK 和 FSK。与直接天线调制技术类似的技术是直接移相器调制技术，它通过紧凑的结构来实现相位调制，但是由于移相器的更新速率较慢，因此传输速率较低。

RIS 可以用来调制信息，具体原理及有关内容已经在 7.3 节详细介绍，在此不再赘述。如图 7.23（b）所示展示了基于 RIS 的无 RF 链无线发射器，旨在从根本上降低 UM-MIMO 和太赫兹通信系统中的硬件复杂性。利用这种结构，单音载波信号通过馈电天线通过空气馈送到辐射元件（单元）。然后将数字基带直接映射到控制信号上，调整 RIS 各单元的反射系数，从而实现对反射电磁波的调制。例如，PSK 调制可以通过向 RIS 施加不同的控制信号来实现，以对反射的 RF 信号进行不同的相位操作。原则上，由于每个单元的幅度和相位响应可以由专用 DAC 独立控制，无 RF 链无线发射器可以同时产生多通道 RF 信号，从而实现先进的信号处理方法，如空时调制和波束控制，用于 MIMO 和未来的 UM-MIMO 技术。同时，这种无 RF 链的范例只需要一个窄带 PA 来管理空气馈电载波信号的发射功率，无论使用多少个信道都不需要混频器和滤波器。与图 7.23（a）中的传统无线发射器相比，这种无线发射器大大减少了硬件复杂性和制作成本。此外，这种无线发射器中的 PA 只需放大单音载波信号，而无须放大调制宽带信号，因此，它是一种很有前途的技术，可以规避 PA 的非线性问题。

总的来说，无 RF 链式发射器可以有效降低硬件成本，降低能耗，简化集成过程。虽然图 7.23（b）所示的体系结构基于反射型 RIS，但是类似的体系结构也适用于透射型 RIS。

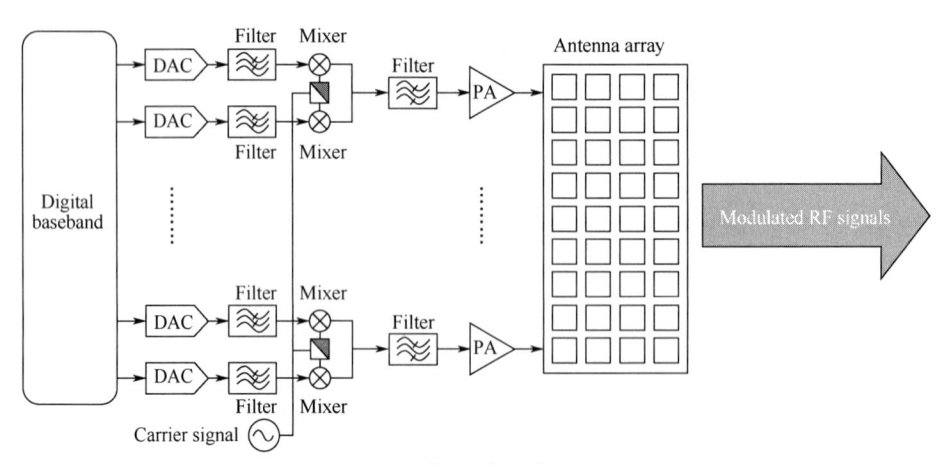

（a）传统无线发射器

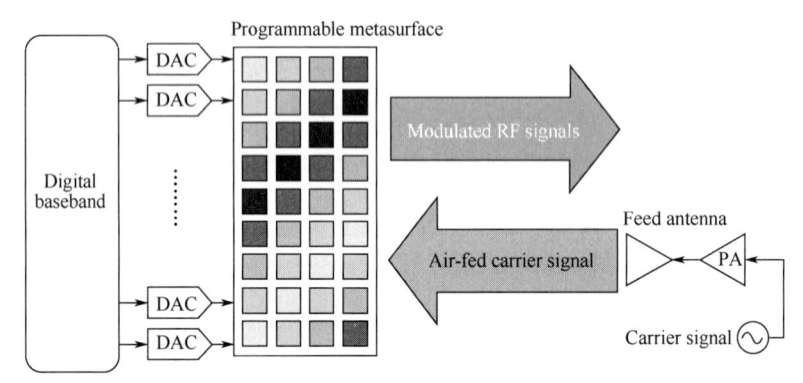

（b）基于 RIS 的无 RF 链无线发射器

图 7.23　传统无线发射器和基于 RIS 的无 RF 链无线发射器对比

7.4.3　非通信用途

1. 无线电能传输

无线电能传输可以在不使用导线作为物理链路的情况下传输电能。在无线电能传输系统中，发射机（由来自电源的电能驱动）向接收器产生时变的电磁场，接收器从该场中提取电能并将其提供给电能负载。无线电能传输技术可以省去电线和电池的使用，从而增加电子设备的移动性、便利性和安全性。因此无线电能传输受到了研究界的广泛关注。

RIS 作为一种人工电磁表面结构，由亚波长单元按非周期或周期排列而成。其中每个单元的各向异性、电响应、磁响应等特性都可以独立控制，可以实现对电磁波的散射、传导、辐射等特性的几乎任意的调控。由于它可共形、剖面低、损耗小，不仅能够大幅度提高现有电磁器件的性能，还可以实现传统器件无法实现的新功能。

RIS 具有很强的波前重塑能力，可以在远场区域和近场区域对反射波或透射波的幅度、相位、和极化分布进行精确的控制。对于无线电能传输来说，它强大的波前控制能力可以在基于电磁辐射的中远距无线能量传输中发挥巨大作用，很多学者目前正在研究 RIS 在这方面的潜在用途和应用。

2. 定位和传感

未来的无线网络不仅允许人们、移动设备和对象之间进行通信，还将变成分布式智能通信、传感和计算平台。除了连接，更具体地说，这个设想的 6G 平台有望能够感知环境，能够进行本地存储和处理信息，以便提供具有环境感知能力的网络应用和服务。这样的处理可以适应时间紧迫、超可靠和节能的数据传输，以及实现人员和设备的精确定位。因此，除了增强连接能力，RIS 还将在完成补充和支持通信的其他任务中发挥重要作用。由于智能表面可能配备能量收集传感器，RIS 可以一个密集和"毛细管"式的网络，用于感知环境，并创建环境地图，支持各种新兴应用。由于有可能实现大尺寸智能表面，RIS 还可以提供一个平台，在室内和室外场景中提供高精度的定位服务，并可实现近场高聚焦能力，支持大规模部署设备的通信。由于具有直接对撞击的无线电波执行代数运算和函数的可能性，RIS 可能提供实现一个完全基于电磁的计算平台的机会，释放可重构的反向散射通信的潜力。基于这些原因，一些研究人员已经开始研究 RIS 为增强连接之外的应用提供的潜在机会。

图 7.24 所示是基于 RIS 的定位的应用实例，从左至右分别为：RIS 可以绕过 LoS 阻塞以提高定位精度和连续性；可以利用大型 RIS 近场中的波前曲率来求解干扰参数（如时钟偏差）；通过创建强大和一致的多路径，RIS 可以在非常恶劣的室内环境中支持定位，动态地考虑对象的运动；RIS 不会引入处理延迟，因此可以支持新的延迟敏感型、超精确应用。

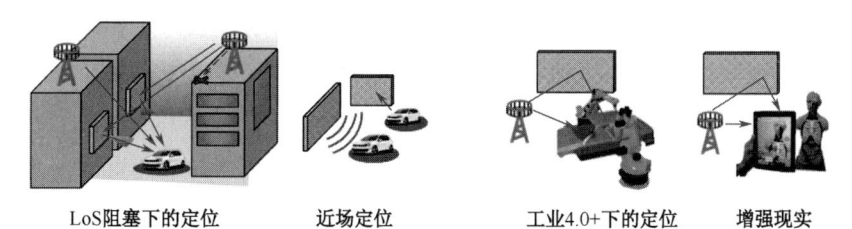

图 7.24 基于 RIS 的定位的应用实例

7.4.4 应用实例

无线网络不断增长的需求，使 RIS 成为一个具有光明前景的研究方向。RIS 通过集成电子电路实现的可重构特性，可以用编程方法实现。它通过受控的方式反射入射电磁波，是一种智能设计的人造平面结构。未来制作 RIS 的材料价格低廉且重量轻，使 RIS 可以按照共形几何形状成型，也可以在很多物体上进行部署，如建筑物的外墙上、室内的墙壁或天花板上和 UAV 的机身上。与目前的无线通信系统相比，RIS 可以获得更高的频谱效率。RIS 可以反射信号，它会将原始信号导向可以增强最终信号质量的方向。值得注意的是，由于城市中通信终端的部署较为密集，因此 RIS 的使用效率在城市中更高。

1．空中计算

在未来的 6G 中，物联网将为数十亿个具有传感和通信能力的低成本设备提供无处不在的连接，从而实现各种智能服务的自动化操作。从大量分布式物联网设备中聚合数据是一项重要的工作，而且也十分具有挑战性。如果先传输后计算，工作效率可能会受到影响，在密集的物联网网络中延迟会增加。空中计算集成了通信和计算，这种技术通过允许并发数据传输和利用多接入信道的叠加特性来实现超快速数据聚合。研究者使用 RIS 来辅助空中计算，以建立可控的无线环境，从而有效地提高接收信号的功率。空中计算收发机和 RIS 相移的联合设计是一个非常棘手的非凸二次规划问题。鉴于问题的非凸性，有研究者提出了一种交替差分凸算法来解决该问题，也有研究者研究了在大规模云无线接入网中为空中计算系统部署 RIS 的优势。在该系统中，工作设备通过分布式 AP 将本地更新的模型上传到参数服务器，这些 AP 在有限容量的前端链路上与参数服务器通信，数值结果验证了在云无线接入网系统中采用相位优化 RIS 的优越性。

2．UAV 网络

UAV 机动性强、用途广泛、易于部署且成本低廉，与传统蜂窝网络相比具有很多优势，在军事和民用等领域具有很大的应用潜力。有研究者研究了一种新型的 RIS 辅助 UAV 通信系统的联合 UAV 轨迹和 RIS 的无源波束形成设计，以最大化平均可达速率。为了解决该问题，将其分为两个子问题，即无源波束形成和轨迹优化。首先推导了任意给定 UAV 轨迹的闭式相移解，以实现不同传输路径接收信号的相位对准。然后，利用最优相移解和逐次凸逼近方法得到一个次优轨迹解。仿真结果表明，RIS 的辅助有利于大幅度提高 UAV 网络的通信质量。还有研究者考虑了在建筑物墙上部署 RIS，用它来反射从地面发射到 UAV 的信号，UAV 被部署为中继，将解码后的信号转发到目的地。为了模拟 RIS 辅助地空链路的统计分布，对瞬时信噪比的概率密度函数进行了严密的近似分析。利用这种分布导出了中断概率、平均误码率和平均容量的解析表达式。结果表明，RIS 的使用可以有效地提高 UAV 通信系统的覆盖率和可靠性。

3．智能家居

将 RIS 部署在室内的墙壁上，它可以增强依赖无线连接进行操作的多种设备的本地连接性。在室内，各个设备之间的距离很短，RIS 反射信号路径与直接路径相比不会长很多，衰减也不会多很多。在这种情况下，RIS 的主要目的是通过相长干涉来提高频谱效率，性价比很高。

4．智能建筑

在大型建筑的外墙上部署 RIS 可以增加覆盖增强和频谱效率提高的可能性。这种部署方式把包括行人和车辆在内的移动对象也囊括在了智能城市中。智能建筑是室内和室外实体之间的接口，这意味着用户室内的通信过程扩展到了公共领域。不仅是在建筑的外墙上，城市里的大型广告牌上（包括室内和室外的广告牌）也可以部署不同尺寸和高度的 RIS，它可以同时为大量用户提供连接。

5．室内信号聚焦

目前室内的信号聚焦一般采用传统的波束形成技术，需要专用硬件和信号处理算法。目前高度精确的信号聚焦可以采用各种机器学习算法来实现，如贝叶斯学习、支持向量机和 K 近邻。RIS 被广泛应用于室内通信环境中，用于将信号反射聚焦到目标用户位置。将深度学习用于 RIS 的有效在线配置，旨在改善室内通信环境中发射信号聚焦到预期的接收机位置的准确性。该方法在离线训练阶段建立了坐标指纹数据库，该指纹数据库用于训练设计合理的 DNN 的权值和偏差，其作用是揭示用户位置处测量的坐标信息与 RIS 单元配置之间的映射，从而最大化该用户的接收信号强度。在该方法的在线阶段，训练后的 DNN 将目标用户处的测量位置信息反馈给目标用户，以输出 RIS 的最佳相位配置，使信号聚焦于目标位置。在室内进行的真实模拟结果表明，所提出的基于 DNN 的配置方法具有明显的优势，并且有效地提高了目标用户位置的可实现吞吐量。

6．智能工厂

智能工厂离不开大量的机器类型的通信。RIS 可以帮助扩展覆盖范围，从而避免网络的粒度聚类。在工厂中可能存在许多体积较大的金属物体，这种恶劣的无线传播环境对通信极具破坏性。RIS 可以构建一种合适的方法来微调信号反射，以找到绕过障碍物的路径，

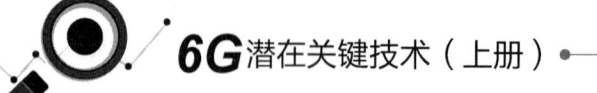

增加覆盖范围，在智能工厂中的应用很有价值。

在未来的网络基础设施建设中，RIS 是一种有价值的技术，RIS 辅助的城市通信环境本身将成为一种可控资产。RIS 轻便且性价比高，在空中作业时可利用 RIS 的优势获得信号传输更快且接收效率更高的效果。未来可控的智能城市环境还可以提高服务质量、资源利用率和安全性等。智能城市公共服务提供商、用户和传感器网络之间灵活且面向环境的宽带连接会使城市的智能化逐步提升。在未来，RIS 有望在智能建筑等固定物体和车辆等移动物体上进行广泛部署，它可以提高区域服务站、用户终端和基站之间的连通性。

7.5 智能超表面的硬件实现

超表面是一种可以具有负折射等独特电磁特性的二维人工亚波长结构，在自然界中一般是不存在的。通过将一组精心设计的复杂的小散射体或孔隙排列成一个规则的阵列，以达到引导和控制电磁波流动的预期能力，可以满足几乎任何预期的配置。近年来，具有可重构电磁参数的可编程超表面的发明为克服传统超表面的缺陷提供了一种有效的途径。可编程超表面可以动态地改变和操纵其表面反射或透射电磁波的振幅、相位、极化，甚至轨道角动量。这使可编程的超表面对无线通信系统特别有吸引力。

7.5.1 基本硬件结构

智能超表面是通过使无线通信环境可编程、可控制，从而实现 SRE 愿景的关键推动力。广义的来说，RIS 可以被定义为一种廉价的自适应复合材料薄片，它类似于墙纸，可以覆盖于墙壁、建筑物、天花板等处，同时还能够通过使用外部刺激来编程控制，达到修改入射无线电波的目的。所以，RIS 的一个突出属性就是可在无线环境之中部署后可重新配置。

一般来说，可编程超表面有两种类型，即反射型和透射型。对于反射型可编程超表面，入射电磁波被转换为反射电磁波，其幅度和相位由外部控制信号调节。相反，对于透射型可编程超表面，入射电磁波主要转化为透射波。虽然目前的研究状态可能还未达到上述文中提到的定义，但是一些研究人员正在努力实现一些可编程薄壁纸和可编程薄玻璃，能够根据需求操纵无线电波等，以作为概念上的智能表面。

RIS 的硬件实现基于"超表面"的概念，超表面由数字可控的二维超材料构成。具体地说，超表面是一个由大量元素或所谓的超原子组成的平面阵列，其电厚度为相关工作频率的亚波长。通过适当的设计元件，包括其几何形状，如方形或开口环、其尺寸大小、方向、排列等，可以相应地修改其单个信号响应，如反射振幅和相移。在无线通信应用中，每个元件的反射系数应该是可调的，因为要适应用户移动性所产生的动态无线信道，从而需要实时地进行重新配置。实时可重构可以通过利用电子设备来实现，如正负极二极管、场效应晶体管或微电子机械系统开关等。

如图 7.25 所示，RIS 的典型架构可以由三层平面和一个智能控制器组成。在外层，大量的金属贴片元件被印在电介质基底上，直接与入射信号相互作用。在这一层的后面，使用铜板来避免信号能量的泄漏。最内层是一个控制电路板，负责调整每个元件的反射振幅或相移，由连接到 RIS 的智能控制器触发。在实践中，现场可编程门阵列（FPGA）可以作为控制器来实现，它还可充当网关，通过单独的无线链路与其他网络组件，如 BS、AP 和用户终端，进行通信和协调，以便与其他组件进行低速率信息交换。

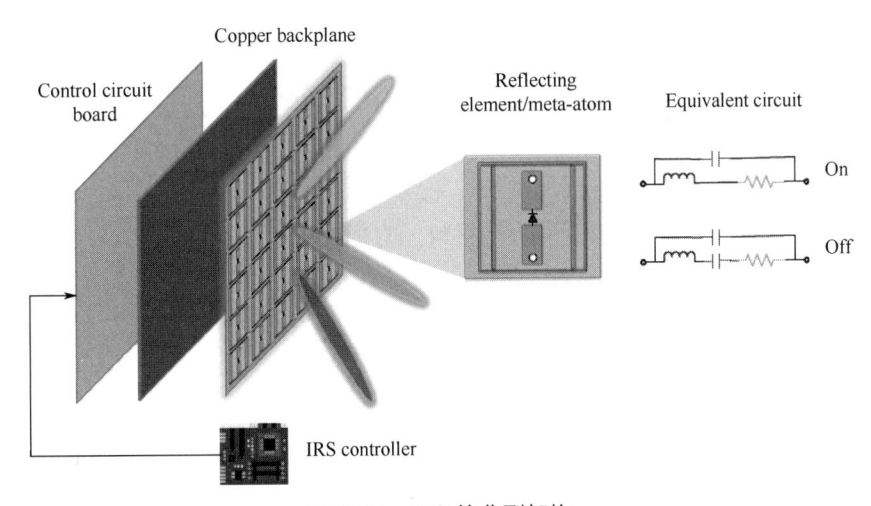

图 7.25 RIS 的典型架构

图 7.25 中还显示出了单个元件结构的一个示例，其中 PIN 二极管嵌入在每个元件中。通过直流馈电线路控制其偏置电压，PIN 二极管可以在等效电路中所示的"开"和"关"状态之间切换，从而产生相移差。因此，通过智能控制器设置相应的偏置电压，可以独立地实现 RIS 元件的不同相移。另一方面，为了有效地控制反射振幅，可在元件设计中采用可变电阻负载。例如，通过改变每个元件中电阻的值，入射信号能量的不同部分将被耗散，

从而实现（0，1）的可控反射振幅。在实践中，最好能对每个元件的振幅和相移进行独立的控制，为此需要对电路进行有效的整合。

7.5.2 信息超材料

表面的深度亚波长厚度确保了在合成和分析表面的过程中，垂直于表面方向的传播或共振效应可以被完全忽略。这意味着表面透射侧，即 $z=0^+$ 的电磁场只取决于表面入射和反射侧（$z=0^-$）的电磁场，表面可以有效地被建模为一片诱导的表面电和磁电流。换句话说，亚波长厚度的衬底内的电磁场的影响可以被平均化从而忽略掉。这个特殊的属性允许人们将超表面定义为一个局部实体、一个零厚度的薄片或一个不连续的薄片。局部实体一词不可以被解释为散射单元之间缺乏空间耦合，由于超表面的散射单元之间存在亚波长的相互距离，所以这种耦合是不能被忽视的。

散射单元之间的亚波长间距使超表面相当于一个可以局部均匀化的亚波长粒子晶格，因此，可以通过连续的数学张量函数来描述，与超表面的实际物理结构相比，数学描述处理起来更加简单。

因为超材料的亚波长原子可以按照需求进行设计和制作，所以超材料在控制电磁波方面具有强大的能力和灵活性。一旦无源超材料的结构被制作出来，那么其对应的功能会被固定。为了动态地控制电磁波，有源器件被集成到超原子中，产生有源超材料。传统上，有源超材料包括可调谐超材料和可重构超材料，它们要么具有小范围的可调谐性，要么具有少量的可重构性。最近提出了一种特殊的有源超材料，即数字编码和可编程超材料，它可以实现大量不同的功能，并借助 FPGA 实时切换。超材料的数字编码表征使得利用超材料平台连接数字世界和物理世界成为可能。使超材料能够直接处理数字信息，就形成了信息超材料。

现代超材料包括超表面，在过去 20 年获得了巨大的发展，并且仍然处于物理学、化学、材料和信息社会的前沿领域。这一领域已经出现了许多新的发现、装置、甚至系统。从可实现功能的角度来看，超材料的发展分为四个阶段，超材料的演变如图 7.26 所示。

第一阶段是无源超材料，由专门设计的人工结构组成的周期性或非周期性的亚波长散射单元，还可被称为超原子，以达到自然界不存在或实际难以实现的均匀或不均匀的有效介质参数。无源超材料在微波和光频段都得到了很好的发展，显示了控制电磁波的强大能力。

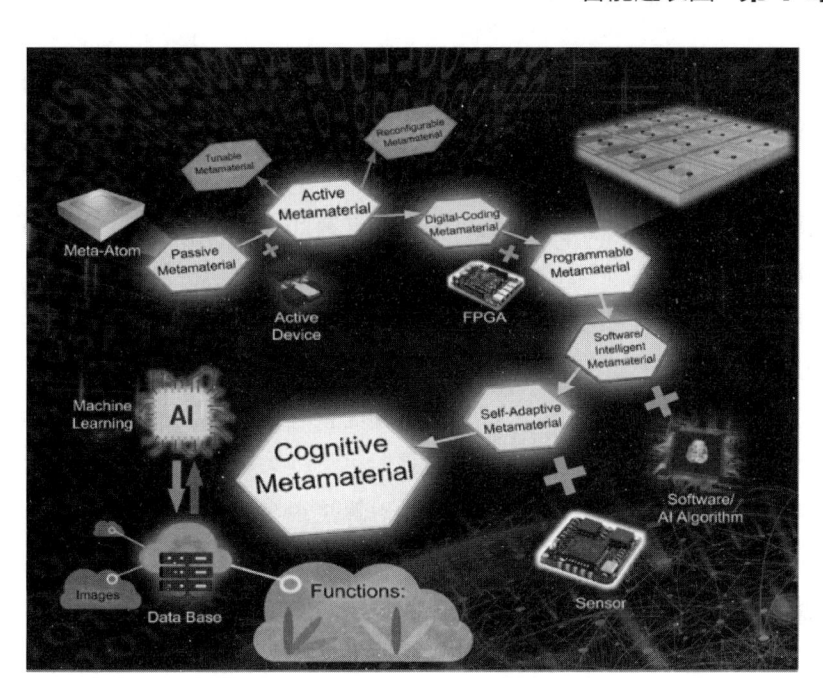

图 7.26　超材料的演变

早期对超材料的研究主要集中在具有极端有效介质参数的均匀情况下，如负许可率、负渗透率和零折射率等，以探索不寻常的物理现象。然而，同质超材料在控制电磁波方面的能力有限。为了改变这种情况，John Pendry 在 2006 年建立了变换光学理论，根据该理论可知，电磁波可以以任意方式被操纵，产生一些有趣的现象，就像是隐形斗篷和光学错觉。通常具有极端介质参数的各向异性和不均匀的超材料在现实生活中很难实现。由于具有窄带、高损耗或大体积等缺陷，这类超材料器件不适用于工程应用。后来，人们又提出了另一种超材料——梯度指数材料，用于实现 Luneburg 透镜、扁平 Luneburg 透镜和板状透镜，这些透镜具有宽频带和小损耗的良好性能，作为微波天线得到应用。受广义斯涅尔反射和折射定律控制，可以通过在超表面上周期性地设计梯度相移，实现电磁波入射超表面时的异常反射和折射。

超材料发展的第二阶段，由超原子和有源器件组成有源超材料的散射单元，改变其在外部激励下的电磁响应。有源超材料包括可调谐超材料和可重构超材料，可调谐超材料通常表示通过调谐有源器件来实现一些类似的功能，如转移谐振峰和完美吸收；可重构超材料可以通过切换有源器件表现出明显不同的功能，如改变偏振态和控制工作带宽，但功能的数量有限。此外如何实时调整和切换可调谐超材料和可重构超材料的不同状态也是一个难题。

作为模拟电路的对应物，传统的无源、可调谐和可重构的超材料可以被视为模拟超材料。数字超材料是有源超材料的一个分支，其中有源器件的控制状态被离散为 2、4 或 8 个状态，以实现超原子的数字状态，用于 1、2 及 3 位的编码。研究表明，电磁波完全由超材料上的空间编码序列控制。因此，人们可以在超材料孔径上设计许多套数字编码序列，计算它们的相应函数，并将它们存储在 FPGA 中。将数字编码超材料与 FPGA 结合起来，将产生一个可编程的超材料，这就是超材料发展的第三个阶段。

可编程超材料不仅简化了设计，可以实时控制电磁波，还具有处理数字信息的特性。这一重要特征促使信息超材料出现。可重复编程的全息成像系统、单传感器和单频率的微波成像系统，以及新结构的无线通信系统都是用可编程超材料开发的。在生成软件超材料和智能超材料时，计算机代码、软件和机器学习算法很容易与可编程超材料集成，这就可以发展成信息超材料系统，包括可编程超材料系统、软件超材料系统、智能超材料系统和空间—时间编码数字超材料系统。由于其具有自动决策能力，可以被视为超材料发展的第四阶段，自适应智能超材料可作为信息超材料的未来发展方向。

7.5.3 可调电磁单元的实现

最近，研究人员开始对反射阵列和阵列透镜的电子可调版本感兴趣，以实现可重新配置的波束形成。通过在散射体中引入变容二极管、PIN 二极管开关、铁电器件和微机电系统开关之类的分立元件，使孔径中的散射体是电子可调的，表面作为一个整体可以被电子整形，以自适应地合成大范围的天线方向图。在高频下，铁电薄膜、液晶等可调谐电磁材料，甚至石墨烯等新材料都可以作为反射阵列元件结构的一部分来实现同样的效果。这使反射阵列和阵列透镜成为近年来强大的波束形成平台，结合了孔径天线和相控阵的最佳特性。它们提供了反射镜/透镜的简单性和高增益，同时提供了相控阵的快速自适应波束形成能力；它们也非常高效，因为不需要像相控阵那样的传输线馈电网络，因此收发器的数量大大减少，所以它们的成本通常比相控阵低。

近年来，天线等微波器件重构技术平台的开发和应用取得了显著进展，主要是由于雷达和通信系统对适应性或多功能性的需求不断增加。因此，新兴技术得到了巩固（如 MEMS），并引入了一些新奇的解决方案，如光导、宏观力学、流态和基于石墨烯的重构技术。表 7.1 概述了用于实施 RRA 和 RAL 的选定技术及一些相关属性的定性评估。在实践中，电源处理和要求的控制电压等其他标准也必须考虑。需要强调的是，表中不同的条目并不总是独立的，应视为一般的定性评价；在实践中，对具体的 RRA 或 RAL 设计的具体

应用和要求的定义将允许更准确地选择最佳技术。

表 7.1 用于实施 RRA 和 RAL 的选定技术及一些相关属性的定性评估

Type	工艺	成熟度—可靠性	集成（包括偏置）	数模控制	复杂性（成本）	损耗（微波/THZ）	偏置功耗	线性度	转换时间
集总元件	PIN 二极管	+	−	D	+	−/−	−	0	+
集总元件	变容二极管	+	−	A	+	−/−	+	−	+
集总元件	RF-MEMS	0	+	D	+	+/0	+	+	0
混合物	铁电薄膜	0	+	A	0	0/−	+	0	+
可调谐材料	液晶	0	0	A	0	−/+	+	0	−
可调谐材料	石墨烯	−	+	A	0	−/+	+	+	+
可调谐材料	光导	0	−	A	0	−/−	−	+	+
力学元件	流态	0	−	A	0	0/+	+	0	−
力学元件	微电机	−	0	A	−	+	0	+	−

表 7.1 中的解决方案根据控制是使用要嵌入到阵列单元中的可变集总元件还是通过某些材料属性的分布式控制来进行分类的。目前，大多数设计都使用集总元件，特别是半导体元件，如 PIN 二极管和变容二极管。这主要是由于现成组件的成熟度和可用性较高，但也是因为这项技术不需要先进的制造设施或专业知识。为了克服这些技术众所周知的局限性，采用了 RF-MEMS 技术，其最突出的特性是毫米波频率以下的极低损耗、几乎为零功耗、高线性度和单片集成的可能性。用于 RRA 和 RAL 的 MEMS 技术的一个限制是模拟控制通常不能提供足够的可靠性或温度稳定性，因此使用双态数字元件，类似于半导体技术中 PIN 二极管的使用。这意味着增加了散射单元和偏置网络的复杂性，此部分内容后面将进一步讨论。铁电薄膜也被用来实现 RRA，该技术的优点是在单片制造过程中提供模拟控制，并且使用非常低的功耗。然而，这样做的损耗比 MEMS 所能达到的要高得多。

MEMS 技术日趋成熟，可以提供高达 V 或 W 波段的优异性能，但仍需要新的技术来满足人们对毫米波和太赫兹频率在通信和传感方面日益增长的兴趣。这个问题对于 RRAS 和 RAL 尤其相关，它们的空间馈电对于减少阵列单元馈电损耗是必不可少的，因为随着频率的增加。在此背景下，最近液晶技术已被考虑用于亚毫米波频率，而已被提议使用石墨烯来处理太赫兹以上甚至红外频率。

控制元件的直流偏置在 RRA 和 RAL 中是一个特别尖锐的问题，因为通常阵列的每个单元必须独立控制，这可能导致数千条控制线。PIN 二极管和大多数 RF-MEMS 技术等提供每个集总元件最多 1 位控制的技术将导致大量偏置命令，从而导致在选择基本相位分辨率时在性能和复杂性之间需要进行权衡。这个问题与天线阵列中的相位量化效应有关：由于可用相位状态的数量有限，每个单元产生的相位误差会导致增益降低和旁瓣电平上升。因此，在大型阵列中，考虑低至 1 位的反射元件的相位分辨率是有意义的。在任何情况下，偏置网络都必须仔细设计，以不影响器件和散射性能。在这一点上，先进的 MEMS 工艺很容易包括高阻层，允许实现对电磁波透明的极高阻抗偏置线，这对于偏置网络设计极为方便。显然，无论相位分辨率如何，允许通过单个模拟调谐信号控制相位的技术都具有每个单元一条控制线的好处。这是变容二极管控制单元的情况，也是基于可重构材料（如液晶或石墨烯）的新兴技术的情况。

比较集中元件和可调材料技术设计 RRA 或 RAL 单元时的另一个重要方面是建模和设计。具体地说，基于集总元件的单元的设计可以由多端口散射矩阵来表示，其中通过基于电路的后处理包括集总元件的影响。这不仅允许对单元进行单个全波模拟以获得单元的所有不同状态，而且还允许进行其他有趣的分析，例如，在每个元件上感应的平均或最大电压，或者与单元对集中控制设备中的故障的响应的灵敏度有关的一些计算。然而，这里要注意的是，准确的结果需要对与在全波模拟器中引入集总端口相关的寄生进行严格的校正。显然，对于依赖于对某些材料属性的分布式控制的技术来说，这种单位响应和控制元素的单独计算实际上是不可能的，因此需要针对每种材料状态的全波解，并且为高级优化方法提供的可能性较小。

接下来介绍几种常见的智能表面单元元件。

1）双偏振单元

实验证明反射阵列单元利用两个偏振并独立控制每个 LP 分量的相位，可独立扫描两个 LP 光束。这种单元的原理如图 7.27（a）和（b）所示，其中微带环形谐振器由两个变容二极管对 A 和 B 加载。在偏振入射场分量的情况下，变容二极管 B 对反射相位没有影响，因为它们对称地位于电流分布的零点，而元件 A 允许控制该偏振的反射相位。在组件的情况下，控制元件 A 现在是电流分布的零，反射相位由 B 控制。

最近，有研究者探索了一种允许独立控制两束极化相反但频率相同的 cp 光束的反射镜。由于这种能力不能通过单层反射阵列来实现，这里必须采用多层结构，双 cp 反射阵列概念的原理如图 7.28 所示。顶层必须对一种偏振透明，同时用所需的相位反射另一种偏振。然后，可以简单地将底层实现为任何单 cp 反射阵列。这一有趣的概念在发表时，还没有在真正的可重构模式下进行实验演示，但它的实现将具有与其他反射射线类似的可能性和问

题，但额外的限制是具有多达三层都需要嵌入控制元件的层。

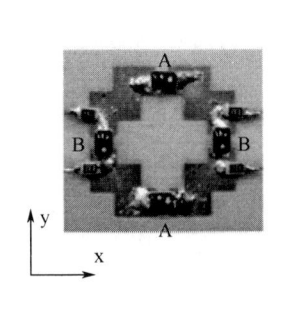

（a）变容二极管控制的散射单元，用于两个单 LP 的独立光束扫描

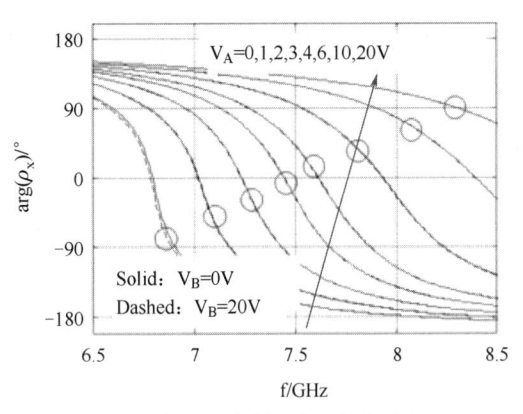

（b）当改变两对二极管 A 和 B 的电压时，单元沿轴向的反射相位，显示了独立的偏振控制

图 7.27 偏振重新配置

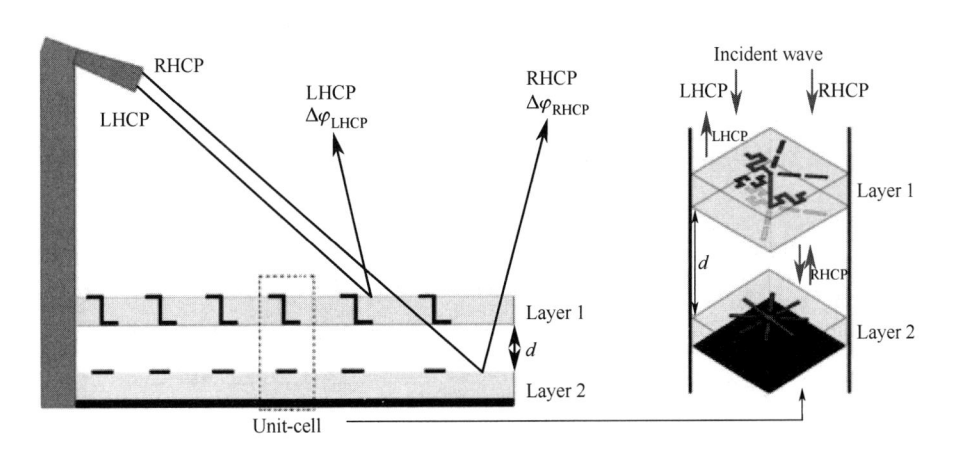

图 7.28 双 cp 反射阵列概念的原理

2）偏振柔性单元

在认知无线电应用中，动态控制由反射镜合成的波束的偏振的可能性也是一个非常有趣的研究方向。事实上，允许独立控制两个线性偏振的单元也允许实现这样的能力。如在前文所解释的，电池允许独立地控制，并且可以独立地控制偏振和相位。当每个分量的分辨率至少为 2 位时，可以使用这种原理，因为这对应于从 LP 转换到 cp 所需的 90 个相移步长。最后一个重要的内容是，不同阶段的单元损耗的高度变化将强烈影响极化控制的质量，因此必须集中精力在不同的单元状态中实现类似的损耗。

3）双波段单元

过去已经提出了固定配置的多波段反射镜，这些反射镜是通过为每个所需频率实现反射单元的集合来设计的，根据应用要求，特别是根据所需频率之间的相对间距，将这些反射单元布置在单层或多层上。最近，光束扫描反射镜中的多波段工作开始被关注。

4）捷变频反射器元件

众所周知，反射器在带宽方面的性能是有限的，并且在光束扫描单元中实现宽带操作比在固定阵列中更难。在这种情况下，实现某些应用程序所需的带宽可能非常具有挑战性。

如果需要非常大的瞬时带宽，则不能通过频率调谐来克服带宽限制，但是对于有选择的接收/发送，或者对于跳频系统和认知无线电来说，频率重新配置是一个可行的选择。要使这种设计有用，调谐频率范围必须比单频设计可实现的带宽要宽得多，这具体取决于实际的要求。在此背景下，最近有研究者提出了一种能够以可变频率动态控制反射相位的反射阵列单元。如图 7.29 的测量结果所示，对于大于 1:1.5 的范围内的任何所需频率，它实现了超过 270 个相位范围的连续调谐。图 7.29 对其工作原理也做了象征性的解释。这里的可配置单元结合了两个开关和一个变容二极管，分别以粗略和精细的方式调谐单元频率响应。结果，该单元可以在较大且连续的相频范围内以可变的工作频率调整反射相位。单元部分的长度被设计成使四个开关配置的谐振之间的间距是均匀的，并且与变容二极管感应的最大频移相同。

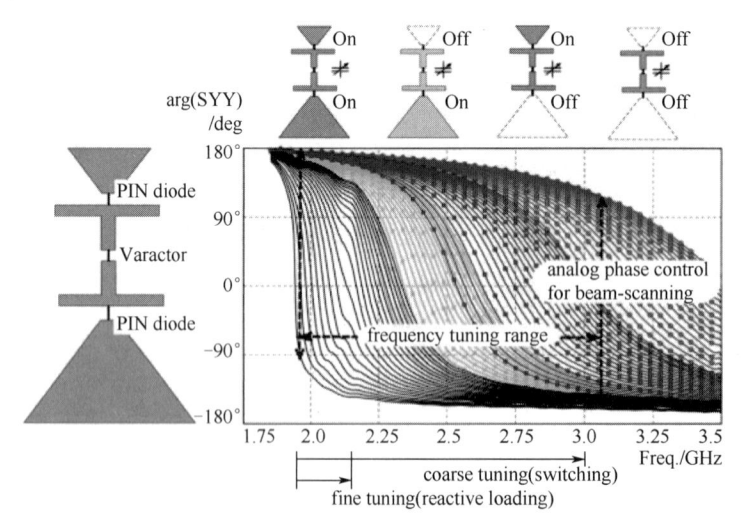

图 7.29 在 RWG 模拟器中测量的频率可重构反射阵列单元的反射相位

5）有源反射阵列

最近，有研究者对将放大器形式的有源器件与天线阵列集成非常感兴趣，例如，增加天线的总体增益、补偿损耗，以及在发射机的情况下为了高 EIRP 而进行功率合成。在高频下，特别是在毫米波频率范围内，MMIC 器件的低输出功率要求使用功率合成网络来实现功率放大器的高输出功率。在这个频率范围内，基于传输线的功率合成网络的损耗变得非常明显，这在 20 世纪 90 年代和 21 世纪的前 10 年激发了人们对 SPC 的浓厚兴趣。本质上，空间功率合成器的工作原理类似于阵列透镜，不同之处在于其输出被准直，并由透镜输出侧的馈电喇叭收集。

在反射阵列中，有源器件被设计到散射单元中，使得来自散射单元的反射系数大于1。有两种方法可以实现这一点，有源反射阵列散射单元类型如图 7.30 所示。在共偏振反射阵列中，输入和输出偏振是相同的，需要使用 RMA。

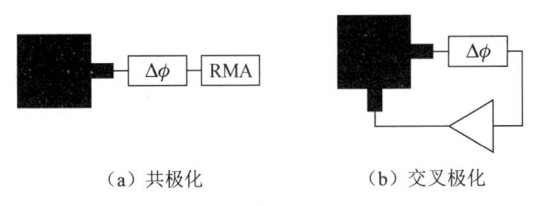

（a）共极化　　（b）交叉极化

图 7.30　有源反射阵列散射单元类型

一种更常见的方法是利用输入和输出极化正交的交叉极化反射阵列设计，该设计使用二端口双极化天线作为反射阵列单元，这在输入和隔离之间提供了一些隔离。

6）阵列透镜拓扑

阵列透镜拓扑是空间馈电天线阵列的变体，其中阵列的一侧被馈电照亮，辐射在相对侧产生。这种拓扑的可重新配置版本相比它们的反射阵列等价物有以下几个优点。首先，阵列透镜设计没有馈电阻塞效应，这可能是小孔径的考虑因素。除了远场波束形成，阵列透镜具有在透镜孔径附近形成焦点的能力，这在需要自适应聚焦的应用中是有用的，如微波热疗。与电子可调反射阵列的情况一样，可重构阵列透镜设计可以根据单位单元实现相移的机制分成类似的类别。

7.5.4　控制单元的实现

1. 可调谐谐振器方法

固定的反射阵可以改变谐振器的尺寸来改变谐振频率，从而产生相移，而可重构元件则可以通过电子调谐来实现这一目的。改变贴片谐振频率的电子这一方法已经为人所知，例如，通过使用变容二极管使用频率变化贴片，因此第一个电子可调谐反射阵元件就是基于这种频率变化的贴片设计。然而，适当地将调谐元件的选择与贴片的大小相结合是很重要的，这样就可以实现用相同的固定元件就能实现的大的相位范围，而这个早期的设计只实现了大约180°的相位范围。通过考虑补丁的不同加载方案，并将变容器与适当大小的补丁耦合，这种变容器加载补丁的概念可以实现更大的相位范围。基于此，也可以将MEMS变容器用于相同的目的。

本质上，这些技术可以被认为是改变谐振器的有效电长度。因此，人们考虑了各种各样的技术来实现基于这一概念的反射阵元素。PIN二极管和MEMS形式的开关与贴片集成，以控制电流路径和相应的谐振器长度。这种方法依赖于建模技术，可以分析可调谐集总元件器件对器件的大尺度电散射特性的影响。图7.31（a）给出了一个使用开关的示例。除了使用集总元件器件来影响谐振腔长度的变化，人们还考虑了一些更奇特的技术，如光诱导等离子体来改变耦合到反射阵元件上的槽的长度。

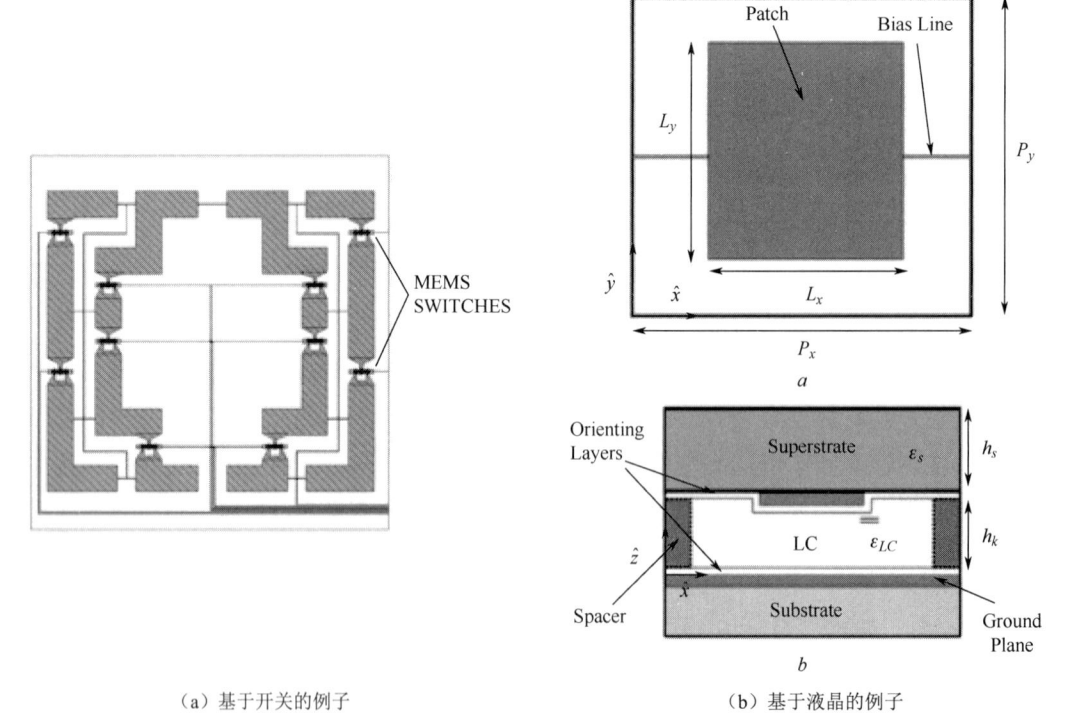

（a）基于开关的例子　　　　　　　　（b）基于液晶的例子

图7.31　可调谐谐振器反射阵元的例子

简单贴片元件的谐振频率也可以通过改变衬底的介电常数以分布式方式操纵,这是反射阵元件使用具有可调谐特性的介质(如液晶)的工作原理。铁电薄膜也被用于半分布元素。如图7.31(b)所示为在贴片基单元中使用液晶作为可调谐介质的例子。

2. 导波法

几种RRA或散射单元已经在导波方法的基础上发展起来,这里简要介绍几个特殊的例子。采用天线孔径耦合的延迟线设计,嵌入两个变容二极管,可以实现360°范围内的连续调谐,在5.4 GHz时最大损耗为2.4 dB。有研究者提出,像以前在通常的相控阵天线中所做的那样,将反射阵单元排列成子阵,以减少控制元件的数量。多层结构的爆炸图和完整反射器内子阵列的照片如图7.32所示。在一个122个子阵列的全阵列演示器中实现了对元素的收集,演示了在不显著降低天线性能的情况下节省成本和复杂性的可能性。类似的"收集"方法也可用于可调谐谐振器方法,如FabryPerot天线。

(a)多层结构的爆炸图   (b)完整反射器内子阵列的照片

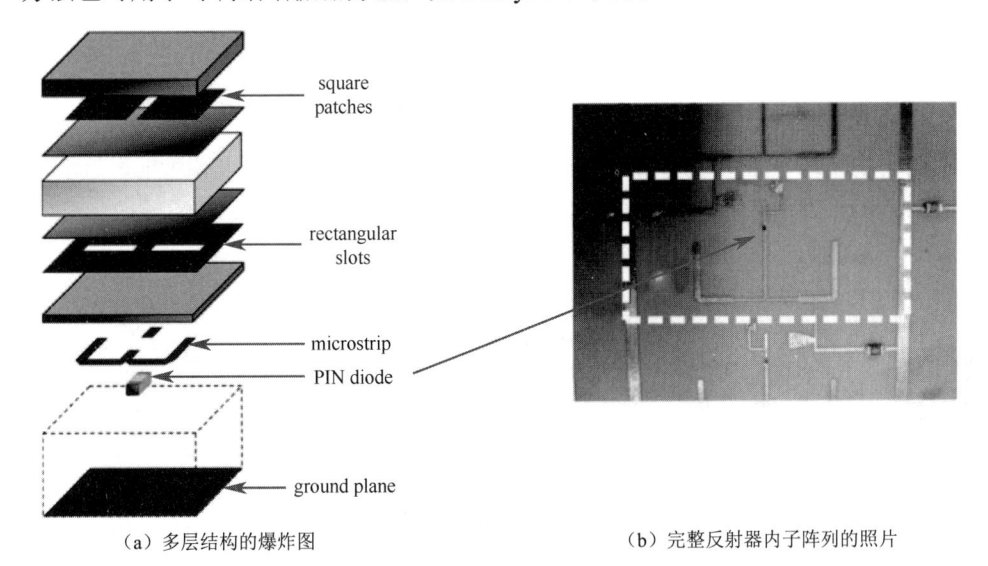

图7.32　RRA相位控制的导波方法说明

(贴片元件是孔径耦合到嵌入PIN二极管的1比特延迟线,两个天线单元共享相同的移相器以降低复杂度)

为工作在60 GHz频段的毫米波成像系统制作了一个具有25 000多个反射元件的大型导波RRA。为了便于管理该系统,该RRA的单元由直接连接到嵌入PIN二极管的1比特反射传输线的微带贴片组成。这里还考虑了MEMS技术,设计并制造了一个工作在26 GHz的单片MEMS RRA,同时也实现了使用表面贴装MEMS元件的单元。在这两种情况下,尽管使用了MEMS技术,但热损失仅是几个分贝,低于使用MEMS技术和可调谐谐振器方法所能达到的性能。这是因为在导波方法中，所有输入功率都流经调谐电路（即移相器），而可调谐振器方法是更分布式的控制机制，其中部分散射体受到低感应电流和较低损耗的影响。

例如，7.5.3 节中（1）的元件是前文描述的可调谐谐振器方法类型。然而，与单 LP 单元的情况一样，也可以使用导波方法来实现双 LP 元件。在这种情况下，很难实现完美的对称性，但交叉极化仍然可以很低。

除此之外，通过这种方法构成阵列透镜输入的阵列元件通过双端口导波网络连接到构成阵列透镜输出的阵列元件。在可重新配置的设计中，这个网络必须是电子可调的，并且还可能包含增益。

只有少数这种类型的可重构阵列透镜被实验证明。借用 SPC 的术语，可以采用"托盘"方法，由此相移电路以三维方式与透镜的输入和输出面集成，主要缺点是结构较厚，更难制造。其他方法倾向于"瓦片"形式的集成，采用使用变容二极管调谐的桥接 T 移相器或微机电系统开关的设计来通过带通结构调整延迟。

虽然对可调谐阵列透镜的研究仍处于初级阶段，但导波方法潜在的薄特性和带宽使其成为一种有吸引力的拓扑。图 7.33 所示为在 5 GHz 呈现 10%分数带宽的实验原型的最近示例。

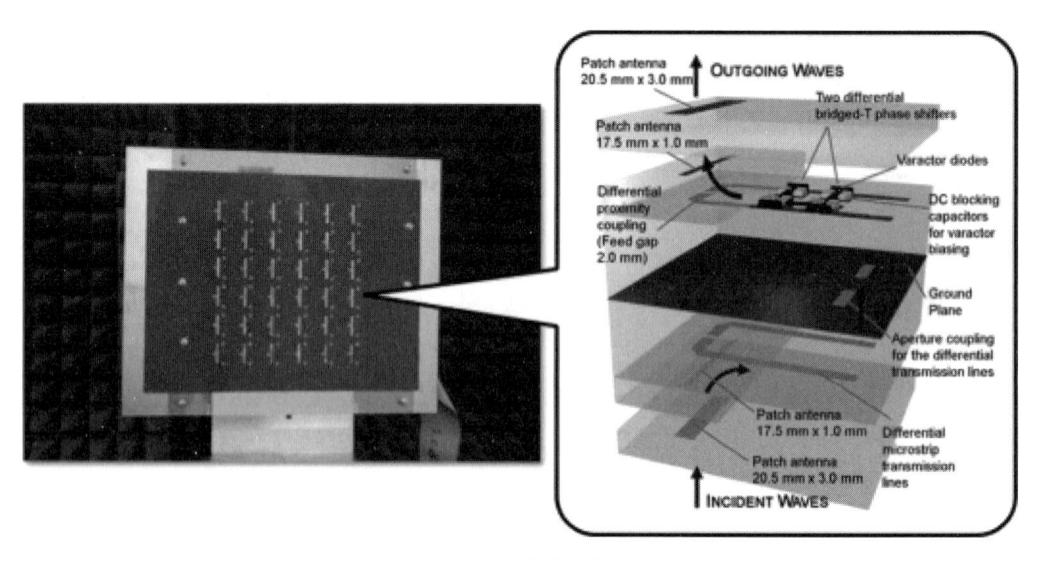

图 7.33 实验示例

3. 可调散射体方法

如前所述，反射阵列和阵列透镜中的单元之间的区别在于，在阵列透镜中，波的相位必须以最小的反射和插入损耗来控制，而在反射阵列中，由于使用了接地面，通常保证了强反射。这个过程的本质也是这样一个事实，即波在从馈源传输到孔径平面的过程中会与散射体相互作用两次，这意味着在反射阵列中产生近 360°相移只需要一个单极谐振器，这与阵列透镜的情况形成鲜明对比。如众所周知，频率选择表面领域中，入射波与之相互作用的谐振器可以被视为将单极响应引入到模拟单元的输入/输出特性的传递函数中。因此多极设计已被广泛用于使用不同类型的谐振器或通过耦合电感和电容元件层来定制 FSS 的响应，以实现滤波应用所需的幅度响应。然而谐振器对可调谐表面的适应对 RAL 单元的设计有几个重要的影响。

考虑复平面中的极点/零点行为对于理解基于可调谐振器的阵列透镜元件的设计是非常有用的。图 7.34 所示是具有单个谐振器的复平面的曲线图，该谐振器的位置可以使用假设的调谐机构任意操纵。插入损耗和相位分别由极点到复频率平面中工作频率点的距离和角度决定。在固定的工作频率下，为了使散射单元的插入幅度保持恒定，必须操纵电极，使其在左侧平面内围绕中心频率做圆弧运动。在大多数设计中，实现这样一个理想的轨迹是不可能的。此外，单个极点最多能够在传递函数中产生 180°的相移。因此实现了仅采用单极响应的早期可调阵列透镜设计非常低的相位范围。因此，至少需要两个谐振器，优选三个或更多个谐振器来满足波束形成的相位要求。因此，即使是固定阵列设计也往往需要多层结构的谐振器，除非人们满足于 1 比特相移，这可以在一定程度上简化单元。

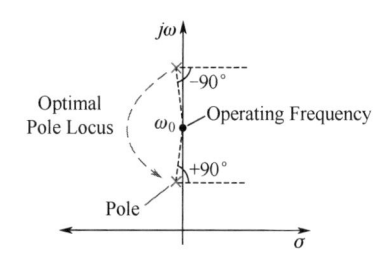

图 7.34 复平面的曲线图

类似地，在 RAL 中，使用不同类型的谐振器实现了达到所需相位灵活性水平的设计。在许多情况下，需要相同的谐振器元件，因为这极大地简化了阵列透镜的偏置控制。在这种情况下，谐振器通常需要相当大的电距离（例如四分之一波长），以便谐振器产生所需的相位范围，同时保持观察单元时可接受的反射系数。然而，增加的电距离不仅增加了透镜的物理厚度，还引入了层间耦合机制，该机制已被证明可能导致不期望方向的寄生辐射。

另一种选择是使用不同谐振器的排列，以减轻将谐振器分开很大距离的需要。例如可调谐贴片谐振器可以耦合到电容调谐缝隙谐振器，以使用非常薄的结构有效地实现三极响应。理论上，通过将电容和电感表面紧密耦合在一起以形成可调 FSS，实现薄的可调阵列透镜是可能的，但是需要电容表面上的可调电容和电感表面上的可调电感（实现起来更具挑战性），以实现最佳的整体性能。使用不同层的方法的主要缺点是，这些层需要彼此独立地调谐，以便形成右极点轨迹，从而最大化相位范围，同时最小化通过单元的插入损耗。这可能会使这种表面的偏置和控制变得复杂，加上对薄阵列透镜的需求，促使人们对下一种方法进行研究。

7.5.5 面临的挑战及方向

1. 带宽扩展和转换光学方法

反射阵列和阵列透镜的一个众所周知的限制是它们有限的工作带宽，这是目前非常活跃的研究领域。带宽限制的根本原因在于，为了实现理想的带宽特性，阵列元件必须产生 TTD 响应，但大多数反射阵列和阵列透镜元件只能在窄带宽上近似这样的响应。解决 RRA 和 RAL 的这一限制尤其具有挑战性，原因概述如下。

在反射阵列的情况下，通常采用两种方法之一来缓解带宽限制。第一种方法是通过试图在有限的频带上近似 TTD 响应来增加元件的相位带宽。这可以通过使用多谐振元件来实现，如堆叠贴片和同心环，这里仅举几个流行的技术。这些方法已成功地应用于固定反射阵列，将 1 分贝增益带宽从单谐振元件的百分之几提高到多谐振元件的百分之十以上。使其适应可重构设计的挑战在于，这些元件设计采用耦合谐振器来提高元件的带宽。通过改变单个谐振器的尺寸和形状，不仅可以改变每个组成谐振器的谐振频率，还可以改变谐振器间的耦合。在电子可调变形中，谐振器频率可以通过与可调元件集成来轻松控制。但是谐振器间的电磁耦合不会受到调谐的显著影响，因为谐振器的几何形状保持固定。因此需要更复杂的调谐技术来提高多谐振元件设计的带宽，该技术也采用可调谐器件来改变谐振器间的耦合。使用这种技术，元件相位带宽可以有效地乘以单元中使用的谐振器的数量。

构成该元件的谐振器也可以设计成共面的，这有助于降低耦合效应，并允许每个元件的单个谐振在控制带宽方面发挥更大的作用。由位于可调谐液晶基板上的三个平行偶极谐振器组成的单元已经被提出并已通过实验验证，作为将液晶单元的带宽扩展到 8%的手段。

使用导波方法可以很容易地获得期望的 TTD 特性。采用孔径耦合微带延迟线的固定设计已被证明可将反射阵列的带宽大幅提高至 10% 的范围。如前所述,这种方法可以适用于提供波束控制。然而在单元的空间限制内可以产生的时间延迟量是有限的,并且这种元件的带宽也取决于谐振元件与移相器的宽带匹配。

对于阵列透镜,带宽同样取决于它们的实现。传统的阵列透镜是基于连接输入和输出元件的传输线。基于谐振 FSS 结构的阵列透镜有更小的带宽,尽管这种情况已经通过使用小型化元件 FSS 得到缓解。

与反射阵列类似,宽带反射阵列必须采用耦合到宽带元件的宽带移相器或可重构 TTD 结构。由于宽带元件和移相器设计已被广泛研究,最终带宽限制源于前一种方法中元件与移相器紧密集成中出现的问题。关于后一种方法,同样,交换结构在比特分辨率和带宽之间进行权衡,试图实现 TTD 结构来提高带宽。

进一步提高空间馈电孔径带宽的方法是一个新的研究领域,特别有希望的解决方案来自变换光学领域。在使用 TO 方法的宽带孔径合成中,期望的场变换(例如,从球面馈电到平面波束)在一个空间域中被空间地定义,并且麦克斯韦的度量不变特性方程可以用来在另一个充满非均匀电介质区域的空间域中实现相同的波传播。在反射阵列中,该区域是放置在构成反射器的平面反射器上的覆盖物,而在阵列透镜中,该区域定义了透镜本身。从概念上讲,如图 7.35 所示的情况说明了虚拟空间和物理空间之间的转换,这种方法实际已经成功地用于设计平面反射镜和透镜。

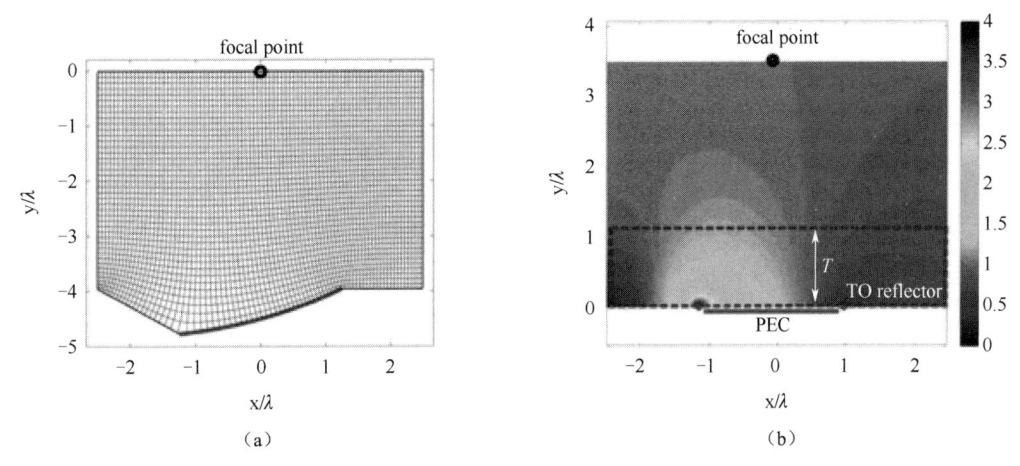

图 7.35 TO 方法中虚拟空间和物理空间之间的转换

研究人员已经设想出只要电介质区域的电磁特性可以被操纵，波束就可控的版本。最近已经研究基于金属导体的有效材料实现，作为实现电介质区域的手段，同时还提供具有非常大的潜在束扫描范围的反射器。对于阵列透镜，可以进行类似的实现。这种导体可以加载可调元件，以产生空间馈电孔径的超宽带实现，这可能有利于未来的许多应用。这种方法的一个缺点是，为了促进场转换，电介质区域往往相当厚，这给未来的研究带来了挑战。

2. 减轻非线性行为

电子可调反射阵列和阵列透镜设计者面临的一个主要挑战是基础调谐技术的线性度。RRA 和 RAL 被提议用于卫星和雷达应用，它们使用具有非常高输出功率的发射器。因此，孔径的照明可能在基础技术中引起非线性行为，导致谐波和 IMD。在通信系统领域，特别是卫星通信，对发射机产生的可允许的相邻信道干扰和谐波水平有严格的限制。即使是无源互调也是这些发射机顺从性失败的一个原因，这表明，如果可重新配置的孔径在这些应用中找到实际用途，就必须采用超线性调谐技术。

半导体技术虽然成熟且广泛，但最容易出现问题。例如，集成在孔径中的天线罩二极管可以很容易地将其电容调制在照明信号的频率上，从而引起相位调制，该相位调制表现为散射信号的失真。例如，单极反射阵列元件的 IMD 性能已经在波导模拟器中进行了评估，说明即使在适度的照明功率水平下，奇次失真的产生对于变容二极管调谐元件也是重要的，这最终可能使这种孔径只能用于接收应用。研究人员敏锐地意识到了这一点，并在最近的研究中努力记录新设计的线性度。

应对这一挑战仍然是研究人员最关心的问题。最终微机电系统技术可能是这个问题的解决方案。随着基础技术的成熟，其他具有大弛豫时间的奇异材料，如液晶，也可能成为竞争者。

3. 使用复合孔径实现非常大的孔径

实现由可重新配置的单元组成的非常大的高增益孔径虽然理论上是可能的，但在所需器件数量和相关成本、偏置网络复杂性及在某些情况下器件功率要求方面存在许多实际限制。然而，通过将自适应空间馈电阵列与固定孔径相结合，可以实现许多高增益、高性价比的解决方案。其中最常见的是抛物面或平面主反射器（其本身可以实现为固定的反射阵列），由反射阵列组成的副反射器照射。这种双反射器组合可以用来模拟它们的传统对应物，如卡塞格林天线和偏置反射器。特别地，采用可重新配置的子反射阵列或阵列透镜是管理天线系统成本的有效方式，因为主大面积的孔径是不可重新配置的。折中的方法是将天线系统的整体扫描范围减小，通常根据系统几何形状减小到几度。然而许多应用不需要大的扫描范围，如大气临边探测、某些卫星应用等。为此，液晶反射阵列已经成功地作为子反射器集成到双反射器系统中，并且将该技术扩展到其他配置，这可能是未来实现非常高增益的可重新配置孔径的实用方法。

4. 走向太赫兹和光学频率

反射阵列和透镜阵列概念在较高频率上的应用最近引起了极大的关注。例如，在光频率下，已经提出了使用等离子体区域的金属和低损耗电介质散射体的固定配置。尽管较高的工作频率需要重要的新的实际考虑，但在较低的频率下，工作原理与现有技术基本相同。

现在在更高的频率下也考虑动态波束控制。在传感和通信领域，太赫兹频率的潜在应用有很多，其中反射阵列和透镜阵列的概念应该为电子束控制提供低损耗和相对简单的解决方案。在光频方面，应用主要涉及传感，但未来可能会对灵活的自由空间互连甚至可见光通信感兴趣。

基于可重构材料的使能技术尤为重要。例如，基于液晶各向异性介电常数张量被外加偏置场修正的原理，现在已经有使用液晶的反射阵列单元的实验演示。虽然这一演示是在亚毫米波频率下完成的，但事实证明，在显示应用中，液晶在光学频率下非常有效，因此也应适用于反射阵列概念。现如今已经提出将石墨烯用于 1.3 太赫兹波的束扫描，在这种情况下，石墨烯的 2D 复表面阻抗通过向附近的电极施加偏置电压（即所谓的石墨烯场效应）来进行动态控制，以实现动态相位控制。这些 LC 和石墨烯单元概念基于典型的谐振单元拓扑，该拓扑由衬底上方的导电贴片谐振器组成，具有以下显著差异：在液晶的情况下，控制的是衬底参数；而在石墨烯的情况下，衬底是固定的，但是谐振被石墨烯片的复电导率的变化所改变。

这些结果是令人鼓舞的，但就可实现的最高频率和实验实施而言，只是初步的。此外还应研究和比较其他赋能技术。因此在太赫兹和光学频率下实现波束扫描 RRA 和 RAL 是一个重要且令人兴奋的研究领域，与较低频率的应用相比，技术问题必然会在其中发挥极其重要的作用。

5. 其他挑战

虽然连续调整每个 RIS 元件的反射振幅和相移对于通信应用肯定是有利的，但在实践中实现起来成本会很高，因为制造这种高精度元件需要复杂的设计和昂贵的硬件，当元件的数量变得非常大时，这可能不是一个可扩展的解决方案。例如，为了实现 16 级相移，$\log_2 16=4$ 个 PIN 二极管需要集成到每个元件上。由于元件尺寸有限，这不仅使元件的设计工作非常具有挑战性，而且还需要 RIS 控制器提供更多的控制引脚来激发大量的 PIN 二极管。因此，对于通常有大量元件的 RIS 来说，只实现离散的振幅/相移级别，要求每个元件有少量的控制位，例如，1 比特用于两级（反射或吸收）振幅控制，或两级（0 或 π）相移控制，是比较经济的。但这种粗量化的振幅/相移设计不可避免地会在指定的接收机上造成 RIS 反射和非 RIS 反射信号的错位，从而导致某些性能下降。

近乎无源的 RIS 也可以配备低功率传感元件，其作用是帮助估计信道或更一般的环境的状态信息，这些信息对于根据一些关键性能指标优化 RIS 的运行是必要的，例如，在一个给定的位置所需的信号—噪声比时。但是给 RIS 配备低功率的传感器又会增加整个表面的成本和功耗，因为 RIS 不能自己感知和学习环境，所以给 RIS 配备低功率传感器使必要的环境状态信息的估计更具挑战性。目前绝大多数的研究活动都依赖于近乎无源的 RIS 没有配备传感元件的假设，分析不同的算法和协议，以有效地估计优化其操作所需的信道状态信息。

7.6 智能超表面辅助通信

7.6.1 信道模型

对于分析最终性能限制、优化操作和评估智能超表面辅助无线通信的优点和局限性，一个主要的问题是，当发射器发射无线电波到智能超表面时，如何为空间中给定位置接收的功率建立一个简单但足够精确的模型。这是一个开放且具有挑战性的研究课题。目前已经有一些初步的研究可用于参考。

1. 路径损耗模型

有研究者利用天线理论计算了有限化 RIS 近场和远场的电场，并证明 RIS 能够在阵列近场中充当一个异常镜像。结果是数值计算的，没有给出接收功率作为距离的函数的解析表达式。

有研究者通过实验测量研究了在毫米波频段工作的无源反射器的散射功率。此外，还将所得结果与光线追踪模拟进行了比较。通过优化被照射表面的面积，证明了有限尺寸的无源反射器可以充当反常反射镜。

有研究者利用天线理论研究了远场域内 RIS 的路径损失。所得到的结果与远场传播假设下的结果一致。

有研究者提出了具体的路径损耗模型，考虑了智能超表面辅助的单输入单输出（SISO）无线通信系统，散射元件为亚波长结构，介于 $\frac{\lambda}{10}$ 和 $\frac{\lambda}{2}$ 之间，$F(\theta,\varphi)$ 为单个散射元件的归一化功率辐射图，揭示了单个散射单元的入射/反射功率密度与入射/反射角的关系。G 为单个散射单元的增益，其定义为：

$$\text{Gain} = \frac{4\pi}{\int_{\varphi=0}^{2\pi}\int_{\theta=0}^{\pi}F(\theta,\varphi)\sin\theta\,d\theta\,d\varphi} \tag{7-1}$$

其中，$U_{n,m}$ 为第 n 行第 m 列的散射单元，具有可编程反射系数 $\Gamma_{n,m}$。$U_{n,m}$ 的中心位置为 $((m-\frac{1}{2})d_x,(n-\frac{1}{2})d_y,0)$，其中 $m\in\left[1-\frac{M}{2},\frac{M}{2}\right],n\in\left[1-\frac{N}{2},\frac{N}{2}\right]$，确保 N 和 M 都为偶数。发射器向智能超表面发射一个信号，通过一个具有归一化功率辐射图的天线 $F^{\text{tx}}(\theta,\varphi)$，其增益为 G_t。接收器收到的经智能超表面反射的信号的具有归一化功率辐射图 $F^{\text{rx}}(\theta,\varphi)$，具有增益 G_r。$\theta_{n,m}^{\text{tx}},\varphi_{n,m}^{\text{tx}},\theta_{n,m}^{\text{rx}}$ 和 $\varphi_{n,m}^{\text{rx}}$ 表示从发射、接收天线到单元 $U_{n,m}$ 的仰角和方位角。假设发射机和接收机的极化总是适当匹配的，即使在发射信号被智能超表面反射。智能超表面辅助的无线通信中的接收信号功率为：

$$P_r = P_t\frac{G_tG_rGd_xd_y\lambda^2}{64\pi^3}\left|\sum_{m=1-\frac{M}{2}}^{\frac{M}{2}}\sum_{n=1-\frac{N}{2}}^{\frac{N}{2}}\frac{\sqrt{F_{n,m}^{\text{combine}}}\,\Gamma_{n,m}}{r_{n,m}^t r_{n,m}^r}e^{\frac{-j2\pi(r_{n,m}^t+r_{n,m}^r)}{\lambda}}\right|^2 \tag{7-2}$$

其中，$F_{n,m}^{\text{combine}}=F^{\text{tx}}(\theta_{n,m}^{\text{tx}},\varphi_{n,m}^{\text{tx}})F(\theta_{n,m}^t,\varphi_{n,m}^t)F(\theta_{n,m}^r,\varphi_{n,m}^r)F^{\text{rx}}(\theta_{n,m}^{\text{rx}},\varphi_{n,m}^{\text{rx}})$ 说明了归一化功率辐射模式对接收信号功率的影响。式（7-2）表明，接收信号功率与发射信号功率成正比，与发射/接收天线增益成正比，与单元增益成正比，与单元大小成正比，与波长的平方成正比。还表明接收信号功率与发射/接收天线和单元的归一化功率辐射方向图、单元的反射系数及发射/接收端到单元的距离有关。根据上述公式可分别得出了远场和近场情况下的路径损耗模型。

（1）远场情况：智能超表面的所有单元向接收机反射的信号可以相位对齐以增强接收信号的功率，这使得智能超表面特别适合于波束形成应用。在这种渐近状态下，假设智能超表面的大小与传输距离相比相对较小。智能超表面可以近似为一个小尺寸的散射体。远场情况下的路径损耗模型为：

$$\text{PL}_{\text{far field}} = \frac{64\pi^3(d_1d_2)^2}{G_tG_rGM^2N^2d_xd_y\lambda^2 F(\theta_t,\varphi_t)F(\theta_r,\varphi_r)A^2} \quad (7\text{-}3)$$

智能超表面辅助无线通信的自由空间路径损耗与 $(d_1d_2)^2$ 成正比，自由空间路径损耗还与单位单元的归一化功率辐射模式 $F(\theta,\varphi)$ 有关，该模式一旦设计和制作完成就固定下来。此外，接收功率通常随着智能超表面的增大而增加。接收功率通常在异常反射方向上最大化。

（2）近场波束成形情况：在这种渐近状态下，假设与传输距离和波长相比，智能超表面的面积很大（理想情况下是无限大）。假设所有单元的反射系数具有相同的幅值 A 和不同的相移 $\phi_{n,m}$，则智能超表面辅助的无线通信在近场情况下的路径损耗模型为：

$$\text{PL}_{\text{near field}}^{\text{beamforming}} = \frac{64\pi^3}{G_tG_rGM^2N^2d_xd_y\lambda^2 A^2 \left|\sum_{m=1-\frac{M}{2}}^{\frac{M}{2}}\sum_{n=1-\frac{N}{2}}^{\frac{N}{2}} \frac{\sqrt{F_{n,m}^{\text{combine}}}\,\Gamma_{n,m}}{r_{n,m}^t r_{n,m}^r}\right|^2} \quad (7\text{-}4)$$

式（7-4）给出了接收信号功率最大化的智能超表面相位梯度设计，然而它与 d_1 和 d_2 的关系还需要进一步的实际测量。

（3）近场广播情况：假设所有单元具有相同的反射系数 $\Gamma_{n,m}$，在这种情况下，路径损耗模型可近似为：

$$\text{PL}_{\text{near field}}^{\text{broadcast}} \approx \frac{16\pi^2}{G_tG_r\lambda^2 A^2} \quad (7\text{-}5)$$

在这种情况下，智能超表面可以近似为一大平面镜。用 x_0 表示智能超表面上的一个点，在该点，组合入射信号、反射信号和表面反射系数的总相位响应的一阶导数等于零。一般来说，路径损耗与发射机和 x_0 之间的距离，以及接收机和 x_0 之间的距离的加权和的倒数成比例。此外，接收功率不依赖于被视为渐近无穷大的智能超表面的大小。这个结果证实了这样一个事实，即智能超表面的功率标度律在物理上是正确的，因为它不会随着智能超表面的大小的变化而变得无穷大。

有研究者对之前研究者提出的路径损耗模型进行了改进，使其更简单，通过明确考虑增益和散射元件大小的关系，智能超表面辅助无线通信系统的一般自由空间路径损耗模型可以表示为：

$$\mathrm{PL}_{\mathrm{general}}^{\mathrm{refined}} = \frac{16\pi^2}{G_t G_r (d_x d_y)^2 \sum_{m=1}^{M} \sum_{n=1}^{N} \frac{\sqrt{F_{n,m}^{\mathrm{combine}}} \Gamma_{n,m}}{r_{n,m}^t r_{n,m}^r} e^{\frac{-j2\pi(r_{n,m}^t + r_{n,m}^r)}{\lambda}}} \tag{7-6}$$

主要路径损耗模型进行了下列改进，首先给出了 $F_{n,m}^{\mathrm{combine}}$ 与智能超表面几何形状的关系，其次给出了散射增益 G 与散射单元尺寸的关系，这使得模型更易于使用。

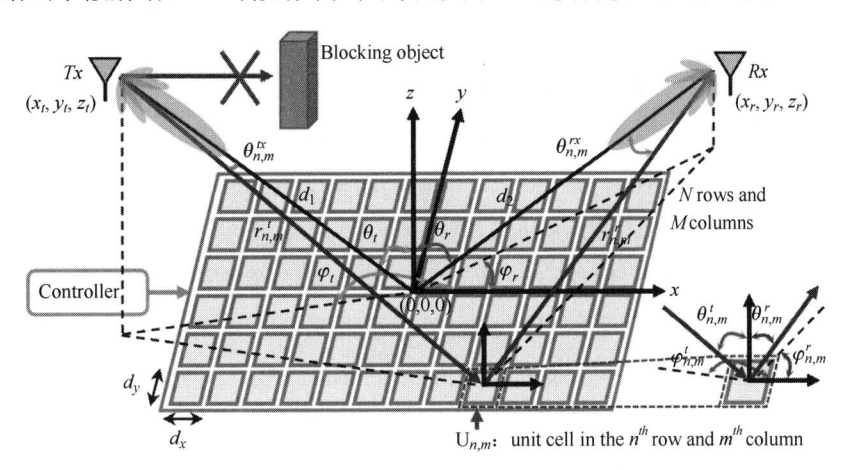

图 7.36　智能超表面辅助的无线通信

2．小尺度衰落

目前，有两种主要的方法已经被用于分析小规模衰落信道中智能超表面辅助系统的性能，即基于 CLT 的分布和近似分布。

（1）基于 CLT 的分布：考虑一个单天线 BS，它借助于一个由 N 个单元组成的智能超表面与一个单天线用户进行通信。如果来自 BS 和智能超表面的两个接收信号可以相干地组合，则有效信道功率增益可表示为：

$$\begin{aligned} & |r^H \Phi g + h|^2 \\ \mathrm{s.t.} \ & \beta_1, \cdots, \beta_N = 1 \\ & \phi_1, \cdots, \phi_N \in [0, 2\pi) \end{aligned} \tag{7-7}$$

其中，$h \in \mathbf{C}^{1\times 1}, g \in \mathbf{C}^{N\times 1}, r \in \mathbf{C}^{N\times 1}$ 分别表示 BS—用户、BS—智能超表面和智能超表面-用户链路的信道。$\Phi = diag(\beta_1 e^{j\phi_1}, \cdots, \beta_N e^{j\phi_N})$ 表示智能超表面的反射系数矩阵，其中，$\{\beta_1, \cdots, \beta_N\}$ 和 $\{\phi_1, \cdots, \phi_N\}$ 分别表示智能超表面单元的振幅系数和相移。在这种设置中，基于 CLT 的技术作为一种近似工具，可用于分析中低信噪比情况下的性能，这是因为 PDF 在 0 到 0+ 范围内的分布不精确。在瑞利衰落信道中，智能超表面增强链路的分布遵循修正的贝塞尔函数。由于发射机和智能超表面都是系统中的一部分，并且智能超表面通常被定位为利用关于发射机和接收机位置的 LoS 路径来增加接收信号功率，Zhang 等人研究了莱斯衰落信道，分析表明信号功率遵循具有两个自由度的非中心卡方分布。Ding 和 Poor 提出了一种智能超表面增强型网络，利用智能超表面有效地调整用户信道增益的方向。Cheng 等人利用基于 CLT 的技术研究了多智能超表面网络，其中研究了有无 BS—用户链路的信道分布。

（2）近似分布：由于从智能超表面反射的信号的接收信噪比的精确分布是不容易获得的，因此使用近似分布通常是必要的。Qian 等人提出了一种简单的接收信噪比近似分布，并证明了接收信噪比可以用两个（或一个）伽玛随机变量和两个非中心卡方随机变量的和来近似。Hou 等人提出了一种优先信号增强设计，其中计算了具有最佳信道增益的用户的中断性能和遍历速率。Lyu 和 Zhang 提出了一种具有多个随机部署智能超表面的 SISO 网络，并证明了接收信号功率的精确分布可以近似为伽马分布。Makarfi 等人提出了一种智能超表面增强的网络，其等效信道由 Fisher-Snedecor 分布建模。

基于最近的研究结果，例如，通过使用基于 CLT 的分布获得的分集阶数在高信噪比情况下是 $\frac{1}{2}$，而如果使用基于伽马分布的近似，分集阶数是 $\frac{N}{3}$，N 表示智能超表面单元的数量。然而，基于 CLT 和基于伽马的分布并不精确，这使得智能超表面增强网络的性能分析成为未来研究的一个有趣问题。此外，由于精确分布包含高阶分量，在高信噪比情况下接近于零，大多数以前的贡献采用近似分布方法来模拟小规模衰落信道，并且智能超表面增强网络的精确分布仍然是一个公开的问题。

7.6.2 理论性能分析

1. 收发端天线数目组合

考虑 BS 数目、用户数目及 RIS 数目的不同，通信系统应该存在不同的性能水平。RIS 辅助系统时，用户端接收信号通用模型为

$$Y = HGX + N \tag{7-8}$$

其中，$H=(H^r)^H \Phi H^t + H^d$，H^r，H^t，H^d 分别表示 BS 到 RIS、RIS 到用户及 BS 到用户的信道矩阵，G 表示 BS 处生成的波束形成矩阵，X 表示传输符号，N 为高斯白噪声。当 RIS 为多个时（设为 L），假设多个 RIS 之间的反射是可以忽略不计的，因为多次反射会使信号逐渐衰弱。此外，多 RIS 系统仍是一个窄带系统，因为不同的 RIS 反射的路径的距离

差往往很小，可以认为远小于码元周期，也即不存在多径干扰。假设存在 L 个 RIS，可以视为 L 个 RIS 反射信号的直接叠加，可表示为

$$Y = \sum_{l=1}^{L} H_l G X + N \tag{7-9}$$

如果考虑网络链路中 RIS 辅助的通信系统（如多小区、多用户），例如，有 L 个小区，每个小区配置一个 BS，L 个用户，并由 A 个 RIS 辅助，则第 l 个小区，第 k 个用户接收到的信号模型可以表示为

$$Y_{l,k} = \sum_{n=1}^{L} H_{n,l,k}^{d} G_{l,k} X_{l,k} + \sum_{n=1}^{L} \sum_{a=1}^{A} H_{n,a}^{r} \Phi_a H_{a,l,k}^{t} G_{l,k} X_{l,k} + N \tag{7-10}$$

在不同的部署方案下，Pan 等人比较了单 RIS 与多 RIS 辅助系统的 WSR（加权和速率），仿真结果如图 7.37 所示，实验条件控制总 RIS 单元数相同（多 RIS 场景下每个 RIS 的单元数为 25，总和与单 RIS 场景下的单元数相同）。可以看到，多 RIS 场景下的 WSR 要略高于单 RIS，而且可以观察到随着 RIS 接近用户，WSR 逐渐增大，当 RIS 部署在远离用户的位置时，WSR 又会逐渐减小，以上仿真结果说明 RIS 的分布式部署比集中式部署更有利。一般来说，RIS 的数量取决于用户集群的数量。预计在每个用户集群的附近，至少有一个 RIS。

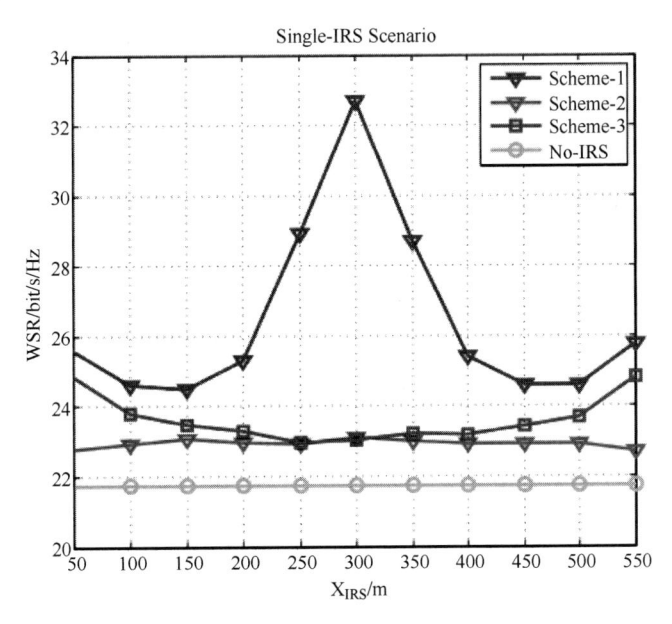

图 7.37 不同 RIS 部署方案下的可实现 WSR

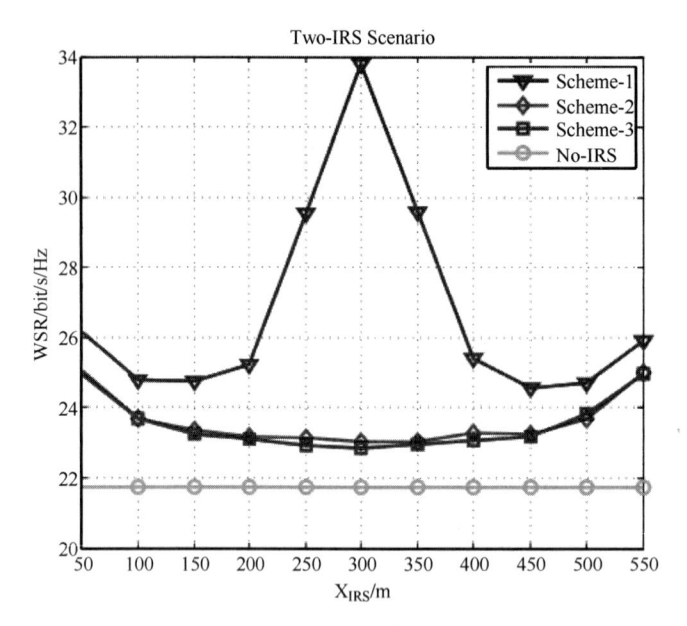

图 7.37　不同 RIS 部署方案下的可实现 WSR（续）

2. 不同条件下的系统性能分析

前文已经比较了通信场景中收发端数目及 RIS 数目不同时，接收信号的不同及可实现性能的差异，本节将会分别讨论 RIS 辅助系统的性能具体会受到哪些因素的影响，包括设置不同的 RIS 单元数、不同的相位量化 bit 数目、不同的路损指数、不同距离、不同的传输功率等条件。

1）RIS 单元数的影响

RIS 面板上有多个紧密排列的反射单元，通过控制器改变每个单元的幅度和相位，从而实现对信号的操控。如果仅仅考虑 RIS 反射单元数，对于 RIS 辅助系统的性能有什么影响？考虑 RIS 操作反射信号的原理，通过增加反射单元数，可以提高在 RIS 接收到的信号功率，从而获得更高的阵列增益。另一方面，通过适当设计相移，用户接收到的反射信号功率随反射单元数的增加而增大。

通过实验验证了 RIS 单元数与 WSR 的关系，如图 7.38 所示，仿真结果表明，除了随机相移和无 RIS 辅助的方案，其他方案的 WSR 均随着 RIS 反射元件数 M 的增加而增大，当 M 增加到 80 时，RIS 辅助系统的 WSR 相比无 RIS 辅助系统已经有了明显的增幅。由于 RIS 不像传统发射机一样需要有源射频链和功率放大器，因此，作为一种无源反射装置，安装更多的无源反射元件兼具节能和高效的优点。

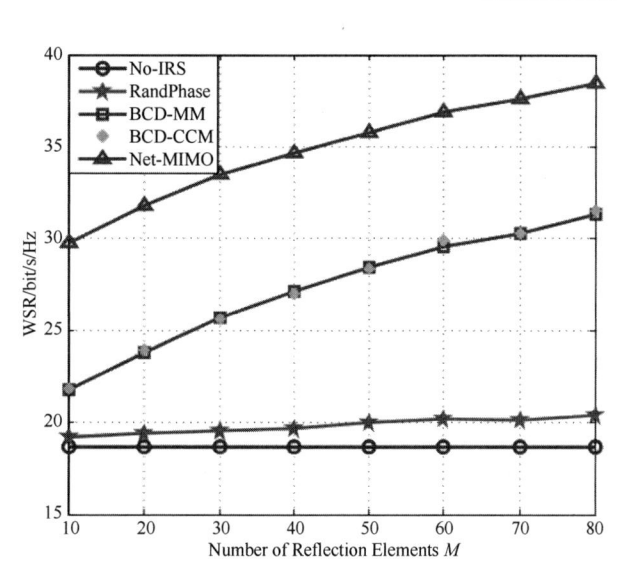

图 7.38　RIS 单元数与 WSR 的关系

2）编码 bit 数（相移数）的影响

对于大部分研究，考虑的是理想的相移条件，即连续的相移和幅度模型。但是在实际中，连续相移的情况是很难实现的，因为这对 RIS 尺寸和成本要求较高，所以实际应用中大多考虑离散幅度和相移的情况，通过少量的控制位实现更高的成本收益，例如，1bit 用于两级幅度控制（反射或吸收）或者用于两级相移（0 或 Π）。同理，对于 Kbit 位编码的 RIS 来说，可操控的相移数为 2^K。所以在实际有限相移的条件下，如何设置编码 bit 数，以使得性能最大化的同时满足最小成本，是一个值得研究的问题。

Zhang 等人推导了在给定数据速率衰减约束下的有限相移数，并且研究了有限相移数对数据速率的影响。讨论了 RIS 反射单元的数目如何影响所需的编码位，定义了编码比特数公式可表示为：

$$K = \log_2 \Pi - \log_2 \arccos \sqrt{\frac{k+1}{k\eta_{\text{LoS}} M^2 N^2} \left(\left(1 + \frac{\eta N_{\text{LoS}}}{k+1} MN + \frac{k\eta_{\text{LoS}}}{k+1} M^2 N^2 \right)^{\varepsilon_0} - 1 - \frac{\eta N_{\text{LoS}}}{k+1} MN \right)}$$

(7-11)

通过令 RIS 尺寸 $x=MN$，对 x 求导求极值，得出结论是 K 随着 x 的增大而减小，即所需的编码比特数随着 RIS 大小的增大而减少。这一结论通过仿真结果得到了验证，数据衰减速率与偏码 bit 位数的关系如图 7.39 所示。

从图 7.39 中可以看出：随着 RIS 元素数量的增加，所需的编码位逐渐减少，当 RIS 的大小趋于无穷大时，编码 bit 数为 1 就足够了，这验证了所提出的命题。

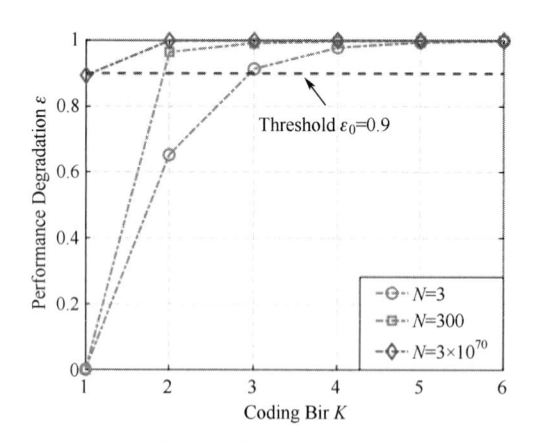

图 7.39 数据衰减速率与编码 bit 位数的关系

3）反射振幅的影响

RIS 反射单元的反射振幅影响信号的反射和吸收，其幅值可能会造成 RIS 信号功率的损失。下图显示反射幅值对系统性能的影响，通过将 RIS 的相移矩阵改写为：

$$\boldsymbol{\Phi} = \eta \mathrm{diag}\{e^{j\theta 1}, \cdots, e^{j\theta m}, \cdots, e^{j\theta M}\} \tag{7-12}$$

即所有反射元素的振幅为 η，与预期的情况一致，由于减少了功率损失，采用 RIS 辅助方案实现的 WSR 随着 η 增加而逐渐增加，说明反射振幅对系统性能有很大的影响。具体来说，当 η 从 0.2 增加到 1 时，WSR 增加约 6bps/Hz。

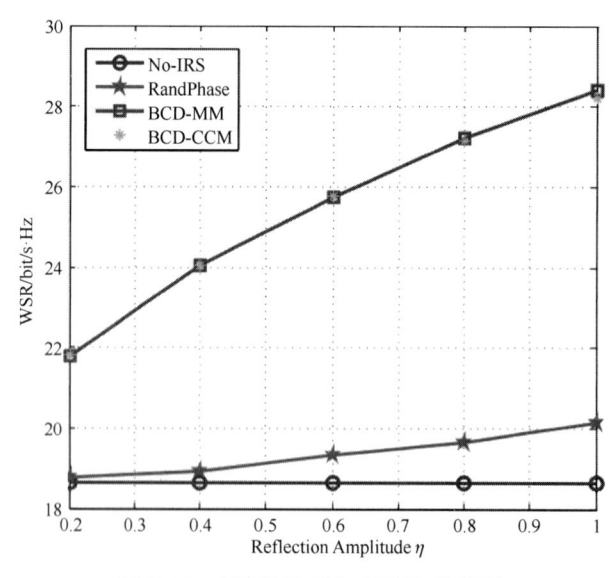

图 7.40 反射振幅值与 WSR 的关系

4）距离的影响

本节主要讨论按照 RIS 与用户的所处位置对 RIS 辅助系统性能的影响，有研究者已经对 RIS 的位置对于多小区可实现 WSR 的影响进行了分析，RIS 的位置定义为（x_{RIS}, 0），将 RIS 从小区中心移动到小区边界过程中，系统 WSR 的变化趋势如图 7.41 所示。

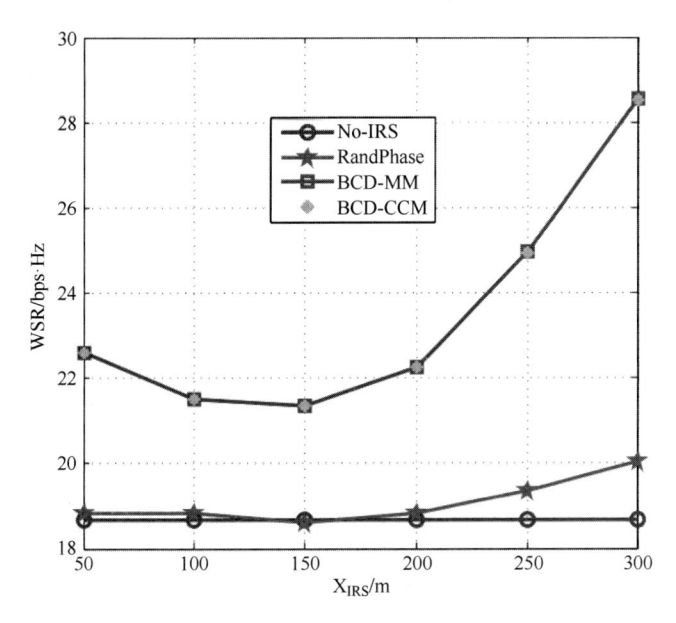

图 7.41 可实现 WSR 随 x_{RIS} 的变化曲线

可以观察到，随着 x_{RIS} 的增加，WSR 会先逐渐减小，然后逐渐增加，到了小区边界会实现最大值，如果用 d 表示 BS 和 RIS 之间的距离，用 D 表示 BS 和用户之间的距离，通过忽略小尺度衰落，组合信道的大尺度信道增益可以表示为：

$$PL_{IRS} = 2PL_0 - 10\alpha_{IRS}\lg_{10}(d) - 10\alpha_{IRS}\lg_{10}(D-d) \tag{7-13}$$

当 $d=D/2$ 时，从式（7-13）可以知道 PL_{RIS} 达到最大值，这与 WSR 的变化趋势一致。在单个小区中，如果用 d 表示 RIS 到用户之间的距离，当 d 减小时，RIS 的增益会增大，如图 7.42 所示，当 RIS 逐渐靠近用户，接收 SNR 也会逐渐增加到最大值。这也可以用式（7-13）分析，因为这里的 d 相当于式（7-13）中的 D，所以当 D 增加时，信道增益也会减小。

总结来说，改变 RIS 与用户及 BS 之间的距离，主要是通过影响系统的信道增益来对系统的性能造成影响的，当 RIS 距离用户越近，这种增益就越明显，反之，则越微弱。

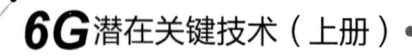

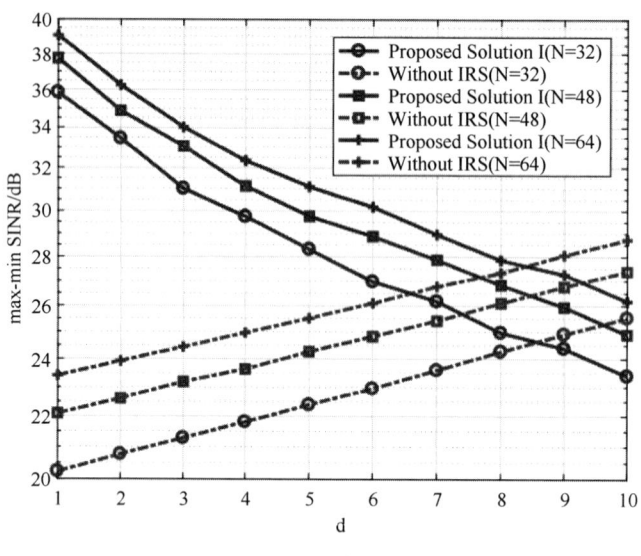

图7.42　SNR 与 d 的关系

5）RIS 相关路径损耗指数的影响

如果假设 RIS 的位置可以被适当地选择，可以确保一个自由空间 BS-RIS 链路和 RIS—用户链路可以被建立。然而，在一些实际情况下，找到这样理想的地方可能并不可行。因此，当与 RIS 相关的链路经历较强的散射衰落和较高的 α_{RIS} 值时，研究性能增益是有效的。图 7.43 显示了仿真结果，这与预期的一样，即 WSR 随着 α_{RIS} 的增加而减小，最终收敛到与无 RIS 情况相同的 WSR。这是因为随着 α_{RIS} 的增加，与 RIS 相关环节相关的信号衰减变大，从 RIS 接收到的信号变弱，因此可以忽略。因此，对于多小区系统，RIS 辅助系统的性能增益可归因于 BS-RIS 链路和 RIS—用户链路的有利信道条件。这提供了一个重要的工程设计思路，RIS 应该部署在无障碍的场景中，如室内使用的天花板或户外使用的广告面板。否则，RIS 带来的绩效收益是微不足道的。

4．非理想条件性能分析

目前大部分研究都是在硬件完备的前提下进行的，在大多数实际情况下，由于现实世界中通信设备的非理想性，通常会限制系统性能的 HWI，如相位噪声、量化误差、放大器非线性等不能被忽略。虽然补偿算法可以缓解 HWI 对系统性能的影响，但由于不精确估计时变硬件特性和随机噪声，仍会存在残差 HWI。因此，研究 HWI 存在时的系统性能具有重要意义。

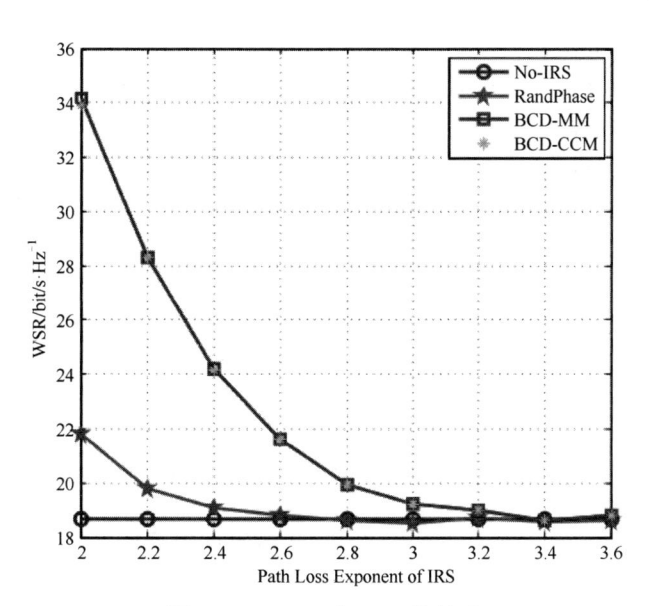

图 7.43 WSR 与 α_{RIS} 的关系

Hu 等人研究了 HWI 存在时对 LIS 辅助系统性能的影响，并推导出了 HWI 的一般建模公式：

$$f(r) = \alpha r^{2\beta} \tag{7-14}$$

仿真结果如图 7.44 所示，可以看到不同 α 和 β 值的接收 SNR 损失 σ，可以看到，当 LIS 表面积增加时，对于较大的 α 和 β 值，SNR 损失比较明显。后文还研究了如何减小 HWI 的衰减效果，结论是增加 LIS 单元数，仿真结果如图 7.45 所示。

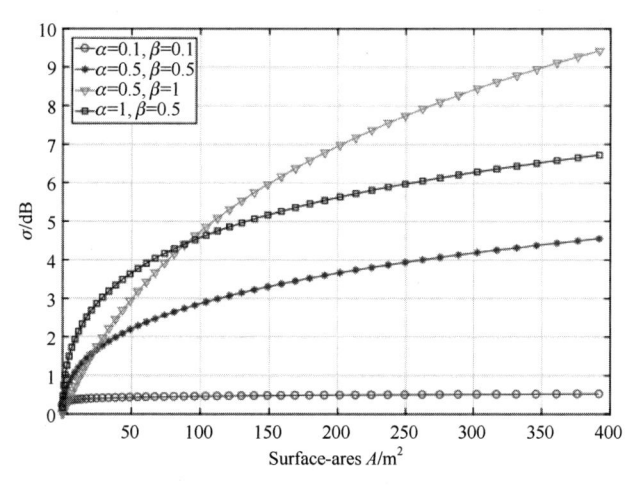

图 7.44 不同 α，β 值（HWI 存在）下 SNR 的衰减情况

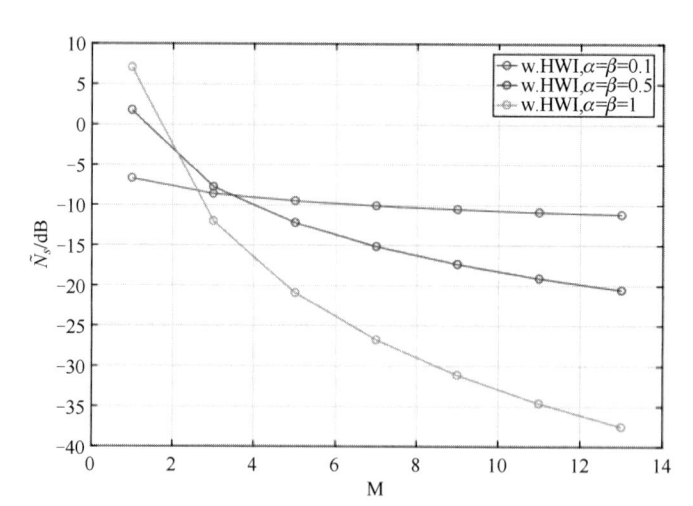

图 7.45 增加反射单元数的 HWI 衰减

在图 7.45 中，通过将单个 LIS 分成 M 个小 LIS 单元来显示 HWI 衰减。从图中可以看出：增加 HWI 参数中的 α，β 值，容量和效用的衰减会增加；可以通过增加 LIS 单元数的方式（LIS 总面积不变），减小 HWI 的影响。

7.6.3 关键算法

1. 预编码算法

如图 7.46 所示，部署 RIS 通过被动反射信号来辅助 BS 和用户之间的传输。RIS 反射系数可以由 BS 通过 RIS 控制器来调整。因此，BS 的发射波束形成和 RIS 的无源波束形成必须联合设计，以提高通信性能。下文根据优化目标介绍了相关的内容。

（1）发射功率最小化或 EE 最大化。Wu 等人最小化了单用户和多用户场景下的 MISO 系统的发射功率，并利用 AO 算法来寻找局部最优解。仿真结果表明，对于多用户场景，RIS 能够同时增强期望的信号强度并减轻干扰。有研究者考虑了离散 RIS 相移，对于单用户和多用户场景，分别采用分支定界法和穷举搜索法得到最优解，并进一步设计了高效的连续细化算法。结果表明，所提出的低复杂度算法能够获得接近最优的性能。Han 等人研究了 RIS 辅助网络中的物理层广播，实现了在 QoS 满足的情况下总发射功率最小化。Fu 等人研究了 MISO 下行链路系统，通过联合优化发射和无源波束形成向量及用户解码阶数来最小化发射功率，并提出了一种交替凸差方法来处理非凸秩一约束。Zhu 等人为 RIS 辅助 MISO-NOMA 系统提出了一种改进的准理想化条件以最小化发射功率。Zheng 等人比较了 OMA 和 NOMA 在离散相移 RIS 辅助的 SISO 系统中的最小发射功率。利用线性逼近初始化和 AO 方法得到了近似最优解。结果表明，当用户具有对称部署和速率要求时，NOMA 的性能可能比 TDMA 差。Huang 等人解决了 RIS 增强的多用户 MISO 系统中 EE 最大化问题，根据 RIS 处反射元件的数量和相位分辨率，提出了一个真实的 RIS 功耗模型，并通过调用梯度下降法和分式规划法对 RIS 相移和 BS 发射功率分配进行优化。结果表明，与传统的主动中继辅助通信相比，RIS 实现了更好的 EE 性能。Zhou 等人研究了具有不完美 CSI 假设的 RIS 辅助多用户 MISO 系统的鲁棒波束形成设计，在所有可能的信道误差实现下，发射功率被最小化，并将非凸问题转化为一系列半定规划子问题，其中 CSI 不确定性和非凸单位模约束分别通过近似变换和凸凹过程来处理。有研究者进一步研究了两种信道误差模型下的稳健波束形成设计，即有界 CSI 误差模型和统计 CSI 误差模型。结果表明，当信道误差较大时，RIS 可能会导致系统性能下降。Zappone 等人对执行信道估计和调整 RIS 的开销进行了建模，并通过联合优化 RIS 相移及发送和接收滤波器，使 RIS 辅助 MIMO 通信网络的 EE 最大化。

（2）SE 或容量最大化。Yu 等人研究了 RIS 辅助 MISO 系统中的 SE 最大化问题。由于 SDR 方法只提供了近似解，与 SDR 方法相比，他们提出的算法具有更高的性能和更低的复杂度。Yu 等人进一步提出了一种分支定界算法，该算法能够获得全局最优解，他们提出的分支定界算法虽然计算复杂度极高，但可以作为验证现有次优算法有效性的性能基准。Ning 等人研究了 RIS 辅助下行链路 MIMO 系统以最大化 SE。Ying 等人考虑了 RIS 辅助毫米波混合 MIMO 系统，此外，Perovic 等人研究了 RIS 辅助的室内毫米波通信，其中研究了两种方案以最大化信道容量。Zhang 等人通过联合优化 RIS 反射系数和 MIMO 发射协方差矩阵，研究了 RIS 辅助 MIMO 通信系统的基本容量限制。Yang 等人通过考虑 RIS 辅助 OFDM 系统在频率选择性信道下的信道估计，提出了一种实用的传输协议。为了减少所需的训练开销，将 RIS 反射元素分成多个组，只需估计每个组的组合信道。基于所提出的分组方案，采用 AO 算法对发射端的功率分配和 RIS 端的相移进行联合优化，使可实现速率最大化。You 等人通过考虑 RIS 处具有离散相移的信道估计，设计了一种传输协议，为了减小信道估计误差，他们提出了一种基于低复杂度离散傅里叶变换的反射模式算法。利用所提出的逐次细化算法，通过设计 RIS 相移，在估计信道的基础上进一步使可实现的数据速率最大化。

（3）和速率最大化。Huang 等人将 RIS 增强的多用户 MISO 下行链路通信中的和速率最大化。通过在 BS 采用迫零预编码，利用优化—最小化方法交替优化 RIS 反射矩阵和功率分配矩阵。此外，Guo 等人研究了加权和速率最大化问题。在 AO 框架下，采用分式规划方法得到发射波束形成，并针对不同类型的 RIS 反射单元设计了三种迭代算法来优化反射系数。有研究者导出了渐近最优离散无源波束形成解，并提出了一种调制方案，以最大化 RIS 增强多用户 MISO 传输的可实现和速率。为了进一步提高性能，Jung 等人[163]设计了一种联合用户调度和发射功率控制方案，该方案可以在速率公平性和用户间最大和速率之间进行折中。Mu 等人将他们的研究集中在 RIS 增强 MISO-NOMA 系统中的和速率最大化问题上，该系统同时具有 RIS 单元的理想和非理想假设。针对无源波束形成设计中的非凸秩一约束，采用序贯秩一约束松弛方法进行处理，保证了获得局部最优秩一解。Zhao 等人没有利用瞬时 CSI 优化被动波束形成，而是提出了一种在 RIS 增强的多用户系统中最大化可实现平均和速率的双时标传输协议。为了降低信道训练开销和复杂度，首先利用统计 CSI 对 RIS 相移进行优化，然后利用瞬时 CSI 和优化的 RIS 相移设计发射波束形成。

（4）用户公平性。Nadeem 等人最大化了 RIS 增强 MISO 系统的最小 SINR，其中 BS-RIS 用户链路被假定为 LoS 信道。利用随机矩阵理论，给出了最佳线性预编码器下最小 SNR 性能的确定性近似。因此，可以使用信道的大规模统计来优化 RIS 相移，这可以显著降低信号交换的开销。Yang 等人研究了单天线和多天线情况下 RIS 增强 NOMA 系统的最大—最小速率问题。为了获得接近最优的性能，提出了一种基于信道强度的用户排序方案。

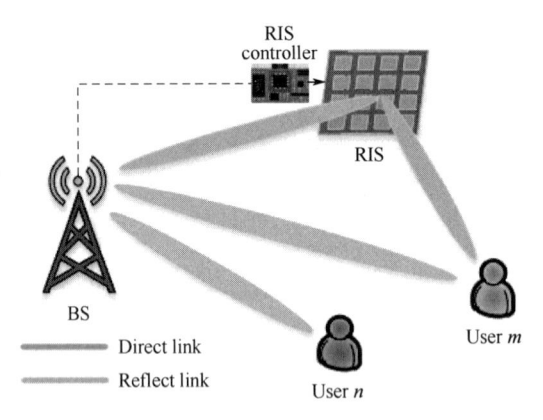

图 7.46　联合发射和无源波束形成设计说明

2．信道估计算法

对于 RIS 辅助系统的信道估计，主要是通过检测发射和接收信号，从而估计信号所经过的包含 RIS 的级联信道，因为发射和接收信号是通过信道矩阵相关联的，则 RIS 辅助系统的信道估计相关工作如下所示，按照算法的不同可分为以下几种。

（1）压缩感知。有研究者开发了一种估计级联信道的算法，该方法利用级联信道的稀疏性，利用压缩感知方法，并推广到多用户网络中多信道的联合估计。为了提高估计性能，对训练反射序列进行了优化。还有研究者提出了一种基于压缩感知的信道估计算法，其中利用在毫米波频率下工作的大规模阵列的角信道稀疏性，在降低导频开销下执行信道估计。主要采用压缩感知的方法，根据 LoS 为主的 BS-RIS 信道的先验知识及高维 RIS—用户信道的先验信息设计导频信号。利用信道的稀疏性，提出了一种分布式正交匹配跟踪算法。有研究者开发了一种联合信道估计和波束形成设计 RIS 辅助 MISO 系统在毫米波频段。为了降低训练开销，利用了毫米波信道固有的稀疏性。首先给出了级联信道的稀疏表示，然后提出了一种基于压缩感知的信道估计方法，根据估计的信道进行联合波束形成设计。

（2）分层搜索。有研究者介绍了一种基于混合波束形成体系结构的低散射信道估计和传输设计，设计了两个不同的码本，通过三树分层搜索算法有效地实现了所提出的估计过程。这两种码本被称为树字典码本和移相器失活码本。利用估计信息，研究者计算了两种能最大限度提高整体频谱效率的闭合形式传输设计。还可以通过波束训练来解决信道估计问题，对相关量化误差进行表征和评估。作为一种低复杂度的信道估计方案，提出了一种分层搜索码本设计方案。基于所提出的信道估计方法，研究了基于 RIS 的无线网络的性能。

（3）矩阵分解。考虑了具有大量连接的上行网络，研究了信道估计和活动检测的联合问题，将该问题表述为稀疏矩阵分解、矩阵完成和多度量向量问题，并利用消息传递方法提出了一种三阶段算法来求解该问题。有研究者将 RIS 辅助多用户 MIMO 系统的信道估计问题定义为基于矩阵校准的矩阵分解任务，利用这种方法来减少用于估计级联信道的训练序列的长度，级联信道包括 BS- RIS 和 RIS—用户链路。通过假设信道分量慢变和信道稀疏性，提出了一种基于消息传递的级联信道分解算法。给出了一个分析框架来表征所提估计器在大系统极限下的理论性能。也有研究者介绍了一种利用双线性备用矩阵分解和矩阵完成来估计发射机到 RIS 和 RIS 到接收机级联信道的一般框架。特别提出了一个两阶段算法，其中包括一个广义双线性消息传递算法用于矩阵分解和一个基于黎曼流形梯度的算法用于矩阵补全。仿真结果表明，该方法具有较好的信道估计性能，可应用于 RIS 辅助系统。

3. 资源调度与分配算法

在与 RIS 相关的通信系统中，对资源进行合理调度和分配具有重要的意义，下面对于不同的资源调度和分配算法做主要工作介绍。

有研究者研究了下行链路 RIS 辅助系统可实现速率的渐近最优性。为了提高可实现的系统和速率，提出了一种可以在不干扰现有用户的情况下用于 RIS 辅助系统的调制方案。

研究了平均符号错误概率，并提出了一种资源分配算法，该算法能联合优化用户调度和发射机功率控制，通过数值模拟验证了所提出的渐近分析的有效性。可以对一个提升的多用户 MISO 系统进行了鲁棒设计，其中只有不完全的信道状态信息可用于优化目的。所考虑的问题包括在每个用户可实现的速率保证和所有可能的信道错误实现的约束下，最小化与 BS 波束形成器和 RIS 相移相关的传输功率。通过利用一些近似，将所考虑的资源分配问题转化为更易于处理的形式，然后通过求解一系列可有效求解的半定规划子问题来解决。有研究者考虑了 RIS 辅助系统的设计，其中一个多天线 BS 在 RIS 的帮助下为一个单一的天线用户服务，而另一个多天线 BS 则为其自己的单天线用户服务。得到了遍历率的表达式，并将其作为优化 RIS 相移的目标函数。利用平行坐标下降算法进行优化，该算法一般收敛于所考虑的资源分配问题的一个平稳点。有研究者考虑了点对点 RIS 辅助 MIMO 系统中 RIS 相移和发射机全局预编码器的联合设计。采用交替最大化方法解决了误差概率最小的问题，其中两个子问题得到了全局求解。为了开发更低复杂度的资源分配算法，还推导了这两个子问题的近似解。数值结果表明，低复杂度方法仍能提供令人满意的性能。还有研究者考虑了下行多用户 MISO 系统，其中 RIS 用于帮助 BS 与下行用户通信。在只适用离散相移的前提下，通过优化 BS 的数字波束形成和 RIS 的离散相移来解决和率最大化问题。由此产生的资源分配问题由一个基于 AO 的迭代算法来处理。

7.7 RIS 与其他技术的结合

7.7.1 RIS 与 NOMA 结合

NOMA 可以在同一资源（如时间、频率、码块）中为多个用户提供服务，由于其具有提高 SE、大规模无线连接和低延迟等优势，被认为是未来无线通信系统的一种有前景的技术。此外，NOMA 在提高频谱效率、平衡用户公平性、扩大网络连接等方面也获得了很多关注，在传统的无 RIS 无线系统中表现出了优于 OMA 的优势。在下行 NOMA 中，较强信道的用户与 BS 或 AP 使用 SIC 技术消除了来自较弱信道用户的同信道干扰，然后解码自己的消息。因此，解码顺序取决于用户信道功率增益，这由传播环境和用户位置所决定。但是 NOMA 比 OMA 能获取较大增益是有一定条件的，即多个用户的信号强度相差较大的情况，但是这种情况并不总是可以实现的，例如，在下行 MISO 系统中，当用户的信道向量相互正交时，OMA 技术会更可取，NOMA 技术则无法获得明显的增益，所以为了解决这一问题，考虑将 RIS 引入到 NOMA 中。RIS 可以通过数字调整所有反射元件的相移，可以巧妙地配置反射信号的传播，以实现某些通信目标，如信号功率增强、消除干扰和安全传输等。因此，RIS 不仅可以提供额外的信道路径，构建强度差异显著的组合信道，还可以人为地重新对齐用户（组合）信道，从而有可能获得特定场景下的 NOMA 增益。

受到上述将 RIS 与 NOMA 结合可能产生增益的启发，已经有诸多研究探讨 NOMA 技术在 RIS 增强无线网络中的应用，以进一步提高系统性能。Yang 等人考虑了 RIS 辅助的下行链路 NOMA 通信系统，其中单天线 BS 通过 NOMA 协议向多个单天线用户传输叠加信号，在相移优化中应用了 SDR 技术，随后是高斯随机化技术。此外，针对多天线 BS 的一般情况，进一步提出了一种扩展迭代算法。在每次迭代中，应用 SDR 技术得到给定波束形成矩阵在 RIS 处的相移解，以及在 RIS 得到给定相移在 BS 处的波束形成矩阵的解。对于发射波束形成矩阵优化子问题，证明了 SDR 解的秩与 NOMA 用户的数量无关，证明了该算法的收敛性，并分析了算法的复杂度。Fu 等人研究了 NOMA 下行链路传输的总传输功率最小化问题，部署了 RIS 来帮助从多天线 BS 传输到多个单天线用户，将用户分组到小型群集中，以降低每个用户的解码复杂性。在所构建网络中，每个群集包括一个单元边用户和一个中央用户；部署了具有多个低成本无源元件的 RIS，通过无源波束成形来引导事件信号，并协助从 BS 与所有用户进行通信。有研究者提出了一种 RIS 辅助 NOMA 传输的简单设计，可以保证在每个正交空间方向上比 SDMA 服务更多的用户。通过 RIS 可以有效地对齐用户通道向量的方向，这有利于 NOMA 的实现。分析和仿真结果证明了所提出的 RIS-NOMA 方案的性能，并且研究了硬件损耗对 RIS-NOMA 的影响。

7.7.2 RIS 与 UAV 结合

随着第六代（6G）无线网络的发展，初步预计网络容量将增长 1 000 倍，可容纳至少 1 000 亿连接设备，以支持 VR、AR 等一系列新兴应用。为了满足日益增长的需求，UAV 被认为是最有希望实现这些雄心勃勃的目标的技术之一。与使用地面固定 BS 的传统通信系统相比，UAV 辅助通信系统由于其具有灵活部署、完全可控的机动性和低成本等特性，因此具有更高的成本效益和更好的 QoS。事实上，在 UAV 的帮助下，系统性能（如数据速率和延迟）可以通过在 UAV 和用户设备之间建立 LoS 通信链路来得到显著增强。此外，还可以通过调整 UAV 的动态飞行路线和状态，从而在无线通信中提高通信性能。为了进一步提高信道质量,可以通过 UAV 系统的机动性控制来设计自适应通信。如何对 UAV 进行合理的轨迹规划和路径设计是极其重要的,这也是被广泛研究的课题。然而,鉴于物联网设备的分散部署特性,UAV 可能无法从一个特定位置协助所有此类设备,特别是当设备部署在一个并不总是具有直接视距的城市环境时,例如,在人群和建筑密集的区域,UAV 与终端设备之间的通信信号很容易被高层建筑所阻挡,而 RIS 则可以通过改变相移动态调整入射信号,所以在直接信道受到阻塞和弱 LoS 的损害时,在一对节点之间建立一个间接的通信通道,考虑用固定于建筑物表面的 RIS 辅助 UAV 通信以推进网络的整体覆盖。已有的实验证明,RIS 辅助 UAV 通信网络对系统性能有着显著的提升,有研究者研究了 RIS 辅助 UAV 通信系统,该系统通过在多个建筑物上安装多个反射面来为用户设备服务,以提高 UAV 与终端之间的通信质量,Wang 等人通过联合优化 UAV 的轨迹和 RIS 反射元素的相移来最大化所有终端的总体加权数据率和地理公平性;Samir 等人中对 UAV 的飞行高度、传输调度和 RIS 元素的相移矩阵进行了优化,并且提出了近端策略优化算法。数值结果表明,与其他基准算法相比,所提出的算法具有明显的性能提升。

上述情况考虑的是固定于建筑物表面的 RIS 辅助 UAV 的情况,而另一种情况是 UAV 搭载移动 RIS 对用户进行信号强度增益,有研究者研究了这种 RIS-UAV 集成框架对覆盖、大规模多址接入、PLS、同步无线信息和 SWIPT 等方面的影响,RIS 辅助 UAV 网络相对于现有和新兴的地面蜂窝网络的主要优势见表 7-2。然而,目前处于研究阶段的 RIS-UAV 框架依然存在诸多挑战。

表 7-2 与现有和新兴的地面蜂窝网络相比的 RIS 辅助 UAV 网络

度量标准	陆地蜂窝网络	集成天线节点	空中 RIS 辅助网络
覆盖范围	不同的使能技术提供了 5G 的覆盖扩展,如中继、D2D、多跳网络等。	空中通信节点可以在需要的时候扩大覆盖范围。	除了 UAV 的自由定位和跟踪目标终端的能力,RIS 通过将波束指向终端来增加覆盖范围。
容量	增强容量的驱动技术是 D2D、多蜂窝密度,这既增加了网络部署成本,也增加了运营的复杂性和成本。	5G 空中系统利用 LoS-MIMO 来开发信道容量,这样会给地面用户和其他空中节点带来严重的试点污染。	RIS 辅助系统利用地面和空中系统的容量性能,并通过定义适当数量的 RIS 单元来提高它们的性能。
PLS	5G 利用信号处理,如预编码,来降低保密中断的概率,发射器和接收器的计算复杂度增加。	5G 空中系统通过传输网络为地面用户创建了安全区域;各种通信技术可以防止或减轻干扰。	RIS 通过将功率导向合法用户来提高无线安全性,且无源相移可以显著提高能源效率。

续表

度量标准	陆地蜂窝网络	集成天线节点	空中 RIS 辅助网络
大规模接入	不同的大规模接入技术已经被提出，包括正交和非正交，因此需要复杂的收发器设计。	UAV 频谱访问和干扰影响可扩展性	RIS 将信号反射到需要的用户并减少干扰，可扩展性可以通过协调 UAV-RIS 系统与静态 RIS 实现。
频谱共享	对多个 5G 频段进行动态频谱共享、协调和同步、来自移动用户的干扰和 MAC 协议是频谱共享的许多剩余挑战之一。	空中辅助网络为频谱共享提供了更多的自由度，如通过战略 UAV 定位限制干扰足迹。	空中 RIS 系统可以在 RIS 的辅助下实现灵活的频谱共享，使多个用户共享频谱而不会对彼此造成有害干扰。
SWIPT	对于采用功率分割或时间交换的地面网络，建议使用 SWIPT。	空中节点是提供 SWIPT 的关键推动者，特别是在地面网络被破坏的情况下。	空中 RIS 辅助系统可以同时为多个用户提供服务。当以用户为中心的 SWIPT 任务正在进行时，通过使用一部分 RIS 单元来连续地对空中节点充能的能力将延长其生命周期。

（1）信道建模。信道建模需要精确的数据来描述路径损耗，以及阴影、散射和衰落效应等。为了建立 RIS 辅助 UAV 通道的精确模型，需要考虑各种因素，包括地面和空中距离、RIS 制造材料、元素的数量，以及 RIS 的几何形状。RIS 辅助的 UAV 信道的两个主要组成部分是 UAV 和 RIS，它们共同使通道建模变得复杂且具有挑战性。UAV 作为一个具有快速动态移动模式的空中节点，其运动和旋转改变了空中遮蔽，而这将导致广泛的时空变化。RIS 增加了定义适当的信道模型的复杂性，因为它的被动和反射行为以及需要考虑的近场传播。

（2）信道估计。一般来说，RIS 的性能取决于作为 RIS 和无线电之间信道的函数的相移向量的优化。因此，估计 RIS 元件和服务无线电之间的信道是必不可少的，必须确定以实现最佳波束形成和无线电信道控制。RIS 元件的无源特性使该技术具有低复杂度和节能的特点，不需要功率放大器和数据转换器。然而，这种被动的性质使信道的估计更加困难。

（3）RIS 控制器及信道开销。考虑 RIS 要素的控制是很重要的，该控制器负责提供天线元件的相移矢量。通常假定所需的相移被转移到 RIS 控制器的存储器中，需要在计算节点和 RIS 之间建立完全同步和可靠的控制链路。这可以在静止的用例中实现，或者在其他可以轻松提供控制链接的情况下实现。然而，对于 RIS-UAV 系统，计算节点和 RIS 之间的控制链路将面临时变信道条件，并可能经历衰落和阴影，这将影响实时上传相移修改的过程。

针对上述挑战的研究将会有助于提升 RIS-UAV 技术的成熟性和应用前景。

7.7.3 RIS 与 FD 结合

FD 模式下，收发机能够在同一频段同时收发，FD 传输具有将频谱效率提高一倍的潜力，相比半双工传输，频谱资源的利用率最高。考虑 RIS 能够通过电磁波的软控制功能重新配置无线传播环境，且在理论上无须任何射频能量消耗的情况下，RIS 中单元相位变化实现了入射电磁波在振幅、频率和方向域的可重构性，不仅用于反射，而且用于在三维空间中传输。因此，考虑 FD 传输与 RIS 技术相结合的情况，可以获得新的自由度，便于无线通信系统的设计和建设，以获得低成本但高频效率的无线覆盖。此外，RIS 的一些电磁功能对于改进 FD 传输也有一定的帮助，例如，RIS 反射波/透射波可以用于某些特定的目的，如信息传递、协同干扰、无线功率传输（WPT）、人工噪声等。所以，一般来说，共同实现 FD 传输和 RIS 有两个方向：

（1）代替传统的 RF 中继，RIS 可以作为建立/增强 FD 传输的桥梁：① 用于视距（LOS）和非 LOS（NLOS）场景的同时同频 FD 传输；② 用于 NLOS 场景的分频 FD。

（2）利用 RIS 独特的电磁功能，将 FD 传输链路的反射波/透射波用于其他特定目的，如协同干扰、人工噪声和 WPT。

根据上述主要方向，有研究者给出了 LoS 和 NLoS 场景中的 FD 传输方案：FD 传输主要利用 RIS 的功能，通过改变 FPGA[149]中的代码，分别控制 RIS 的各个元素，可以独立反映不同方向的入射波。① LoS 场景：具有多天线的源（S）在 FD 模式下通过一个 RIS 的协助与一个目标（D）通信。在这种情况下，利用了 RIS 的对称/非对称反射功能，因为对于 RIS 而言，S 的位置可能与 D 的位置不对称。② NLoS 反射波场景：具有多天线的源（S）在 FD 模式下通过一个 RIS 的协助与多个目标（D）通信，在这种情况下，S 和 D 之间的双向通信依赖于通过 RIS 的反射链接。显然，有多个终端与 S 通信，其位置随机分布在 S 信号的盲区。然而，虽然这些终端由于阻挡物不在 S 的覆盖范围内，但通过设计 RIS 上各元素的反射矩阵仍然可以达到 FD 传输。③ NLoS 传输波场景：在这种场景下，S 和 D 分别位于 RIS 的两侧，LoS 传输不可用。与 LoS 场景类似，在 NLoS 场景中，利用 RIS 功能，也可以在没有 LoS 信号的情况下实现 FD 传输。此外，还给出了将 FD 传输链路的反射波/透射波用于 WPT 和安全传输的设计方案，并通过数值仿真结果证明了 RIS 辅助 FD 传输在能量利用率，频谱效率等性能指标上的增益。

目前，FD 结合 RIS 技术依然存在许多问题，例如，对于 RIS 和所有终端之间的信道能否获取准确 CSI，这对 RIS 来说是一个挑战，特别是无源 RIS；网络状态信息对于最优部署 RIS 也很有意义，以方便和简化在这种复杂的应用场景下的 RIS 元素的调整。可以肯定的是，RIS 的存在使 FD 传输链路上的入射波的反射波和传输波可以有更多的用途，如协同干扰、人工噪声和 WPT；并且 RIS 可以建立/改善 FD 传输链路，特别是对于相互覆盖之外的设备。在 LoS 和 NLoS 场景下，可以轻松实现同时同频 FD 传输，在 NLoS 场景下可以实现分频 FD 传输。这些结论为以后更多研究 FD 结合 RIS 的实例提供了理论依据。

7.7.4 RIS 与 THz 结合

THz 通信可以提供更有效的频谱，但它面临着来自无线传播损耗、信号覆盖和天线/射频制造的挑战。具体来说，THz 波的衍射和散射能力很差，THz 信号具有高指向性的特性，在无线环境中容易被障碍物阻挡。因此，THz 通信主要考虑 LoS 传输，导致信号覆盖范围有限。将 RIS 集成到 THz 通信中提供了一个有前途的低成本解决方案，以缓解短距离瓶颈和建立可靠的无线连接。具体而言，在 RIS 的辅助下，可以实现 THz 通信中主动和被动联合波束形成，提高频谱和能量效率，并提供虚拟 LoS 路径，降低阻塞概率。

THz-RIS 通信研究热点在于波束形成，如何将信号能量导向目标是核心问题。联合波束形成技术分为 THz 发射机的主动波束控制和 THz-RIS 被动波束控制。THz 发射机通过自己的馈电产生定向电磁辐射，这通常被称为主动波束形成。传统的定向天线可以在商业上发现频率高达 1THz，通过这些天线实现波束转向的最简单方法是机械旋转它们，这已经被用于军事雷达系统。然而，由于延迟需求和功耗，它们并不适用于现代通信应用程序。频率扫描天线可以实现波束方向随频率变化的大范围转向角，但在基于固定载波频率的通信系统中，频率扫描天线无法使用。所以一些可以实现可调谐波束控制的 THz 发射机也逐渐被使用，如采用电子学、光学等方法产生方向可调的 THz 波束。被动波束控制主要是通过 RIS 中的超材料阵列精确控制入射电磁场实现，如石墨烯材料、液晶材料等。

由于 RIS 独特的功能，6G 的 THz 通信场景将更加多样化，接下来介绍 6G 应用中 THz-RIS 通信的几种新场景。

（1）高速前程/回程线路。6G 无线网络的设想是利用蜂窝的密集部署来满足热点地区前所未有的数据速率要求。通过大规模天线波束形成提供高增益传输，THz 超高速无线通信可用于灵活部署前端（基带单元与远端无线电单元之间）和反向（蜂窝与核心网之间）链路，从而降低了复杂性和成本问题。此外，THz 通信还可以利用广泛部署的 RIS 进行联合波束形成，以提供高吞吐量的前向/回程传输，RIS 辅助 THz 无线前/回程链路不仅通过在 RIS 处被动波束形成提供额外的孔径增益，而且通过建立多条传播路径减少中断。

（2）新型无线数据中心。随着移动通信对云服务应用需求的稳步增长，数据中心将在 6G 中发挥更重要的作用。但是，在密集分布的数据服务器之间建立的点对点 LoS 链路不可避免地会被服务器自身阻塞或造成链路干扰。因此，将 RIS 引入 THz 无线数据中心，建立 RIS 辅助的 THz 链路，会极大地扩展服务器互连路径规划的自由度。一方面，RIS 可以为准静态数据中心提供多种链接路由选项。另一方面，RIS 可以帮助建立多个 THz 备份连接，提高数据中心传输的可靠性。

（3）RIS-THz 增强室内覆盖。由于 THz 通信频率高、波长短、传输损耗大，导致其只能短距离覆盖，而有限的衍射能力导致 THz 传输依赖于 LoS 路径。室内 THz LoS 链路容易被墙壁或人体阻挡，导致高速通信中断。针对上述问题，RIS 已成为一种创新的、高性价比的 THz 室内覆盖解决方案：① RIS 可以通过控制反射角提供虚拟的无线 LOS 链路；② RIS 不需要复杂的硬件电路，厚度小、重量轻。这些物理特性使 RIS 易于安装在无线传输环境中，包括墙壁、天花板和家具。

（4）车辆通信场景。智能交通系统希望车辆通信网络能够提供高数据速率、低时延和可靠的通信。对于无线互联智能汽车时代，THz 通信是车辆通信的潜在支持技术。然而，多变的拥挤交通和密集的人群运动会破坏连接稳定性和对准速度。为此，UAV 携带的移动 RIS 可以跟随车流，辅助交通拥挤区域的 THz 波束训练和跟踪过程。在车辆行驶过程中，UAV 携带的 RIS 可以根据需要调整到不同的高度和位置；车辆可根据不同位置障碍物情况选择协同 RIS，保证 THz 连接的高速、实时、稳定。

（5）物理层安全。由于仅依赖高级加密协议的无线网络安全存在一定的局限性，考虑 6G 网络的物理层安全具有重要意义。使用大量的天线元件来产生高定向的 THz 波束，能够为物理层的安全传输带来了许多好处。然而，当窃听者位于波束覆盖的尖锐部分时仍可能危及信息安全。通过主动和被动联合波束形成，RIS 辅助 THz 通信系统可以在抑制窃听者接收功率的同时将波束能量集中到合法用户。RIS 不仅帮助 THz 波束在反射路径上绕过窃听者，而且可以有意降低窃听者方向上的信号功率。

已有的实验证明了 RIS 辅助 THz 通信的一些优势，Konstantinos 等人研究了 RIS 辅助 THz 通信的信道建模和性能，并分析了近场波束聚焦和常规波束形成下的功率增益，并证明了后者的次优性。结论表明 RIS 需要知道 Tx/Rx 的确切位置，而不是它们的角度信息，才能进行光束聚焦，数值结果巩固了 RIS 在 THz 通信中的潜力。Pan 等人通过优化 RIS 位置、RIS 相移、子带分配和功率控制，实现了 RIS 辅助 THz 传输系统中各终端的和率最大化。虽然 THz-RIS 通信网络有望为 6G 系统带来重大飞跃，但在实现高效性和实用性的应用方面仍存在许多基本问题。理论传播建模、RIS 硬件设计及信道估计等挑战不容忽视，需要根据已经存在的实验结论来分析依然可能存在的问题，如 THz 大规模 MIMO 天线对近场距离的影响，是否需要根据 THz 子带独特的衍射/散射能力和分子吸收能力，分别建立 RIS 反射传播模型等。

7.7.5 RIS 与 AI 结合

RIS 技术能够降低传统大型阵列的硬件复杂性、物理尺寸、重量和成本。然而，RIS 的部署需要处理 BS 和用户之间的多通道链路。此外，BS 和 RIS 波束形成器需要联合设计，其中 RIS 元件必须做到能够迅速重新配置。数据驱动技术，如机器学习是解决这些挑战的关键。利用机器学习的较低计算时间和无模型特性使其对数据不完善和环境变化具有健壮性。在物理层，DL 已被证明是有效的 RIS 信号检测，信道估计和主动/被动波束形成使用架构，如 SL、UL、FL 和 RL。下面将介绍几种 RIS 与 AI 技术结合的主要应用场景及已有的实例。

（1）信号检测。信号检测包括在信道和波束形成器的作用下映射接收到的符号及发送的符号。利用神经网络进行 RIS 相关信号检测，其主要优点是它的简单性，学习模型直接估计数据符号，而不需要预先阶段的信道估计。因此，该方法有助于降低信道获取成本。相关 SER 分析结果表明，基于 DL 的 RIS 信号检测（Deep RIS）提供了比 MMSE 更好的误码率，且性能接近于最大似然估计。与此相对的，利用机器学习进行 RIS 相关的信号检测也存在一些问题，为了保证模型能够学习不同环境，需要在不同信道、不同用户位置等条件下采集数据，这是一项任务量较大的工作，且需要更加复杂和深层次的神经网络对采集到的数据进行数据处理。

（2）信道估计。RIS 信道状态采集是 RIS 辅助无线系统的主要任务。常用的方法是逐个打开和关闭每个 RIS 单元，同时利用正交导频信号通过 RIS 估计 BS 和用户之间的信道。而通过 DL 进行的 RIS 信道估计涉及在用户接收的输入信号与直接和级联链路的信道信息之间构建一个映射。SL 方法通过 CNN 估计直接信道和级联信道。首先，用户接收到的导频信号通过依次打开各个 RIS 单元来收集。然后，利用采集到的数据求级联信道和直接信道的最小二乘估计，两个神经网络都被训练成将最小二乘信道估计值映射到真实信道数据。Liu 等人提出了一种 DDNN，采用一种混合被动/主动 RIS 架构，其中主动 RIS 单元用于上行导频训练，而被动 RIS 单元用于将信号从 BS 反射到用户。一旦 BS 采集到压缩后的导频测量数据，即可以通过 OMP 等稀疏重构算法恢复完整的信道矩阵。此外，还可以采用 SL 和 FL 进行 RIS 相关信道估计，但是存在比较大的信道训练开销。

（3）波束形成。基于 RIS 的通信中的波束形成有多种应用，如仅 RIS 波束形成（被动）、BS-RIS 波束形成（主动/被动）、安全波束形成（包括窃听）、节能波束形成和室内 RIS 波束形成。这些波束形成问题都可以用机器学习作为辅助 RIS 的方法去处理。

RIS 波束形成要求无源单元连续不断地将 BS 信号可靠地反射到用户。在这里，MLP 体系结构有助于使用有源 RIS 单元设计反射波束形成权值。这些单元通过 RIS 随机分布，可用于导频训练，训练后使用 OMP 进行压缩信道估计。在数据采集过程中，利用估计的信道数据优化反射波束形成权值。最后，利用信道数据构建训练数据集，并将波束形成器作为 SL 框架的输入输出对。为了消除基于 SL 标记过程的成本，可采用 RL 设计单天线用户和 BS 反射波束器。RL 可以通过优化学习模型的目标函数直接产生输出，是一种有前景的方法。具体做法是：首先，利用两个正交导频信号估计信道状态，通过利用（使用先前的学习模型经验）或探索（使用预定义的代码本）来选择动作向量。根据环境中选择的行动向量计算可实现率（优化目标）后，通过与具有阈值的可实现率进行比较来施加奖励或惩罚。经过计算，DQN 更新从输入状态（信道数据）到输出动作（由反射波束形成器权重组成的动作向量）的映射。对多个输入状态重复这个过程，直到学习模型收敛。RL 算法根据可达到率的优化学习反射波束形成器的权值。因此，RL 为在线学习方案提供了一种解决方案，其中模型能够有效地适应传播环境的变化。然而，由于奖赏机制和离散的行动空间使其难以达到全局最优，导致 RL 方法的训练时间比 SL 方法长，且无标签过程意味着 RL 通常比 SL 的性能稍差。所以引入了 DDPG，它可以比 DQN 结构收敛得更快，而且可以处理连续的动作空间，这提高了应对环境变化的健壮性。

通过上述场景和实例的介绍，可以知道基于机器学习的 RIS 辅助通信系统的性能会得到显著提升，然而实现的同时也有很多困难和挑战。一是数据收集，信号检测需要采集和存储不同信道条件下的发射和接收数据符号。监督学习具有附加的标记过程，虽然 RL 中的无标签结构不需要添加标签，但代价是需要付出训练时间。通过在数值电磁仿真工具中实现传播环境，然后使用更真实的模拟数据，可以放宽数据采集的要求。这在离线构建训练数据集时很有帮助，但在真实场景中失败的可能性仍然存在。因此，高效的数据采集算法对于未来基于机器学习的 RIS 辅助系统具有重要意义。二是模型训练，模型训练需要大量的时间和资源，包括并行处理和存储。通常在在线部署到与 BS 连接的参数服务器之前离线进行。FL 有潜力降低这些成本，并能够实现有效的信道模型训练。所以将 RL 的无标签结构和 FL 的通信效率结合起来，即联邦强化学习，可能是未来机器学习与 RIS 结合的研究方向。三是环境适应，为了实现基于 DL 的 RIS 辅助通信的可行性，动态适应环境变化是至关重要的。信道的行为影响所有基于 DL 的任务，包括信道估计、波束形成、用户调度、功率分配和天线选择/切换。目前，用于无线系统的 DL 架构仍然与环境相关，其学习模型的输入数据空间有限。因此，当学习模型接受来自未学习/未发现数据空间的输入时，性能显著下降。为了覆盖更大的数据空间，需要更广泛、更深入的学习模型。但目前用于无线通信的深度神经网络架构只包含不到 100 万个神经元，而用于图像识别或自然语言处理的学习模型由数百万甚至数十亿的神经元所组成，例如，VGG（1.38 亿）、AlexNet（6000 万）和 GPT-3（1700 亿）。显然，设计更广泛和更深入的学习模型对于未来基于机器学习的 RIS 辅助系统有很大的意义。

7.7.6 智能超表面与无线电能传输结合

随着电子科学技术的不断发展，无线电能传输技术已经得到了广泛的应用。目前，美国苹果公司已经推出了可以使用无线电能传输技术充电的移动终端设备；应用磁耦合谐振技术为电动汽车充电也已成为现实。在偏远地区、设备密集地区、特殊领域（如油田矿采领域和地质勘探领域），人为更换设备电池是不现实的；在生物医疗领域，人体可植入电子设备的电池更换对人体的伤害和影响几乎无法避免，这些问题引起了研究者们的思考，高效稳定的无线电能传输技术是学术和工业界的研究热点。

无线电能传输可以根据作用距离分为近场区和辐射远场区。近场区又分为电抗近场区和辐射近场区（菲涅尔区）。RIS 是具有二维或准二维平面结构的人工电磁结构，它的厚度小于工作波长，可以实现对电磁波相位、极化及幅度等特性的灵活有效调控。利用 RIS 有效调控电磁波，从而实现具有聚焦特性的辐射近场的无线电能传输是很有价值的，许多学者都对此展开了研究。

有研究者提出了一种 RIS，它可以帮助两用户协作无线通信网络的传输，通过联合优化 RIS 的相移、传输时间和功率分配策略，研究了吞吐量最大化的问题。数值结果表明，采用 RIS 可以有效地提高协同传输的吞吐量。

此外，很多研究者都关注到了 MISO 系统的下行链路问题。对于同时进行无线和信息功率传输的下行 MISO 无线网络，RIS 可以增强系统的无线传输能力。有研究者针对基站的发射预编码矩阵和 RIS 的相移问题，分析了系统加权和率的最大化问题。采用交替优化的方法求解优化问题，特别提出了两种低复杂度的迭代算法，该算法收敛于各优化子问题的一阶最优点。有研究者研究了安全传输波束形成和 RIS 相移的设计，以最大限度地提高采集功率。为了解决所产生的非凸优化问题，提出了基于 SDR 和逐次凸逼近的交替迭代算法。

此外对于 MISO 系统的下行链路问题，研究者设置基站向一组接收器发送信息和能量信号，RIS 用于帮助信息和能量传输。在这种设置中，基站波束形成器和 RIS 相移被交替优化，目的是通过满足信息接收器的单个 SINR 约束和基站的最大发射功率约束，使所有能量收集接收器的最小接收功率最大化。利用交替优化和 SDR 来解决优化问题，从而得到一个次优但有效的算法。有研究者在系统模型中，部署了多个 RIS 以辅助信息和功率的传输。通过对发射预编码器的优化和 RIS 的相移来考虑最小化基站的发射功率的问题，并认为用交替优化方法来解决这一问题是不合适的，取而代之的是基于惩罚的算法。

7.7.7 智能超表面与定位和传感技术的结合

数字世界和现实世界之间的交互依赖于高清态势感知，即设备确定其自身位置的能力，以及操作环境中对象和其他设备的位置。与其相关的应用一般包括自动驾驶车辆、机器人、医疗保健、高度身临其境的虚拟和增强现实，以及新的人机交互。态势感知可以通过各种技术来实现，具体取决于应用和要求的不同。这些技术既包括激光雷达、惯性测量单元或照相机，也包括基于无线电的技术，如卫星定位、雷达、超宽带、蜂窝或 WiFi。基于无线电的技术很有吸引力，因为它可以具有通信和传感的双重功能，而且通常不太容易受到如光线不佳等环境因素的影响。

自 4G 以来，专用定位参考信号一直被视为通信系统设计和标准化的一部分，其定位精度达到了 10 米量级。在 5G 中，结合用户设备和基站处的天线阵列使用更大的带宽和更高的载波频率，定位精度提高到了 1 米左右。6G 系统中的主要工作在更高的频率（30 千兆赫兹以上，可能高达 1 太赫兹）上开展，以便受益于更大的可用带宽，从而实现更高的定位精度。

高载波频率下的传播会受到障碍物的影响，因为物体会阻挡发射器和接收器之间的

LoS 路径。通过利用先验地图信息或通过联合定位和制图，利用多径辅助定位，可以减少对 LoS 路径的依赖。其中，环境中物体的位置与用户的位置应同时确定，这一过程被称为基于无线电的同时定位和绘图。即使这些解决方案利用多径通道作为定位问题几何中的建设性信息源，由物理环境引起的相关的电磁相互作用仍然是不受控制的。因此，从定位的角度来看，这种方法很大程度上是次优的。

RIS 是一项突破性技术，它赋予表面主动修改入射电磁波的能力。当 LoS 路径被阻塞时，它可以保证信号的覆盖，具有显著的优势。RIS 可以用作可重新配置的镜子或镜头，由调整相位分布或电流分布的本地控制单元控制。基于这些基本工作模式，RIS 可以充当发射器、接收器或异常反射器，其中反射波的方向不再是根据自然反射定律的镜面反射，而是可以被操纵的。RIS 概念可应用于不同的波长，范围从低至 6 千兆赫兹频段到 28 千兆赫兹毫米波频段，也可以应用于太赫兹范围。上述 RIS 的性质使研究者开始关注 RIS 在定位和传感方面的应用。

有研究者分析了 RIS 提供的定位精度的 Cramér-Rao 下界，推导出 Cramér-Rao 下界的封闭表达式和精确逼近，并用于证明 RIS 提供的定位误差随其表面积二次减小。除了终端恰好位于 RIS 的中心垂线上的情况，这个规律通常是正确的。在后一种情况下，定位误差线性减小。结果表明，即使 RIS 模拟电路中存在未知相移时，性能仍有可能比传统方法有相当大的提高。此外，讨论了可用于定位的 RIS 的不同部署架构，并比较了单个大型 RIS 和多个较小 RIS 覆盖部署区域的案例研究。结果表明，这两种方法都不总是优于另一种方法。

有研究者推导了 RIS 在离散相移和有限分辨率振幅测量的假设下提供的定位精度的 Cramér-Rao 下界。此外，在不考虑相位信息的情况下，用全分辨率测量振幅，计算了与定位误差有关的 Cramér-Rao 下界的解析界。利用数值结果分析和量化了 Cramér-Rao 下界损耗与量化分辨率的关系。

通过调查 RIS 在毫米波 MIMO 无线网络中的定位和目标跟踪的使用，说明 RIS 的性能很有前景，这要归功于它可以实现非常锐利的波束。推导了定位误差的 Cramér-Rao 下界，分析了 RIS 反射元个数对定位性能的影响。数值结果验证了理论分析的正确性，并表明了基于 RIS 的定位系统比传统的定位系统具有更好的性能。

通过研究具有联合通信和定位能力的毫米波 MIMO 无线网络的设计，结果表明使用 RIS 对这两个设计内容都有好处，既可以实现精确定位，又可以实现高数据速率传输。还介绍了一种基于分层码本和移动台反馈的自适应移相器设计，该方案不需要部署主动传感器和基带处理单元。

参考文献

[1] 中国移动研究院. 2030+技术趋势白皮书[R]. 2020.

[2] 未来移动通信论坛. Wireless Technology Trends Towards 6G[R]. 2020.

[3] Li L, Cui T J, Ji W, et al. Electromagnetic Reprogrammable Coding-metasurface Holograms[J]. Nature Communications, 2017.

[4] Huang C, Hu S, Alexandropoulos G C, et al. Holographic MIMO Surfaces for 6G Wireless Networks: Opportunities, Challenges, and Trends[J]. IEEE Wireless Communications, 2020, (99):1-8.

[5] Hum S V, Perruisseau-Carrier J. Reconfigurable Reflectarrays and Array Lenses for Dynamic Antenna Beam Control: A Review[J]. IEEE Transactions on Antennas and Propagation, 2014, 62(1):183-198.

[6] Juntti M, Kantola R, Kysti P, et al. Key Drivers and Research Challenges for 6G Ubiquitous Wireless Intelligence. 2019.

[7] MD Renzo, Zappone A, Debbah M, et al. Smart Radio Environments Empowered by Reconfigurable Intelligent Surfaces: How it Works, State of Research, and Road Ahead[J]. IEEE Journal on Selected Areas in Communications, 2020, (99):1.

[8] Tang W, Chen M Z, Chen X, et al. Wireless Communications With Reconfigurable Intelligent Surface: Path Loss Modeling and Experimental Measurement[J]. IEEE Transactions on Wireless Communications, 2020, (99):1.

[9] Khawaja W, Ozdemir O, Yapici Y, et al. Coverage Enhancement for NLOS mmWave Links Using Passive Reflectors[J]. IEEE Open Journal of the Communications Society, 2020, (99):1.

[10] Gradoni G, MD Renzo. End-to-End Mutual Coupling Aware Communication Model for Reconfigurable Intelligent Surfaces: An Electromagnetic-Compliant Approach Based on

Mutual Impedances[J]. IEEE Wireless Communication Letters, 2021, (99):1.

[11] A hardware platform for software-driven functional metasurfaces. Available: http://www.visorsurf.eu.

[12] NTT DOCOMO and Metawave announce successful demonstration of 28GHz-band 5G using world's first meta-structuretechnology. Available: https://www.businesswire.com/news/home/20181204005253/en/NTT-DOCOMO-Metawave-Announce-Successful-Demon-stration-28GHz-Band.

[13] TowerJazz and Lumotive Demonstrate Solid-state Beam Steering for LiDAR. Available: https://techtime.news/2019/06/26/lidar/.

[14] Pivotal Commware Achieves Gigabit Connectivity in Live 5G mmWave Demo at Mobile World Congress Los Angeles 2019. Available: https://pivotalcommware.com/2019/11/04/pivotal-commware-achieves-gigabit-connectivity-in-live-5g-mmwave-demo-at-mobile-world-congress-los-angeles-2019/.

[15] Artificial Intelligence Aided D-band Network for 5G Long Term Evolution. Available: https://www.ict-ariadne.eu.

[16] Li L, Shuang Y, Ma Q, et al. Intelligent Metasurface Imager and Recognizer[J]. Light: Science & Applications, 2019, 8.

[17] V. Arun and H. Balakrishnan. RFocus: Beamforming using Thousands of Passive Antennas. USENIX Symposium on Networked Systems Design and Implementation, 2020 (9): 1047–1061.

[18] DOCOMO and AGC Use Metasurface Lens to Enhance Radio Signal Reception Indoors. Available: https://www.nttdocomo.co.jp/english/info/media_center/pr/2021/0126_00.html.

[19] Harnessing multipath propagation in wireless networks: A meta-surface transformation of wireless networks into smartreconfigurable radio environments. Available: https://cordis.europa.eu/project/id/891030.

[20] Ellingson S W. Path Loss in Reconfigurable Intelligent Surface-Enabled Channels[J].2019.

[21] Garcia J, Sibille A, Kamoun M. Reconfigurable Intelligent Surfaces: Bridging the Gap Between Scattering and Reflection[J]. IEEE Journal on Selected Areas in Communications, 2020, (99):1.

[22] MD Renzo, Danufane F H, Xi X, et al. Analytical Modeling of the Path-Loss for

Reconfigurable Intelligent Surfaces——Anomalous Mirror or Scatterer ?[J]. IEEE, 2020.

[23] Danufane F H, MD Renzo, Rosny J D, et al. On the Path-Loss of ReconfigurableIntelligent Surfaces: An Approach Based on Green's Theorem Applied to Vector Fields[J]. IEEE Transactions on Communications, 2021.

[24] Qian X, MD Renzo. Mutual Coupling and Unit Cell Aware Optimization for Reconfigurable Intelligent Surfaces[J]. IEEE Wireless Communication Letters, 2021, (99):1.

[25] Tang W, Chen X, Chen M Z, et al. Path Loss Modeling and Measurements for Reconfigurable Intelligent Surfaces in the Millimeter-Wave Frequency Band[J]. 2021.

[26] Zhao J. Optimizations with Intelligent Reflecting Surfaces (IRSs) in 6G Wireless Networks: Power Control, Quality of Service, Max-Min Fair Beamforming for Unicast, Broadcast, and Multicast with Multi-antenna Mobile Users and Multiple IRSs[J]. 2019.

[27] Yu X, Xu D, Schober R. MISO Wireless Communication Systems via Intelligent Reflecting Surfaces: (Invited Paper)[C]// 2019 IEEE/CIC International Conference on Communications in China (ICCC). IEEE, 2019.

[28] Wu Q, Zhang R. Weighted Sum Power Maximization for Intelligent Reflecting Surface Aided SWIPT[J]. IEEE Wireless Communication Letters, 2019, (99):1.

[29] Han Y, Tang W, Jin S, et al. Large Intelligent Surface-Assisted Wireless Communication Exploiting Statistical CSI[J]. IEEE Transactions on Vehicular Technology, 2019, (99):1.

[30] Ye J, Guo S, Alouini M S. Joint Reflecting and Precoding Designs for SER Minimization in Reconfigurable Intelligent Surfaces Assisted MIMO Systems[J]. IEEE Transactions on Wireless Communications, 2020, (99):1.

[31] Perovic N S, MD Renzo, Flanagan M F. Channel Capacity Optimization Using Reconfigurable Intelligent Surfaces in Indoor mmWave Environments[C]// ICC 2020 - 2020 IEEE International Conference on Communications (ICC). IEEE, 2020.

[32] Huang C, Zappone A, Debbah M, et al. Achievable Rate Maximization by Passive Intelligent Mirrors[C]// ICASSP 2018 - 2018 IEEE International Conference on Acoustics, Speech and Signal Processing (ICASSP). IEEE, 2018.

[33] Reconfigurable Intelligent Surfaces for Energy Efficiency in Wireless Communication[J]. IEEE Transactions on Wireless Communications, 2019, 18(99):4157-4170.

[34] Cui M, Zhang G, Zhang R. Secure Wireless Communication via Intelligent Reflecting Surface[J]. IEEE Wireless Communication Letters, 2019, (99):1.

[35] Bjornson E, Ozdogan O, Larsson E G. Intelligent Reflecting Surface vs. Decode-and-Forward: How Large Surfaces Are Needed to Beat Relaying?[J]. IEEE Wireless Communication Letters, 2019, (99):1.

[36] Wu Q, Zhang R. Beamforming Optimization for Wireless Network Aided by Intelligent Reflecting Surface With Discrete Phase Shifts[J]. IEEE Transactions on Communications, 2020, 68(3):1838-1851.

[37] Badiu M A, Coon J P. Communication Through a Large Reflecting Surface With Phase Errors[J]. IEEE Wireless Communication Letters, 2019.

[38] Li A, Ottersten B, Spano D, et al. A Tutorial on Interference Exploitation via Symbol-Level Precoding: Overview, State-of-the-Art and Future Directions[J]. IEEE Communications Surveys & Tutorials, 2020, (99):1.

[39] Liu R, Li H, Li M, et al. Symbol-Level Precoding Design for Intelligent Reflecting Surface Assisted Multi-user MIMO Systems[J]. IEEE, 2019.

[40] Liu R, Li M, Liu Q, et al. Joint Symbol-Level Precoding and Reflecting Designs for IRS-Enhanced MU-MISO Systems[J]. IEEE Transactions on Wireless Communications, 2020, (99):1.

[41] Wang S, Li Q, Shao M. One-Bit Symbol-Level Precoding for MU-MISO Downlink with Intelligent Reflecting Surface[J]. 2020.

[42] Zhang Z, Dai L, Chen X, et al. Active RIS vs. Passive RIS: Which Will Prevail in 6G?[J]. 2021.

[43] Bjrnson E, Sanguinetti L. Utility-Based Precoding Optimization Framework for Large Intelligent Surfaces[C]// 2019 53rd Asilomar Conference on Signals, Systems, and Computers. IEEE, 2020.

[44] Huang C, Member, IEEE, et al. Reconfigurable Intelligent Surface Assisted Multiuser MISO Systems Exploiting Deep Reinforcement Learning[J]. IEEE Journal on Selected Areas in Communications, 2020, 38(8):1839-1850.

[45] Yang H, Xiong Z, Zhao J, et al. Deep Reinforcement Learning Based Intelligent Reflecting Surface for Secure Wireless Communications[J]. 2020.

[46] MD Renzo. Spatial Modulation Based on Reconfigurable Antennas - A New Air Interface for the IoT[C]// Milcom IEEE Military Communications Conference. IEEE, 2017.

[47] Phan-Huy D T, Kokar Y, Rachedi K, et al. Single-Carrier Spatial Modulation for the Internet of Things: Design and Performance Evaluation by Using Real Compact and Reconfigurable Antennas[J]. IEEE Access, 2019:1.

[48] Basar E, MD Renzo, Rosny J D, et al. Wireless Communications Through Reconfigurable Intelligent Surfaces[J]. IEEE Access, 2019, 7(99).

[49] Tang W, Li X, Dai J Y, et al. Wireless Communications with Programmable Metasurface: Transceiver Design and Experimental Results[J]. 2018.

[50] Wankai, Tang, Jun, et al. Programmable metasurface-based RF chain-free 8PSK wireless transmitter[J]. Electronics letters, 2019.

[51] Viet D N, MD Renzo, Basavarajappa V, et al. Spatial modulation based on reconfigurable antennas: performance evaluation by using the prototype of a reconfigurable antenna[J]. EURASIP Journal on Wireless Communications and Networking, 2019(1):149.

[52] Basar E. Reconfigurable Intelligent Surface-Based Index Modulation: A New Beyond MIMO Paradigm for 6G[J]. IEEE Transactions on Communications, 2020.

[53] Yan W, Yuan X, Kuai X. Passive Beamforming and Information Transfer via Large Intelligent Surface[J]. IEEE Wireless Communications Letters, 2020, 9(4):533-537.

[54] Guo S, Lv S, Zhang H, et al. Reflecting Modulation[J]. 2019.

[55] Gopi S, Kalyani S, Hanzo L. Intelligent Reflecting Surface Assisted Beam Index-Modulation for Millimeter Wave Communication[J]. 2020.

[56] Yang L, Meng F, Hasna M O, et al. A Novel RIS-Assisted Modulation Scheme[J]. IEEE Wireless Communication Letters, 2021, (99):1.

[57] Zheng B, Zhang R. Intelligent Reflecting Surface-Enhanced OFDM: Channel Estimation and Reflection Optimization[J]. IEEE Wireless Communication Letters, 2019, (99):1.

[58] Nadeem Q, Alwazani H, Kammoun A, et al. Intelligent Reflecting Surface Assisted Multi-User MISO Communication: Channel Estimation and Beamforming Design[J]. IEEE Open Journal of the Communications Society, 2020, (99):1.

[59] Jensen T L, Carvalho E D. An Optimal Channel Estimation Scheme for Intelligent Reflecting Surfaces based on a Minimum Variance Unbiased Estimator[J]. 2019.

[60] Lin J, Wang G, R Fan, et al. Channel Estimation for Wireless Communication Systems Assisted by Large Intelligent Surfaces[J]. 2019.

[61] Chen J, Liang Y C, Cheng H V, et al. Channel Estimation for Reconfigurable Intelligent Surface Aided Multi-User MIMO Systems[J]. 2019.

[62] Zappone A, MD Renzo, Shams F, et al. Overhead-Aware Design of Reconfigurable Intelligent Surfaces in Smart Radio Environments[J]. 2020.

[63] MD Renzo, Ntontin K, Song J, et al. Reconfigurable Intelligent Surfaces vs. Relaying: Differences, Similarities, and Performance Comparison[J]. IEEE Open Journal of the Communications Society, 2020, 1:798-807.

[64] Arun V and Balakrishnan H. RFocus: Beamforming using thousands of passive antennas. Proc./ USENIX Symp. Netw. Syst. DesignImplement., 2020, (2): 1047-1061.

[65] Wang P, Fang J, Yuan X, et al. Intelligent Reflecting Surface-Assisted Millimeter Wave Communications: Joint Active and Passive Precoding Design[J]. 2019.

[66] Sum-rate Maximization for Intelligent Reflecting Surface Based Terahertz Communication Systems [C]// IEEE/CIC International Conference on Communications Workshops in China.

[67] Chaccour C, Soorki M N, Saad W, et al. Risk-Based Optimization of Virtual Reality over Terahertz Reconfigurable Intelligent Surfaces[C]// ICC 2020 - 2020 IEEE International Conference on Communications (ICC). IEEE, 2020.

[68] Wang H, Zhang Z, Zhu B, et al. Performance of Wireless Optical Communication With Reconfigurable Intelligent Surfaces and Random Obstacles[J]. 2020.

[69] Zappone A, MD Renzo, Debbah M, et al. Model-aided Wireless Artificial Intelligence: Embedding Expert Knowledge in Deep Neural Networks for Wireless System Optimization [J]. IEEE Veh. Technol. 2019.

[70] Zappone A, MD Renzo, Debbah M. Wireless Networks Design in the Era of DeepLearning: Model-Based, AI-Based, or Both?[J]. IEEE Transactions on Communications, 2019, 67(10):7331-7376.

[71] Dardari D. Communicating with Large Intelligent Surfaces: Fundamental Limits and Models[J]. 2019.

[72] Gacanin H, MD Renzo. Wireless 2.0: Towards an Intelligent Radio Environment

Empowered by Reconfigurable Meta-Surfaces and Artificial Intelligence[J]. 2020.

[73] Huang C, Alexandropoulos G C, Yuen C, et al. Indoor Signal Focusing with Deep Learning Designed Reconfigurable Intelligent Surfaces[C]// IEEE. IEEE, 2019.

[74] Bai T, Pan C, Deng Y, et al. Latency Minimization for Intelligent Reflecting Surface Aided Mobile Edge Computing[J]. IEEE Journal on Selected Areas in Communications, 2020, (99).

[75] Hua S, Zhou Y, Yang K, et al. Reconfigurable Intelligent Surface for Green Edge Inference[J]. IEEE, 2019.

[76] Cao Y, Lv T. Intelligent Reflecting Surface Enhanced Resilient Design for MEC Offloading over Millimeter Wave Links[J]. 2019.

[77] Wu Q, Zhang R. Towards Smart and Reconfigurable Environment: Intelligent Reflecting Surface Aided Wireless Network[J]. IEEE Communications Magazine, 2019, (99):1-7.

[78] Liaskos C, Nie S, Tsioliaridou A, et al. A New Wireless Communication Paradigm through Software-controlled Metasurfaces[J]. IEEE Communications Magazine, 2018, 56(9): 162-169.

[79] MD Renzo, Haas H, Grant P. Spatial Modulation for Multiple-Antenna Wireless Systems: A Survey[J]. Communications Magazine IEEE, 2011, 49(12):182-191.

[80] Basar E, Wen M, Mesleh R, et al. Index Modulation Techniques for Next-Generation Wireless Networks[J]. IEEE Access, 2017:1-1.

[81] Tang W, Dai J, Chen M, et al. The Future of Wireless?: Subject Editor spotlight on Programmable Metasurfaces[J]. Electronics Letters, 2019, 55(7):360-361.

[82] Tang W, Li X, Dai J Y, et al. Wireless Communications with Programmable Metasurface:Transceiver Design and Experimental Results[J]. 中国通信, 2019.

[83] Karasik R, Simeone O, MD Renzo, et al. Beyond Max-SNR: Joint Encoding for Reconfigurable Intelligent Surfaces[J]. 2019.

[84] Cui T J, Mei Q Q, Wan X, et al. Coding Metamaterials, Digital Metamaterials and Programming Metamaterials[J]. Light: Science & Applications, 2014, 3(10): 218.

[85] Yang H, Chen X, Yang F, et al. Design of Resistor-Loaded Reflectarray Elements for Both Amplitude and Phase Control[J]. IEEE Antennas & Wireless Propagation Letters, 2017:1.

[86] Wu Q, Zhang R. Beamforming Optimization for Intelligent Reflecting Surface with Discrete Phase Shifts[J]. arXiv, 2018.

[87] Zhang H, Zeng S, Di B, et al. Intelligent Reflective-Transmissive Metasurfaces for Full-Dimensional Communications: Principles, Technologies, and Implementation. 2021.

[88] Hu, Sha, Rusek, et al. Beyond Massive MIMO: The Potential of Positioning With Large Intelligent Surfaces[J]. IEEE Transactions on Signal Processing A Publication of the IEEE Signal Processing Society, 2018.

[89] Yang J, Jin S, Han Y, et al. 3-D Position and Velocity Estimation in 5G mmWave CRAN with Lens Antenna Arrays[C]// 2019 IEEE 90th Vehicular Technology Conference (VTC2019-Fall). IEEE, 2019.

[90] Guidi F, Dardari D. Radio Positioning with EM Processing of the Spherical Wavefront[J]. 2019.

[91] Anna G, Francesco G, Davide D. Single Anchor Localization and Orientation Performance Limits using Massive Arrays: MIMO vs. Beamforming[J]. IEEE Transactions on Wireless Communications, 2017:1-1.

[92] Zhang L, Castaldi G, V Galdi, et al. Space-Time-Coding Digital Metasurfaces[C]// 2019 Thirteenth International Congress on Artificial Materials for Novel Wave Phenomena (Metamaterials). 2019.

[93] Yang H, Yang F, Cao X, et al. A 1600-Element Dual-Frequency Electronically Reconfigurable Reflectarray at X/Ku-Band[J]. IEEE Transactions on Antennas & Propagation, 2017:1-1.

[94] MD Renzo, Debbah M, Phan-Huy D T, et al. Smart Radio Environments Empowered by AI Reconfigurable Meta-Surfaces: An Idea Whose Time Has Come[J]. EURASIP Journal on Wireless Communications and Networking, 2019, 2019(1).

[95] Lonar J, Grbic A, Hrabar S. Ultrathin active polarization-selective metasurface at X-band frequencies[J]. 2019.

[96] Bousquet J F, Magierowski S, Messier G G. A 4-GHz Active Scatterer in 130-nm CMOS for Phase Sweep Amplify-and-Forward[J]. IEEE Transactions on Circuits & Systems I Regular Papers, 2012, 59(3):529-540.

[97] Kishor K K, Hum S V. An Amplifying Reconfigurable Reflectarray Antenna[J]. Antennas and Propagation, IEEE Transactions on, 2012, 60(1):197-205.

[98] FuTURE Mobile Communications Forum. Novel Antenna Technologies towards 6G[R]. 2020.

[99] A. D.Wyner. The wire-tap channel[J]. Bell System Technical Journal, 1975,54(8): 1355 – 1387.

[100] Chen J, Liang Y -C, Pei Y, et al. Intelligent Reflecting Surface: A Programmable Wireless Environment for Physical Layer Security[J]. IEEE Access, 2019, 7: 82599-82612.

[101] Shen H, W Xu, Gong S, et al. Secrecy Rate Maximization for Intelligent Reflecting Surface Assisted Multi-Antenna Communications[J]. IEEE Communications Letters, 2019, PP(9): 1-1.

[102] Özdogan Ö, Björnson E, Larsson E G. Using Intelligent Reflecting Surfaces for Rank Improvement in MIMO Communications[C]. America: ICASSP 2020 - 2020 IEEE International Conference on Acoustics, Speech and Signal Processing, 2020: 9160-9164.

[103] University of Oulu. White Paper on Broadband Connectivity in 6G[R]. 2020.

[104] Tang W, Chen M Z, Dai J Y, et al. Wireless Communications with Programmable Metasurface: New Paradigms, Opportunities, and Challenges on Transceiver Design[J]. IEEE Wireless Communications, 2020,27(2): 180-187.

[105] 蒋之浩，李远．超表面多波束天线技术及其在无线能量传输中的应用[J]．空间电子技术，2020,17(188(02)): 86-95.

[106] Wymeersch H, He J, Denis B, et al. Radio Localization and Mapping with Reconfigurable Intelligent Surfaces[J]. 2019.

[107] Fang W, Fu M, Wang K, et al. Stochastic Beamforming for Reconfigurable Intelligent Surface Aided Over-the-Air Computation[C]. America: GLOBECOM 2020 - 2020 IEEE Global Communications Conference, 2020: 1-6.

[108] Jiang T, Shi Y. Over-the-Air Computation via Intelligent Reflecting Surfaces[C]. America: 2019 IEEE Global Communications Conference (GLOBECOM), 2019: 1-6.

[109] Yu D, Park S-H, Simeone O, et al. Optimizing Over-the-Air Computation in IRS-Aided C-RAN Systems[C]. America: 2020 IEEE 21st International Workshop on Signal Processing Advances in Wireless Communications, 2020: 1-5.

[110] Li S, Duo B, Yuan X, et al. Reconfigurable Intelligent Surface Assisted UAV Communication: Joint Trajectory Design and Passive Beamforming[J]. IEEE Wireless Communications Letters, 2020,9(5): 716-720.

[111] Yang L, Meng F, Zhang J, et al. On the Performance of RIS-Assisted Dual-Hop UAV

Communication Systems[J]. IEEE Transactions on Vehicular Technology, 2020, 69(9): 10385-10390.

[112] Cui T J, Li L, Liu S, et al. Information Metamaterial Systems[J]. iScience, 2020, 23(8): 101403.

[113] Chaharmir M R, Shaker J, Cuhaci M, et al. Novel Photonically-Controlled Reflectarray Antenna[J]. IEEE Transactions on Antennas & Propagation, 2006, 54(4):1134-1141.

[114] Legay H, Bresciani D, Girard E, et al. Recent Developments on Reflectarray Antennas at Thales Alenia Space [J]. IEEE Xplore, 2009.

[115] Long S A, Huff G H. A Fluidic Loading Mechanism for Phase Reconfigurable Reflectarray Elements[J]. IEEE Antennas & Wireless Propagation Letters, 2011, 10:876-879.

[116] Carrasco E, Perruisseau-Carrier J. Reflectarray Antenna at Terahertz Using Graphene[J]. IEEE Antennas & Wireless Propagation Letters, 2013, 12(1):253-256.

[117] Romanofsky R R. Advances in Scanning Reflectarray Antennas Based on Ferroelectric Thin-Film Phase Shifters for Deep-Space Communications[J]. Proceedings of the IEEE, 2007, 95(10):1968-1975.

[118] Perruisseau-Carrier J, Pardo P. Unit Cells for Dual-polarized and Polarization-flexible Reflectarrays with Scanning Capabilities[C]// European Conference on Antennas & Propagation. IEEE, 2009.

[119] Carrascoyepez F E, Barba M, Encinar J A, et al. Two-bt Reflectarray Elements with Phase and Polarization Reconfiguration[C]// IEEE Intern Symp on Antennas & Propagation & Usnc/ursi National Radio Science Meeting. 2013.

[120] Rodrigo D, Jofre L, Perruisseau-Carrier J. Unit Cell for Frequency-Tunable Beamscanning Reflectarrays[J]. IEEE Transactions on Antennas & Propagation, 2013, 61(12):5992-5999.

[121] Perez-Palomino G, Encinar J A, Barba M, et al. Design and Evaluation of Multi-resonant Unit Cells Based on Liquid Crystals for Reconfigurable Reflectarrays[J]. IET Microwaves, Antennas & Propagation, 2012, 6(3):348-354.

[122] Carrasco, Eduardo, Barba, et al. X-Band Reflectarray Antenna With Switching-Beam Using PIN Diodes and Gathered Elements.[J]. IEEE Transactions on Antennas & Propagation, 2012.

[123] Lau, Jonathan Y, Hum, et al. Reconfigurable Transmitarray Design Approaches for

Beamforming Applications. [J]. IEEE Transactions on Antennas & Propagation, 2012.

[124] Abbaspour-Tamijani A, Sarabandi K, Rebeiz G M. Antenna-filter-antenna Arrays as a Class of Bandpass Frequency-selective Surfaces[J]. IEEE Transactions on Microwave Theory & Techniques, 2004, 52(8):1781-1789.

[125] Garcia J, Sibille A, Kamoun M. Reconfigurable Intelligent Surfaces: Bridging the Gap Between Scattering and Reflection[J]. IEEE Journal on Selected Areas in Communications, 2020, (99):1-1.

[126] Khawaja W, Ozdemir O, Yapici Y, et al. Coverage Enhancement for NLoS mmWave Links Using Passive Reflectors[J]. IEEE Open Journal of the Communications Society, 2020, (99):1-1.

[127] Ozdogan O, Bjornson E, Larsson E G. Intelligent Reflecting Surfaces: Physics, Propagation, and Pathloss Modeling[J]. IEEE Wireless Communication Letters, 2019, (99):1-1.

[128] Tang W, Chen M Z, Chen X, et al. Wireless Communications With Reconfigurable Intelligent Surface: Path Loss Modeling and Experimental Measurement[J]. IEEE Transactions on Wireless Communications, 2020, (99):1-1.

[129] Ding Z, Schober R, Poor H V. On the Impact of Phase Shifting Designs on IRS-NOMA[J]. IEEE Wireless Communication Letters, 2020, (99):1-1.

[130] Zhang Z, Cui Y, Yang F, et al. Analysis and Optimization of Outage Probability in Multi-Intelligent Reflecting Surface-Assisted Systems[J]. 2019.

[131] Ding Z, Poor H V. A Simple Design of IRS-NOMA Transmission[J]. IEEE Communications Letters, 2020, (99):1119-1123.

[132] Cheng Y, Li K H, Liu Y, et al. Non-Orthogonal Multiple Access (NOMA) with Multiple Intelligent Reflecting Surfaces[J]. IEEE Transactions on Wireless Communications, 2021, (99):1.

[133] Qian X, MD Renzo, Liu J, et al. Beamforming Through Reconfigurable Intelligent Surfaces in Single-User MIMO Systems: SNR Distribution and Scaling Laws in the Presence of Channel Fading and Phase Noise[J]. 2020.

[134] Hou T, Member S, IEEE, et al. Reconfigurable Intelligent Surface Aided NOMA Networks[J]. 2019.

[135] Lyu J, Zhang R. Spatial Throughput Characterization for Intelligent Reflecting Surface

Aided Multiuser System[J]. IEEE Wireless Communication Letters, 2020.

[136] Makarfi A U, Rabie K M, Kaiwartya O, et al. Reconfigurable Intelligent Surface Enabled IoT Networks in Generalized Fading Channels[C]// ICC 2020 - 2020 IEEE International Conference on Communications (ICC). IEEE, 2020.

[137] Xu P, Chen G, Yang Z, et al. Reconfigurable Intelligent Surfaces-assisted Communications with Discrete Phase Shifts: How Many Quantization Levels are Required to Achieve Full Diversity?[J]. IEEE Wireless Communications Letters, 2020, 10(2): 358-362.

[138] Cheng Y, Li K H, Liu Y, et al. Downlink and Uplink Intelligent Reflecting Surface Aided Networks: NOMA and OMA[J]. IEEE Transactions on Wireless Communications, 2021, (99):1-1.

[139] Tang Z, Hou T, Liu Y, et al. Physical Layer Security of Intelligent Reflective Surface Aided NOMA Networks[J]. 2020.

[140] Nonorthogonal Multiple Access for 5G and Beyond[J]. Proceedings of the IEEE, 2017.

[141] Yang G, Xu X, Liang Y C. Intelligent Reflecting Surface Assisted Non-Orthogonal Multiple Access[J]. 2019.

[142] Fu M, Zhou Y, Shi Y. Intelligent Reflecting Surface for Downlink Non-Orthogonal Multiple Access Networks[J]. IEEE, 2019.

[143] Ding Z, Poor H V. A Simple Design of IRS-NOMA Transmission[J]. IEEE Communications Letters, 2020, PP(99):1119-1123.

[144] Wang L, Wang K, Pan C, et al. Joint Trajectory and Passive Beamforming Design for Intelligent Reflecting Surface-Aided UAV Communications: A Deep Reinforcement Learning Approach[J]. 2020.

[145] Samir M, Elhattab M, Assi C, et al. Optimizing Age of Information Through Aerial Reconfigurable Intelligent Surfaces: A Deep Reinforcement Learning Approach [J]. 2020.

[146] Abdalla A S, Rahman T F, Marojevic V. UAVs with Reconfigurable Intelligent Surfaces: Applications, Challenges, and Opportunities[J]. 2020.

[147] Kim D, Lee H, Hong D. A Survey of In-Band Full-Duplex Transmission: From the Perspective of PHY and MAC Layers[J]. Communications Surveys & Tutorials IEEE, 2015, 17(4):2017-2046.

[148] Pan G, Ye J, An J, et al. When Full-Duplex Transmission Meets Intelligent Reflecting

Surface: Opportunities and Challenges[J]. 2020.

[149] Zhang, Lei, Rui Y, et al. Transmission-Reflection-Integrated Multifunctional Coding Metasurface for Full-Space Controls of Electromagnetic Waves[J]. Advanced Functional Materials, 2018.

[150] Akyildiz I F, Chong H, Nie S. Combating the Distance Problem in the Millimeter Wave and Terahertz Frequency Bands[J]. IEEE Communications Magazine, 2018, 56(6):102-108.

[151] Huang C, Zappone A, Alexandropoulos G C, et al. Reconfigurable Intelligent Surfaces for Energy Efficiency in Wireless Communication[J]. IEEE Transactions on Wireless Communications, 2019, 18(99):4157-4170.

[152] Chen Z, an C, Ning B, et al. Intelligent Reflecting Surfaces Assisted Terahertz Communications toward 6G[J]. 2021.

[153] K Dovelos, Assimonis S D, Ngo H Q, et al. Intelligent Reflecting Surfaces at Terahertz Bands: Channel Modeling and Analysis[J]. IEEE, 2021.

[154] Pan Y, K Wang, Pan C, et al. Sum Rate Maximization for Intelligent Reflecting Surface Assisted Terahertz Communications[J]. 2020.

[155] Elbir A M, Mishra K V. A Survey of Deep Learning Architectures for Intelligent Reflecting Surfaces[J]. 2020.

[156] Khan S, Khan K S, Haider N, et al. Deep-Learning-Aided Detection for Reconfigurable Intelligent Surfaces[J]. 2019.

[157] Elbir A M, Papazafeiropoulos A, Kourtessis P, et al. Deep Channel Learning For Large Intelligent Surfaces Aided mm-Wave Massive MIMO Systems[J]. IEEE Wireless Communications Letters, 2020, 9(9):1447-1451.

[158] Liu S, Gao Z, Zhang J, et al. Deep Denoising Neural Network Assisted Compressive Channel Estimation for mmWave Intelligent Reflecting Surfaces[J]. IEEE Transactions on Vehicular Technology, 2020.

[159] Elbir A M, Coleri S. Federated Learning for Channel Estimation in Conventional and IRS-Assisted Massive MIMO[J]. 2020.

[160] Taha A, Zhang Y, Mismar F B, et al. Deep Reinforcement Learning for Intelligent Reflecting Surfaces: Towards Standalone Operation[J]. IEEE, 2020.

[161] Feng K, Wang Q, Li X, et al. Deep Reinforcement Learning Based Intelligent Reflecting

Surface Optimization for MISO Communication Systems[J]. IEEE Wireless Communication Letters, 2020.

[162] Pan C, Ren H, Wang K, et al. Multicell MIMO Communications Relying on Intelligent Reflecting Surfaces[J]. IEEE Transactions on Wireless Communications, 2020.

[163] Li X, Fang J, Gao F, et al. Joint Active and Passive Beamforming for Intelligent Reflecting Surface-Assisted Massive MIMO Systems[J]. 2019.

[164] Xing Z, Wa Ng R, Wu J, et al. Achievable Rate Analysis and Phase Shift Optimization on Intelligent Reflecting Surface with Hardware Impairments[J]. IEEE Transactions on Wireless Communications, 2021.

[165] Hu S, Rusek F, Edfors O. Capacity Degradation with Modeling Hardware Impairment in Large Intelligent Surface[C]// GLOBECOM 2018 - 2018 IEEE Global Communications Conference. IEEE, 2018.

[166] Liu Y, Liu X, u X, et al. Reconfigurable Intelligent Surfaces: Principles and Opportunities[J]. 2020.

[167] Wu Q, Zhang R . Intelligent Reflecting Surface Enhanced Wireless Network via Joint Active and Passive Beamforming[J]. IEEE Transactions on Wireless Communications, 2019.

[168] Han H, Zhao J, Niyato D, et al. Intelligent Reflecting Surface Aided Network: Power Control for Physical-Layer Broadcasting[J]. 2019.

[169] Zhu J, Huang Y , Wang J , et al. Power Efficient IRS-Assisted NOMA[J]. 2019.

[170] Zheng B, Wu Q, Zhang R. Intelligent Reflecting Surface-Assisted Multiple Access with User Pairing: NOMA or OMA?[J]. IEEE Communications Letters, 2020, 24(4):753-757.

[171] Zhou G, Pan C, Ren H, et al. Robust Beamforming Design for Intelligent Reflecting Surface Aided MISO Communication Systems[J]. IEEE Wireless Communication Letters, 2020.

[172] Lipp T, Boyd S. Variations and Extension of the Convex-Concave Procedure[J]. Optimization & Engineering, 2016, 17(2):263-287.

[173] Zhou G, Pan C, H Ren, et al. A Framework of Robust Transmission Design for IRS-aided MISO Communications with Imperfect Cascaded Channels[J]. IEEE Transactions on Signal Processing, 2020.

[174] Yu X, Xu D, Schober R . Optimal Beamforming for MISO Communications via Intelligent Reflecting Surfaces[J]. IEEE, 2020.

[175] Ning B, Chen Z, Chen W, et al. Beamforming Optimization for Intelligent Reflecting Surface Assisted MIMO: A Sum-Path-Gain Maximization Approach[J]. 2019.

[176] Ying K, Gao Z, Lyu S, et al. GMD-Based Hybrid Beamforming for Large Reconfigurable Intelligent Surface Assisted Millimeter-Wave Massive MIMO[J]. IEEE Access, 2020.

[177] Perovi N S, MD Renzo, Flanagan M F. Channel Capacity Optimization Using Reconfigurable Intelligent Surfaces in Indoor mmWave Environments[J]. 2019.

[178] Zhang S, R Zhang. Capacity Characterization for Intelligent Reflecting Surface Aided MIMO Communication[J]. IEEE Journal on Selected Areas in Communications, 2020.

[179] Yang Y, Zheng B, Zhang S, et al. Intelligent Reflecting Surface Meets OFDM: Protocol Design and Rate Maximization[J]. 2019.

[180] You C, Zheng B, Zhang R. Intelligent Reflecting Surface with Discrete Phase Shifts: Channel Estimation and Passive Beamforming[J]. 2019.

[181] Guo H, Liang Y C, Chen J, et al. Weighted Sum-Rate Optimization for Intelligent Reflecting Surface Enhanced Wireless Networks. 2019.

[182] Jung M, Saad W, Debbah M, et al. On the Optimality of Reconfigurable Intelligent Surfaces (RIS): Passive Beamforming, Modulation, and Resource Allocation[J]. 2019.

[183] X Mu, Liu Y, Guo L, et al. Exploiting Intelligent Reflecting Surfaces in NOMA Networks: Joint Beamforming Optimization[J]. 2019.

[184] Zhao M M, Wu Q, Zhao M J, et al. Intelligent Reflecting Surface Enhanced Wireless Network: Two-timescale Beamforming Optimization[J]. 2019.

[185] Nadeem Q, Kammoun A, Chaaban A, et al. Asymptotic Max-Min SINR Analysis of Reconfigurable Intelligent Surface Assisted MISO Systems[J]. 2019.

[186] Wan Z, Gao Z, Alouini M S. Broadband Channel Estimation for Intelligent Reflecting Surface Aided mmWave Massive MIMO Systems[C]// ICC 2020 - 2020 IEEE International Conference on Communications (ICC). IEEE, 2020.

[187] Wang P, Fang J, H Duan, et al. Compressed Channel Estimation and Joint Beamforming for Intelligent Reflecting Surface-Assisted Millimeter Wave Systems[J]. 2019.

[188] Ning B, Chen Z, Chen W, et al. Channel Estimation and Hybrid Beamforming for Reconfigurable Intelligent Surfaces Assisted THz Communications[J]. 2019.

[189] Ning B, Chen Z, Chen W, et al. Channel Estimation and Transmission for Intelligent

Reflecting Surface Assisted THz Communications[J]. 2019.

[190] Xia S, Shi Y. Intelligent Reflecting Surface for Massive Device Connectivity: Joint Activity Detection and Channel Estimation[J]. 2019.

[191] Liu H, Yuan X, Zhang Y. Matrix-Calibration-Based Cascaded Channel Estimation for Reconfigurable Intelligent Surface Assisted Multiuser MIMO[J]. 2019.

[192] He Z Q, Yuan X. Cascaded Channel Estimation for Large Intelligent Metasurface Assisted Massive MIMO[J]. IEEE Wireless Communication Letters.

[193] Jiang T, Shi Y. Over-the-Air Computation via Intelligent Reflecting Surfaces[C]// 2019 IEEE Global Communications Conference (GLOBECOM). IEEE, 2020.

[194] Yuan J, Liang Y C, Joung J, et al. Intelligent Reflecting Surface-Assisted Cognitive Radio System[J]. 2019.

[195] Wu Q, Zhang R. Beamforming Optimization for Intelligent Reflecting Surface with Discrete Phase Shifts[J]. arXiv, 2018.

[196] 卢雨笑. 聚焦型电磁超表面无线能量传输理论与关键技术研究[D]. 西安：西安电子科技大学电子工程学院，2018.

[197] Zheng Y, Bi S, Zhang Y, et al. Intelligent Reflecting Surface Enhanced user Cooperation in Wireless Powered Communication Networks[J]. IEEE Wireless Communications Letters, 2020,9(6): 901-905.

[198] Pan C, Ren H, Wang K, et al. Intelligent Reflecting Surface Aided MIMO Broadcasting for Simultaneous Wireless Information and Power Transfer[J].IEEE Journal on Selected Areas in Communications, 2020,38(8): 1719-1734.

[199] Shi W, Zhou X, Jia L, et al. Enhanced Secure Wireless Information and Power Transfer via Intelligent Reflecting Surface[J]. IEEE Communications Letters, 2020,25(4): 1084-1088.

[200] Tang Y, Ma G, Xie H, et al. Joint Transmit and Reflective Beamforming Design for IRS-Assisted Multiuser MISO SWIPT Systems[C]. America:ICC 2020 - 2020 IEEE International Conference on Communications, 2020:1-6.

[201] Wu Q, Zhang R. Joint Active and Passive Beamforming Optimization for Intelligent Reflecting Surface Assisted SWIPT Under QoS Constraints[J]. IEEE Journal on Selected Areas in Communications,2020,38(8): 1735-1748.

[202] Alegria J V, Rusek F. Cramér-Rao Lower Bounds for Positioning with Large Intelligent

Surfaces using Quantized Amplitude and Phase[C]. America: 2019 53rd Asilomar Conference on Signals, Systems, and Computers, 2019: 10-14.

[203]He J, Wymeersch H, Kong L, et al. Large Intelligent Surface for Positioning in Millimeter Wave MIMO Systems[C]. America: 2020 IEEE 91st Vehicular Technology Conference, 2020: 1-5.

[204]He J, Wymeersch H, Sanguanpuak T, et al. Adaptive Beamforming Design for mmWave RIS-Aided Joint Localization and Communication[C]. America: 2020 IEEE Wireless Communications and Networking Conference Workshops, 2020: 1-6.

第 8 章

MIMO

MIMO 通信系统在其发射端和接收端采用多天线，从而实现了多个数据流在相同时间和相同频带内的传输和接收，其系统的信道容量随着发射天线数的增加呈近似线性的增长。由于 MIMO 通信能够极大地提高系统的频带利用率、满足高速率通信的需求，因此得到了广泛的关注和研究，MIMO 技术已经成为下一代移动通信中非常有发展前景的技术之一。本章将介绍超大规模 MIMO、超大规模波束成形、超密集 MIMO 及透镜 MIMO 的有关技术。

8.1 超大规模 MIMO

大规模 MIMO 是一种蜂窝技术，接入点配有大量天线，用于将每个小区的多个数据流空间复用到一个或多个用户。大规模 MIMO 技术已经成为 5G 的主流技术，但其硬件实现和使用的算法与最初提出的并在该主题的教科书中描述的有很大的不同。例如，目前正在使用在方位和仰角域具有有限角度分辨率的紧凑 64 天线矩形面板，而不是使用具有数百个天线的物理大型水平均匀线性阵列，这将导致非常窄的方位角波束。此外，采用了一种波束空间方法，使用二维离散傅里叶变换码本来描述矩形面板上预定角度方向的 64 根波束的网格，而每个用户只选择 64 根预定义波束中的其中一根。这种方法仅适用于与标定平面阵列和一般距离的用户进行 LoS 通信。一般来说，NLoS 通道包含这些波束的任意线性组合，阵列可能有不同的几何形状，不完全校准阵列的阵列响应不能用二维离散傅里叶变换描述。这些设计被简化的一个实际原因是在 5G 领域，模拟和混合波束形成需要迅速进入市场。然而，随着 6G 的到来，全数字阵列将可用于广泛的频率范围（包括毫米波），因此，可以利用它来实现一些能够提供与大规模 MIMO 理论所建议的性能基本接近的东西。在 5G 中，由于大量 MIMO 术语已经被许多次优设计选择所淡化，因此将使用术语超大规模 MIMO 来描述该技术的 6G 版本。

8.1.1 背景

在过去的三十年，无线数据速率每 18 个月翻一番。按照这一趋势，太比特每秒（Tbps）链路有望在未来五年内成为现实。在 5 GHz 以下的无线通信系统中，有限的带宽促进了对更高频段的利用。根据这个发展方向，毫米波通信（30～300 GHz）近年来得到了广泛的研究。尽管这样的系统带来了新的频段，但毫米波通信的总连续可用带宽仍然不到 10 GHz。这将需要几乎 100 bit/s/Hz 的物理层效率来支持 Tbps，这比现有通信系统的现有技术水平高出数倍。这一结果激发了人们对更高频段的探索。

在此背景下，太赫兹（THz）频段（0.06～10THz）通信被设想为实现 Tbps 链路的关键无线技术。太赫兹频段的可用带宽受距离变化影响很大，范围从一米以下的近太赫兹到距离较长的多个传输窗口，每个窗口宽数百 GHz。但这种非常大的带宽是以非常高的传播损耗为代价的。一方面，THz 天线的有效面积小得多，且与载波信号波长的平方成正比，这导致了很高的扩展损耗。另一方面，水蒸气等分子的吸收进一步增加了路径损耗，这限制了几米以上距离的可用带宽。

由于太赫兹收发机的输出功率有限，需要高增益定向天线来进行距离超过几米的通信。与低频通信系统类似，天线阵列可用于实现 MIMO 通信系统，其能够通过波束成形来增加通信距离，或者通过空间复用来增加可实现的数据速率。例如，在诸如 IEEE 802.11ac 或 4G LTE-A 网络的无线通信标准中，在发送和接收中具有 2、4 或 8 个天线的 MIMO 系统是常见的。在这些应用中，由于可用带宽有限，MIMO 主要用于通过利用空间无关的信道来提高频谱效率和可实现的数据速率。

大规模 MIMO 使用较多天线阵来提高频谱效率，而且创建的是二维或平面天线阵列而不是一维或线性阵列，辐射信号可以在仰角和方位角进行控制，从而实现 3D 或全维 MIMO，但有一些缺点限制了它们的实际应用。为了克服这些缺点，可以利用石墨烯和超材料等纳米材料来制造微型纳米天线和纳米收发器，而不是依赖于传统金属，这些微型纳米天线和纳米收发器可以有效地在太赫兹波段工作。非常小的尺寸使它们能够集成到非常密集的等离子体纳米天线阵列中，这为太赫兹通信带来了前所未有的机遇。

8.1.2 硬件与架构问题

1. 天线的小型化

一般来说，谐振天线的长度大约是谐振频率处波长的一半。在 THz 波段，波长范围从 5 mm（60 GHz）到 30μm（10 THz）。例如，调谐为 1THz 谐振的金属天线需要的长度大约为 $l_m \approx \lambda/2 = 150\mu m$。虽然这一结果已经显示出开发超大型太赫兹天线阵的潜力，但利用等离子体材料开发纳米天线和纳米收发机可以获得更大的增益。

等离子体材料是支持 SUPP 波传播的金属或类金属材料。SUPP 波是由于电荷的整体振荡而出现在金属和介质界面上的受限电磁波。不同的等离子体材料可以支持不同频率的 SUPP 波。贵金属如金和银支持红外和光学频率的 SUPP 波。石墨烯是一种单原子厚度的碳基纳米材料，具有前所未有的机械、电学和光学性能，支持太赫兹频段的 SUPP 波传播。超材料，即纳米结构构造块的工程布置，可以设计成支持许多频段的 SUPP 波，包括毫米波频率。

SUPP 波独特的传播特性使得新型等离子体纳米天线的发展成为可能。特别值得一提的是，SUPP 波在自由空间中的传播速度远低于电磁波。因此，SUPP 波长 λ_{spp} 比自由空间波长 λ 小得多。$\gamma = \lambda/\lambda_{spp} > 1$ 的比值称为限制因子，它取决于等离子体的材料和系统频率。通过求解带有特定器件几何形状的边界条件的 SUPP 波色散方程，可以得到限制因子。与金属天线不同，等离子体天线的谐振长度为 $L_p \approx \lambda_{spp}/2 = \lambda/(2\gamma)$，因此等离子体天线比金属天线小得多。

基于这些特性，提出利用石墨烯来开发太赫兹等离子体纳米天线。石墨烯的限制因子 γ 在 10 到 100 之间。因此，基于石墨烯的等离子体纳米天线只有几微米长、几百纳米宽，几乎比金属太赫兹天线小两个数量级。此外，基于石墨烯的等离子体纳米天线的谐振频率可以动态调谐。SUPP 波在石墨烯中的传播特性取决于其动态的复电导率。电导率反过来取决于石墨烯结构的尺寸和它的费米能量，即材料中电子占据的最高能带。值得一提的是，费米能量可以很容易地通过材料掺杂或静电偏置来改变，所以就可以动态地调整 SUPP 波的传播特性及限制因子。

对于低于 1THz 的频率，SUPP 波在石墨烯中的短传播长度限制了石墨烯基等离子体纳米天线在较低频率下的性能。选择等离子体超材料可以用来开发频率在 60 GHz 到 1 THz 之间的等离子体纳米天线。相关文献给出了 SUPP 波在低至 10 GHz 的超材料上的传播特性。虽然 SUPP 波可以在这种频率下在超材料上传播，但其限制因子 γ 通常小于 10，所以相比于在 1THz 以上的频率，小型化天线增益更低。虽然传统的超材料是不可调谐的，但最近提出了新的 SDMS。SDMS 的基本思想是将传统的超材料与纳米级的通信网络相结合，通过改变构建块的状态来动态控制超材料的性能。这种方法可以用来改变超材料的有效介电常数或电导率，从而实时修改限制因子。

2．多天线集成

尽管等离子体纳米天线的辐射效率很高，但其有效面积很小，而且这种小尺寸能够在非常小的占用面积内创建非常密集的纳米天线阵列。除了天线的大小，单元的总数还取决于天线之间所需的最小间距和阵列允许的最大占用面积。将纳米天线之间的最小距离定义为它们之间不存在显著耦合的距离。结果表明，当两个纳米元件之间的间距接近等离子体波长 λ_{spp} 时，两个等离子体纳米天线之间的互耦迅速下降。因此，等离子体约束因子 γ 对可以集成在固定覆盖区中的单元数量起着关键作用。

在不损失一般性的情况下，每侧 N 个单元的均匀正方形平面等离子体纳米天线阵列的占用面积 S 由 $S=(N\lambda/\gamma)^2$ 给出。在图 8.1 中，占用面积被视为四种不同情况下天线总数的函数，分别为：

（1）60 GHz 处的金属天线阵列；

（2）60 GHz 处的基于超材料的等离子体纳米天线阵列；

（3）1 THz 处的金属天线阵列；

（4）基于石墨烯的等离子体纳米天线阵列。

对于超材料，假设限制因子 $\gamma=4$；对于石墨烯，假设限制因子 $\gamma=25$。如图 8.1 所示，当工作频率为 60 GHz 时，使用超材料可以帮助减少一个数量级以上的占用空间。例如，1024 个等离子体纳米天线将占用 10 cm^2，而相同数量的金属天线则需要 100 cm^2，该阵列太大，不能嵌入到传统的移动通信设备中。对于频率为 1 THz 及以上的情况，石墨烯的极高限制因子大大减少了阵列占用面积。例如，当工作频率为 1THz 时，1 024 个金属天线可以封装在 1 cm^2 的空间内，而集成相同数量的等离子体纳米天线需要不到 1 mm^2。等离子体纳米天线阵列的尺寸非常小，可以将其集成到所有类型的通信设备中。这些结果进一步突出了利用等离子体材料设计天线和天线阵列的优势。

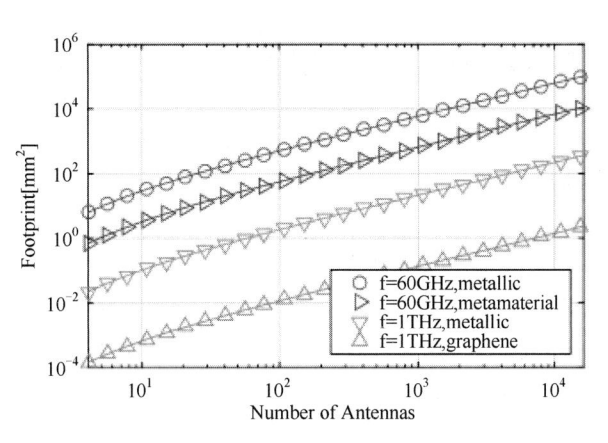

图 8.1　金属和等离子天线阵列的占用面积与元件数量的函数关系

3．天线的馈电与控制

为了操作该天线阵列，需要能够在每个纳米天线上产生和控制 SUPP 波的振幅或时间延迟/相位。目前，已经考虑了几种产生太赫兹波段等离子体信号的替代方案。对于低于 1 THz 的频率，可以利用标准硅 CMOS 技术、SiGe 技术和 III-V 半导体技术（如 GaN、GaAs 和 InP）来产生高频电信号。通过等离子体光栅结构，SUPP 波可以发射到基于超材料的天线。

对于高于 1 THz 的频率，可以考虑不同的激发 SUPP 波的机制。这些技术可以分为光学泵浦技术和电动泵浦技术。在光泵浦方面，与光栅结构相结合的 QCL 可以被配置成用来激发 SUPP 波。尽管 QCL 可以提供高功率的太赫兹信号，但其性能在室温下会迅速下降。红外激光器和光导天线也可以用来激发 SUPP 波。但对外部激光器的需要限制了这种方法在实际设置中的可行性。对于电动泵浦，基于化合物半导体材料和石墨烯的亚微米 HEMT 也可以用来激发 SUPP 波。虽然每台 HEMT 的功率都很低，但 HEMT 的小尺寸和能在房间里操作的可能性激发了对它们进一步的探索。

等离子体信号在纳米天线阵列中的分布取决于激励机制。当依靠光泵浦时，由于所需激光器的孔径相对较大，可以利用单个激光器同时激发所有纳米天线上的 SUPP 波。虽然这将简化纳米天线的馈电，但也会限制阵列的应用，因为所有的元件都将以相同的时延或相位馈电。对于电泵浦，则可以考虑不同的方法。按照传统的方案，可以利用单个或一小群基于 HEMT 的纳米收发器来产生所需的信号，然后依靠等离子体波导和等离子体延迟/相位控制器将具有足够相位的信号分配到不同的纳米天线。但因为单个纳米收发器产生的低功率和 SPP 波的有限传播长度，纳米天线阵列的性能将受到影响。由于单个等离子体源的尺寸非常小，可以将它们与每个纳米天线集成在一起，从而实现全数字架构的功能。这不仅增加了总辐射功率，而且潜在地简化了支持超大规模 MIMO 通信所需的纳米天线阵列的控制。

8.1.3 工作模式

创建非常大的可控纳米天线阵列的可能性使超大规模 MIMO 通信系统能够工作在 THz 频段内。超大规模 MIMO 的目标是通过克服影响 THz 信号传播的两个主要因素，即扩展损耗和分子吸收损耗，最大限度地提高远距离 THz 频段的利用率。接下来将描述超大规模 MIMO 的工作模式，并给出初步的性能评估。

1. 超大规模空间复用

非常大的天线阵列可以被虚拟地划分，以支持不同方向上的多个更宽和更低增益的波束。与传统的 MIMO 或大规模 MIMO 一样，这些波束可用于空间分集并增加单用户链路的容量，或在不同用户之间创建独立的链路。通过上述等离子体纳米收发器，可以独立控制每个纳米天线的信号，从而以创新的方式对阵列元件进行分组，在保持波束的相对狭窄的同时增加波束的数量。例如，子阵列可以物理交错，而不是将阵列划分为单独的子阵列。因此每个虚拟子阵列中的单元之间的间隔可以增加，但不会影响系统的物理占用空间。如前文所讨论的，为了执行波束成形，阵列单元需要延伸至少一半波长但不长于一个全波长的区域，以防止光栅瓣的存在。在非交织子阵列的情况下，每个波束的可实现增益将受到影响，这不仅是因为每个子阵列具有较少的有源元件，还因为它们太接近而不能展示波束成形能力。或者，通过交错子阵元，可以将阵元之间的间隔增加到 $\lambda/2$，从而获得波束成形增益。

如图 8.2 所示，当考虑在 1 THz 处具有 1024 个单元的基于石墨烯的等离子体纳米天线阵列时，每波束增益被视为单独子阵和交织子阵两者的波束数的函数。一方面，1024 个纳米天线可以用来产生单个波束。这种情况对应于超大规模波束成形。另一方面，每个纳米天线被用来发射信号，从而产生单独的波束。其间，通过对等离子体纳米天线进行分组，形成方形平面子阵列。例如，总共可以创建 64 个子数组，每个子数组有 16 个元素。如果利用非交错子阵列，则每个波束的增益可以是 12dB 量级，并且通过交织子阵列，每个波束的增益可以增加到 22dB。这些结果突出了子阵列交织的好处，并推动了新阵列模式综合方法的发展。

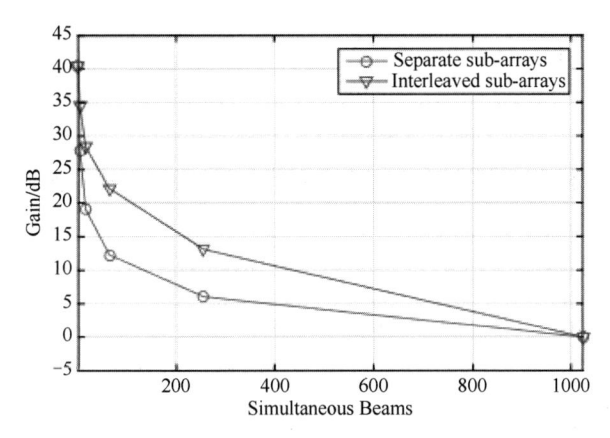

图 8.2　每个波束的增益是波束数量的函数，有和没有子阵列交错
（N = 128 个有源等离子体纳米天线，γ = 25）

2．多频段超大规模 MIMO

之前，人们一直认为阵列被设计为在特定的频率窗口下工作。然而，对于超过几米的距离，THz 波段拥有多个吸收定义的透射窗口。为了最大限度地利用 THz 信道并启用目标 Tbps 链路，可能需要多个窗口。

多频段超大规模 MIMO 通过利用等离子体纳米天线阵列的特性，能够同时利用不同的传输窗口。其基本思想是将一个纳米天线阵列虚拟地划分为多个子阵列，并调整每个子阵列以不同的中心频率工作。每个传输窗口实际上是窄带的，即它的带宽比它的中心频率小得多。这简化了每个纳米天线的设计及纳米天线阵列的动态控制。

等离子体纳米天线阵列有几种独特的能力，可以实现多频段超大规模 MIMO 通信。一方面，单个等离子体纳米天线的频率响应可以通过电子方式进行调谐，因此，可以动态和独立地修改数组中各个元素的响应。另一方面，可以通过选择对阵列有贡献的正确单元来调整天线单元之间所需的间距。例如，元件的选择应该使它们在目标频带的间隔大约为 $\lambda/2$。非常高的元素密度提供了在所需频率下创建所需间距所需的"粒度"。此外，不同频率的"虚拟"子阵列可以像前面讨论的那样交错。所有这些机遇都带来了许多挑战。

最终，制造具有独立可调和可控元件的纳米天线阵列的可能性，为设计能够最大限度地利用 THz 频段的动态和多频段超大规模 MIMO 方案带来了许多机会。尽管如此，这也带来了许多额外的挑战，后面将对研究挑战进行总结。

8.1.4 一比特量化预编码

1. 背景

大规模的 MIMO 系统，也被称为大规模天线系统，被认为是下一代无线通信系统的一种有前途的技术。基站天线数量的大量增加可以提高频谱效率、能量效率和可靠性。拥有大量天线的基站同时为数量少得多的单天线用户提供服务。基站大规模 MIMO 的优势随着天线数量的增加而增加，但随之而来的功耗和硬件成本也在增加。虽然可以通过增加天线数量来降低发射功率，以保持一定的性能水平，但是在电路级存在某些不能降低的固定功耗源，并且随着天线数量的增加，这些源将导致功耗的增加。比这更重要的是能源效率问题；标准的射频实现需要高度线性的放大器，因此必须在相当大的功率补偿下工作，这严重限制了系统的整体能量效率。射频链越多，系统的效率越低。

由前文可知，大规模 MIMO 系统的代价是硬件（射频链和 ADC/DAC 链的数量增加）和信号处理的复杂性增加，从而导致发射机能耗的增加。在大规模 MIMO 下行链路中解决这个问题的一种方法是使用混合模拟和数字射频前端，这种前端采用更少的射频链，有利于在 DAC 之后部署模拟波束成形网络。然而，这种方法不适用于宽带系统，因为要么必须利用一种次优的解决方案对整个频带使用相同的射频波束形成网络，要么必须以针对不同频带的附加相移网络或某种模拟抽头延迟线的形式增加射频模拟域的复杂性。相反，另一种最近引起人们关注的方法，是每个天线和射频链使用低分辨率 DAC，其中涉及到一位 DAC 的可能情况。使用一位 ADC/DAC 可以显著降低功耗，因为功耗随带宽和采样速率的增加而线性增加，随量化位数的增加而指数增加。与混合波束形成方案不同，将一位系统扩展到宽带情况不需要使射频模拟设计进一步复杂化，更重要的是对下行链路而言，它通过消除对高度线性放大器和补偿操作的需求，极大地简化了射频架构，从而进一步降低了电路复杂性并显著提高了能效。由一位 DAC 引起的严重失真可以通过适当的信号处理来减轻，并且在大规模 MIMO 系统可能工作的中低信噪比范围内，这种影响不会太大，所以可以使用非常低分辨率的 ADC 和 DAC 克服与大规模 MIMO 相关的高复杂性和高能耗问题。作为功耗最大的器件之一，ADC 和 DAC 的功耗可以通过降低分辨率而呈指数级降低，1 比特量化可以极大地简化放大器和混频器等其他射频元件。

2. 性能分析

在图 8.3 中，绘制了 $N_t = N_r = 2$ 时的可实现速率。信道系数由 CN(0,1)分布独立产生，结果通过对 100 个不同的信道实现进行平均而获得。包含 $2^{2N_r} = 16$ 个输入符号的输入。通过求解得到输入符号为：

$$x = \sqrt{p}\frac{H^{-1}y}{\|H^{-1}y\|} \qquad (8\text{-}1)$$

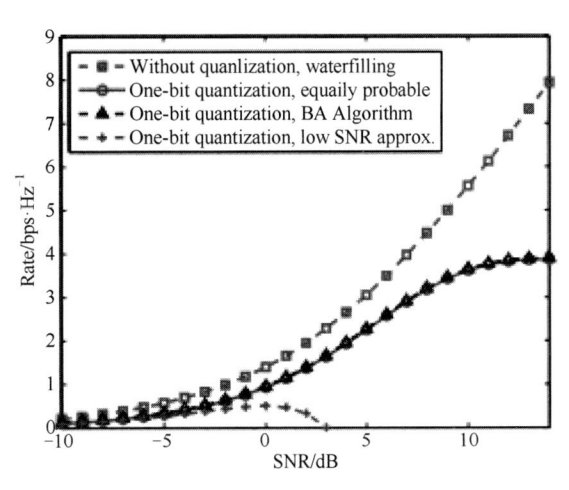

图8.3 2×2MIMO 信道的可实现速率

这些符号以相同的概率 1/16 或由 Blahut-Arimoto 算法优化的概率传输。可以看到这两条曲线在图 8.3 中非常接近。没有量化的信道容量通常是用注水算法计算的。当信噪比小于 5dB 时，有无量化的曲线之间的差距很小；当信噪比大于 5dB 时，1 比特量化的可达速率接近上限 4bps /Hz。在图 8.3 中，还绘制了由[13,Eq.(18)]给出的低信噪比容量近似；当信噪比小于-5 dB 时，低信噪比近似曲线与另两条 1 比特量化曲线非常接近。然而，在高信噪比的情况下，它将是负的，远离其他曲线。

在更高的频率和超大尺寸下，电路功耗、硬件复杂性和系统成本显著增加。电力消耗的主要来源是上行链路的 ADC 和下行链路的 DAC。转换器的功耗以分辨比特数呈指数级增长，而目前先进的 DAC 和 ADC 只能达到每秒 100 千兆位的速率。此外，在大型 MIMO 系统中，对前端互连链路的容量要求也很苛刻。在最小化性能衰退的情况下，联合降低系统成本、功耗和互连带宽仍然是一个挑战。作为减少使用混合波束形成的转换器数量的替代方案，可以通过粗量化来降低比特分辨率。后一种方法具有降低线性度和噪声要求的额外优势，这在太赫兹设置中是至关重要的。在 1 比特量化的极端情况下，只需要简单的比较器，不再需要自动增益控制电路。值得注意的是，对于高振幅分辨率，ADC 的功耗随采样率呈二次增长，在相关文献中提出了一种针对亚太赫兹宽带系统的 1 比特量化解决方案，其中振幅分辨率降低，但同时通过时间过采样来解决这一问题。

8.1.5 面临的挑战

1．等离子体纳米天线阵的制备

太赫兹天线阵列制造的复杂性取决于其底层技术。对于金属天线，面临的主要挑战是阵列馈电和控制网络的设计。与毫米波通信系统类似，子阵列架构的开发和在模拟域或数字域完成的操作之间的平衡是构建第一个 THz 阵列的必要步骤。当超材料或纳米材料被用来构建等离子体纳米天线阵列时，这个问题变得更加具有挑战性。对于超材料，第一步是确定将用于构建材料的纳米块。亚波长铜基贴片阵列被用来支持频率低至 10 GHz 的 SUPP 波，但也可以使用其他构件，如裂环谐振器。此外，信号激励、控制和分配网络必须与超材料设计交错。

就石墨烯而言，用同一材料制作等离子体信号源、时延/相位控制器和天线的可能性简化了阵列的制造。目前，石墨烯可以通过各种方法获得，但只有微机械剥离和化学气相沉积才能始终如一地产生高质量的样品。一旦获得石墨烯层，就需要在其上定义阵列。目前，化学和等离子刻蚀技术可以用来从石墨烯中切割出所需的结构，但要定义数以千计的天线及其馈电网络，这需要更精确的技术。例如，基于使用离子束对阵列进行"轮廓"的新颖光刻方法可以实现定义阵列及其控制网络的变革性方式。

2．信道建模

超大规模 MIMO 通信的性能取决于 THz 频段信道的行为。目前，针对 LoS、NLoS 和多径传播条件的 THz 频段的信道模型已经开发出来。目前，相关学者正在研究第一个超大规模 MIMO 信道模型，该模型考虑了超大型阵列在发射和接收中的特性及 THz 波段信道传播效应。更具体地说，关于阵列，分析捕获了相邻纳米天线之间的互耦及所需的信号分配网络和时延/相位控制器的性能。在信道方面，分析考虑了现实三维场景中的扩散损耗、分子吸收损耗及在 THz 频率处非常高的反射损耗的影响。

除了完整的通道特性，还需要开发新的机制来有效地估计数千个并行通道，以用于阵列的实时动态操作。相邻等离子体纳米天线之间具有空间相关性，其间隔比自由空间波长小得多，可以用来简化问题的复杂性。此外，需要开发适合信道特性的新型导频信号，还可以利用信道预测技术来降低信道估计开销。这些方案还应该能够实时估计可用传输带宽，这在定义有效的物理层解决方案中起着关键作用。

在多频带超大规模 MIMO 的情况下,信道特性和实时信道估计都变得更具挑战性。主要原因是单独的传输窗口不仅在路径损耗和传输带宽方面,而且在相干带宽和延迟扩展方面,都会表现出不同的传播特性。为此,需要考虑同一窗口中载波之间的相关性,但需要独立分析单独窗口的混合机制。

3. 物理层设计

物理层的主要挑战之一是设计能够充分利用超大型纳米天线阵列的能力的最优控制算法,以最大限度地利用 THz 频段的信道。控制每个单元的操作频率、每个单元的增益和时延/相位的能力,以及动态创建虚拟子阵的交织组的可能性,为超大规模 MIMO 通信系统的设计和操作引入了许多自由度。一方面,这可以被建模为基于超大规模 MIMO 模式的具有不同优化目标的资源分配问题,即动态波束形成和空间复用或多频带通信。另一方面,需要实用的算法来实时地在实际场景中找到并实现这样的最优解。

此外,太赫兹波段信道提供的独特的距离相关带宽推动了距离感知调制技术的发展,信道既可以在单个传输窗口中工作,也可以在多个独立的频段上工作。在多频带超大规模 MIMO 的情况下,可以开发新的编码策略,将冗余信息扩展到不同的传输窗口,以增加长距离太赫兹链路的健壮性。最终,超大规模 MIMO 模式与动态调制和编码方案的结合将导致太赫兹波段的最大利用率。

4. 链路层及以上

需要新的网络协议来充分利用超大规模 MIMO 通信系统的能力。在链路层,由于用非常窄的波束以非常高的数据速率传输,以及在太赫兹振荡器存在相位噪声的情况下进行传输,同步问题成为超大规模 MIMO 主要面临的一项挑战。为了最大化信道利用率,需要能够最小化同步延迟的新的时间和频率同步方法。影响链路层可实现吞吐量的另一个因素是与波束控制过程相关的延迟。这取决于用于构建超大规模 MIMO 阵列的技术。对于金属阵列,这主要与时延/移相器的性能有关。在等离子体纳米天线阵列的情况下,SPP 波相位可被调制的带宽约为载波信号的 10%,即 THz 频段的数百 GHz,这实现了非常快的波束定向阵列。

在链路层需要考虑的另一个因素是多用户干扰的影响。一方面,在发射和接收中使用非常窄的波束会产生非常低的平均干扰。另一方面,非常高的增益波束经常转向的问题可能导致非常高的瞬时干扰值。因此需要分析这种瞬时干扰的影响,并相应地设计克服它的机制。

类似地,在网络层,对高增益定向天线的要求在发送和接收中同时进行,这增加了广播和中继等频繁任务的复杂性。在广播方面，以非常高的速度动态操纵波束的可能性及信息被非常快地传输速率为（即速率为数百 Gbps 或 Tbps）的事实使新的快速广播方案成为可能。需要开发新的最优中继策略，该策略考虑到非常大的阵列、THz 频段信道行为及在每跳同步方面的开销。虽然独特的依赖于距离的可用带宽进一步推动了更短链路的使用，但与波束控制过程相关的开销和中继成本决定了另一种情况。因此，可以定义最佳中继距离。所有这些也将取决于具体的应用，即超大规模 MIMO 是用于设备到设备还是用于小蜂窝部署。归根结底，每个底层的所有这些挑战都需要以跨层的方式共同解决，以保证 THz 频段通信网络中端到端的可靠传输。

8.2 超大规模波束成形

在这种情况下，所有纳米天线都被馈送与常规波束成形中相同的等离子体信号。超大规模 MIMO 的主要优势来自可以集成到一个阵列中的大量纳米天线。这与传统阵列有两个主要区别，一方面，在每个纳米天线中集成等离子体信号源的可能将拥有更高的输出功率，而与天线的间隔或它们之间的时延/相位无关。在传统的体系结构中，要么在所有元件之间分配单个信号，要么使用"子阵列"体系结构，其中每个子阵列都被主动供电。由此看来等离子体纳米天线阵的增益更高。另一方面，事实上纳米天线彼此放置得更近，降低了阵列的波束形成能力。

在不损失一般性的前提下，考虑一个均匀的正方形平面等离子体纳米天线阵，在宽边方向上只有一个波束。在图 8.4 中，对于不同的阵列技术，将指向方向上的阵列增益显示为阵列占用面积的函数。在互耦可忽略的假设下，对时延阵列的阵列因子和纳米天线响应进行了分析，得到了上述结果。对于基于石墨烯的等离子体纳米天线阵列，通过 COMSOL 多物理模拟验证了在发射和接收中具有多达 128 个单元的更小的占用面积的结果。验证的点在图中用"+"表示。从图中可以看出，当频率为 60 GHz 时，$100mm^2$ 超材料基等离子体纳米天线阵的增益可达 40dB，即比相同面积的金属天线阵高出近 25dB。当频率为 1 THz 时，基于 $1\ mm^2$ 石墨烯的等离子体纳米天线阵的增益可达 55dB，比相同面积的传统金属天线阵的增益高出近 35dB。值得注意的是，实现这种更高增益不仅是因为纳米天线的数量更多，还因为每个纳米天线都由纳米收发器主动供电。

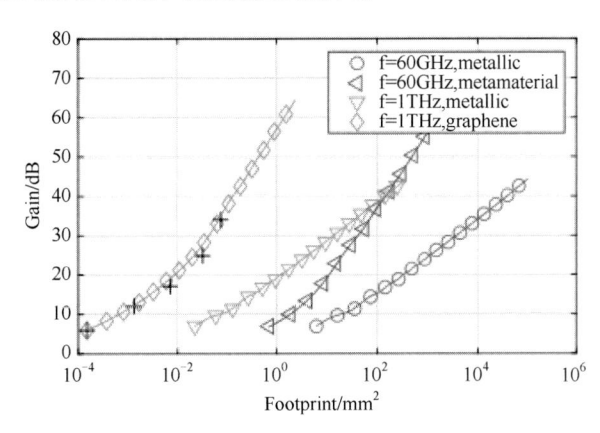

图 8.4　金属和等离子体纳米天线阵列在不同频率下的增益与其占用面积的函数关系
（"+"是指通过模拟验证的点）

在图 8.5 中，对于不同的阵列，将指向方向上的波束立体角表示为其占用面积的函数。虽然等离子体材料的使用能够在非常小的占用面积内集成非常大量的天线，但这种阵列将不会显示出波束形成能力，除非它们至少延伸到自由空间波长的一半以上。这是由于间距小于 $\lambda/2$ 的纳米天线之间的空间相关性造成的。虽然这可能促使人们决定将纳米天线扩展到 λ，而不利用等离子体约束，但通过将纳米天线密集集成，可以创建许多新的机遇，如为空间复用创建交错子阵列的可能性。

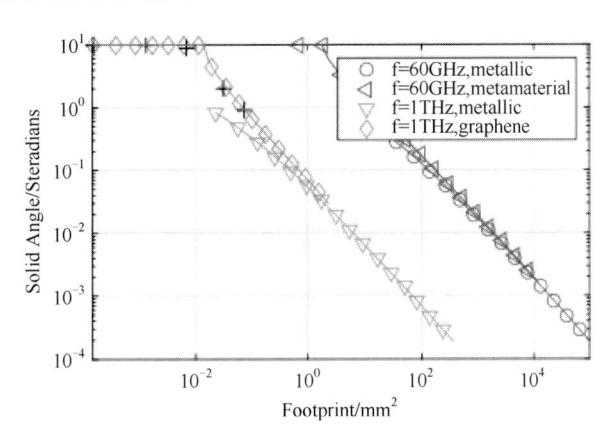

图 8.5　金属和等离子体纳米天线阵列的波束立体角随其占用面积的变化
（"+"指的是通过模拟验证的点）

为了说明超大规模波束形成的影响，考虑了一个具体的数值例子。在 1THz 的吸收定义的传输窗口,它在 10m 处具有大约 120GHz 的带宽。根据相关文献可知,在 10m 处的总路径损耗超过 115dB。如果考虑发射功率为 0dBm,接收端的噪声功率为-80dBm,那么可以很容易地证明 1 024×1 024 超大规模波束形成方案,在发送和接收中具有 40dB 的增益,可以支持在 10m 处几乎 2Tbps 的无线数据链路。然而,随着传输距离的增加,太赫兹频段的可用带宽会缩小,试图通过简单地添加更多天线来增加容量并不是最好的做法。相反,通过多个窗口同时传输可能更有效。

8.3 超密集 MIMO

互耦是指当一个天线工作时,附近的天线吸收的能量。互耦往往会改变阵列元件的输入阻抗、反射系数和辐射模式。

8.3.1 背景

MIMO 技术广泛应用于现代电信系统,由于空间的有限性和美观性的限制,移动终端和基站都需要紧凑的 MIMO 天线。随着天线元件彼此靠近,天线元件之间的电磁互耦变得不可避免。

MIMO 天线中的互耦是由自由空间辐射、表面电流和表面波引起的。所有类型的阵列引起互耦的因素都包含前两种情况,而最后一种情况主要是引起微带天线的互耦。互耦会严重降低自适应阵列的 SINR 和阵列信号处理算法的收敛性,它也会降低载波频率偏移、信道估计和到达角估计。互耦对 MIMO 天线的主动反射系数的不利影响不容小觑。由于 MIMO 传输中天线端口的随机相位激励,15dB 天线隔离的有效 VSWR 可高达 6,即有效反射系数高达 2.92dB。然而,如果将天线隔离度提高到 20 dB,最差的有源 VSWR 将降低到 2。多个 PA 在互耦的情况下会导致显著的 OOB 发射,对相邻信道的通信系统造成严重干扰。互耦对 MIMO 系统误码率和容量的影响稍微复杂一些。

在数字领域,已经在互耦缓解方面做出了一些努力,以优化 MIMO 预编码和解码方案。例如,可以从接收的电压中去除互耦,然后使用校准的电压来计算自适应算法的权重向量。然而,自适应阵列的输出 SINR 不能通过在后处理中单独补偿互耦来提高。虽然可以通过降低后处理中的相对噪声或干扰来改善 SINR，如平均加性噪声，但补偿互耦不会改变 SINR。上述用于减轻数字域中互耦的技术只能部分改善系统性能。从天线的角度来看，使用解耦技术来克服互耦效应更有效。对 MIMO 系统的整体互耦效应可以通过解耦技术来减轻，所以说从天线角度开发解耦技术至关重要。

整体天线的性能效应（包括互耦）可以通过随机优化来缓解。例如，使用部分游动优化算法提高了多端口天线的分集增益；通过使用遗传算法、混合标记生成算法或基于星座的搜索算法优化 MIMO 天线，提高了 MIMO 容量。与这些随机优化方法相比，关于确定性减少互耦的技术的文献更丰富。值得一提的是，虽然互耦往往会降低 MIMO 系统的性能，但它也可以用于阵列校准。

相关研究中有关于互耦的综述论文。Craeye 将调查的重点放在互耦情况下阻抗矩阵、辐射模式和波束耦合因子（即相关性）之间的关系上，而 Hema 则全面回顾了在后处理中模拟和减轻互耦效应的方法。本节将对 MIMO 系统常用的解耦技术进行介绍。互耦会改变阵列中的天线特性，从而影响 MIMO 系统的性能。校准数字域中的互耦可以部分地改善系统性能，虽然在后处理中不能通过校准互耦改善 SINR，但在 MIMO 天线的设计中，减轻互耦还是很重要的。因为从天线点解耦可以改善 MIMO 系统的整体性能，并且相比与数字域中的技术，这样可以使整个系统更简单。下面将介绍几种常用解耦技术。

8.3.2 分离技术

有许多解耦技术来减少互耦。例如，解耦网络、中和线、接地面修改、FSS 或亚表面壁、亚表面波纹 EBG 结构和特征模式。

对于 N 端口天线系统，随着 N 的增加，所需的 $2N$ 个端口可调匹配网络的复杂性变得更高。理想的共轭多端口阻抗匹配网络受限于窄带宽，并且在实践中通常无法实现。有研究者提出了一种耦合谐振网络，用于实现两个非定向天线的宽带解耦和匹配。然而，耦合谐振器网络的主要应用局限于双端口天线。

中和线可视为特殊的解耦网络，通过引入幅度相等、相位相反的第二路径来消除耦合。因此，研究中提出的大多数中和线都是窄带的。有研究者提出了一种由圆盘和带状线组成的宽带中和线，圆盘支持多条不同长度的解耦电流路径，以抵消接地层上不同频率的耦合电流。但中和线更适用于天线元件数量较少的 MIMO 系统，对于 700 MHz LTE 手机 MIMO 阵列难以形成激励。

各种接地层修改应用了带阻滤波器的特性，但它们是专用的。一种常见的方法是在两个端子之间的接地层上开一个槽,这种耦合可以减少互耦,但也可能增加背辐射。

亚表面壁可以有效地减少互耦。然而,它与低剖面天线不兼容。此外,亚表面壁也会影响辐射模式。

上述关于手机 MIMO 天线的大部分工作都集中在较高频段。手机 MIMO 天线在低频带的解耦非常具有挑战性。在低频时,机体不仅可以用作接地层,还可以用作多个天线元件共享的辐射器。因此,对于低于 1GHz 的频率,紧凑型终端中 MIMO 天线的隔离度通常小于 6dB。为了避免双端口 MIMO 天线同时激励共享机体,可以将第二天线元件的位置移动到机体的中间,以有效降低机体模式激励。具体而言,通过将其近场由电场支配的天线沿着短边放置,而将其近场由磁场支配的天线放置在相对的短边上,就能够实现较高隔离。实际上,不可能自由地将天线元件定位,如移动机体的中间,并且不激励机体的天线元件通常是频带受限的。为了解决这个问题,手机的金属边框可以用于另一种可行的特征模式。然而,特征模式理论更适合分析手机 MIMO 天线。

几乎所有的上述工作都涉及带有少量天线端口的手机 MIMO 天线,针对基站大规模 MIMO 天线的互耦问题,目前只进行了一些研究。在下一小节中,将介绍大规模 MIMO 天线的一些最新解耦技术。

8.3.3 MIMO 天线的解耦

大规模 MIMO 是传统 MIMO 技术的扩展,该技术利用具有大单元数的 MIMO 阵列的方向性作为另一个自由度。大规模 MIMO 技术主要用于基站。接下来重点回顾最近在大规模 MIMO 基站天线中的互耦减少方法,这些方法以前很少被总结。大规模 MIMO 天线中的解耦技术已经多年没有发展了,这是非常具有挑战性的。直到现在,关于这个主题的研究仍然非常有限。根据行业经验,在大规模 MIMO 基站天线系统中,天线元件之间的互耦必须低于 30dB。

对大规模 MIMO 天线设计的早期研究始于 2015 年。Soltani 和 Murch 开发了一种典型的双端口天线,可以重复并连接在一起构造任意偶数的 MIMO 天线阵列,该双端口天线由两个紧凑的折叠槽和一个用于解耦的寄生元件组成。此外,通过合理设计解耦寄生单元,还可以减少相邻标准单元(或双端口天线)之间的耦合。作为一个例子,提出了一种 20 端口的 MIMO 天线。然而,大规模 MIMO 阵列的单元间隔离度优于 10dB,而不是 30dB。各元件在工作频带内的总效率仅为 30%左右,且元件为单极化。所有这些缺点都限制了该设计在实践中的应用。双极化堆叠贴片天线在相关研究中被引入,它具有高增益和两个极化端口之间的低互耦合。几个堆叠的补丁被打印在一个环形的地平面上，以便每个补丁指向不同的方向。三个堆叠的补丁环相互叠加形成三维结构。在这个庞大的 MIMO 阵列中，总共有 144 个端口。因为所有补丁都指向不同的方向，在目标频带内，叠片具有较低的互耦性，单元间的隔离度大于 35 dB。双斜极化腔背天线已应用于具有二维结构的大规模 MIMO 阵列。然而，这种设计中的互耦被很好地抑制，隔离度仅优于 13 dB。

在文献[32]中，每个天线元件上可以通过四个端口激发四种不同的特征模式。由于不同的特征模式相互正交，四个端口互耦程度较低。如图 8.6（a）所示，为了有效激励，每个模式都需要间隙源组合，并举例说明了四个天线端口的不同间隙源组合。如图 8.6（b）所示，在一个大的接地面上放置了 121 个单元，单元间距约为 0.58 波长，因此单元之间的隔离度较高。因为每个单元都有 4 个端口，所以在最终的原型中总共有 484 个端口，宽频带内端口互耦性能优于−25dB。

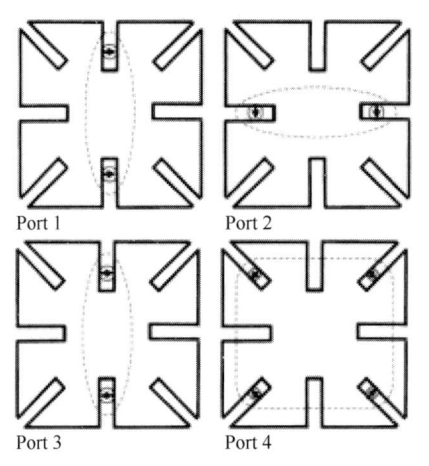

（a）四个天线端口的不同间隙源组合　　（b）具有 121 个元件和 484 个端口的原型

图 8.6　宽带大规模 MIMO

低成本、高效的实现大规模 MIMO 阵列需要利用基于超材料薄平面透镜。如图 8.7（a）所示，可以在超材料薄平面透镜焦弧附近放置不同的元件馈源。不同单元馈电的准球面波（低增益）将转换为指向不同方向的准平面波（高增益）。只有在元件馈电之间切换，波束才能以高增益进行转向。该天线的原型如图 8.7（b）所示。7 个馈电单元之间的互耦小于−30dB。但是，在图 8.7（b）中也可以发现，基于超材料的薄平面透镜与元件馈电之间需要有一定的距离，而且这个距离较大。为了实现非常紧凑的结构，还需要进一步研究如何减小进给距离。

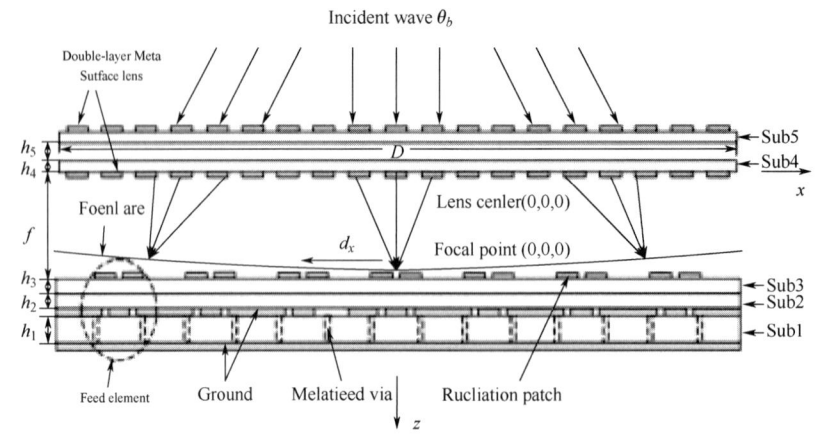

(a）具有七元馈电阵列的透镜

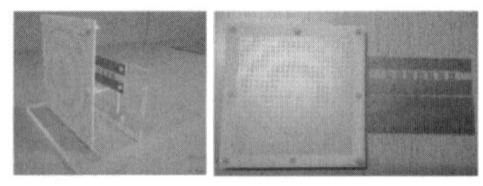

(b）透镜和七元馈电阵列的原型

图 8.7 基于超材料的薄平面透镜大规模 MIMO

最近，人们提出了一种用于大规模 MIMO 天线的 ADS。ADS 是一个由小金属片组成的薄衬底层，放置在 MIMO 天线上方。通过仔细设计金属贴片，可以控制来自 ADS 的部分绕射波来消除不必要的耦合波，并且天线方向图失真可以保持在一个可接受的水平，如图 8.8（a）所示。图 8.8（b）所示为 ADS 原型。该方法具有良好的应用前景和可行性，可应用于不同类型的天线。测量的互耦小于−30 dB，元件间距离较小。然而，有的解耦方法仅适用于 2×2 阵列。可以预见，如果阵列数量增加，ADS 上的补丁模式将非常复杂。

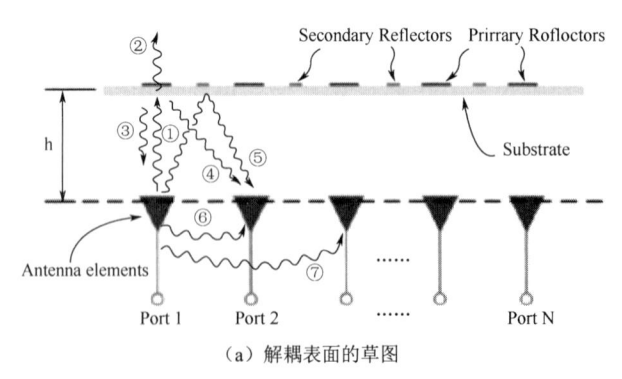

(a）解耦表面的草图

图 8.8 带有解耦表面的大规模 MIMO

(b）带有解耦表面的 MIMO 阵列的原型

图 8.8 带有解耦表面的大规模 MIMO（续）

8.4 透镜 MIMO

在 MIMO 收发机中，使用的天线越多，载波频率和带宽越高，实现过程就越复杂。在不牺牲太多性能或操作灵活性的情况下，降低实现复杂度的方法是利用信道和收发器硬件的空间结构。本节将描述波束空间大规模 MIMO，这是支撑混合波束形成及其未来后续技术的一般概念。特别关注与使用透镜阵列用于波束空间大规模 MIMO 相关的最新进展和未解决的问题。

8.4.1 背景

波束空间方法在大规模 MIMO 和毫米波通信中得到了广泛的应用。然而，波束空间处理的想法有很长的历史，可以追溯到早期的雷达系统，至少可以追溯到 20 世纪 60 年代，雷达系统经常使用由数百个元素组成的阵列。在蜂窝系统中，通过双码本预编码的思想，LTE-A 广泛地利用了波束空间。LTE-A 的第 10 版首先包含了用于八天线下行预编码的双码本方法。选择矩阵 W_1，通常称为宽带矩阵，以适应信道的空间特性。然后根据 W_1 选择矩阵 W_2。

在 LTE-A 的透明概念下，虚拟信道处理的想法成为核心。协调多点系统允许 UE 接收来自多个地理分布的传输点的信号，这可以利用不同形式的预编码和多用户传输。为了简化终端的控制、知识和计算负担，该标准允许终端配置多个参考信号和 CSI 处理。在波束空间公式中，UE 可以配置 K 个参考信号和 CSI 进程。多个传输点可以通过每个可能的第一个预编码器 $W_1[1], \cdots, W_1[K]$。预编码器 $W_1[k]$ 将有一个相应的虚拟信道 $H_v[k]$。然后，用户将为每个虚拟信道发送选择预编码器的反馈（即通过相应的 CSI 过程）。

这种虚拟方法允许运营商和制造商部署复杂的预编码方案,并很容易升级到新的预编码方案,因为用户不需要有任何 $W_1[1], \cdots, W_1[K]$ 的知识。用户只需要知道参考信号的个数、CSI 进程的个数及每个参考信号对应的配置信息。这种面向未来的思维在 3GPP 中进行了多种应用。最近,由于对毫米波频率的混合波束形成和预编码的研究兴趣,波束空间的实际应用被重新发现。

8.4.2 使用透镜阵列的波束空间

射频技术的最新进展是已不再使用离散天线元件,使天线阵列的功能更像一个光学系统。这可以通过透镜阵列来实现。在各种定义中,可以将透镜阵列定义为一种设备,其主要功能是"在透镜孔径上的不同点为电磁射线提供可变的相移,从而实现依赖角度的能量聚焦特性"。

随着近十年来毫米波通信的发展,基于透镜的拓扑结构已经成为无线通信研究的前沿。原因很简单,通过利用透镜阵列的聚焦能力,可以将来自不同方向的电磁功率聚焦到不同的透镜端口上,从而将空间 MIMO 信道转换为其稀疏的波束空间表示。最重要的是,这样做只用选择少量的主导波束($\ll N_{v,t}N_{v,r}$),以减少用于信号处理操作的 MIMO 信道矩阵的有效维数及相关的射频链数。此外,与典型的带移相器的混合毫米波系统相比,透镜阵列提供了大量的硬件和功耗节省。

第一种方法是将透镜阵列的特性与波束空间方法结合在一起,因此提出了 CAP-MIMO 的概念,利用 DLA 在毫米波频率下实现准连续孔径相控 MIMO 操作。同一研究小组以物理演示为基础,发表了一系列关于这一主题的论文。下面,将概述基于透镜阵列的 MIMO 拓扑的最新进展,并指出一些有待进一步研究的问题。

1. 信道估计

传统混合毫米波系统具有高分辨率移相器,在模拟预编码器的设计上相比透镜阵列提供了更大的灵活性(如使用压缩感知技术),这可以转化为提高信道估计精度。基于透镜的拓扑在这个意义上是固有且不灵活的,因为模拟预编码器必须是 DFT 矩阵。这使得针对具有移相器的混合体系结构定制的传统信道估计方案存在问题。过去几年发展起来的基于透镜拓扑的信道估计方案可分为两类。

(1)窄带信道估计:带透镜阵列的窄带波束空间 MIMO 信道的估计最初由不同的学者开展了研究。虽然看起来不同,但都利用了波束空间信道的稀疏性,只选择捕获大部分电磁功率的主要波束。这样做使波束空间信道的尺寸大大减少,这有利于信号处理操作,例如，可以使用传统的 LMMSE 估计器。但有的方法存在的缺点是在所有波束上扫描的导频符号的数量与天线的数量成正比。在大规模 MIMO 机制下，这个数字将严重扩展，留下有限的资源用于数据传输。提高信道估计精度的另一种方法是基于 SUD 的方案，主要思想是将总信道估计问题分解成一系列子问题，每个子问题包含一个稀疏信道分量。下一步，对于每一个组件，首先检测它们的支持度，然后按顺序删除它们。

（2）宽带信道估计：在一个大规模的天线阵列中，很可能阵列的传播延迟与符号周期相当。在这种情况下，不同的天线单元会在同一采样时间内接收到来自同一物理路径的不同时域符号。这种现象被称为空间宽带效应。在宽带信号中，这种效应将在频域引起波束斜视，这意味着 AoAs/AoDs 将成为频率依赖的。尽管这一现象很重要，但相关研究却很少，仅有的研究中提出了 SSD 技术：这里的主要思想是，每个稀疏路径分量都有由其空间方向决定的频率相关支持，这可以通过波束空间窗来估计。然后，将串行干扰对消原理应用于各单路分量。值得一提的是，在带移相器的混合系统的宽带信道估计领域的两个早期工作采用了不同算法，一种采用 SOMP 算法，另一种采用了 OMP 技术。然而，这些研究都没有考虑波束斜视效应。

相应挑战

从上述讨论中可以明显看出，在毫米波频率下基于透镜拓扑的信道估计领域仍处于起步阶段。现在将试着概述一些需要进一步调查的未解决问题。

（1）在最近的一系列研究，人们可以通过利用 FDD 系统中上行链路和下行链路之间的 AoA 延迟互易性，将信道估计问题重铸为信道重建问题。因此，只需要定期估计频率相关的路径增益，但目前缺少全面的性能分析。

（2）考虑到这种几何形状在较高频率（如毫米波、亚太赫兹波段）的重要性，3D 透镜的信道估计区域也非常重要。最近关于这个主题的研究显示了 3D 透镜阵列的信道矩阵的主要优势是形成了双重交叉形状，然后引入了利用这个特性的迭代算法。

（3）如前文所述，与移相器相比，透镜阵列节省了大量硬件和功率。然而，毫米波收发器的总实现成本和功耗可以通过部署粗略 ADC 量化器来进一步降低。在这种情况下，信道估计的问题变得复杂得多，特别是对于宽带系统，其中不同的天线在每个采样时间收集不相同的数据符号。在这个空间中唯一相关的研究涉及使用期望最大化算法的信道估计。

2．硬件缺陷

透镜阵列是存在损耗的设备，可以找到约束透镜阵列中不同类型损耗的简单分类。然而，在通信工程领域，透镜阵列的硬件缺陷是一个有待探索的问题。本部分将概述最近在这方面的一些贡献。

针对基站带有透镜阵列的上行链路多用户 MIMO 毫米波系统，描述了切换误差和溢出损耗的综合影响。前一种损耗是并发射频开关吸收和隔离特性不完善的结果，这会导致阻抗不匹配和端口间隔离不良。另一方面，溢出损失是由于有限数量的天线单元使得 AoAs 的采样不完美。这样，特定波束端口所需的射频功率也泄漏到相邻波束端口。如图 8.9 所示为罗特曼透镜的衬底内的电场分布，这清楚地示出了一部分能量朝着虚拟端口之一耗散，而剩余部分被反弹回其他波束端口。

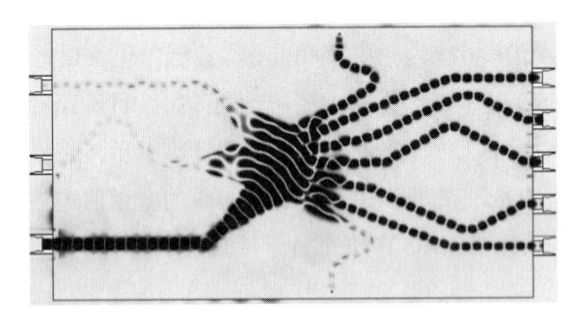

图 8.9 罗特曼透镜的基底层内 200 米处的电场分布

类似地，有研究提供了 28GHz 溢出损耗的完整电磁特性，并证明了透镜内部的电磁聚焦对宽边激励角更精确（见图 8.10）。事实上，当向 $\varphi=50°$ 移动时，不仅可以观察到 E/M 能量溢出，还可以观察到向相对端口的反射。最近研究了具有透镜阵列的毫米波大规模 MIMO 系统中的功率泄漏问题（相当于前面提到的溢出问题），提出了一种波束对准预编码方案，通过发展移相器网络（PSN）结构来缓解这一固有问题。

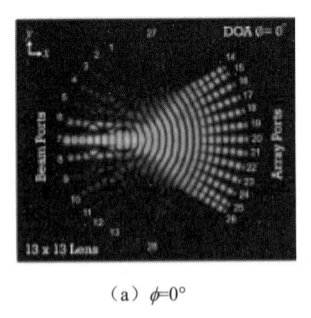

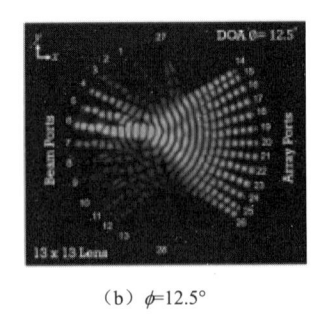

(a) $\phi=0°$ (b) $\phi=12.5°$

图 8.10 13×13 罗特曼透镜基底层内 200μm 处的表面电场分布，用 ϕ 表示

(c) $\phi=26.5°$ (d) $\phi=50°$

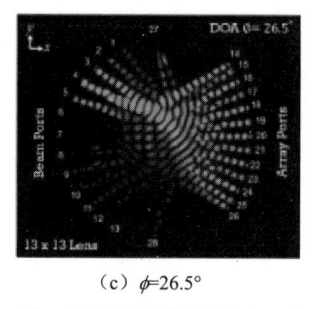

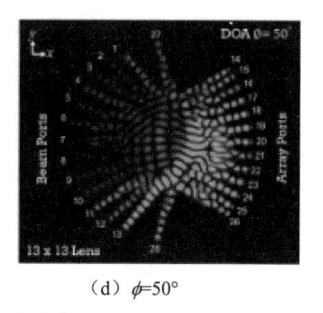

图 8.10　13×13 罗特曼透镜基底层内 200μm 处的表面电场分布，用 ϕ 表示（续）

相应挑战

不争的事实是，在存在硬件缺陷的情况下，透镜拓扑的性能表征需要通信工程师和微波工程师之间的协同工作。不幸的是，这两个团队经常彼此孤立地工作，这造成了严重的知识差距。在这种情况下，未解决问题主要有：

（1）相关研究很大程度上忽略了开关矩阵的影响。在理想世界中，这个矩阵是二进制的，它的每一行只包含一个对应于所选波束索引的非零项。然而，实际的开关不是完全吸收的，这意味着能量被反射回透镜波束端口，而开关之间的不良隔离导致相邻开关中的能量泄漏。

（2）研究导致带内和带外失真的非理想毫米波射频组件（如混频器、本地振荡器、功率放大器）是一个非常重要的课题，因为它们的综合影响会严重破坏理论预测的性能。

3. 物理实现

基于透镜阵列的通信系统的物理实现是一个新的课题，现在将指出最重要的进展。使用透镜阵列实现电磁能量聚焦的两种最流行的方法是分层散射和导波技术。此外，请读者参考文献[60]，其中精心涵盖了基于罗特曼透镜的波束选择和数字波束形成 MIMO 系统。

10GHz 的 CAP-MIMO 演示器首次由 Brady 提出，后来扩展到 28GHz 的多波束操作。有研究制造并测量了使用不同类型射频透镜的 77 GHz MIMO 系统，还提出了一种多变量码本量化方案来减少反馈开销，还开发了一些 28GHz 的原型，使用聚乙烯制成的双曲线电介质透镜，用于静态和移动应用。也有研究者提出了一种 71～76 GHz 的 2D 波束可控透镜天线原型，具有 64 元件馈电天线，在 55m 的工作范围内可以提供 700Mbit/s 的吞吐量。使用恒定介电材料合成并测量了一个 28GHz 的透镜阵列，天线馈电用于多波束操作，由于更清晰的电磁聚焦，这种几何结构被证明整体优于 ULA 和罗特曼透镜解决方案。

参考文献

[1] 未来移动通信论坛.6G: Gap Analysis and Candidate Enabling Technologies. 2019.

[2] 未来移动通信论坛. Wireless Technology Trends Towards 6G. 2020.

[3] Chataut R, Akl R. Massive MIMO Systems for 5G and Beyond Networks-Overview, Recent Trends, Challenges, and Future Research Direction[J]. Sensors, 2020, 20(10):2753.

[4] Josep, Miquel, Jornet, et al. Realizing Ultra-Massive MIMO (1024×1024) Communication in the (0.06-10) Terahertz band[J]. Nano Communication Networks, 2016.

[5] Chen S, Zhang J, Bjrnson E, et al. Structured Massive Access for Scalable Cell-Free Massive MIMO Systems[J]. IEEE Journal on Selected Areas in Communications, 2020, PP(99):1-1.

[6] Faisal A, Sarieddeen H, Dahrou J H, et al. Ultra-Massive MIMO Systems at Terahertz Bands: Prospects and Challenges[J]. arXiv, 2019.

[7] Lockyear M J, Hibbins A P, Sambles J R. Microwave Surface-Plasmon-Like Modes on Thin Metamaterials[J]. Physical Review Letters, 2009, 102(7):073901.

[8] RR Müller, Sedaghat M A, Fischer G. Load modulated massive MIMO[C]// Signal & Information Processing. IEEE, 2015.

[9] Usman O B, Jedda H, Mezghani A, et al. MMSE Precoder for Massive MIMO Using 1-bit Quantization[C]// 2016 IEEE International Conference on Acoustics, Speech and Signal Processing (ICASSP). IEEE, 2016.

[10] Walden R H. Analog-to-Digital Converter Survey and Analysis. 1999.

[11] Svensson C, Andersson S, Bogner P. On the Power Consumption of Analog to Digital Converters[C]// Norchip Conference. IEEE, 2006:49-52.

[12] Singh J, Ponnuru S, Madhow U. Multi-Gigabit Communication: the ADC Bottleneck1[C]// IEEE International Conference on Ultra-wideband. IEEE, 2009.

[13] Mezghani A, Nossek J A. On Ultra-Wideband MIMO Systems with 1-bit Quantized

Outputs: Performance Analysis and Input Optimization[C]// IEEE International Symposium on Information Theory. IEEE, 2007.

[14] Sarieddeen H, Alouini M S, Al-Naffouri T Y. An Overview of Signal Processing Techniques for Terahertz Communications[J]. arXiv, 2020.

[15] Laperle C, O'Sullivan M. Advances in High-Speed DACs, ADCs, and DSP for Optical Coherent Transceivers[J]. Journal of Lightwave Technology, 2014, 32(4):629-643.

[16] Neuhaus P, Dorpin Gh Aus M, H Halbauer, et al. Sub-THz Wideband System Employing 1-bit Quantization and Temporal Oversampling[C]// ICC 2020 - 2020 IEEE International Conference on Communications (ICC). IEEE, 2020.

[17] Mo J, Heath R W. High SNR Capacity of Millimeter Wave MIMO Systems With one-bit Quantization[C]// 2014 Information Theory and Applications Workshop (ITA). IEEE, 2014.

[18] Han C, Bicen A O, Akyildiz I F. Multi-Ray Channel Modeling and Wideband Characterization for Wireless Communications in the Terahertz Band[J]. IEEE Transactions on Wireless Communications, 2015, 14(5):2402-2412.

[19] Chen X, Zhang S, Li Q. A Review of Mutual Coupling in MIMO Systems[J]. IEEE Access, 2018:1-1.

[20] Savy L, Lesturgie M. Coupling Effects in MIMO Phased Array[C]// 2016 IEEE Radar Conference (RadarConf16). IEEE, 2016.

[21] Yuan Q, Chen Q, Sawaya K. Performance of Adaptive Array Antenna with Arbitrary Geometry in the Presence of Mutual Coupling[J]. IEEE Transactions on Antennas & Propagation, 2018, 54(7):1991-1996.

[22] Aumann H M, Fenn A J, Willwerth F G. Phased Array Antenna Calibration and Pattern Prediction using Mutual Coupling Measurements[J]. IEEE Trans Antennas Propag, 1989, 37(7):844-850.

[23] Wei H, Wang D, Zhu H, et al. Mutual Coupling Calibration for Multiuser Massive MIMO Systems[J]. IEEE Transactions on Wireless Communications, 2016, 15(1):606-619.

[24] Craeye C, D. González‐Ovejero. A review on Array Mutual Coupling Analysis[J]. Radio Science, 2016, 46(2).

[25] Hema S, Sneha H L, Jha R M. Mutual Coupling in Phased Arrays: A Review[J]. International Journal of Antennas and Propagation, 2013, (2013-4-22), 2013, 2013:559-562.

[26] Zhao, Luyu, Yeung, et al. A Coupled Resonator Decoupling Network for Two-Element Compact Antenna Arrays in Mobile Terminals. [J]. IEEE Transactions on Antennas & Propagation, 2014.

[27] Zhang S, Pedersen G F. Mutual Coupling Reduction for UWB MIMO Antennas with a Wideband Neutralization Line[J]. IEEE Antennas and Wireless Propagation Letters, 2016, 99(1):1-1.

[28] J, OuYang, F, et al. Reducing Mutual Coupling of CLoSely Spaced Microstrip MIMO Antennas for WLAN Application[J]. IEEE Antennas & Wireless Propagation Letters, 2011.

[29] Ying Z, Chiu C Y, Zhao K, et al. Antenna Design for Diversity and MIMO Application[J]. 2015.

[30] Hui, Li, Yi, et al. Characteristic Mode Based Tradeoff Analysis of Antenna-Chassis Interactions for Multiple Antenna Terminals[J]. IEEE Transactions on Antennas & Propagation, 2011.

[31] Gao Y, Ma R, Wang Y, et al. Stacked Patch Antenna With Dual-Polarization and Low Mutual Coupling for Massive MIMO[J]. IEEE Transactions on Antennas and Propagation, 2019, 64(10):4544-4549.

[32] Manteuffel D, Martens R. Compact multimode multielement antenna for indoor UWB massive MIMO[J]. IEEE Transactions on Antennas and Propagation, 2016, 64(7):1-1.

[33] Mei J, Zhi N C, Yan Z, et al. Metamaterial-Based Thin Planar Lens Antenna for Spatial Beamforming and Multibeam Massive MIMO[J]. IEEE Transactions on Antennas and Propagation, 2017, 65(2):464-472.

[34] Wu K L, Wei C, Mei X, et al. Array-Antenna Decoupling Surface[J]. IEEE Transactions on Antennas and Propagation, 2017.

[35] Zhang J, Bjrnson E, Matthaiou M, et al. Multiple Antenna Technologies for Beyond 5G. 2019.

[36] Ayach O E, Rajagopal S, Abu-Surra S, et al. Spatially Sparse Precoding in Millimeter Wave MIMO Systems[J]. IEEE Transactions on Wireless Communications, 2013, 13(3): 1499-1513.

[37] Yong Z, Rui Z. Millimeter Wave MIMO with Lens Antenna Array: A New Path Division Multiplexing Paradigm[J]. IEEE Transactions on Communications, 2016, 64(4):1557-1571.

[38] Sayeed A, Behdad N. Continuous aperture phased MIMO: Basic theory and applications[C]// Communication, Control, & Computing. IEEE, 2010.

[39] Brady, J, Behdad, et al. Beamspace MIMO for Millimeter-Wave Communications: System Architecture, Modeling, Analysis, and Measurements[J]. IEEE Transactions on Antennas & Propagation, 2013, 61(7):3814-3827.

[40] Sayeed A, Brady J. Beamspace MIMO Channel Modeling and Measurement: Methodology and Results at 28GHz[C]// 2016 IEEE Globecom Workshops (GC Wkshps). IEEE, 2016.

[41] Hogan J, Sayeed A. Beam Selection for Performance-Complexity Optimization in High-dimensional MIMO Systems[C]// 2016 Annual Conference on Information Science and Systems (CISS). IEEE, 2016.

[42] Lu, Yang, Yong, et al. Channel Estimation for Millimeter-Wave MIMO Communications With Lens Antenna Arrays[J]. IEEE Transactions on Vehicular Technology, 2017.

[43] Gao X, Dai L, Han S F, et al. Reliable Beamspace Channel Estimation for Millimeter-Wave Massive MIMO Systems with Lens Antenna Array[J]. IEEE Transactions on Wireless Communications, 2016:1-1.

[44] Han Y, Lee J, Love D J. Compressed Sensing-Aided Downlink Channel Training for FDD Massive MIMO Systems[J]. IEEE Transactions on Communications, 2017, PP(7):1-1.

[45] Gao X, Dai L, Zhou S, et al. Wideband Beamspace Channel Estimation for Millimeter-Wave MIMO Systems Relying on Lens Antenna Arrays[J]. IEEE Transactions on Signal Processing, 2019, 67(18):4809-4824.

[46] Gao Z, Dai L, Hu C, et al. Channel Estimation for Millimeter-Wave Massive MIMO With Hybrid Precoding Over Frequency-Selective Fading Channels[J]. IEEE Communications Letters, 2016, 20(6):1-1.

[47] K Venugopal, A Alkhateeb, NG Prelcic, et al. Channel Estimation for Hybrid Architecture-Based Wideband Millimeter Wave Systems[J]. IEEE Journal on Selected Areas in Communications, 2017.

[48] Wang B, Gao F, Jin S, et al. Spatial- and Frequency-Wideband Effects in Millimeter-Wave Massive MIMO Systems[J]. IEEE Transactions on Signal Processing, 2017:1-1.

[49] Wang B, Gao F, Jin S, et al. Spatial-Wideband Effect in Massive MIMO with Application in mmWave Systems[J]. IEEE Communications Magazine, 2018.

[50] Han Y, Liu Q, Wen C K, et al. Tracking FDD Massive MIMO Downlink Channels by Exploiting Delay and Angular Reciprocity[J]. IEEE Journal of Selected Topics in Signal

Processing, 2019, PP(99):1-1.

[51] Ma W, Qi C. Channel Estimation for 3D Lens Millimeter Wave Massive MIMO System[J]. IEEE Communications Letters, 2017, PP(9):1-1.

[52] Vlachos E, Thompson J, Abbasi M, et al. Robust Estimator for Lens-based Hybrid MIMO with Low-Resolution Sampling[C]// 2019 IEEE 20th International Workshop on Signal Processing Advances in Wireless Communications (SPAWC). IEEE, 2019.

[53] Popovi D R. Constrained Lens Arrays for Communication Systems with Polarization and Angle Diversity /.

[54] Tataria H, Matthaiou M, Smith P J, et al. Impact of RF Processing and Switching Errors in Lens-Based Massive MIMO Systems (Invited Paper)[C]// 2018 IEEE 19th International Workshop on Signal Processing Advances in Wireless Communications (SPAWC). IEEE, 2018.

[55] Abbasi M, Fusco V F, Matthaiou M. Millimeter Wave Hybrid Beamforming with Rotman Lens: Performance with Hardware Imperfections[C]// IEEE International Symposium on Wireless Communications Systems (ISWCS). IEEE, 2019.

[56] Abbasi M B, Tataria H, Fusco V F, et al. On the Impact of Spillover LoSses in 28 GHz Rotman Lens Arrays for 5G Applications[C]// 2018:1-3.

[57] Xie T, Dai L, Ng D, et al. On the Power Leakage Problem in Millimeter-Wave Massive MIMO with Lens Antenna Arrays[J]. 2020.

[58] Lau,Jonathan Y, Hum, et al. Reconfigurable Transmitarray Design Approaches for Beamforming Applications.[J]. IEEE Transactions on Antennas & Propagation, 2012.

[59] Wei H, Zhi H J,Chao Y, et al. Multibeam Antenna Technologies for 5G Wireless Communications[J]. IEEE Transactions on Antennas & Propagation, 2017, 65(12):6231-6249.

[60] Yuan G,Khaliel M, F Zheng, et al. Rotman Lens Based Hybrid Analog-Digital Beamforming in Massive MIMO Systems: Array Architectures, Beam Selection Algorithms and Experiments[J]. IEEE Transactions on Vehicular Technology, 2017, 66(10):9134-9148.

[61] Sayeed A, Hall C, Zhu K Y. A Lens Array Multi-beam MIMO Testbed for Real-Time mmWave Communication and Sensing[C]// the 1st ACM Workshop. ACM, 2017.

[62] Kwon, Taehoon, Lim, et al. RF Lens-Embedded Massive MIMO Systems: Fabrication Issues and Codebook Design.[J]. IEEE Transactions on Microwave Theory & Techniques,

2016, 64(7b):2256-2271.

[63] Ala-Laurinaho, Juha, Aurinsalo, et al. 2-D Beam-Steerable Integrated Lens Antenna System for 5G E-band Access and Backhaul.[J]. IEEE Transactions on Microwave Theory & Techniques, 2016.

[64] Abbasi M, Fusco V F, Tataria H, et al. Constant-ϵ_r Lens Beamformer for Low-Complexity Millimeter-Wave Hybrid MIMO[J]. Microwave Theory and Techniques, IEEE Transactions on, 2019.

第 9 章

无蜂窝大规模 MIMO

> 同传统的小区通信相比，无蜂窝大规模 MIMO 取消了小区之间的划分，AP 的部署方式也变成了分布式。所有 AP 通过无差错的光纤网络与 CPU 进行通信。当有用户请求服务时，分布在服务区内的所有 AP 都能为其提供服务。这种 AP 无处不在的服务方式可以提供极高的宏增益及覆盖率，在工业和学术界得到了广泛的关注。本章将介绍此技术的发展背景，有关研究中的系统模型，算法及对性能的分析评判，同时讲述无蜂窝 MIMO 的优势和当前研究遇到的一些挑战。

9.1 背景

蜂窝概念是在 20 世纪 70 年代引入的，构建其动机是通过在网络覆盖的地理区域内实现许多并发传输来有效利用有限的频谱。为了控制传输之间的干扰，覆盖区域被划分为预定义的地理区域，称为小区，其中固定 AP 负责服务。开始时，使用预定义的频率规划，以便相邻小区使用不同的频率资源，从而限制小区间干扰。多年来，通过在每个区域单元部署更多 AP，商用蜂窝网络已经变得更加密集，这实现了更好的空间频谱重用。使用越来越小的信元是增加网络容量的一种有效方法，即在给定区域内每秒可以传输的比特数。理想情况下，网络容量与 AP 数量成比例增长（有活动的用户设备），但由于小区间干扰增加，这一趋势逐渐减弱。在某一点之后，进一步的网络致密化实际上会减少而不是增加网络容量。在超密集网络体系中尤其如此，其中 AP 的数量大于同时活动的用户设备的数量。即使每个 AP 都有多个天线，这也不足以抑制如此密集场景中的所有干扰。

这些问题的可能解决方案是将每个用户与多个 AP 连接起来，如果网络中只有一个巨大的小区，根据定义，此时不存在小区间干扰，也不需要切换。过去已经探索过这种解决方案，如使用网络 MIMO、分布式 MIMO 和 CoMP 等技术。然而，它们的实现却需要巨大的用于 CSI 和数据共享的远程信令，以及巨大的复杂计算。为了降低前端信令和计算复杂性，一种常见的方法是将网络划分为包含几个相邻 AP 的不相交集群，以便只有这些 AP 需要交换 CSI 和数据。这种以网络为中心的方法可以提供一些性能增益，但只能部分解决干扰和切换问题，这些问题仍然存在于集群边缘。

完全解决这些问题的关键是让每个用户都能得到那些能以不可忽略的信号强度到达的 AP 的服务。这就创建了一个以用户为中心的网络，其中每个 AP 在服务不同用户时与不同的 AP 组协作，是用户选择哪组 AP 最适合他们，而不是网络选择。无蜂窝网络的早期实验在相关研究中有所描述，但直到最近几年，这个概念才在学术界获得了巨大的关注，其中无蜂窝大规模多输入多输出的名称已经被提出。简而言之，它是过去十年构思的最佳网络多输入多输出和近期文献中的调查分析框架的结合。

简要概述下无蜂窝 MIMO 的发展。在 4G 时期，多小区协作概念被认为是在 CoMP 传输/接收的总括术语下，在多个 AP 对数据进行联合处理，其中每个小区仅服务于其自己的用户设备，这属于传统蜂窝网络中实现的方法类别。在 CoMP 的背景下探讨了促进联合处理的集中式和分散式架构。在集中式方法中，协作 AP 连接到一个中央处理器（它可能与一个 AP 位于同一位置），并将它们的信息发送给它。因此，AP 也可以被视为促进用户设备和中央处理器之间通信的中继站。在分散方法中，合作 AP 仅从用户设备获取信道状态信息，但数据仍必须在 AP 之间共享。其具体实现分为以用户为中心的聚类和以网络为中心的集群。

在 5G 时期，5G 蜂窝网络的新功能不是专注于 CoMP，而是海量多输入多输出。这意味着每个 AP 大部分都是单独运行，并配备了大量有源低增益天线阵列，这些天线可以使用单独的无线电（收发器链）进行单独控制。这与蜂窝网络中传统使用的无源高增益天线形成对比，后者可能具有相似的物理尺寸，但只有一个无线电。大规模多输入多输出起源于空分多址，多个用户设备能够在同一时间和频率由一个 AP 服务。天线阵列实现了到每个用户设备的定向传输（以及从它们的定向接收），因此位于同一小区中不同位置的用户设备可以在几乎没有干扰的情况下被同时服务。这项技术后来被称为多用户多输入多输出。这种技术下每个 AP 的天线比小区中的活动用户多得多。在这些情况下出现了两个重要的传播现象：信道硬化和有利传播。虽然此技术可以显著提高蜂窝网络的速率，但其仍存在较大的速率变化和小区间干扰，并且在物理部署上存在问题。

无蜂窝大规模 MIMO 是于 2015 年提出的，虽然大多数研究将多小区协作添加到现有的蜂窝网络架构中，但无蜂窝大规模 MIMO 遵循了分布式无线通信概念，在一开始就设计了由分布式协作天线组成的网络。"大规模"一词指的是比用户设备多得多的 AP 的一种设想的操作方式，它类似于蜂窝网络中传统的大规模 MIMO 方式；也就是说，在基础设施侧具有比要服务的用户设备多得多的天线。有趣的是，设想的工作方式与超密集网络一致，但核心区别在于 AP 合作形成分布式天线阵列。

无蜂窝大规模 MIMO 的本质就是一个分布式大规模 MIMO 系统，其中有大量的服务天线，称为 AP，服务于分布在大范围内的数量少得多的用户。所有 AP 通过回程网络相位一致地协作，并通过时分双工操作在相同的时频资源中服务所有用户。没有小区或小区边界。因此，称这种系统为"无蜂窝大规模 MIMO"。由于无蜂窝大规模 MIMO 结合了分布式 MIMO 和大规模 MIMO 的概念，因此有望从这两种系统中获益。此外，由于用户现在离 AP 很近，无蜂窝大规模 MIMO 可以提供很高的覆盖概率。其在上行链路和下行链路上都使用共轭波束形成/匹配滤波技术，也称为最大比处理。这些技术在计算上很简单，并且可以以分布式方式实施，也就是说，大多数处理都是在 AP 本地完成的。

在无蜂窝大规模 MIMO 中有一个 CPU，但是 AP 与该 CPU 之间的信息交换仅限于有效载荷数据和缓慢变化的功率控制系数。在 AP 或中央单元之间不共享瞬时 CSI。所有信道在 AP 处通过上行链路导频进行估计。这样获得的信道估计用于对下行链路中发送的数据进行预编码，并在上行链路中执行数据检测。从头到尾，无蜂窝 MIMO 强调的是每个用户的吞吐量，而不是总和吞吐量。为此，可以采用最大—最小功率控制。

从原理上讲，无蜂窝大规模 MIMO 是虚拟 MIMO、网络 MIMO、分布式 MIMO、（相干）协作多点联合处理和分布式天线系统等一般概念的体现。其目标是使用先进的回程技术来实现地理上分布的基站天线之间的一致处理，以便为网络中的所有用户提供统一的良好服务。无蜂窝大规模 MIMO 的突出之处在于其运行机制，其运行机制为许多单天线 AP 使用简单的计算进行信号处理，同时服务于数量少得多的用户。这促进了对有利传播和信道硬化等现象的利用，这些现象也是蜂窝式大规模 MIMO 的关键特征。反过来，这使得无蜂窝 MIMO 能够使用计算高效且全局最优的功率控制算法，以及用于导频分配的简单方案。

无蜂窝大规模 MIMO 第 9 章

总之，无蜂窝大规模 MIMO 是网络 MIMO 和 DAS 概念的有用且可扩展的实现，这与蜂窝式大规模 MIMO 是原始多用户 MIMO 概念的有用且可扩展形式非常相似。

假设 TDD 操作，因此依赖互易性来获取 CSI，并且假设在网络中使用任意导频序列——导致导频污染，这在以前的工作中没有研究过。相关研究推导了对任何有限数量的 AP 和用户有效的严格容量下限。

9.2 系统模型

假设有一个 M 个 AP 和 K 个用户的无蜂窝大规模 MIMO 系统，所有 AP 和用户都配有一个天线，并且随机分布在一个很大的区域。此外，所有 AP 都通过回程网络连接到中央处理器，如图 9.1 所示。假设所有 M 个 AP 同时服务于同一时频资源中的所有 K 个用户。从 AP 到用户的传输（下行传输）和从用户到 AP 的传输（上行传输）通过时分双工操作进行。每个相干间隔分为三个阶段：上行链路训练、下行链路有效载荷数据传输和上行链路有效载荷数据传输。在上行链路训练阶段，用户向 AP 发送导频序列，每个 AP 估计所有用户的信道，如此获得的信道估计被用于对下行链路中的发射信号进行预编码，并检测上行链路中从用户发射的信号。在这项工作中，为了避免 AP 之间共享信道状态信息，考虑了下行链路中的共轭波束形成和上行链路中的匹配滤波。

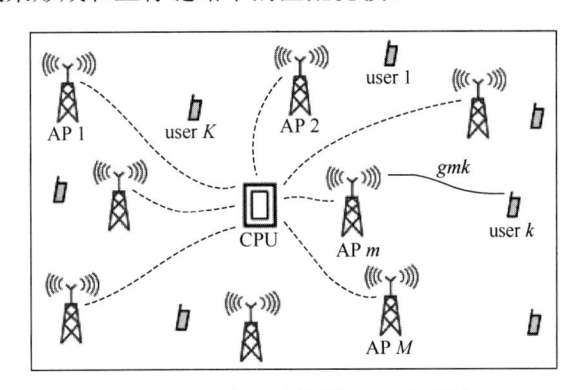

图 9.1 无单元大规模 MIMO 系统

无蜂窝大规模 MIMO 下行链路中没有导频传输。用户不需要估计他们的有效信道增益，而是依赖于信道硬化,这使得该增益接近其期望值,即已知的确定性常数。容量界限考虑了当用户使用平均有效信道增益而不是实际有效增益时产生的误差。

(1)信道模型结合了小尺度衰落和大尺度衰落的影响(后者包括路径损耗和阴影)。假设小尺度衰落在每个相干间隔期间是静态的,并且从一个相干间隔到下一个相干间隔独立地改变。大尺度衰落的变化要慢得多,并且在几个相干间隔内保持不变。根据用户移动性,大规模衰落可以在至少大约 40 个小规模衰落相干间隔的持续时间内保持恒定。

(2)假设信道是互易的,即上行链路和下行链路上的信道增益相同。这种互易假设需要 TDD 操作和硬件链的完美校准。对于无蜂窝的大规模 MIMO,该问题也可以得到解决。研究不完全校准的影响是未来工作的重要课题。

(3)g_{mk} 表示第 k 个用户和第 m 个 AP 之间的信道系数。信道的 g_{mk} 建模如下:

$$g_{mk} = \beta_{mk}^{1/2} h_{mk} \tag{9-1}$$

其中,h_{mk} 为小尺度衰落,β_{mk} 为大尺度衰落。假设 $h_{mk}, m=1,\cdots,M, k=1,\cdots,K$,是独立同分布的 CN(0,1) 的随机变量。独立小尺度衰落假设的理由是 AP 和用户分布在很宽的区域内,因此,每个 AP 和每个用户的散射体集可能不同。

(4)假设所有 AP 都通过完美的回程连接,能够为中央处理器提供无错误和无限的容量。实际上,回程将受到重要的实际情况限制。未来的工作需要量化回程限制对性能的影响。

(5)在所有情况下,让 q_k 表示与第 k 个用户相关的符号。这些符号是相互独立的,并且独立于所有的噪声和信道系数。

9.2.1 上行链路训练

无蜂窝大规模 MIMO 系统采用了较宽的频谱带宽,且 g_{mk} 和 h_{mk} 随频率变化,而 β_{mk} 相对于频率是常数。假设传播信道在一个相干时间间隔和一个频率相干间隔上是分段常数,有必要在每个时间/频率相干块内进行训练。无论何时需要,都假定 β_{mk} 是已知的。

设 τ_c 为相干间隔的长度(以样本为单位),等于相干时间和相干带宽的乘积,τ^{cf} 为每个相干间隔的上行链路训练持续时间(以样本为单位),上标 cf 代表无信元。要求 $\tau^{cf} < \tau_c$。在训练阶段,所有 K 个用户同时向 AP 发送长度为 τ^{cf} 样本的导频序列。设 $\sqrt{\tau^{cf}} \varphi_k \in C^{\tau^{cf} \times 1}$,其中 $\|\varphi_k\|^2 = 1$,是第 k 个用户使用的导频序列,$k=1,2,\cdots,K$。然后,在第 m 个 AP 接收的 $\tau^{cf} \times 1$ 导频向量由下式给出:

$$y_{P,m} = \sqrt{\tau^{\text{cf}} \rho_p^{\text{cf}}} \sum_{k=1}^{K} g_{mk} \varphi_k + w_{p,m} \qquad (9\text{-}2)$$

其中，ρ_p^{cf} 是每个导频符号和 $w_{p,m}$ 的归一化信噪比（SNR），缺少第 m 个 AP 处的加性噪声矢量。$w_{p,m}$ 是 CN(0,1) 的随机变量。

基于接收到的导频信号 $y_{p,m}$，第 m 个 AP 估计信道 $g_{m,k}$，$k=1,\cdots,k$，用 $\check{y}_{p,mk}$ 表示，把 $y_{p,m}$ 投影到 φ_k^H：

$$\begin{aligned}\check{y}_{p,mk} &= y_{p,m} \varphi_k^H \\ &= \sqrt{\tau^{\text{cf}} \rho_p^{\text{cf}}} g_{mk} + \sqrt{\tau^{\text{cf}} \rho_p^{\text{cf}}} \sum_{k'\neq k}^{K} g_{mk'} \varphi_{k'}^H \varphi_k + \varphi_k^H w_{p,m}\end{aligned} \qquad (9\text{-}3)$$

虽然，对于任意的导频序列，$\check{y}_{p,mk}$ 不是 g_{mk} 估计的充分统计量，人们仍然可以使用这个量来获得次优估计。在任意两个导频序列相同或正交的特殊情况下，$\check{y}_{p,mk}$ 是一个充分的统计量，基于 $\check{y}_{p,mk}$ 的估计是最优的。给定 $\check{y}_{p,mk}$ 的 g_{mk} 的最小均方误差估计为：

$$\check{g}_{mk} = \frac{E\{\check{y}_{p,mk}^* g_{mk}\}}{\{|\check{y}_{p,mk}|^2\}} \check{y}_{p,mk} = c_{mk} \check{y}_{p,mk} \qquad (9\text{-}4)$$

$$c_{mk} \triangleq \frac{\sqrt{\tau^{\text{cf}} \rho_p^{\text{cf}}} \beta_{mk}}{\tau^{\text{cf}} \rho_p^{\text{cf}} \sum_{k'=1}^{K} \beta_{mk'} \left|\varphi_k^H \varphi_{k'}\right|^2 + 1} \qquad (9\text{-}5)$$

如果 $\tau^{\text{cf}} \geq K$，那么可以选择 φ_1，φ_2，…，φ_K，使它们是成对正交的，因此，（9-3）式中的第二项消失了，则信道估计 $\widehat{g_{mk}}$ 独立于 $g_{mk'}$，$k' \neq k$。然而，由于相干间隔的有限长度，通常情况下 $\tau^{\text{cf}} < K$，并且相互非正交的导频序列必须在整个网络中使用。由于（9-3）式中的第二项，信道估计 $\hat{g}_{mk}$ 被从其他用户发送的导频信号降级。这就造成了所谓的导频污染效应。

以分散的方式执行信道估计，每个 AP 自主地估计到 K 个用户的信道。AP 不在信道估计上合作，并且在 AP 之间不交换信道估计。

9.2.2 下行链路有效载荷数据传输

AP 将信道估计视为真实信道，并使用共轭波束成形向 K 个用户发送信号。从第 m 个 AP 发送的信号为：

$$x_m = \sqrt{\rho_d^{\text{cf}}} \sum_{k=1}^{K} \eta_{mk}^{1/2} \hat{g}_{mk}^* q_k \qquad (9\text{-}6)$$

其中，满足 $E\{|q_k|^2\}=1$ 的 q_k 是针对第 k 个用户的符号，η_{mk}，$m=1,\cdots,M$，$k=1,\cdots,K$，

选择功率控制系数以满足每个 AP 处的以下功率约束 $E\{|x_m|^2\} \leq \rho_d^{cf}$。

使用 $g_{mk} = \beta_{mk}^{1/2} h_{mk}$ 的通道模型，功率约束 $E\{|x_m|^2\} \leq \rho_d^{cf}$ 可以重写为对所有的 m，有 $\sum_{k=1}^{K} \eta_{mk} \gamma_{mk} \leq 1$，其中，$\gamma_{mk} \triangleq E\{|\hat{g}_{mk}|^2\} = \sqrt{\tau^{cf} \rho_p^{cf}} \beta_{mk} c_{mk}$，则第 k 个用户处的接收信号为：

$$r_{d,k} = \sum_{m=1}^{M} g_{mk} x_m + w_{d,k} = \sqrt{\rho_d^{cf}} \sum_{m=1}^{M} \sum_{k'=1}^{K} \eta_{mk'}^{1/2} g_{mk} \hat{g}_{mk'}^* q_{k'} + w_{d,k} \qquad (9\text{-}7)$$

其中，在第 k 个用户处，$w_{d,k}$ 是加性的 CN(0,1) 噪声。那么将从 $r_{d,k}$ 检测到 q_k。

9.2.3 上行链路有效载荷数据传输

在上行链路中，所有 K 个用户同时向 AP 发送数据。在发送数据之前，第 k 个用户对其符号 q_k 进行加权，$E\{|q_k|^2\}$，乘以功率控制系数 $\sqrt{\eta_k}$，$0 \leq \eta_k \leq 1$。第 m AP 接收到的信号为：

$$y_{u,m} = \sqrt{\rho_u^{cf}} \sum_{k=1}^{K} g_{mk} \sqrt{\eta_k} q_k + w_{u,m} \qquad (9\text{-}8)$$

其中，ρ_u^{cf} 表示归一化上行链路 SNR，$w_{u,m}$ 是第 m 个 AP 处的加性噪声，$w_{u,m} \sim$ CN(0,1)。为了检测从第 k 个用户 q_k 发送的码元，第 m 个 AP 将接收信号 $y_{u,m}$ 与其从本地获得的信道估计 $\hat{g}_{mk}$ 的共轭相乘。然后，通过回程网络将如此获得的 $\hat{g}_{mk}^* y_{u,m}$ 发送到 CPU。CPU 会收到

$$r_{u,k} = \sum_{m=1}^{M} \hat{g}_{mk}^* y_{u,m} = \sum_{k'=1}^{K} \sum_{m=1}^{M} \hat{g}_{mk}^* g_{mk'} + \sum_{m=1}^{M} \hat{g}_{mk}^* w_{u,m} \qquad (9\text{-}9)$$

然后，从 $r_{u,k}$ 检测 q_k。

9.3 性能分析

9.3.1 Large-M 分析

在这一部分，提出了一些关于无蜂窝大规模 MIMO 系统在 M 很大时的性能的一些见解。收敛性分析是在一组确定的大尺度衰落系数 $\{\beta_{mk}\}$ 的条件下进行的。与并置大规模 MIMO 的情况一样，当 M→∞ 时，用户和 AP 之间的信道变得正交。因此，采用共轭波束成形分别匹配滤波，消除了非相干干扰、小尺度衰落和噪声。唯一剩余的损害是导频污染，它包括来自使用与训练阶段中感兴趣的用户相同的导频序列的用户的干扰。

在下行链路上,第 k 个用户处的接收信号可以写成:

$$r_{d,k} = \underbrace{\sqrt{\rho_d^{cf}} \sum_{m=1}^{M} \eta_{mk}^{1/2} g_{mk} \hat{g}_{mk}^* q_k}_{DS_k} + \underbrace{\sqrt{\rho_d^{cf}} \sum_{m=1}^{M} \sum_{k' \neq k}^{K} \eta_{mk'}^{1/2} g_{mk} \hat{g}_{mk'}^* q_{k'}}_{MUI_k} + w_{d,k} \quad (9\text{-}10)$$

其中,DS_k 和 MUI_k 分别表示期望的信号和多用户干扰。

$$\frac{1}{M} DS_k - \frac{1}{M} \sqrt{\tau^{cf} \rho_b^{cf} \rho_p^{cf}} \sum_{m=1}^{M} \eta_{mk}^{1/2} c_{mk} \beta_{mk} q_k \xrightarrow[M \to \infty]{p} 0 \quad (9\text{-}11)$$

$$\frac{1}{M} MUI_k - \frac{1}{M} \sqrt{\tau^{cf} \rho_b^{cf} \rho_p^{cf}} \sum_{m=1}^{M} \sum_{k' \neq k}^{K} \eta_{mk'}^{1/2} c_{mk'} \beta_{mk} \varphi_{k'}^H \varphi_k^* q_{k'} \xrightarrow[M \to \infty]{p} 0 \quad (9\text{-}12)$$

上述表达式表明,当 $M \to \infty$ 时,接收信号仅包括期望信号加上源自导频序列非正交性的干扰。

$$\frac{r_{d,k}}{M} - \frac{\sqrt{\tau^{cf} \rho_b^{cf} \rho_p^{cf}}}{M} (\sum_{m=1}^{M} \eta_{mk}^{1/2} c_{mk} \beta_{mk} q_k + \sum_{m=1}^{M} \sum_{k' \neq k}^{K} \eta_{mk'}^{1/2} c_{mk'} \beta_{mk} \varphi_{k'}^H \varphi_k^* q_{k'}) \xrightarrow[M \to \infty]{p} 0 \quad (9\text{-}13)$$

如果导频序列是成对正交的,即 $\varphi_k^H \varphi_{k'}$ 对 $k' \neq k$,则接收的信号变得没有干扰和噪声:

$$\frac{r_{d,k}}{M} - \frac{\sqrt{\tau^{cf} \rho_b^{cf} \rho_p^{cf}}}{M} \sum_{m=1}^{M} \eta_{mk}^{1/2} c_{mk} \beta_{mk} q_k \xrightarrow[M \to \infty]{p} 0 \quad (9\text{-}14)$$

在上行链路中也有类似的结果。

✤ 9.3.2 有限 M 的可达速率

在本节中推导出下行链路和上行链路可实现速率的闭式表达式。

1. 可实现的下行链路速率

假设每个用户都知道信道统计信息,但不知道信道实现,则接收信号 $r_{d,k}$ 可以写成:

$$r_{d,k} = DS_k \cdot q_k + BU_k \cdot q_k + \sum_{k' \neq k}^{K} UI_{kk'} \cdot q_{k'} + w_{d,k} \quad (9\text{-}15)$$

其中,$DS_k \triangleq \sqrt{\rho_d^{cf}} \cdot E\{\sum_{m=1}^{M} \eta_{mk}^{1/2} g_{mk} \hat{g}_{mk}^*\}$,$BU_k \triangleq \sqrt{\rho_d^{cf}} (\sum_{m=1}^{M} \eta_{mk}^{1/2} g_{mk} \hat{g}_{mk}^* - E\{\sum_{m=1}^{M} \eta_{mk}^{1/2} g_{mk} \hat{g}_{mk}^*\})$,$U_{kk'} \triangleq \sqrt{\rho_d^{cf}} \sum_{m=1}^{M} \eta_{mk'}^{1/2} g_{mk} \hat{g}_{mk'}^*$ 分别表示期望信号强度(DS)、波束形成增益不确定性(BU)和第 k 个用户(UI)造成的干扰。

将式(9-15)中第二项、第三项和第四项的总和视为"有效噪声"。由于 QK 独立于 DSK 和 BUK,因此有

$$E\{DS_k \cdot q_k \times (BU_k \cdot q_k)^*\} = E\{DS_k \times BU_k^*\} E\{|q_k|^2\} = 0 \quad (9\text{-}16)$$

所以式(9-15)的第一项和第二项是不相关的。类似的计算表明,式(9-15)的第三项和第四项与式(9-15)的第一项不相关。因此,有效噪声和期望信号是不相关的。利用

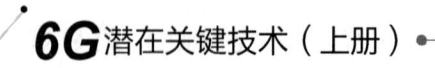

不相关高斯噪声代表最坏情况，可获得第 k 个用户在无蜂窝操作下的可实现速率为：

$$R_{d,k}^{\text{cf}} = \log_2\left(1 + \frac{|\text{DS}_k|^2}{E\{|\text{BU}_k|^2\} + \sum_{k'\neq k}^{K} E\{|\text{UI}_{kk'}|^2\} + 1}\right) \quad (9\text{-}17)$$

接下来，给出了有限 M 的可达速率的一个新的精确闭合表达式。

在具有共轭波束形成的无蜂窝大规模 MIMO 系统中，对于任意有限的 M 和 K，从 AP 到第 k 个用户的可实现的下行链路速率为：

$$R_{d,k}^{\text{cf}} = \log_2\left(1 + \frac{\rho_d^{\text{cf}}\left(\sum_{m=1}^{M}\eta_{mk}^{1/2}\gamma_{mk}\right)^2}{\rho_d^{\text{cf}}\sum_{k'\neq k}^{K}\left(\sum_{m=1}^{M}\eta_{mk'}^{1/2}\gamma_{mk'}\frac{\beta_{mk}}{\beta_{mk'}}\right)^2 |\varphi_{k'}^H \varphi_k|^2 + \rho_d^{\text{cf}}\sum_{k'=1}^{K}\sum_{m=1}^{M}\eta_{mk'}\gamma_{mk}\beta_{mk} + 1}\right) \quad (9\text{-}18)$$

无蜂窝大规模 MIMO 和配置大规模 MIMO 系统的容量界限表达式之间的主要区别是：

（1）在无蜂窝系统中，通常 $\beta_{mk} \neq \beta_{m'k}$ 对应 $m \neq m'$；而在配置大规模 MIMO 系统中，$\beta_{mk} = \beta_{m'k}$。

（2）在无蜂窝系统中，每个 AP 单独施加功率约束，而在配置系统中，每个基站施加总功率约束。考虑这样一种特殊情况：所有 AP 并置，每个 AP 的功率限制被所有 AP 的总功率限制所取代，在这种情况下，有 $\beta_{mk} = \beta_{m'k} \triangleq \beta_k$，$\gamma_{mk} = \gamma_{m'k} \triangleq \gamma_k$，功率控制系数为 $\eta_{mk} = \eta_k/M_{\eta_{mk}}$。此外，如果 K 个导频序列是成对正交的，则式（9-18）变为：

$$R_{d,k}^{\text{cf}} = \log_2\left(1 + \frac{M\rho_d^{\text{cf}}\gamma_k\eta_k}{\rho_d^{\text{cf}}\beta_k\sum_{k'=1}^{K}\eta_{k'} + 1}\right) \quad (9\text{-}19)$$

可达速率是在假设用户只知道信道统计的情况下获得的，但该可实现速率接近于用户知道实际信道实现的情况下的速率，这是信道硬化的结果。为了更定量地了解这一点，将可实现速率与以下表达式进行比较。

$$\tilde{R}_{d,k}^{\text{cf}} = \mathbb{E}\left\{\log_2\left(1 + \frac{\rho_d^{\text{cf}}\left|\sum_{m=1}^{M}\eta_{mk}^{1/2}g_{mk}\hat{g}_{mk}^*\right|^2}{\rho_d^{\text{cf}}\sum_{k'\neq k}^{K}\left|\sum_{m=1}^{M}\eta_{mk'}^{1/2}g_{mk}\hat{g}_{mk'}^*\right|^2 + 1}\right)\right\} \quad (9\text{-}20)$$

该速率表示知道瞬时信道增益的辅助用户的可实现速率。图 9.2 给出了假设用户只知道信道统计的和假设了解实现的辅助速率之间的比较。如图所示，差距很小，这意味着没有必要进行下行训练。

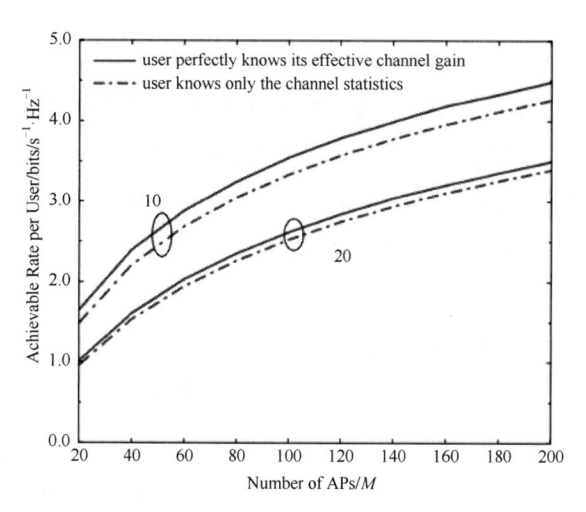

图 9.2　不同 K 下的可达到速率与 APs 的数量

2．可实现上行速率

中央处理单元从 $r_{u,k}$ 检测所需的信号 q_k。假设中央处理单元在执行检测时仅使用信道的统计知识，得到了上行可达速率的严格封闭表达式。

对于任意 M 和 K，在具有匹配滤波检测的无蜂窝大规模 MIMO 系统中，第 K 个用户的可实现上行速率由下式给出。

$$R_{u,k}^{cf} = \log_2\left(1 + \frac{\rho_u^{cf}\eta_k\left(\sum_{m=1}^{M}\gamma_{mk}\right)^2}{\rho_u^{cf}\sum_{k'\neq k}^{K}\eta_{k'}\left(\sum_{m=1}^{M}\gamma_{mk}\frac{\beta_{mk'}}{\beta_{mk}}\right)^2\left|\varphi_k^H\varphi_{k'}\right|^2 + \rho_u^{cf}\sum_{k'=1}^{K}\eta_{k'}\sum_{m=1}^{M}\gamma_{mk}\beta_{mk'} + \sum_{m=1}^{M}\gamma_{mk}}\right) \quad (9\text{-}21)$$

在特殊情况下，所有 AP 都是并置的，所有 K 个导频序列是成对正交的，$\beta_{mk} = \beta_{m'k} \triangleq \beta_k$，$\gamma_{mk} = \gamma_{m'k} \triangleq \gamma_k$，$\varphi_k^H\varphi_{k'} = 0$，$\forall k' \neq k$，则上式化为：

$$R_{u,k}^{cf} = \log_2\left(1 + \frac{M\rho_u^{cf}\gamma_k\eta_k}{\rho_u^{cf}\beta_k\sum_{k'=1}^{K}\eta_{k'}\beta_{k'} + 1}\right) \quad (9\text{-}22)$$

9.4　导频分配方案

当多个用户设备同时发送非完全正交的导频信号时，将会发生导频污染，降低导频共享用户设备信道的估计质量，并增加数据传输阶段的相互干扰。在大规模 MIMO 中已引起了广泛关注，主要是因为随着 AP 天线的数量而增加，产生的额外干扰也将要增加。限制先导污染问题的方法是以合适的方式选择共享先导的用户设备。在蜂窝网络中的标准方法是将每个小区与导频的预定子集关联起来。例如，可以选择这个子集，然后相邻小区使用不同的子集，这样每个 AP 可以任意地将导频分配给位于其小区内的用户设备。但是这种方法不能用于无小区网络，所以需要研究新的导频分配算法。

限制导频污染就是希望避免两个接近同一组 AP 的用户设备被分配给同一个导频。一种简单的分配方法是随机分配，为每个用户设备生成一个从 1 到 τ 的随机整数，然后将该用户设备分配给具有匹配索引的导频。此方法的优势在于它不需要不同用户设备或 AP 之间的协调，单用户设备将使用与其地理上最近的邻居相同的导频的概率是 $1/\tau_p$。但这是最糟糕的情况，应该通过使用更结构化的导频分配算法来避免。

9.4.1 效用式

结构化导频分配的关键是定义效用函数用于表示导频分配的目标，并采用索引作为输入分配给不同用户设备的导频。例如，可以对效用函数进行定义，使其在导频污染引起的额外干扰最小化或当 SE 最大化时达到最大。这是一个组合问题，因此，可以通过对所有可能的导频分配进行穷举搜索来找到给定效用函数的最优导频分配。复杂度随着用户数呈指数增长，这使得在具有多个用户设备的实际网络中进行穷举搜索变得困难。为了定期解决导频分配问题，效用将取决于当前网络中活动的用户设备。

通过设计一个算法，找到一个像样的次优解，一种方法是设计一种贪婪算法，一次针对一个用户设备优化效用。该算法可以考虑每个用户设备一次，也可以一直迭代到收敛。大多数用户设备可以被分配到唯一导频的小型网络中，可以使用 Sabbagh 提出的算法来找到可以重用导频的合适的用户设备对。Ngo 等人提出的贪婪算法首先将导频随机分配给用户设备，然后是迭代过程，其中每个用户设备将确定这样一个问题，即由导频污染引起的额外干扰是否可以通过切换到另一个导频来减少。也可以通过利用用户设备的地理位置提出贪婪算法的变形。用户设备分簇算法将网络动态划分为地理簇，每个导频只使用一次，这个解决导频分配问题的方法原理类似于蜂窝方法，但其中利用了实际的用户设备位置。还有研究者提出了一种利用 AP 和用户设备之间物理距离的改进聚类算法。另一种聚类算法使用不同用户设备的向量之间的内积作为相似性度量，而不是基于位置的参数。

上述几种算法默认了两个位置相近的用户设备不应被分配给同一导频的观察。然而，当确定导频污染时，信道增益是重要的，即使这些与用户设备位置强相关，也可能有很大的变化，这些变化由阴影衰落建模。

其他研究还包含许多组合算法，这些算法有可能应用于导频分配。禁忌搜索是用于导频最大化分配的一种算法，主要原则是反复迭代当前任务的小变化，并选择一个更好的，同时保留一个先前选择的解决方案的列表，以避免迭代回它们。匈牙利算法也可以被使用，并被调整以优化不同的应用。

通常很难对导频分配算法进行公平的比较，因为它们可能会优化不同的实用程序，它们可能会在不同的设置中陷入不同的局部最优，并且它们的计算复杂度可能会有很大的不同。然而，人们可以得出结论，即网络范围的算法最好在中央处理器上实现，并且复杂性将至少随着用户数线性增长，这使得它们不适合大型网络。在无蜂窝网络中，导频分配的最重要一点是避免最差的分配，也就是位置相近的用户设备使用相同的导频。这在天线数远大于用户数的网络中很容易实现，因为从接入点的角度来看，每个导频在网络中的重用非常少。相干干扰使导频污染成为蜂窝海量多输入多输出研究的主要关注点，这在无蜂窝网络中可能不是主要问题，虽然无蜂窝网络中也有许多天线，但每个用户设备仅由一小部分天线提供服务。

9.4.2 可扩展式

如果导频分配算法是可扩展的，那么它可能要通过用户设备与其相邻 AP 之间的本地交互来实现。任何试图最大化全网效用并利用全网信息的算法都比较复杂。一种可扩展算法的主要思想是将给定用户设备的导频分配与其接入网络的方式联系起来。当用户设备活跃时，它选择相邻的 AP，并且在该 AP 本地确定哪个导频最适合用户设备使用。更准确地说，它测量每个导频上的导频干扰量，并将用户设备分配给干扰最小的导频。这很可能对应于共享导频的用户设备离 AP 最远的导频，希望每个导频在空间中尽可能稀疏地被重用。该算法不是最优的，但结果良好。

对可扩展导频分配的进一步研究肯定是必要的，并且由于这是一种聚类问题，机器学习可能是开发高效算法的合适工具。

9.5 DCC 选择

DCC 框架限制哪些 AP 被允许在上行链路和下行链路中为给定的用户设备服务，其服务质量将比任何 AP 都可以服务于任何用户设备的网络更低，因为在优化系统时的自由度更少。但引入这些限制是有充分理由的，计算的复杂性和前端信令方面的可扩展性是原因之一。另一个原因是减少能量消耗或限制下行链路信号的延迟扩展，其随着用户设备和最远的服务 AP 之间的距离而增加。直观地说，如果每个用户设备由其影响范围内的所有 AP 服务，则服务质量损失可以保持较小，但问题是这在实践中无意义。

有研究者提供了一些选择 DCC 的一般指南。首先，每个用户设备应该有一个锚定到的主 AP。该 AP 需要服务于用户设备，以保证非零服务质量，而来自其他 AP 的服务是基于可用性来提供的。其次，用户设备应该从以用户为中心的角度来选择。再次，可以根据本地传播条件将不同的用户设备分配给不同数量的 AP。例如，具有到一个 AP 非常好的信道的用户设备可能只需要由该 AP 或者更多的 AP 服务，而处于多个 AP 之间或者受到很大干扰的用户设备将需要多个 AP 来提高信噪比或抑制干扰。最后，建议应使用信道质量作为评判指标以测量与不同 AP 的接近度并确定哪些 AP 应该为用户设备服务。

有许多可能的以用户为中心的聚类算法。可以设计网络范围内的算法，所有用户设备都应被共同考虑，所以其复杂度随用户数量线性增加，不可扩展。

有关算法有两种重要的限制。第一个限制是可扩展性。每个 AP 的处理能力有限，因此只能在分布式操作中管理有限数量的用户设备，并且只能通过其远程链路发送和接收与有限数量的用户设备相关的数据。第二个限制是导频污染。一个 AP 为每个导频服务一个用户设备是合理的，否则较弱的共享导频的用户设备将受到强干扰。但也有例外，如果共享导频的用户设备具有非常不同的空间相关矩阵，那么 AP 可以基于该信息在估计阶段分离它们的信道。

在进行 DCC 选择时不能从纯粹以用户为中心的角度进行选择，而必须考虑网络架构带来的限制。一种可扩展的解决方案是让导频分配算法确定簇与所有 AP 为所有用户设备提供服务相比，至少在天线数远大于用户数的运行示例中，SE 损失很小。然而，需要进一步研究可扩展的协作集群形成，特别是对于网络某些区域中有许多用户设备的挑战性情况。

9.6 性能比较

定量研究无蜂窝大规模 MIMO 的性能,并与小蜂窝系统的性能进行比较。具体展示了阴影衰落相关性的影响。M 个 AP 和 K 个用户在 $D \times D\ \text{km}^2$ 内随机分布。

9.6.1 大规模的衰落模型

大规模的衰落模型描述了用于性能评估的路径损耗和阴影衰落相关模型,利用大尺度衰落系数 β_{mk} 对路径损耗和阴影衰落进行建模,根据:

$$\beta_{mk} = \text{PL}_{mk} \times 10^{\frac{\sigma_{sh} z_{mk}}{10}} \tag{9-23}$$

其中,PL_{mk} 表示路径损耗,$10^{\frac{\sigma_{sh} z_{mk}}{10}}$ 表示具有标准偏差 σ_{sh} 和 $z_{mk} \sim N(0,1)$ 的阴影衰落。

1. 路径损耗模型

对路径损耗使用三斜率模型:如果第 m 个 AP 到第 k 个用户(表示为 d_{mk})的距离大于 d_1,则路径损耗指数等于 3.5;如果 $d_1 \geq d_{mk} \geq d_0$,则路径损耗指数等于 2;如果 $d_{mk} \leq d_0$,对于某些 d_0 和 d_1,路径损耗指数等于 0。当 $d_{mk} > d_1$ 时,符合 HATA-COST231 传播模型。路径损耗(以 dB 为单位)为:

$$\text{PL}_{mk} = \begin{cases} -L - 35\lg(d_{mk}), & \text{if } d_{mk} > d_1 \\ -L - 15\lg(d_1) - 20\lg(d_{mk}), & \text{if } d_0 < d_{mk} \leq d_1 \\ -L - 15\lg(d_1) - 20\lg(d_0), & \text{if } d_{mk} \leq d_0 \end{cases} \tag{9-24}$$

其中,$L \triangleq 46.3 + 33.9\lg(f) - 13.82\lg(h_{\text{AP}}) - (1.1\lg(f) - 0.7)h_u + (1.56\lg(f)0.8)$,$f$ 是载波频率(以 MHz 为单位),h_{AP} 是 AP 天线高度(以 m 为单位),h_u 表示用户天线高度(以 m 为单位)。路径损耗 PL_{mk} 是 d_{mk} 的连续函数。当 $d_{mk} \leq d_1$ 时,没有阴影。

2. 阴影衰落模型

以前大多数的工作都假设阴影系数是不相关的。但在实践中,彼此靠近的发送器/接收器可能被共同的障碍物包围,所以阴影系数是相关的。这种相关性可能会显著地影响系统性能。

对于阴影衰落系数,使用包含两个分量的模型:

$$z_{mk} = \sqrt{\delta}\, a_m + \sqrt{1-\delta}\, b_k, \quad m=1,\cdots,M,\ K=1,\cdots,K \quad (9\text{-}25)$$

其中，$a_m \sim N(0,1)$ 和 $b_k \sim N(0,1)$ 是独立的随机变量，$\delta\,(0 \leq \delta \leq 1)$ 是参数。变量 a_m 对遮挡第 m 个 AP 附近的物体导致的阴影衰落进行建模，并以相同的方式影响从该 AP 到所有用户的信道。变量 b_k 对阴影衰落建模，该阴影衰落由第 k 个用户附近的对象引起，并且以相同的方式影响从该用户到所有 AP 的信道。当 $\delta=0$ 时，给定用户的阴影衰落对所有 AP 都是相同的，但是不同的用户会受到不同阴影衰落的影响。相反，当 $\delta=1$ 时，来自给定 AP 的阴影衰落对所有用户都是相同的；但是，不同的 AP 会受到不同阴影衰落的影响。在 0 和 1 之间改变 δ，在这两个极端之间进行权衡。a_m 和 b_k 的协方差函数为：

$$\begin{cases} \boldsymbol{E}\{a_m a_{m'}\} = 2^{-\frac{d_a(m,m')}{d_{\text{decorr}}}} \\ \boldsymbol{E}\{b_k b_{k'}\} = 2^{-\frac{d_u(k,k')}{d_{\text{decorr}}}} \end{cases} \quad (9\text{-}26)$$

其中，$d_a(m,m')$ 是第 m 个和第 m' 个 AP 之间的地理距离，$d_u(k,k')$ 是第 k 个用户和第 k' 个用户之间的地理距离，而 d_{decorr} 是取决于环境的去相关距离。通常情况下，去相关距离在 20~200m 数量级。较短的去相关距离对应的环境具有较低的平稳性。这种不同地理位置之间的关联模型在理论上和实际实验中都得到了验证。

9.6.2 参数和设置

表 9.1 中总结用于模拟的系统参数。此表中的量 $\bar{\rho}_d^{cf}$、$\bar{\rho}_u^{cf}$、$\bar{\rho}_p^{cf}$ 分别为下行链路数据、上行链路数据和导频符号的发射功率。可以通过将这些功率除以噪声功率来计算相应的归一化发射信噪比 ρ_d^{cf}、ρ_u^{cf}、ρ_p^{cf}，其中噪声功率由下式给出：

$$\text{噪声功率} = \text{带宽} \times k_B \times T_0 \times \text{噪声系数(W)}$$

表 9.1 用于模拟的系统参数

Parameter	Value
Carrier frequency	1.9 GHz
Bandwidth	20 MHz
Noise figure (uplink and downlink)	9 dB
AP antenna height	15 m
User antenna height	1.65 m
$\bar{\rho}_d^{cf}$，$\bar{\rho}_u^{cf}$，$\bar{\rho}_p^{cf}$	200,100,100 mW
σ_{sh}	8 dB
D, d_1, d_0	1000,50,10 m

其中，$k_B = 1.381 \times 10^{-23}$（焦耳/开尔文）是玻尔兹曼常数，$T_0 = 290$（开尔文）是噪声温度。为了避免出现边界效应，并模拟一个具有无限区域的网络，正方形区域在边缘被环绕，因此，模拟区域有八个邻区。

考虑每个用户的网络吞吐量，它包括了信道估计开销，其定义为：

$$S_{A,K}^{\text{cf}} = B \frac{1 - \tau^{\text{cf}}/\tau_c}{2} R_{A,K}^{\text{cf}}, \quad S_{A,K}^{\text{sc}} = B \frac{1 - (\tau_d^{\text{sc}} + \tau_u^{\text{sc}})/\tau_c}{2} R_{A,K}^{\text{sc}} \quad (9-27)$$

其中，$A \in \{d, u\}$ 分别对应下行上行传输，B 为频谱带宽，而 τ_c 又是样本中的相干间隔。τ^{cf}/τ_c 和 $(\tau_d^{\text{sc}} + \tau_u^{\text{sc}})/\tau_c$ 反映了这一情况，对于长度为 τ_c 样本的每个相干间隔，在无蜂窝大规模 MIMO 系统中，使用 τ^{cf} 样本用于上行链路训练，而在小蜂窝系统中，使用 $\tau_d^{\text{sc}} + \tau_u^{\text{sc}}$ 样本用于上行链路和下行链路训练。取 $\tau_c = 200$ 个样本，对应于 200 kHz 的相干带宽和 1ms 的相干时间，并选择 B=20 MHz。

为了确保无蜂窝大规模 MIMO 系统和小蜂窝系统之间的公平比较，选择 $\rho_d^{\text{sc}} = \frac{M}{K} \rho_d^{\text{cf}}$，$\rho_u^{\text{sc}} = \rho_u^{\text{cf}}$，$\rho_{u,p}^{\text{sc}} = \rho_{d,p}^{\text{sc}} = \rho_p^{\text{cf}}$，这使得总辐射功率在所有情况下都是相等的，则每个用户的下行/上行净吞吐量的累积分布如下。

（1）对于具有最大—最小功率控制的情况：① 生成 200 个 AP/用户位置和阴影衰落简单的随机实现；② 对于每个实现，K 个用户的每个用户的净吞吐量通过使用无蜂窝大规模 MIMO 的最大—最小功率控制和小蜂窝系统的最大—最小功率控制来计算，对于最大—最小功率控制，这些吞吐量对于所有用户都是相同的；③ 在如此获得的每用户净吞吐量上生成累积分布。

（2）对于没有功率控制的情况：相同的过程，但在②中不执行功率控制。在没有功率控制的情况下，对于无蜂窝大规模 MIMO，在下行链路传输中，所有 AP 以全功率传输，并且在第 m 个 AP，功率控制系数 η_{mk}，$k=1,\cdots,K$ 是相同的，即 $\eta_{mk} = (\sum_{k'=1}^{K} \gamma_{mk'})^{-1}, \forall k = 1,\cdots,K$，在上行链路中，所有用户都以全功率传输，即 $\eta_k = 1, \forall k=1,\cdots,K$。对于小蜂窝系统，在下行链路中，所有被选择的 AP 都以全功率发送，即 $\alpha_{d,k} = 1$；而在上行链路中，所有用户都以全功率发送，即 $\alpha_{u,k} = 1$，$k=1,\cdots,K$。

对于相关阴影衰落场景，使用在前文中讨论的阴影衰落模型，选择 d_{decorr}=0.1 km，δ=0.5。

对于小蜂窝系统，贪婪导频分配的工作方式与无蜂窝大规模 MIMO 方案相同，除了在小蜂窝系统中，由于所选择的 AP 不合作，最差的用户将找到一个新的导频，使与其 AP

对应的导频污染最小化，而不是像在无蜂窝系统的情况下那样在所有 AP 上求和。

9.6.3 结果和讨论

首先比较无蜂窝大规模 MIMO 系统与采用贪婪导频分配和最大—最小功率控制的小蜂窝系统的性能。如图 9.3 所示比较了无蜂窝大规模 MIMO 和小蜂窝系统的每用户下行链路净吞吐量的累积分布，如图 9.4 所示比较了每用户上行链路净吞吐量的累积分布。

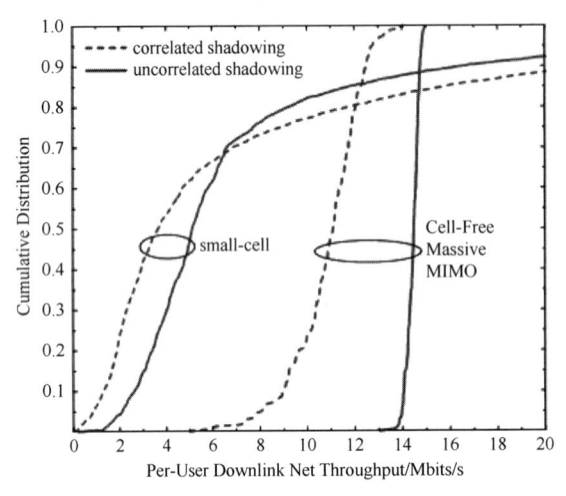

图 9.3 在贪婪导频分配和最大—最小功率控制下，相关阴影衰落和非相关阴影衰落的每用户下行链路净吞吐量的累积分布（M=100，K=40，$\tau^{cf} = \tau_d^{sc}$ =20）

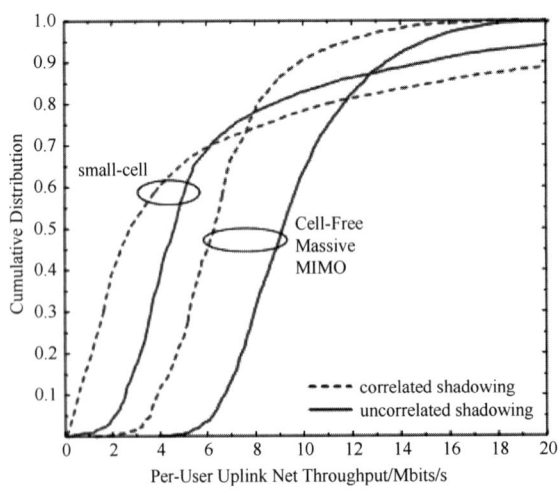

图 9.4 每用户上行链路净吞吐量的累积分布（$\tau^{cf} = \tau_u^{sc}$ =20）

无蜂窝大规模 MIMO 在中值性能和 95%的可能性性能上都明显优于小蜂窝。与小蜂窝系统相比，无蜂窝大规模 MIMO 系统的净吞吐量更集中在中值附近。在没有阴影衰落相关的情况下，无蜂窝下行链路的 95%可能的净吞吐量约为 14Mbps，这是小蜂窝下行链路的 7 倍（约 2.1Mbps）。由此可以看出小蜂窝系统比无蜂窝的大规模 MIMO 系统更容易受到阴影衰落相关性的影响。这是因为当阴影系数高度相关时，在小蜂窝系统中选择最佳 AP 的增益会降低。在阴影衰落相关的情况下，无蜂窝下行链路 95%的可能净吞吐量大约是小蜂窝系统的 10 倍。对于上行链路也可以获得相同的结果。此外，由于下行链路比上行链路使用更多的功率（由于 $M>K$ 和 $\rho_d^{cf} > \rho_u^{cf}$），并且具有更多的功率控制系数可供选择，因此下行链路性能好于上行链路性能。

接下来，比较无蜂窝大规模 MIMO 和小蜂窝系统，假设没有执行功率控制。

图 9.5 和图 9.6 分别显示了在 M=100，K=40，$\tau^{cf} = \tau_d^{sc} = \tau_u^{sc}$=20 及贪婪导频分配方法下，下行链路和上行链路的每用户净吞吐量的累积分布。在不相关和相关的阴影场景中，无蜂窝大规模 MIMO 在 95%的可能每用户净吞吐量方面优于小蜂窝方法。此外，图 9.3（或 9.4）和图 9.5（或 9.6）的比较显示，通过功率控制，无蜂窝大规模 MIMO 的性能在中值吞吐量和 95%可能性方面都有显著提高。在不相关的阴影衰落场景中，与没有功率控制的情况相比，功率分配可以将 95%可能的无蜂窝吞吐量提高至下行链路的 2.5 倍和上行链路的 2.3 倍。对于小型蜂窝系统，功率控制提高了 95%的可能吞吐量，但不能提高中值吞吐量（功率控制策略明确旨在提高最差用户的性能）。

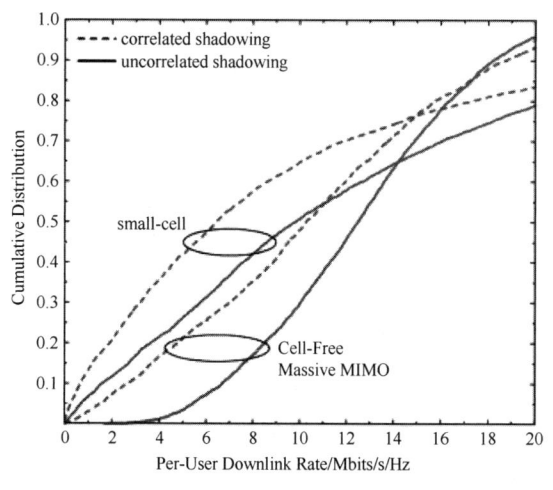

图 9.5　相关和不相关阴影衰落的每用户下行链路净吞吐量的累积分布
（M=100，K=40，$\tau^{cf} = \tau_d^{sc}$=20）

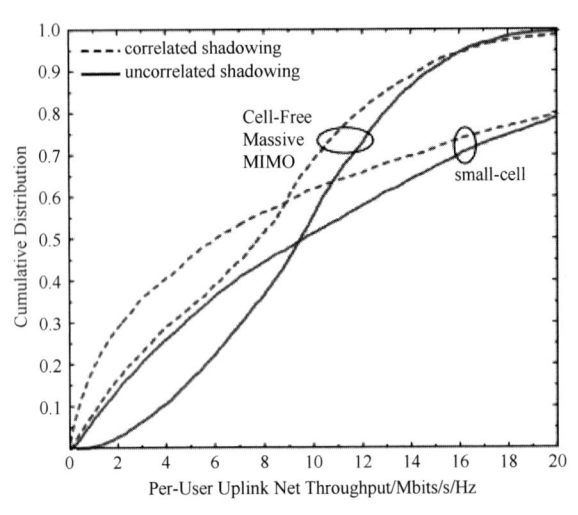

图 9.6 相关和不相关阴影衰落的每用户上行链路净吞吐量的累积分布（$\tau^{cf} = \tau_u^{sc} = 20$）

在图 9.7 和图 9.8 中，参数设置与图 9.3 和图 9.4 中的设置相同，但在这里使用随机导频分配方案。这显示了与图 9.3 和图 9.4 相同的结果。此外，将这些图与图 9.3 和图 9.4 进行比较，可以得出，使用贪婪导频分配时，95% 可能的净吞吐量比使用随机导频分配时提高了约 20%。

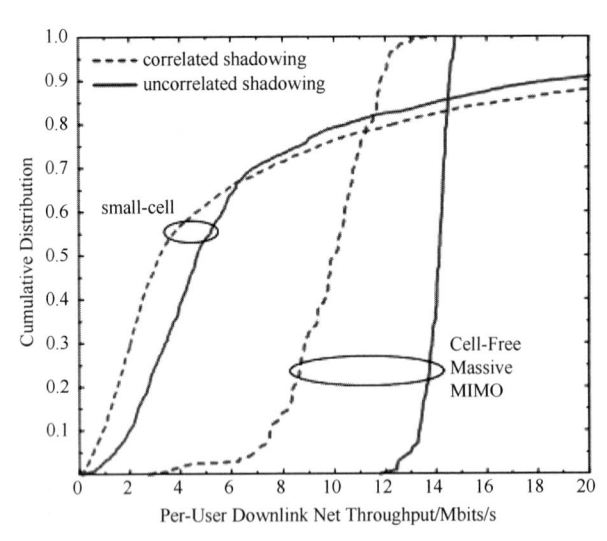

图 9.7 在随机导频分配和最大-最小功率控制下，相关阴影衰落和非相关阴影衰落的每用户下行链路净吞吐量的累积分布（$M=100$，$K=40$，$\tau^{cf} = \tau_d^{sc} = 20$）

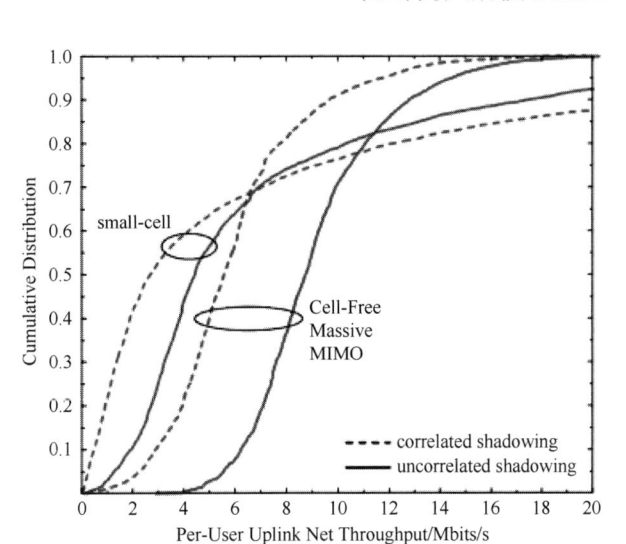

图 9.8　在随机导频分配和最大-最小功率控制下，相关阴影衰落和非相关阴影衰落的每用户上行链路净吞吐量的累积分布（$\tau^{cf} = \tau_u^{sc} = 20$）

此外，还研究了在无蜂窝大规模 MIMO 下行链路中，M 个 AP 如何为给定的用户分配功率。第 m 个 AP 在第 k 个用户上消耗的平均发射功率为 $\rho_d^{cf} \eta_{mk} \gamma_{mk}$。

$$P(m,k) \triangleq \frac{\eta_{mk} \gamma_{mk}}{\sum_{m'=1}^{M} \eta_{m'k} \gamma_{m'k}} \quad (9\text{-}28)$$

上式为第 m 个 AP 在第 k 个用户上花费的功率与所有 AP 在该第 k 个用户上总共花费的功率之间的比率。

图 9.9 所示为对于 $\tau^{cf}=5$ 和 20 及不相关的阴影衰落，服务于每个用户的有效 AP 数量的累积分布。服务于每个用户的有效 AP 数量被定义为至少贡献分配给给定用户的功率的 95% 的最小 AP 数量。图 9.9 的生成方式如下：① 产生 200 个 AP/用户位置和阴影衰落轮廓的随机实现，每个实现带有 $M=100$ 个 AP，$K=40$ 个用户；② 对于实现中的每个用户 k，找到 AP 的最小数量，如 n，使 $\{P(m,k)\}$ 的 n 个最大值之和至少达到 95%，k 在这里是任意的，因为所有用户都有相同的统计数据；③ 生成了 200 个实现的累积分布。由此可以看出，在 100 个 AP 中，平均只有 10～20 个 AP 真正参与了为给定用户提供服务。τ^{cf} 越大，导频污染越少，信道估计越准确。因此，更多的 AP 点可以有效地服务于每个用户。

最后，研究了用户数 K、AP 数 M 和训练持续时间 τ^{cf} 对无蜂窝大规模 MIMO 和小蜂窝系统性能的影响。图 9.10 示出了 $M=100$ 时不同 τ^{cf} 和不相关阴影衰落的平均下行链路净吞吐量与用户数的关系。在大范围的衰落中，平均值被取而代之。

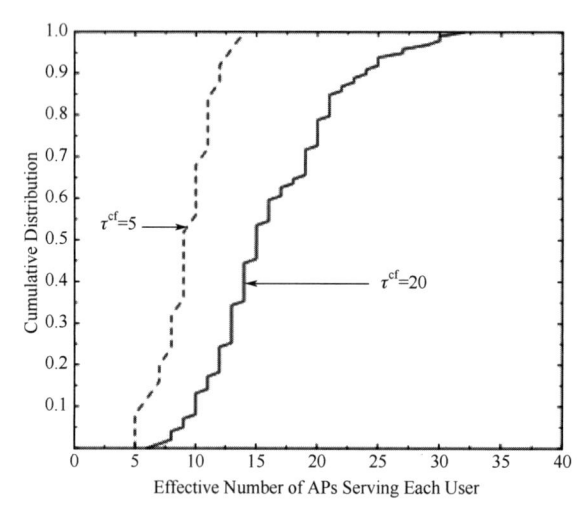

图 9.9　服务于每个用户的有效 AP 数量的累积分布（$M=100$，$K=40$，$\tau^{cf}=5$ 和 20）

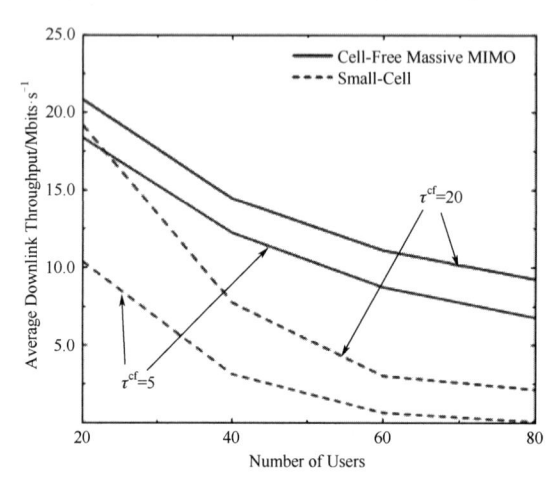

图 9.10　$M=100$ 时不同 τ^{cf} 的平均下行链路净吞吐量与用户数的关系

从图 9.10 中可以看到，当减小 K 或 τ^{cf} 时，导频污染的影响增大，因此性能下降。正如预期的那样，无蜂窝大规模 MIMO 系统的性能优于小蜂窝系统。无蜂窝大规模 MIMO 受益于良好的传播，所以它比小蜂窝系统受到的干扰更少。对于固定的 τ^{cf}，无蜂窝大规模 MIMO 系统和小蜂窝系统之间的相对性能差距随着 K 的增加而增大。

图 9.11 所示为在 $K=20$ 时，对于不同的 τ^{cf}，平均下行链路净吞吐量与 M 的关系。由于阵列增益（对于无蜂窝大规模 MIMO 系统）和分集增益（对于小蜂窝系统），当 M 增加时，无蜂窝大规模 MIMO 和小蜂窝系统的系统性能都会增加。同样，对于所有的 M，无蜂窝大规模 MIMO 系统明显优于小蜂窝系统。

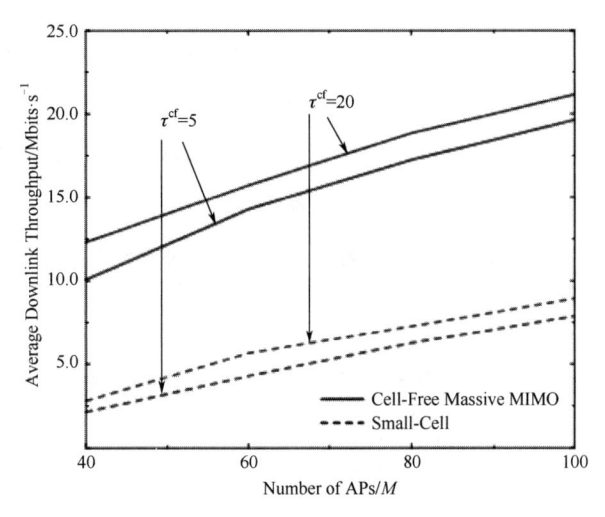

图 9.11　$K=20$ 时不同 τ^{cf} 的平均下行链路净吞吐量与 AP 数量的关系

考虑了信道估计、导频序列的非正交性和功率控制等因素的影响,分析无蜂窝大规模 MIMO 系统的性能。在不相关和相关阴影衰落条件下,对无蜂窝大规模 MIMO 系统和小蜂窝系统进行比较。结果表明无蜂窝大规模 MIMO 系统在吞吐量方面明显优于小蜂窝系统。无蜂窝系统比小蜂窝系统对阴影衰落相关性有更强的健壮性。具有阴影衰落的无蜂窝大规模 MIMO 的 95% 的用户吞吐量比小蜂窝系统的吞吐量高一个数量级。就实现时的复杂度而言,小蜂窝系统需要的回程比无蜂窝大规模 MIMO 少得多。

9.7　优势

提出无蜂窝大规模 MIMO 用以克服蜂窝网络的边界效应。在无蜂窝大规模 MIMO 中,分布在地理覆盖区域内的多个 AP 在相同的时频资源中一致地服务于多个用户。由于没有小区,因此没有边界效应。其优势表现为以下几方面:① 无蜂窝大规模 MIMO 依赖于大规模 MIMO 技术。更准确地说,使用许多 AP,无蜂窝大规模 MIMO 提供了许多自由度、高复用增益和高阵列增益。因此,它可以用简单的 SP 提供巨大的能量效率和频谱效率。② 在无蜂窝大规模 MIMO 中,服务 AP 分布在整个网络中,因此可以获得宏分集增益,所以无蜂窝大规模 MIMO 可以提供非常好的网络连接。没有死区。图 9.12 所示为用缩放颜色

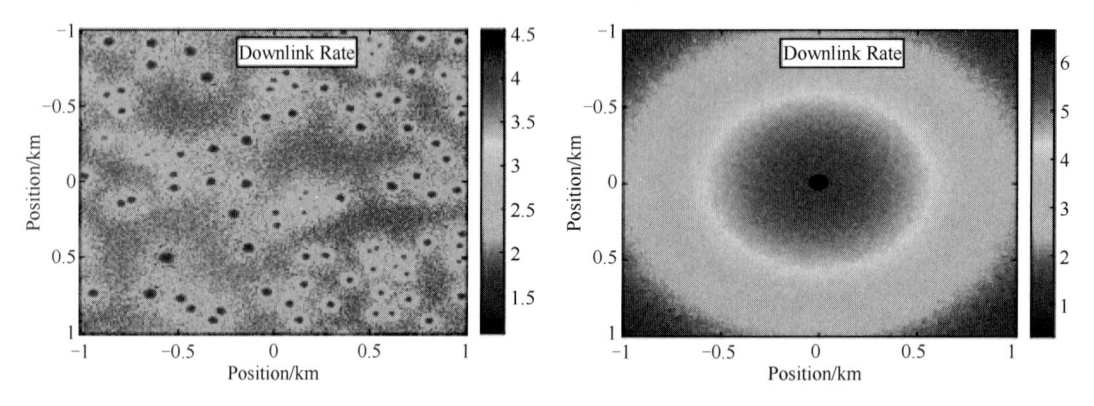

显示的用于无蜂窝大规模 MIMO 和共址大规模 MIMO 的下行链路可达速率。显然，无蜂窝大规模 MIMO 可以为所有用户提供更加统一的连接。③ 与基站配备了非常大的天线的同位置移动终端不同，在无蜂窝移动终端中，每个接 AP 都有几个天线。无蜂窝大规模 MIMO 有望由低成本、低功耗的组件和简单的电源适配器构成。

图 9.12　无蜂窝大规模 MIMO 和共址大规模 MIMO

上述优势（尤其是高网络连接性）满足了未来无线网络的主要要求，所以无蜂窝大规模 MIMO 已经成为超越 5G、走向 6G 无线网络的有前途的技术之一，并引起了许多研究者的关注。设计一个低成本和可扩展的系统是无蜂窝人机交互研究的最终目标。为此，需要可扩展的传输协议和功率控制技术，而且重要的是要有能够以分布式方式实现新的 AP 设计，以提高系统性能、可扩展性和健壮性。

9.8　研究挑战

9.8.1　实用的以用户为中心

在规范的无蜂窝大规模 MIMO 中，所有 AP 通过与一个或多个 CPU 的回程连接，参与为所有用户提供服务。而这是不可扩展的，因为当网络规模（AP 数量和/或用户数量）增长时，这样的形式不可实现。设计一个可扩展的结构是无蜂窝大规模 MIMO 的主要挑战之一。由于路径损耗，只有 10%～20% 的 AP 真正参与服务给定用户。每个用户应该由一个

AP 子集而不是全部 AP 来服务。实现这一点有两种方法：以网络为中心的方法和以用户为中心的方法。在以网络为中心的方法中，AP 被分成不相交的集群。群集中的 AP 为联合覆盖区域内的用户提供一致的服务。以网络为中心的系统仍然有边界，因此不适合无蜂窝大规模 MIMO。相比之下，在以用户为中心的方法中，每个用户都由其选择的 AP 子集提供服务，由于没有边界，所以说以用户为中心的方法是实现无蜂窝大规模 MIMO 的合适方式。有几种简单的方法来实现以用户为中心的方法，例如，每个用户选择其最近的 AP 中的一些或者选择贡献所需信号的总接收功率的大部分的 AP 子集。但是现有的方法并不是最优的，仍然需要从所有 AP 到 CPU 的巨大连接，并且仍然完全由网络控制，每个用户形成的簇根据用户位置快速变化，而这需要更多的控制信号。设计一种实用的、以用户为中心的方法是一项具有挑战性的研究工作。

9.8.2 可扩展的功率控制

功率控制是无蜂窝大规模 MIMO 的核心，因为它通过控制远近效应和用户间干扰，以优化想要实现的目标，例如，最大最小公平性或总能量效率。在理想情况下，功率控制是在 CPU 完全知道所有大规模衰落系数的假设下进行的。最优功率控制系数将被发送到 AP（用于下行链路传输）和用户（用于上行链路传输）。这需要巨大的前/后牵引开销。但对于 CPU 来说，要完美地了解与潜在空前数量的 AP 和用户相关的大规模衰落系数是非常困难的。除了当前规范传输协议的不可伸缩性，上述功率控制方法还产生了使系统不可伸缩的问题。所以说功率控制应该在 AP 进行分配，并了解信道条件。这又是面临的另一个问题，因为如果没有来自所有 AP 和用户的所有链路的完整信道知识，就很难控制远近效应和用户间干扰。目前，虽然已有一些启发式功率控制方案被提出，但这些方案是基于对传播环境的特定假设而开发的，很难评估这些方案在实践中的效果如何。最近提出了基于 ML 和 DL 的有前途的方法，但存在的一个关键问题是，这些方法是否也是可扩展的，以满足可预见的无蜂窝大规模 MIMO 的去中心化。

9.8.3 高级分布式 SP

无蜂窝大规模 MIMO 研究的最终目标之一是设计一种提供良好性能并能以分布式方式实现的 SP 方案，否则系统将无法扩展。在规范的无蜂窝大规模 MIMO 中，通常考虑共轭波束形成，因为它可以以分布式方式实现，并且性能良好。但与其他线性处理方案相比，如迫零和最小均方误差，共轭波束形成的性能远不如前者。为了弥补共轭波束形成和

ZF/MMSE 之间的差距，还需要非常多的服务天线。相关研究提出了具有局部 ZF 的无蜂窝大规模 MIMO，但是这个方案要求每个 AP 都有大量的天线，这对上行链路设计更具挑战性。目前，没有可用于上行链路的分布式服务点方案。即使是简单的匹配滤波，也需要将每个处理过的 AP 的信号发送到 CPU 进行信号检测。

9.8.4 低成本组件

为了实现 AP 无处不在的部署，使用紧凑的低成本组件非常重要，这些组件可能基于用户设备级芯片组，而不是基于蜂窝基础设施的传统硬件。实际收发器元件会受到不同类型的硬件损伤，包括功率放大器的非线性、混频器的失配、有限分辨率模数和数模转换及本地振荡器的相位噪声。这些效应会导致信号失真，在某些情况下，可以使用巴斯冈分解将信号失真建模为信号功率损耗加上不相关的附加失真项，也可以针对一般硬件损伤分析这种失真对无单元网络的影响，有时则需要考虑每个 ADC 中量化失真的特殊情况。所获得的 SE 表达式可帮助人们更好地理解实际可实现的 SE，并基于这些表达式优化发射功率。上述分析遵循了无蜂窝海量多输入多输出的方法或其近似，这些模型相对简单，未来的研究应该考虑更详细的模型。

9.8.5 前程信令的量化

无蜂窝系统性能的一个潜在瓶颈是前端容量的限制。理论上，无蜂窝系统中的控制单元和基站通过无限容量的前端链路进行通信。然而，在实践中，前端容量是有限的，因此无小区系统的优势不能得到充分发挥。由于大量分布式天线的宏分集，可以向所有 UE 提供统一的良好服务。但这是以增加前端数据负载和部署成本为代价的。网络的可达和速率受到 UE 和 AP 之间无线信道容量以及前向链路容量的限制。因此，有效利用有限的前端链路容量对提高网络性能非常重要。相关研究一直致力于限制每个相干块需要通过前向链路传输的信号数量。然而，在实践中，这些信号在通过前向传输之前也必须被量化。虽然硬件损伤导致的量化失真是逐个样本的，并且在很大程度上是不可控的，但可以使用应用于信号样本块的适当设计的压缩格式来优化前向压缩。相关研究发现利用率失真理论可以潜在地限制信号失真。在进行前向压缩时，一个有趣的因素是，在哪里进行某些计算很重要。如果在 AP 本地执行信道估计或信号检测，结果将比接收信号首先被压缩并发送到中央处理器，然后以相同的方式处理更准确。例如，在集中式操作中，可以在估计和量化以及量化和估计协议之间进行选择。类似于硬件损伤的情况，通过考虑前端压缩开发的 SE 表达

式可用于优化发射功率或其他资源分配任务。

9.8.6　AP 的同步

　　分布式 AP 的适当同步对于连贯的上行链路和下行链路传输是必要的。AP 无法相位同步，因为信道估计在每个相干块中是瞬时实现的，然而，合作的 AP 必须在时间和频率上同步，关于如何在无蜂窝大规模 MIMO 系统中实现这一点的最新综述，以及关于更全面的综述，请参见相关文献。完美的同步在实际的实现可能具有挑战性，因为 AP 是分布式的。无蜂窝网络的一些初始算法在相关文献中也有描述，但是对这个问题上还需要进一步的研究。

参考文献

[1] Zhang J, Bjrnson E, Matthaiou M, et al. Multiple Antenna Technologies for Beyond 5G [J]. 2019.

[2] Wong V W S, Schober R, Ng D, et al. Key Technologies for 5G Wireless Systems[J]. 2017.

[3] VH Macdonald. The Cellular Concept[J]. Bell Syst.tech.j, 1979, 58.

[4] M. Cooper. The Myth of Spectrum Scarcity [OL]. Mar. 2010. https://ecfsapi.fcc.gov/file/7020396128.pdf

[5] Series, M. Minimum Requirements Related to Technical Performance for IMT-2020 Radio Interface[S]. 2017.

[6] Shamai S, Zaidel B M. Enhancing the Cellular Downlink Capacity via Co-processing at the Transmitting End[C]// 2001.

[7] Venkatesan S, Lozano A, Valenzuela R. Network MIMO: Overcoming Intercell Interference in Indoor Wireless Systems[C]// Asilomar Conference on. IEEE, 2007.

[8] Caire G, Ramprashad S A, PapadopouLoS H C. Rethinking Network MIMO: Cost of CSIT, Performance Analysis, and Architecture Comparisons[C]// Information Theory & Applications Workshop. IEEE, 2010.

[9] Simeone O, Somekh O, Poor H V, et al. Distributed MIMO in Multi-cell Wireless Systems via Finite-Capacity Links[C]// Communications, Control and Signal Processing, 2008. ISCCSP 2008. 3rd International Symposium on. IEEE, 2008.

[10] Marsch E, Fettweis G P. Coordinated Multi-Point in Mobile Communications[J]. 2011.

[11] Marsch P, Fettweis G. On Multicell Cooperative Transmission in Backhaul-constrained Cellular Systems[J]. Annals of Telecommunications - Annales des Télécommunications, 2008, 63(s5-6):253-269.

[12] Zhang J, Chen R, Andrews J G, et al. Networked MIMO with Clustered Linear Precoding[J]. IEEE Trans Wireless Commun, 2009, 8(4):1910-1921.

[13] Huang H, Trivellato M, Hottinen A, et al. Increasing Downlink Cellular Throughput with Limited Network MIMO Coordination[J]. IEEE Transactions on Wireless Communications, 2009, 8(6): 2983-2989.

[14] Osseiran A, Monserrat J F, Marsch P, et al. 5G Mobile and Wireless Communications Technology[M]. Cambridge University Press, 2016.

[15] Bjornson E, Jalden N, Bengtsson M, et al. Optimality Properties, Distributed Strategies and Measurement-Based Evaluation of Coordinated Multicell OFDMA Transmission[J]. IEEE Transactions on Signal Processing, 2011, 59(12):6086-6101.

[16] Kaviani S, Simeone O, Krzymien W A, et al. Linear Precoding and Equalization for Network MIMO with Partial Cooperation[J]. IEEE Transactions on Vehicular Technology, 2012, 61(5):2083-2096.

[17] Barac Ca P, Boc Ca Rdi F, Braun V. A Dynamic Joint Clustering Scheduling Algorithm for Downlink CoMP Systems with Limited CSI[C]// Wireless Communication Systems (ISWCS), 2012 International Symposium on. IEEE, 2012.

[18] Bjrnson E, Jorswieck E. Optimal Resource Allocation in Coordinated Multi-Cell Systems[J]. Foundations and Trends® in Communications and Information Theory, 2013, 9(2).

[19] Artemis Networks LLC. An introduction to pCell[R]. 2015.

[20] Interdonato G, Bjrnson E, Ngo H Q, et al. Ubiquitous Cell-Free Massive MIMO Communications[J]. EURASIP Journal on Wireless Communications and Networking, 2019.

[21] Zhang J, Chen S, Lin Y, et al. Cell-free massive MIMO: A new next-generation paradigm[J]. IEEE Access, 2019, PP(99):1-1.

[22] Ngo H Q, Ashikhmin A, Yang H, et al. Cell-Free Massive MIMO versus Small Cells[J]. 2016.

[23] Nayebi E, Ashikhmin A, Marzetta T L, et al. Precoding and Power Optimization in Cell-Free Massive MIMO Systems[J]. IEEE Transactions on Wireless Communications, 2017, PP(99):1-1.

[24] Larsson E G. Fundamentals of massive MIMO[C]// 2015 IEEE 16th International Workshop on Signal Processing Advances in Wireless Communications (SPAWC). IEEE, 2016.

[25] Bj?Rnson E, Hoydis J, Sanguinetti L . Massive MIMO Networks: Spectral, Energy, and Hardware Efficiency[J]. Foundations and Trends? in Signal Processing, 2017, 11(3-4):154-655.

[26] 东南大学. 6G 无线网络：愿景、使能技术与新应用范式[R]. 2020.

[27] Ngo H Q, Ashikhmin A, Yang H, et al. Cell-Free Massive MIMO versus Small Cells[J]. 2016.

[28] Matthaiou M ,Yurduseven O, Ngo H Q, et al. The Road to 6G: Ten Physical Layer Challenges for Communications Engineers[J]. 2020.

[29] Mai T C, Ngo H Q, Duong T Q. Cell-free Massive MIMO Systems with Multi-antenna Users[J]. IEEE, 2019.

[30] Interdonato G, Bjrnson E, Ngo H Q, et al. Ubiquitous Cell-Free Massive MIMO Communications[J]. EURASIP Journal on Wireless Communications and Networking, 2019.

[31] Chen S, Zhang J, Bjrnson E, et al. Structured Massive Access for Scalable Cell-Free Massive MIMO Systems[J]. IEEE Journal on Selected Areas in Communications, 2020, (99):1-1.

[32] Ngo H Q, Ashikhmin A, Yang H, et al. Cell-Free Massive MIMO: Uniformly Great Service For Everyone[C]// 2015 IEEE 16th International Workshop on Signal Processing Advances in Wireless Communications (SPAWC). IEEE, 2015.

[33] Towards 6G Wireless Communication Networks: Vision, Enabling Technologies and New Paradigm Shifts[J]. Science China Information Sciences, 2021, 64(1):1-74.

[34] Bjrnson E, Sanguinetti L, Debbah M. Massive MIMO with Imperfect Channel Covariance Information[C]// IEEE. IEEE, 2016.

[35] Liu H, Zhang J, Zhang X, et al. Tabu-Search-Based Pilot Assignment for Cell-Free Massive MIMO Systems[J]. IEEE Transactions on Vehicular Technology, 2020, 69(2):2286-2290.

[36] Sabbagh R, Pan C, Wang J . Pilot Allocation and Sum-Rate Analysis in Cell-Free Massive MIMO Systems[C]// 2018 IEEE International Conference on Communications (ICC). IEEE, 2018.

[37] Zhang Y, H Cao, Zhong P, et al. Location-Based Greedy Pilot Assignment for Cell-Free Massive MIMO Systems[C]// 2018 IEEE 4th International Conference on Computer and Communications (ICCC). IEEE, 2018.

[38] Attarifar M, Abbasfar A, Lozano A . Random vs Structured Pilot Assignment in Cell-Free Massive MIMO Wireless Networks[C]// 2018:1-6.

[39] Femenias G, Riera-Palou F. Cell-Free Millimeter-Wave Massive MIMO Systems with Limited Fronthaul Capacity[J]. IEEE Access, 2019:1-1.

[40] Buzzi S, D'Andrea C, Fresia M, et al. Pilot Assignment in Cell-Free Massive MIMO based on the Hungarian Algorithm[J]. 2020.

[41] Ngo H Q, Tran L N, Duong T Q, et al. On the Total Energy Efficiency of Cell-Free Massive MIMO[J]. IEEE Transactions on Green Communications and Networking, 2017:1-1.

[42] Zhang J, Wei Y, Bj Rnson E, et al. Performance Analysis and Power Control of Cell-Free Massive MIMO Systems with Hardware Impairments[C]// 2018 中国信息通信大会(CICC 2018). 2018.

[43] Zheng J, Zhang J, Zhang L, et al. Efficient Receiver Design for Uplink Cell-Free Massive MIMO With Hardware Impairments[J]. IEEE Transactions on Vehicular Technology, 2020, (99):1-1.

[44] Masoumi H, Emadi M J. Performance Analysis of Cell-Free Massive MIMO System With Limited Fronthaul Capacity and Hardware Impairments[J]. IEEE Transactions on Wireless Communications, 2019, (99):1-1.

[45] X Hu, Zhong C, X Chen, et al. Cell-Free Massive MIMO Systems with Low Resolution ADCs[J]. IEEE Transactions on Communications, 2019, (99):1-1.

[46] Maryopi D, Bashar M, Burr A. On The Uplink Throughput of Zero-Forcing in Cell-Free Massive MIMO with Coarse Quantization[J]. 2018.

[47] Bashar M, Cumanan K, Burr A G, et al. Max-Min Rate of Cell-Free Massive MIMO Uplink with Optimal Uniform Quantization[J]. IEEE Transactions on Communications, 2019, (99).

[48] Jeong S, Flanagan M F, Farhang A, et al. Frequency Synchronisation for Massive MIMO: A Survey[J]. IET Communications, 2020, 14(16).

[49] Etzlinger B, Wymeersch H. Synchronization and Localization in Wireless Networks[M]. 2018.

[50] Cheng H V, Larsson E G. Some fundamental limits on frequency synchronization in massive MIMO[C]// Conference on Signals, Systems & Computers. IEEE, 2013.

[51] Demir Z T, Bjrnson E, Sanguinetti L. Foundations of User-Centric Cell-Free Massive MIMO[J]. Foundations and Trends® in Signal Processing, 2020, 14(3-4).

第10章

全 息 技 术

继 AR 和 VR 之后，多媒体的下一个领域包括全息媒体和触觉通信服务。随着时间的增长，人们渐渐发现对 AR 和 VR 的体验不够真实，这就需要一种新的媒体，这种媒体不受 HMD 的束缚。全息媒体由于其可以对物体真实渲染，它将更有吸引力和真实感。全息媒体的应用并不局限于娱乐和远程会议领域，其中一些应用对生活也有影响，如远程手术，而另一些应用则提供了卓越的参与体验，如远程全息。

全息技术的第一步是利用干涉原理记录物体光波信息，即拍摄过程：被拍摄物体在激光照射下形成漫射式的物光束；另一部分激光作为参考光束照射到全息底片上，和物光束叠加产生干涉，把物体光波上各点的相位和振幅转换成在空间上变化的强度，从而利用干涉条纹间的反差和间隔将物体光波的全部信息记录下来。记录着干涉条纹的底片经过显影、定影等处理程序后，便成为一张全息图，或称全息照片。第二步是利用衍射原理再现物体光波信息，这是成像过程：全息图犹如一个复杂的光栅，在相干激光照射下，一张线性记录的正弦型全息图的衍射光波一般可给出两个象，即原始象（又称初始象）和共轭象。再现的图像立体感强，具有真实的视觉效应。全息图的每一部分都记录了物体上各点的光信息，故原则上它的每一部分都能再现原物的整个图像，通过多次曝光还可以在同一张底片上记录多个不同的图像，而且能互不干扰地分别显示出来。

10.1 全息通信

全息通信是面向未来将虚拟与现实深度融合的一种新的呈现形式，以其自然逼真的视觉、触觉、嗅觉等多维感官的物理世界数据信息还原、赋能虚拟世界的真三维显示能力，使人们将不再受时间、空间的限制，身临其境般地享受完全沉浸式的全息交互体验。全息通信塑造了全息式的智能沟通、高效学习、医疗健康、智能显示、自由娱乐，以及工业智能等众多领域的生活新形态，如图 10.1 所示。

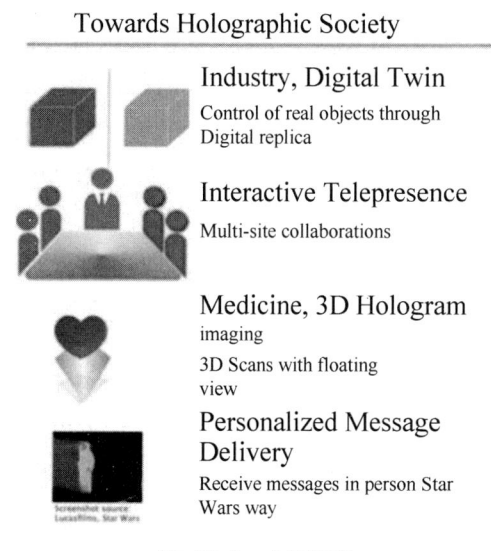

图 10.1 全息通信

10.1.1 全息型通信

HTC 不只是技术上的噱头，还有很多有用的应用。例如，HTC 将允许远程参与者以全息方式投射到房间里；再比如，HTC 把远处的物品呈现在房间里，使本地用户进行远程控制。远程故障诊断和维修应用将使技术人员能够与远程的、难以到达地点的物品的全息渲染进行互动，如在石油钻井平台上或空间探测器内。HTC 在培训和教育的应用可以为学生提供与物体或其他学生远程接触的机会，使其积极参与课堂。此外，在沉浸式游戏和娱乐领域也有很多应用的可能性。

要想让 HTC 成为现实，未来的网络还需要应对多种挑战。需要提供非常高的带宽，因为高质量全息图的传输涉及大量数据。全息图的"质量"不仅包括像视频中那样的颜色深度、分辨率和帧率，还包括从多个视点传输体积数据，以解释观察者相对于全息图的倾斜、角度和位置的变化（六自由度）。底层的体积数据流和图像阵列强加了额外的同步要求，以确保用户的平滑观看。

除了全息信息流本身，一些应用程序可能还会将全息图像与来自其他信息流的数据结合起来。例如，全息化身可以将全息图像与化身结合起来，这使得实体不仅可以从远程站点投射或呈现，还可以从该远程视角向该实体反馈信息。例如，视频流和音频流可以从全息图投影的角度导出，这可以通过将全息图叠加在相应的摄像机、麦克风或其他传感器上来实现。为此，需要跨多个数据流进行紧密同步，提供更真实的用户交互性体验。

第二种扩展是将 HTC 与触觉网络应用相结合，允许用户"触摸"全息图，这为培训和远程维修等使用领域开辟了新的可能性。触觉网络应用在底层网络上要求超低延迟（提供准确的触觉反馈），特别是对于关键任务应用，如远程医疗，不允许任何损失。与 HTC 耦合的触觉网络引入了额外的高精度同步要求，以确保所有不同的数据流得到适当的协调。

10.1.2　基于全息通信的扩展现实

随着技术的快速发展，可以预期大约 10 年以后（约 2030 年），信息交互形式将进一步从 AR/VR 逐步演进成以高保真的 XR 交互为主，甚至是基于全息通信的信息交互，最终将全面实现无线全息通信。用户可随时随地享受全息通信和全息显示带来的体验升级——视觉、听觉、触觉、嗅觉、味觉乃至情感，这些将通过高保真 XR 充分被调动，用户将不再受到时间和地点的限制，而是可以以"我"为中心，享受虚拟教育、虚拟旅游、虚拟运动、虚拟绘画、虚拟演唱会等完全沉浸式的全息体验。

增强 XR 作为未来移动通信的一种重要业务，能够通过计算机技术与可穿戴设备，在现实与虚拟世界结合的环境中，实现用户体验扩展与人机互动，满足用户日益增长的感官体验与互动需求，如图 10.2 所示。根据虚拟化程度的不同，增强 XR 可分为增强现实（AR）、混合现实（MR）及虚拟现实（VR）等多种类型，并将广泛应用于娱乐、商务、医疗、教育、工业、紧急救援等领域。随着增强 XR 业务的普及，未来移动通信系统所面临的技术挑战是应对该业务数据传输速率与传输时延的更高要求。例如，需要在满足极高可靠性的同时，还要求有更低的端到端时延，如小于 1ms；对一些 XR 业务还至少需要 1.5Gbps 的传输要求，当 100 个用户同时应用该 XR 业务时，所需区域流量密度约为 13Mbps/m^2。此外，随着用户对终端设备的便携性及功能完整性要求的提升，一部智能终端应用 XR 需要 3~5W 的功耗，终端节电也是未来移动通信系统所面临的巨大挑战之一。

图 10.2　真正的身临其境的 XR

10.2　6G 无线网络的全息 MIMO 表面

未来的无线网络预计将朝着智能化和软件可重构的模式发展，使人类和移动设备之间无处不在的通信成为可能。它们还将能够感知、控制和优化无线环境，以实现低功耗、高吞吐量、大规模连接和低延迟通信的愿景。最近越来越受欢迎的一个概念是 HMIMOS，它是一种低成本的革命性无线平面结构，由亚波长金属或介质散射粒子组成，能够根据预期目标塑造电磁波。本节概述了 HMIMOS 通信，包括可用于重新配置此类表面的硬件架构，并强调了设计 HMIMOS 无线通信的机遇和关键挑战。

未来的无线网络，即第五代（5G）和第六代（6G）移动通信技术都需要支持大量用户，对 SE 和 EE 的要求越来越高。近年来，无线通信研究领域对大规模 MIMO 系统越来越感兴趣，其中 BS 配备了大型天线阵列，作为解决 5G 吞吐量需求的创新方式。然而实现真正大规模天线阵（即几百个或更多天线阵）的大规模 MIMO，BS 仍然是一项非常具有挑战性的任务，主要原因是其制造和运行成本高，以及功耗增加。

未来的 6G 无线通信系统有望实现智能化和软件可重构范式，设备硬件的所有部分都将适应无线环境的变化。支持波束形成的天线阵列、认知频谱的使用，以及自适应调制和编码是收发器目前可调的几个方面，以优化通信效率。而在这个优化过程中，无线环境仍然是一个不可管理的因素，并且仍然不知道其内部的沟通过程。此外无线环境一般对无线链路的效率有不好的影响。信号衰减限制了节点的连通性半径，而导致衰落现象的多径传播是一个被广泛研究的物理因素，会导致接收信号功率的剧烈波动。信号退化可能是毫米波和未来 Sub-6GHz(THz)通信的主要面临的问题之一。

虽然大规模 MIMO、三维波束形成，以及硬件高效的混合模拟和数字对应的相关研究提供了显著的方法，通过基于软件的传输指向性控制来抵消无线传播导致的信号衰减，但它们导致了移动性和硬件可扩展性问题。更重要的是，智能操纵电磁传播只是部分可行的，因为在部署区域的对象，除了收发器，都是不可控的。因此作为一个整体，无线环境仍然不知道其内部正在进行的通信，并且信道模型继续被视为一个概率过程，而不是通过软件控制技术实现的几乎确定的过程。

随着可编程材料制造方面的最新突破，可重构智能表面有潜力实现 6G 网络的挑战性愿景，并在无线通信系统中实现部署在各种物体表面时的环境无缝连接，以及基于软件的智能控制。通过利用这一进步，全息 MIMO 表面（HMIMOS）旨在超越大规模 MIMO，基于低成本、小尺寸、低重量和低功耗硬件架构，为将无线环境转变为可编程智能实体提供了变革性手段。

10.2.1 HMIMOS 设计模型

本节将介绍 HMIMOS 系统可用的硬件架构、制造方法和操作模式，使其成为可灵活集成的概念，适用于各种无线通信应用。

1. 基于功耗的分类

（1）主动 HMIMOS：为了实现可重构的无线环境，HMIMOS 可以作为发射器、接收器或反射器。当考虑到收发器所起的作用，并将能量密集型 RF 电路和信号处理单元嵌入表面时，可采用主动 HMIMOS 一词。另一方面，通过将越来越多的软件控制天线元件封装到有限尺寸的二维表面，主动 HMIMOS 系统是传统大规模 MIMO 系统的自然演变。当相邻表面元素的数量增加时，它们之间的间距减少，活跃的 HMIMOS 也被称为 LIS。主动 HMIMOS 的实现可以是将大量具有可重构处理网络的微型天线单元紧凑集成，实现连续天线孔径。通过利用全息图原理，该结构可用于在整个表面传输和接收通信信号。另一种主动 HMIMOS 的实现可以基于集成有源光电探测器、转换器和调制器的离散光子天线阵列，用于执行光或射频信号的传输、接收和转换。

（2）被动HMIMOS：也被称为RIS或IRS，其作用类似被动式金属镜或"波收集器"，可以通过编程以可定制的方式改变冲击电磁场。与主动HMIMOS相比，被动HMIMOS通常由低成本无源元件组成，不需要专用电源。并且它们的电路和嵌入式传感器可以用能量收集模块供电。不管它们的具体实现是什么，从能量消耗的角度来看，使被动式HMIMOS技术具有吸引力的是能够形成对它们产生冲击的无线电波，并在不使用任何功率放大器或射频链的情况下转发或传入信号，也不需要复杂的信号处理。此外，被动HMIMOS可以在全双工模式下工作，而且不会产生显著的自干扰或者增加噪声，并且只需要低速率控制链路或回程链路。最后，被动HMIMOS结构可以很容易地集成到无线通信环境中，因为它们极低的功耗和硬件成本允许它们被部署到建筑外墙、房间和工厂天花板、笔记本电脑盒，甚至人类服装中。

2．基于硬件结构的分类

（1）连续HMIMOS：连续HMIMOS在有限的表面积内集成了几乎不可数的无限个单元，从而形成一个空间上连续的收发器孔径。为了更好地理解相邻表面及其通信模型的操作，开始从光学全息概念的物理操作进行简要描述。全息技术是一种利用电磁波的干涉原理记录电磁场的技术，电磁场通常是一个干扰源散射物体产生的结果。根据差分原理，可以利用记录的电磁场重建初始场。值得注意的是，连续孔径上的无线通信受到了光学全息技术的启发。在训练阶段，由射频源产生的训练信号通过分束器分成两个波，即目标波和参考波。物体波指向物体和部分反射波，反射波与不碰撞的参考波束混合在一起被提供给HMIMOS。在通信阶段，通过HMIMOS的空间连续孔径将发射信号转换为所需的波束发送给目标用户。全息训练和全息通信的两个通用步骤如图10.3所示。由于连续孔径受益于集成理论无限数量的天线，可视为大规模MIMO的渐近极限，它的潜在优势包括实现更高的空间分辨率，并允许创建和检测具有任意空间频率分量的电磁波，以及不存在无用的旁瓣。

（2）离散HMIMOS：离散HMIMOS通常由许多由低功率软件可调的材料制成的离散单元组成。这种结构与传统的MIMO天线阵列有本质的区别。离散表面的一个实施方案基于离散的"元原子"，具有电子操纵反射特性。如前所述，另一种离散面是基于光子天线阵列的有源离散面。与连续的HMIMOS相比，离散的HMIMOS在实现和硬件方面有一些本质上的区别，这将在后续部分进行描述。

(a) 全息训练　　　　　　　　　　　　　　(b) 全息通信

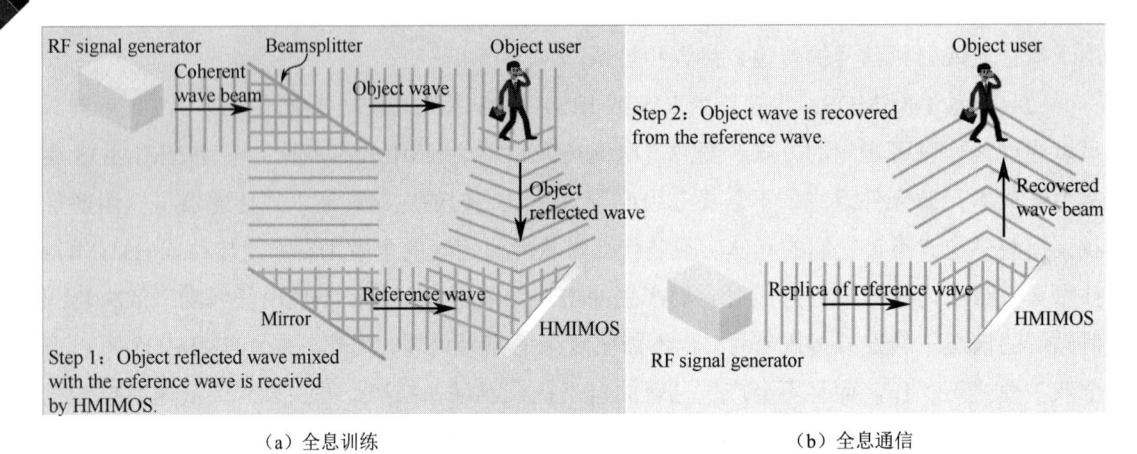

图 10.3　全息训练和全息通信的两个通用步骤

3. 制造方法

HMIMOS 有多种制造技术，包括光学频率的电子束光刻、聚焦离子束铣削、干涉和纳米压印光刻，以及微波直接激光书写或印刷电路板工艺。通常这些制造技术将归因于产生两个典型的孔径，连续孔径或离散孔径。这是一种利用可编程超材料近似实现连续微波孔径的制造方法。这种亚粒子结构使用变容器加载技术来扩大其频率响应范围，并且实现孔径连续，反射相位可控。它是一种连续的单层金属结构，由大量的元粒子组成。每个元粒子包含两个金属梯形片，一个中央连续条和变容二极管。通过独立连续地控制变容管的偏置电压，可以动态地编程连续 HMIMOS 的表面阻抗，从而操纵反射相位、幅值状态和在宽频带范围内的相位分布。需要强调的是，这种阻抗模式是全息图的映射，可以直接从所提供的参考波和反射物波的场分布计算出来。采用智能控制算法，利用全息原理实现波束形成。

与连续孔径相比，HMIMOS 的另一个实例是基于离散孔径的实现，通常由软件定义的超表面天线实现。提出了一个通用的逻辑结构（不考虑其物理特性）。其一般单元结构包括材料层、传感和驱动层、屏蔽层、计算层，以及具有不同目标的接口和通信层。具体来说，材料层是由石墨烯材料实现的，而传感和驱动层的。屏蔽层由简单的金属层构成，以解耦顶层和底层的，避免相互干扰。计算层用于执行来自接口层或传感器的外部命令。最后接口和通信层通过可重新配置的接口协调计算层的行为，并更新其他外部无线实体。

虽然 HMIMOS 的发展还处于初级阶段，但这种技术的不同类型的基本原型工作已经可用。一个独立的 HMIMOS 是由 Greenwave 初创公司开发的，这表明了利用离散超表面天线的 HMIMOS 概念的基本可行性和有效性。相比之下，另一家初创公司 Pivotal Commware，在比尔·盖茨资本的投资下，正在开发基于低成本和连续超表面的连续 HMIMOS 的初始商业产品，这进一步验证了 HMIMOS 概念的可行性及全息技术的进步性。持续的原型开发非常希望用全新的全息波束形成技术来证明 HMIMOS 概念，并发现潜在的新问题。

4．操作模式

HMIMOS 通常考虑以下工作模式：连续 HMIMOS 作为主动收发器，离散 HMIMOS 作为被动反射器，离散 HMIMOS 作为主动收发器，以及连续 HMIMOS 作为被动反射器。考虑目前的研究兴趣和空间的限制，对前两种具有代表性的操作模式进行了阐述，如图 10.4 所示。

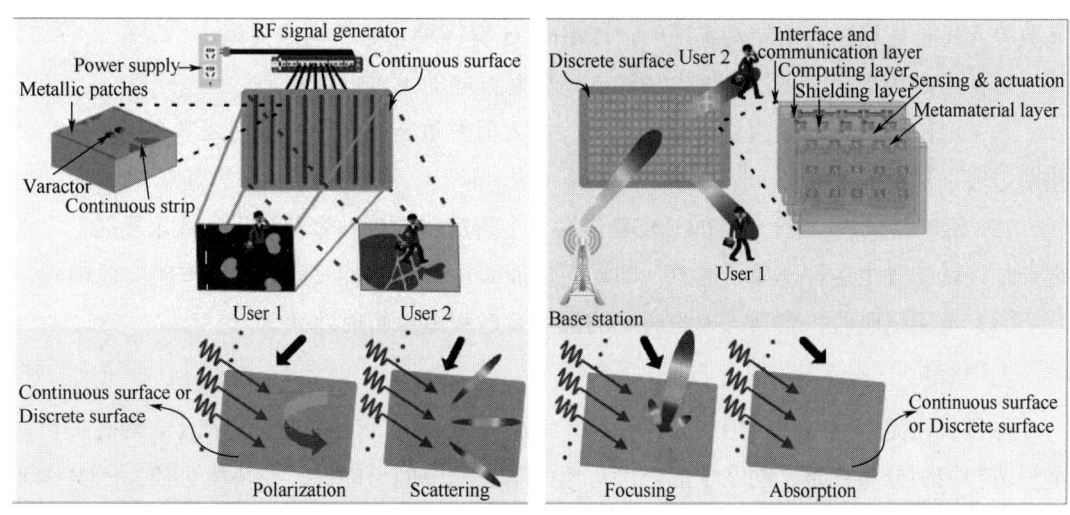

(a) 连续 HMIMOS 作为主动收发器　　　　(b) 离散 HMIMOS 作为被动反射器

图 10.4　HMIMOS 系统的两种工作模式及其实现和硬件结构

（1）连续 HMIMOS 作为主动收发器：根据这种工作方式，连续型 HMIMOS 作为主动收发器。射频信号在其背面产生，并通过可操纵的分配网络传播到由大量软件定义和电子可操纵元件构成的相邻表面，这些元件向预期用户产生多个波束。主动连续 HMIMOS 和被动可重构 HMIMOS 的显著区别在于，前者的波束形成过程基于全息概念，是一种基于软件定义天线的新型动态波束形成技术，具有低成本、重量小、体积小、低功耗的硬件架构。

（2）离散 HMIMOS 作为无源反射器：HMIMOS 的另一种工作模式是反射镜或"波收集器"，其中 HMIMOS 被认为是离散和无源的。在这种情况下，如前所述，HMIMOS 由可重构单元组成，这使得它们的波束形成模式类似于传统波束形成，而不像连续收发器

HMIMOS 系统。值得注意的是，现有的大部分工作都集中在这种 HMIMOS 操作模式上，这样更容易实现和分析。

10.2.2 功能、特征和通信应用程序

HMIMOS 系统的不同制造方法导致了各种各样的功能和特性，其中大多数都与未来 6G 无线系统的期望（如 Tb/s 峰值速率）非常相关。本节将重点介绍 HMIMOS 的功能和关键特性，并讨论它们的各种无线通信应用。

1．功能类型

智能表面可以支持广泛的电磁交互，这归因于它们的可编程特性并且根据它们是通过离散单元还是连续单元的结构实现的，HMIMOS 有四种常见的功能类型。

（1）电磁场极化，是指波的电场和磁场振荡方向的可重构设置。

（2）电磁场散射，表面将给定到达方向的入射波重定向到一个预期或多个同时发生的预期方向。

（3）铅笔状聚焦，当一个 HMIMOS 作为一个透镜将电磁波聚焦到近场或远场的一个给定点时，就会发生这种现象。准直（即反向功能）也属于这种波束形成操作的一般模式。

（4）电磁场吸收，实现入射电磁场的最小反射和最小折射功率。

2．特征

与目前在无线网络中使用的技术相比，HMIMOS 概念最显著的特点在于，通过提供完全塑造和控制分布在整个网络中的环境对象的电磁响应的可能性，使环境可控。HMIMOS 结构通常被用作具有可重构特性的信号源或"波收集器"，特别是用作无源反射器以提高通信性能。HMIMOS 系统的基本特性及其与大规模 MIMO 和传统多天线中继系统的核心区别如下。

（1）HMIMOS 几乎可以是被动的。被动 HMIMOS 的一个重要优点是它们不需要任何内部专用的能量源来处理传入的携带信息的电磁场。

（2）HMIMOS 可以实现连续孔径。最近的研究集中在实现空间连续发射和接收孔径的低运营成本方法。

（3）HMIMOS 中没有接收机热噪声。无源 HMIMOS 不需要在转换接收波形时进行基带处理。相反，它们直接对撞击的电磁场进行模拟处理。

（4）HMIMOS 元素在软件中调谐。元表面的可用体系结构允许对其单元元素的所有设

置进行简单的重新编程。

（5）HMIMOS 具有全频带响应。由于材料制造的最新进展，可重构的 HMIMOS 可以在任何工作频率下工作，从声谱到 Sub-6GHz 和光谱。

（6）独特的低延迟实现。HMIMOS 是基于可快速重新编程的金属材料，而传统的中继和大规模 MIMO 系统依赖于天线阵列处理。

3．通信应用程序

HMIMOS 的独特特性使其能够实现智能和快速可重构的无线环境，使其成为低功耗、高吞吐量和低延迟 6G 无线网络的新兴候选技术。接下来将讨论 HMIMOS 在室外和室内环境中的代表性通信应用——户外应用程序。

考虑一个离散的无源 HMIMOS，作为一个示例，它包含有限数量的单元，旨在将碰撞信号的适当相移版本转发给位于不同户外场景的用户，如典型的城市购物中心和国际机场。假设 HMIMOS 是几厘米厚且可变尺寸的平面结构，几乎可以很容易地部署到所有环境物体上。

（1）建立连接：HMIMOS 可以将覆盖范围从室外基站扩展到室内用户，特别是在用户与基站没有直接连接或连接被障碍物严重阻塞的情况下。

（2）高效节能的波束形成：HMIMOS 能够回收周围的电磁波，并通过有效地调整其单元元件，将其聚焦于目标用户。在这种情况下，表面作为中继部署，通过有效的波束形成将信息承载的电磁场转发到期望的位置，以补偿来自基站的信号衰减或抑制来自邻近基站的共道干扰。

（3）物理层安全：可以部署 HMIMOS 进行物理层安全防护，从而消除向窃听者发出 BS 信号的反射。

（4）无线电能传输：HMIMOS 可以收集周围的电磁波，并将其定向到低功率物联网设备和传感器，从而实现同时进行无线信息和电能传输。

室内应用：室内无线通信由于存在多个散射体和被墙壁、家具阻挡的信号，以及由于密闭空间中电子设备的高密度造成的射频污染，使室内无线通信面临多径传播。因此，提供无处不在的高通量室内覆盖和定位是一项具有挑战性的任务。

（5）增强的室内覆盖：如前所述，室内环境可以涂上 HMIMOS，以增加传统 WiFi 接入点提供的吞吐量。

（6）高精度室内定位：在常规全球定位系统无法提供所需精度或无法工作的情况下，HMIMOS 增加了室内定位和定位的潜力。巨大的表面积可以提供大的、可能连续的光圈，从而提高空间分辨率。

10.2.3 设计挑战与机遇

在本节中，提出了基于 HMIMOS 通信系统的一些理论和实践挑战。

1. 基本的限制

与基于传统多天线收发器的传统通信相比，融合了 HMIMOS 的无线通信系统将表现出不同的特点。回想一下，当前的通信系统是在不可控的无线环境下运行的，而基于 HMIMOS 的系统将能够重新配置电磁传播。这一事实表明，需要新的数学方法来表征基于 HMIMOS 系统的物理信道，并分析其最终容量增益，以及实现 HMIMOS 辅助通信的新的信号处理算法和网络方案。例如，使用全息图概念，连续 HMIMOS 用于接收和传输连续孔径的冲击电磁场。不同于巨大的 MIMO 系统，HMIMOS 运算可以用基于惠更斯—菲涅耳原理的菲涅耳—基尔霍夫积分来描述。

2. HMIMOS 信道估计

在基于 HMIMOS 的通信系统中，估计可能非常大的 MIMO 信道是另一个关键的挑战，这是由于现有 HMIMOS 硬件架构的各种限制。目前大多数可用的方法主要考虑通过训练信号从 BS 发送，以及通过通用反射接收到用户设备来训练所有 HMIMOS 单元的长时间。另一类技术采用压缩感知和深度学习，通过在线波束和反射训练进行信道估计和相位矩阵的设计。然而，这种操作模式需要大量的训练数据，并采用全数字或模拟和数字混合收发架构的 HMIMOS，这导致硬件复杂性和功耗增加。

3. 有效的 CHANNEL-AWARE 波束形成

信道相关波束形成在大规模 MIMO 系统中得到了广泛的研究。而在基于 HMIMOS 的通信系统中，实现环保设计是极具挑战性的，因为材料制造的 HMIMOS 单元电池施加了苛刻的调谐约束。最新的 HMIMOS 设计公式包含大量具有非凸约束的可重构参数，使得其最优解非常不易获得。对于连续的 HMIMOS，智能全息波束形成是一种智能定位和跟踪单个或小集群设备的方法，并为它们提供高保真波束和智能无线电管理。然而优化全息波束形成技术依赖复杂孔径合成和低电平调制目前还没有实现。

4. 分布式配置和资源分配

考虑一个基于 HMIMOS 的通信系统，由多个多天线 BS、多个 HMIMOS 和大量用户组成，其中每个用户配备一个或多个天线。HMIMOS 的集中配置将需要向中央控制器传递大量的控制信息,这在计算开销和能源消耗方面都是不允许的。因此,需要开发最优资源分配和波束形成的分布式算法、HMIMOS 配置和用户调度。使网络优化复杂化的参数是功率分配和频谱使用,以及用户对 BS 和分布式 HMIMOS 的分配。在网络中融入的 HMIMOS 越多,算法设计就越具有挑战性。

10.2.4 结论

本节研究了 HMIMOS 无线通信的新概念,特别是可用的 HMIMOS 硬件体系结构、功能和特点,以及它们最近的通信应用,强调了其作为未来 6G 无线网络物理层关键使能技术的巨大潜力。HMIMOS 技术在 SE 和 EE 方面提供了丰富的优势,并且还提供了智能和可重构的无线环境。HMIMOS 技术降低了网络设备的成本、尺寸和能耗,在室内和室外场景中提供无处不在的覆盖和智能通信。得益于其优点,HMIMOS 可以紧凑且容易集成到各种应用中。代表性的用例是覆盖范围的扩展、物理层安全、无线电力传输和定位。然而要充分发挥这一新兴技术的潜力,还面临着诸多挑战。这包括很多方面,例如,元表面的现实建模,分析使用多个 HMIMOS 的无线通信的基本限制,智能环境感知适应的实现,以及接近无源表面的信道估计。这些挑战为学术和产业研究人员提供了一个新问题和挑战的金矿。

10.3 全息 MIMO 信道的自由度

一个随机的电磁各向同性通道,在空间受限的矩形对称孔径上,会产生与表面面积成比例的空间自由度,以波长平方为单位测量。自由度的数目告诉人们在一个给定的空间中应该部署多少个天线,这样产生的离散阵列才能达到与连续系统相同的容量。因此,通道 DoF 通过最大化通信系统的能源效率来优化阵列的容量—成本权衡。一个接收离散阵列可以在一维线段、二维矩形和三维平行六面体上获取信息。重点是各向同性的散射环境,但可以推广到非各向同性的情况。

一个全息 MIMO 阵列由大量的(可能是无限的)天线组成,分布在一个紧凑的空间中。在 MIMO 系统中,容量随空间自由度的 η 值线性增长,这是由发射端和接收端侧天线阵的几何形状和散射环境决定的。在 η 值线性增长的情况下，一个全息 MIMO 系统可以被认为是一种终极形式，由一个传输和接收阵列组成电磁光阑，天线的数目 N 在双方趋于无穷。因此，η 值受到散射环境和这些光阑在空间上的分辨率的限制。由此产生了一个基本的问题：当给定孔径的面积受到限制时，空间连续全息 MIMO 系统的空间 DoF 的平均 η 值是多少？为了回答这个问题，研究了在不同的传播条件和孔径几何下使用的连续空间通道模型，这些模型是基于物理的，因此是由电磁理论考虑驱动的。此外，还使用基于物理的连续空间通道模型来计算确定性单色散射通道下球对称孔径（如段、盘、球）的自由度。采用了一种信号空间方法，该方法基于极坐标和球面空间傅里叶基上信道的正交扩展。对于球形孔，η 本质上受限于它的表面积（不是体积），以波长平方为单位。这意味着增加 N 并不会无限地增加 η。这类似于带宽受限的波形（时域）信道，给定带宽约束 B 和传输间隔 T，增加时间样本的数量不会无限期地增加容量。可用的自由度基本上被限制为 2BT。基于著名的朗道特征值定理，提供了对更一般的非单色环境和任意几何孔径的扩展。

考虑了在视线（即无散射）下传播的矩形对称孔径（如线段、矩形、平行六面体），这将导致一个确定性通道，它首先用于评估容量，归一化孔径面积，然后计算可用的自由度。结果表明每 m 段部署的自由度基本限制为 $2/\lambda$，λ 为波长。对于矩形部署，每平方米的自由度限制为 π/λ^2。

考虑矩形对称的光阑，但专注于一个空间平稳的随机单色散射传播通道，该通道的统计特有源相控阵征是使用 Pizzo 开发的方法。特别是，一种信号空间方法，它直接依赖于笛卡尔空间傅里叶基上的标准正交展开，用于检索自由度数的极限。这种扩展产生了一组统计上独立的随机系数，其基数直接给出了平均可用自由度。考虑一个丰富的散射环境（即各向同性传播），特别是因为它提供了任何其他散射环境的自由度的上限。非各向同性的情况也可以用一般统计模型进行处理。此外，因为发送端可以被类似地处理，因此只关注接收端，并且空间自由度的总数将由两者的最小值给出，就像在经典的 MIMO 系统中一样。

如前所述，基本最大自由度结果是众所周知的结果，可以用不同的方法来证明。但与以往研究不同的是，这里采用了新的方法，并且随后经验证得到了相同的结果：即随机信道在笛卡儿坐标下的一种新的傅里叶平面波级数展开。到目前为止，文献研究还没有涉及在广义随机中考虑自由度 spatially-stationary 单色通道。

10.4 有源相控阵

APA 天线在每个辐射单元上都有移相器，这些移相器被用来在每个天线单元上设置信号的所需相位，从而控制波束。APA 在每个辐射元件上都有放大器以抵消射频损耗。大多数的 APA 在每个元件上也有射频增益控制元件（衰减器或可变增益放大器），这些器件用于校正与其他电路元件相关的幅度误差，它们通常也用于控制每个辐射元件的射频信号幅度，从而控制波束旁瓣电平。

为了降低成本和缓解封装挑战，这些射频组件通常在支持多种辐射元件的波束形成应用的 ASIC 中实现。许多商用 ASIC 支持半双工通信，每个辐射元件都包含发送和接收组件。发射和接收开关通常用于一个典型的 APA 在一个 PCB 上镶嵌几个波束成型 ASIC 来实现所需的孔径大小。为了支持较大的扫描角度和良好的光束质量，辐射元件通常被放置在大约半波长的网格上。

10.5 全息波束成形

HBF 是一种新的动态波束形成技术，使用 SDA，采用最低的 C-SWaP（成本、尺寸、重量和功率）架构，它与传统的相控阵或 MIMO 系统有本质上的不同。

HBF 是 PESA，内部不使用有源放大。这导致了 HBF 天线的对称发射和接收特性。然而 HBF 不同于相控阵类型的 PESA。HBF 不使用离散的移相器来完成天线对波束的控制，相反，波束形成是使用全息图完成的，这是一种与传统相控阵非常不同的操作模式。

典型的 HBF 如图 10.5 所示。该设备是一个 Ku 波段口径，在方位角和仰角上具有二维波束导向，尺寸约为 10×10×1/8，它被构造成一个多层印刷电路板。

HBF 在天线的背面中心有一个单独的射频输入端口，该端口直接连接到 HBF 的内层上的射频分配网络。一个行射频波从输入连接器接入，再通过配电网络传播，如图 10.6 中从中心馈电点呈扇形散开的线所示。在光学全息术中，这种行波称为参考波，并且希望把这种波转换成想要的光束。所需要的光束形状在光学术语中称为物波。全息图是将能量从参考波转移到物体波的结构。

图 10.5　经典的 HBF

图 10.6　相同的 HBF 与内部参考波分布网络覆盖图

与配电网相邻的是一组精心设计的辐射天线子单元。参考波和这些元件之间的耦合通过使用每个天线子元件的一个变相器而改变。变容器也位于阵列的背面，带有控制和接口电子器件。变容器的直流偏置会改变每个元件参考波的阻抗，这种阻抗模式是全息图，可以直接从提供的参考波和所需要的目标波来计算。图 10.7 和图 10.8 显示了 HBF 上的两种不同的数字叠加，表示了变容管的偏置状态。图 10.7 所示的全息图将射频波束转向一个方向，而图 10.8 所示的全息图将波束转向舷侧。

所有用于制作 HBF 天线的部件都是高容量商用现货部件。这些令人难以置信的低成本控制组件利用了它们在手机中的广泛应用，带来了规模经济，这是定制硅梦想的实现方式。同样重要的是，光束指向功能是用一个大的反向偏置变容二极管阵列完成的，这带来了天线指向操作几乎可以忽略的功率消耗。大多数 HBF 只需要 USB 级别的电源即可运行，这就消除了对主动或被动冷却解决方案的需求，并显著减少了体积和重量。

图 10.7　HBF 彩色叠加全息图，用于引导光束离开侧面

图 10.8　带有彩色全息图覆盖层的 HBF，用于引导光束到舷侧

如前所述，MIMO 使用天线和无线电对实现波束形成，并使用非常复杂的基带单元协调系统。相控阵比较简单，因为每个天线元件只需要一个移相器和放大器。相控阵的控制相对简单，全息波束发生器也有类似的简单控制，并使用更密集的天线阵列。HBF 系统使用的元素数量大约是 MIMO 的 2.5～3 倍。但幸运的是，对于 HBF 来说，所需的控制元件价格低廉。

虽然 MIMO 具有较少的元件，但由于每个元素背后的元件相对昂贵，因此整体成本最高，更不用说复杂而昂贵的 BBU 了。相控阵在总成本上排名第二，因为它们与 MIMO 拥有相同数量的元素，但每个元素后面的元件更便宜。HBF 有最低的总成本，因为虽然它有最多的元素，但每个元素都由最少和最便宜的元件支持。

在总成本中，MIMO 使用的元件最少，但由于每个元件的价格相对高昂，因此总成本最高。相控阵与 MIMO 相比，因为相控阵的元件数量与 MIMO 相同，但每个元件更便宜，所以 HBF 有最少的总成本。

10.6　全息光束形成与相控阵比较

10.6.1　性能比较

对于一阶比较，两种天线类型可以提供相同的性能。两者都能满足与通信应用相关的典型的发送和接收性能要求。两者都可以在毫米波市场感兴趣的主频段实现，并且都可以支持每个频段所需的带宽。此外，两种天线类型都可以支持快速波束跳变，并且也可以实现发送和接收操作之间的快速切换。

这两种天线类型之间有一些有意义的区别。例如，在方位平面上，HBF 天线可以支持比 APA 更大的扫描角度（最高可达±80°），APA 通常只能支持±60°左右的扫描角度。这种更强的扫描能力是由于每个 HBF 辐射元件的尺寸小于与 APA 相关的半个波长。对于 HBF 来说，这种尺寸差异为每个辐射单元创造了比 APA 所创造的更宽的光束模式。HBF 更高的扫描角度允许移动网络运营商减少基站扇区从 3 个到 2 个。

此外，HBF 天线使用外部放大器来设置发射功率和接收灵敏度。通常每个 HBF 只使用一个发射放大器和一个接收放大器，这允许在发射时使用数字预失真。数字预失真校正的信号失真产生的工作功率接近其最大输出功率。如果不能纠正这些失真，就必须增大功率放大器的尺寸，使其工作点大大低于可能的最大输出功率。但这增加了功率放大器的成本、功耗和发热，并且用 APA 实现这种技术是不实际的，因为射频放大器在每个辐射元件上都有一个发射放大器。

如上所述，APA 要求在每个元件上有可控制的衰减器或可变增益放大器。这些元件可用于在工作过程中调整波束旁瓣水平。HBF 还可以调整旁瓣电平，并且使用现有的控制元件来降低旁瓣，不需要额外的硬件。在具有严重多径挑战的位置，使用减少的旁瓣来强化信道是很有吸引力的，即使这降低了发射功率和接收灵敏度。

10.6.2　成本比较

一个网络的总成本的 65%～70%是在无线接入网络 RAN 中。随着 RAN 在通信中的密集化，波束形成器将主导 RAN 成本，因此降低波束形成器成本对运营商至关重要。硬件成本取决于许多假设，但最公平的比较表明，APA 有许多 RF ASIC。HBF 通常每 25 个调谐元件有一个数字控制专用集成电路，这个非常简单的 ASIC 设置控制电压应用到每个调谐元件，从而控制波束。其他费用包括移相器和放大器。HBF 不使用移相器，一个放大器用于发送，一个放大器用于接收。事实上，HBF 所需要的简单部件（如调谐元件、印刷电路板、直流控制电路、单个低噪声放大器）不仅可以降低成本，而且体积更小、重量更轻、功耗更低。即使将最乐观的 APA 扩展场景与最悲观的 HBF 扩展场景进行比较，也会发现 APA 的价格是 HBF 的两倍。根据更现实的假设，比较目前的定价和类似的规模，HBF 的主要成本优势是它的价格仅为 APA 价格的 1/10。

10.6.3 功率比较

不要忘记持续的运营成本，因为多个 ASIC、移相器和放大器意味着 APA 比 HBF 消耗更多的功率。图 10.9 比较了 HBF 和典型的 APA，它们电力消耗存在的差异是显著的。

	Phased Array	HBF	Unit
Number of Unit Cells	256	640	#
Antenna Gain	28	26	dB
Number of RF chains	256	1	#
Transmit Power per chain	6.2	2512	nW
Total RF Transmit Power	1.58	2.51	W
Power Added Efficiency	4.0%	25.0%	%
DC Draw for RF	39.6	10.0	W
HBF Controller	0	2.9	W
Total DC Power	39.6	12.9	W

图 10.9 HBF 和典型 APA 的区别

在密集部署毫米波的情况下，即使是功耗上的微小差异也会导致运营商的运营成本增加，而 APA 供应商也意识到了这一问题。

10.6.4 尺寸和重量比较

由于更高的功耗产生更多的热量，APA 需要更大的表面积来消散热量，这意味着基于 APA 的产品，在热设计考虑的驱动下，将显著大于基于 HBF 的产品；这也意味着它们也将更重。与以往不同的是，6G 节点将经常被放置在公共场所或当地公共道路上，人们可以看到它们，它们不能伪装成树木等；而且与手机信号塔不同，它们需要安装在居民区内。在这种公众可见性的新模式下，电信设备的规模和审美吸引力将影响 6G 部署的速度。

10.6.5　总结

本节比较了两种适用于毫米波频率的通信波束形成技术——有源相控阵（APA）和全息波束形成（HBF）。HBF 是一种更新、更简单的体系结构，使用低复杂度、低成本的组件；而 APA 使用多个更昂贵的组件，如 ASIC、移相器和放大器，因此，APA 的成本要比 HBF 高得多，消耗的功率也要大得多，这反过来又会产生更多的热量，需要用更大的表面积来消散这些热量。HBF 相对较低的成本、尺寸、重量和功耗降低了运营商的资本支出和运营成本，也降低了通信设备占用公共财产或在人们可以看到的地方公共通行权的市政阻力。

10.7　全息无线电

全息无线电是一种新的方法，它可以创造一个空间连续的电磁孔，以实现全息成像、超高密度和像素化的超高分辨率空间复用，如图 10.10 所示。一般来说，全息技术基于电磁波的干涉原理，记录空间的电磁场。通过参考波和信号波的干涉记录的信息，重建目标电磁场。全息无线电的核心是参考波必须严格控制，全息记录传感器必须能够重新记录信号波的连续波前相位，从而准确记录高分辨率的全息电磁场。由于无线电波和光波都是电磁波，因此全息无线电与光学全息非常相似。对于全息无线电来说，通常全息记录传感器是天线。

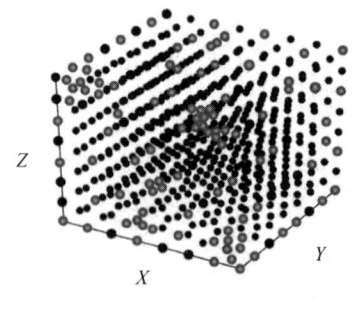

图 10.10　全息无线电

10.7.1 全息无线电的实现

为了实现连续孔径有源天线阵列，一个巧妙的方法是使用基于电流片的超宽带 TCA。在该方法中，倒装芯片技术将单载波光电探测器（utc-pd）绑定到天线单元上，并在天线单元之间形成耦合。此外，贴片元件直接集成到电光调制器中。由 utc-pd 输出的电流直接驱动天线元件，因此整个有源天线阵列具有非常大的带宽（约 40 GHz）。此外，这种创新的连续孔径有源天线阵列根本不需要超密集的射频馈电网络，这不仅意味着其可以实现，而且具有明显的实现优势。

与在 5G 中占主导地位的大规模 MIMO 波束空间方法不同，全息无线电能够利用基于惠更斯原理的衍射模型，利用更多的空间维度。信号波是一种近平面波，因此没有光束的概念，只有干涉图样，即全息无线空间。相应地，全息无线电通信性能的准确计算需要对无线电空间进行详细的电磁数值计算，即用到电磁学和全息技术相关的算法和工具。此外，全息无线电利用全息干涉成像获得射频发射源的射频频谱全息图，不需要 CSI 或信道估计。同时，一个三维（3D）星座通过空间光谱全息术可以获得射频相位空间内的分布式射频发射源，为下行链路的空间射频波场合成和调制提供精确的反馈。空间能量密集型射频（RF）波场合成和调制可以得到三维像素级结构的电磁场（类似于无定形或周期性的电磁场晶格），这是全息无线电的高密度复用空间，与 5G 中考虑的稀疏波束空间不同。

因此，在大规模 MIMO 中，原则上可以使用经典的信道估计和信号处理理论来实现相同的性能。然而，由于全息无线电利用了光学处理、频谱计算、大规模光子集成、电光混频和模拟—数字光子混合集成等技术的优势，必须设计新的物理层来利用这些新方法。

10.7.2 全息无线电的信号处理

为了实现联合成像、定位和无线通信的目的，有多种不同的方法来实现全息无线电。然而极端宽带频谱和全息 RF 的产生和传感将产生大量的数据，这对于处理和执行低延迟和高可靠性的关键任务具有挑战性。为了满足 6G 在能源效率、延迟和灵活性方面的需求，层次化的异构光电子计算和信号处理架构将是不可避免的选择。幸运的是，全息无线电通过微波光子天线阵列的相干光子转换，实现了信号的超高相干性和高并行性，这种超高相干性和高并行性也便于直接在光学领域进行信号处理。然而，如何使物理层的信号处理算法适应光域仍是一个挑战。

如何实现全息无线电系统是一个具有十分广阔前景的领域。由于现有模型的缺乏，在未来的工作中，全息无线电将需要一个全功能的理论和建模，汇聚通信和电磁理论。此外，大规模 MIMO 理论也可以扩展到最优利用这些全息无线电系统模型中。

如前所述，分层异构的光电子计算体系结构是全息无线电的关键。硬件和物理层设计方面的研究挑战包括射频全息技术到光学全息技术的映射、基于光子的连续孔径有源天线的集成和高性能光学计算。

10.8 全息广播

于 HR 的 6G 通信系统主要有以下三个特点。

（1）全闭环控制：传统的通过简化建模和减少反馈（特别是在较高载波频率时）来抽象信道状态的方法是不够的。这是因为过于简化的模型通常无法做到模拟未知的渠道。因此，一个闭环反馈的精确仿真通道是必要的。

（2）干扰利用：小区尺寸较小的密集网络和天线数量的增加（如大规模或极端 MIMO）导致小区内和小区间干扰也相应增加。虽然在 5G 中使用大规模 MIMO 可以通过简单的线性操作来消除干扰,但波束成形设计通常在消除干扰和 SINR 之间进行权衡。因此传统的干扰抵消技术不再是最优的，需要一种新的干扰利用方法。与传统的认为干扰是有害现象的观点相反，基于 HR 的 6G 将干扰作为一种有用的资源来开发节能、高精度的全息通信系统。

（3）光子定义系统：下一代 6G 系统将为更小的天线提供更高的载波频率，并为提高分辨率拓宽带宽。因此未来无线通信系统将面临一个重大挑战，在不了解信号、载波频率和调制格式的情况下，实时分析和处理 100 GHz 或更多的宽带 RF 信号。这种由光子定义的系统可以提供极高的宽带甚至全频谱容量，因此它将成为未来 6G 无线通信的理想方案。

一般而言，HR 技术可以实现全息成像级、超高密度和像素化超高分辨率的空间复用，它具有全闭环控制、干扰利用、光子定义系统等关键特点，应建立在异构光电子计算架构上，实现基于光子的连续孔径有源天线与高性能光计算的无缝集成。此外，在人力资源上的成像、定位、传感和通信的融合等方面，将显示出更有前景的移动网络。

10.9 全息定位

第六代蜂窝网络支持大带宽、高频率和大型天线阵列。这些功能不仅可以实现高速通信，还可以实现空前规模的高精度无线定位。本节设想的全息定位是无线定位的未来，其特征是使用超材料制成的智能表面，完全控制电磁波，从而增加可用自由度的数量。例如，通过控制天线或多个设备产生的电磁波，可以利用电磁场的不同传播机制来推断位置信息。

全息定位是充分利用信号相位轮廓来推断位置信息的能力。换句话说，它指的是记录连续测量剖面的可能性，通过这种剖面可以推断用户的位置或方位。例如，当一个天线阵列或一个超表面的尺寸足够大，以考虑周围的用户在近场区域，冲击波形的相位轮廓提供了足够的信息来估计他们的位置。事实上平面波近似在近场条件下已不再有效，电磁波的球形特性为位置估计提供了所需的所有信息（测距和方位），因此撞击电磁波的到达曲率是一个有用的特征。

10.9.1 全息定位的基本极限

定位性能极限为定位估计器的估计均方误差提供了一个下界，这些限制通常基于 CRLB 为实际的估计提供基准，并且取决于各种参数，例如，采用的技术（操作频率、可用带宽）、几何场景（多个或单锚、有或没有 RIS）、阵列几何（线性的、平面、圆形等）、测量的准确性和数量及参数的任何先验信息的存在或不存在。此外节点之间的任何类型的协作都应考虑到这些限制及采用的波形和码本，以及同步和技术障碍的存在。直到最近，关于基本极限的研究才提倡考虑使用大曲面引起的近场传播的重要性，其中最终的定位和方位基本限制是在 RIS 作为反射器的情况下推导出来的。针对特定的目标位置和圆盘形状的 RIS 提出了一种封闭形式的 CRLB 解决方案。从费舍尔信息的角度分析了 RIS 辅助的毫米波技术下行定位问题，然后研究了 RIS 资源分配问题，以激活和控制 RIS 的相位。通过评估 CRLB，既可以研究在毫米波下基于 RIS 的反射器和多个子载波也可以研究量化误差对 RIS 相位和幅度设计的影响。通过导出了一个三维 RIS 辅助的无线定位信道模型和一个 CRLB，用于室外场景下位置的估计。最后，使用大规模天线阵列的单锚节点对多个天线单元的用户进行定位，使用利用达曲率的单个大型天线阵列跟踪移动源的情况下，导出了后置 CRLB。

所有这些研究都显示了使用 RIS 在定位精度和覆盖范围方面的性能提高，以及使用单节点和窄带信号进行定位的可能性，因此它们可以被认为是迈向全息定位概念的第一步。

10.9.2 审查的算法

近年来，在毫米波 MIMO 系统中提出了一种单用户双 RIS 双级定位方法。第一步是估计角度信息，然后对所采用的 RIS 元件的相位进行优化。在第二步中，定位参考信号由用户发送，基站通过直接路径和 RIS 反射路径接收。通过分析接收信号在两条链路上的互相关系，估计了两条传输路径的时延差。最后根据几何规律估计出用户的位置。由此提出了一种 RIS 辅助多用户的定位方案，提出了一个最小化伪定位加权概率的优化问题，也称为定位损失。

考虑了室内定位应用，提出了超宽带技术，并采用 RIS 的能力，以解决多径。在这种情况下，使用最大后验方法得到有用的信道参数，并将得到的结果与边界进行了比较。也有研究者考虑了利用球面波前的最大似然估计方法进行定位。此外分析显示了多用户干扰的影响，它还研究了利用一个天线阵列，以便将部分信号处理操作委托给模拟域的可能性。在一个类似的主题上，RIS 被认为是一种能够利用波前曲率的透镜接收器（即在近场工作）。通过进行了费舍尔信息分析，评估了不同镜头结构的影响，并提出了一种两阶段定位算法。

上述定位算法的性能很大程度上依赖于 RIS 相位轮廓。实际上，为了提高定位性能，每个 RIS 单元上的相移应该进行充分的设计，这可以作为一个优化问题的解决方案。为了提高 RIS 辅助定位系统的性能，可以将一些性能指标作为目标函数进行优化，如信噪比、位置和方向估计的 CRLB 及算法定制的定位误差。

10.9.3 未来方向

下面列出了全息定位在未来的一些发展方向和挑战。

（1）有限的决议阶段。在实践中，RIS 用一个有限的分辨率来描述可能的诱发相移，从而导致性能损失。此外限制相移会显著增加优化的复杂性。

（2）RIS 振幅和相位耦合。在实际的 RIS 架构中，反射系数的振幅和相位是耦合的。因此它们不能独立设计。此外，相邻的 RIS 元件之间存在相互耦合，从而导致非线性信道模型，进一步使相位设计复杂化。

（3）高复杂度迭代算法。RIS 相位设计的问题通常需要对本地化的设备进行初始粗略位置估计，因此定位问题通常需要多次迭代。这个过程需要反复进行，直到算法收敛到实际位置，所以在低开销和极低延迟的情况下获取位置信息是一个巨大的挑战。

（4）定位中的多目标函数。一般来说不能同时最小化位置、方位和速度估计误差来实现的精确定位。因此阶段设计变成了一个多目标优化问题，需要更复杂的算法。从这个意义上说，通过优化多目标函数来实现 RIS 阶段设计的有效解决方案仍然缺乏。

（5）特别的波形设计。对于定位，一般也可以针对不同时隙设计多个波形，以分时方式对不同参数进行更好的估计。

（6）全息同步定位与映射。6G 可以利用全息无线电通过重建周围环境（全息映射）和允许用户根据重建的地图进行自我定位来增加环境感知。

（7）全息定位的人工智能。机器学习方法可以帮助解决相位轮廓的优化问题。此外用户的位置和方向可以通过机器学习方法从接收到的信号中推断出来，其中深度神经网络可以通过将环境映射到子样本来训练。然而使用机器学习需要大量的训练数据才能达到目标精度。

10.10 关键基础设施

关键基础设施是指那些被认为对社会作为一个整体的持续平稳运转至关重要的基本资产。虽然网络和物联网安全是当前信息通信技术系统的重点，但是在紧急情况下，保护和维护社会的技术进步依然十分重要。关键基础设施的新功能需要确保受试者在任何地方、在任何时间、在任何紧急的事件下都是安全的。展望未来，关键安全操作需要考虑应急区域主体的所有特征。例如，确定灾害中的受伤者在获救前始终有可用的位置，并参考区域地图，通过安全路径导航能力访问，提供必要的行动路线。特别是，必须确定与终端（如电话或平板设备）相关联的主题，清楚将如何使用这些紧急情况下专家为该主题开发的服务，此外，还需要进一步研究在异构、独立的基础设施上开发此类服务需要哪些条件。对发达国家和发展中国家来说，这种服务能够解决的问题每年都变得更加尖锐和紧迫。这是由于自然原因和世界发展的主要方向：全球进程的活动增加，如地震、洪水等；有人口城市化的趋势；民族国家内部和民族国家之间的合作不断深化，商品和人口的逆向流动加剧；地处亚热带和热带地区的国家，越来越多地利用领土作为度假和娱乐场所。开发这种服务的系统正着眼于先进的应用，如远程全息呈现、增强现实和虚拟现实，以及触觉网络应用，它们还受益于嗅觉和味觉等感官的参与。

参考文献

[1] M&M, Virtual Reality Market, Available: https://www.marketsandmarkets.com/Market-Reports/r-eality-applications-market-458.html?gclid=CjwKCAjw7-P1BRA2EiwAXoPWA17McofYdIRbzxQwtSHg-0M9nWNuD09joYOUiYA4N7cI_xTXs0djAhoCKrUQAvD_BwE, 2020.

[2] FG-NET-2030. Network 2030 A Blueprint of Technology, Applications and Market Drivers Towards the Year 2030 and Beyond White Paper [R]. 2020.

[3] 赛迪智库无线电管理研究所．6G 概念及愿景白皮书[R]. 2020.

[4] Digi-Capital, AR to Approach $90bn Revenue by 2022. Available: https://advanced-television.co-m/2018/01/29/digi-capital-ar-to-approach-90bn-revenue-by-2022/

[5] 大唐移动通信有限公司．6G 愿景与技术趋势[R]．2020.

[6] 紫光展锐中央研究院．《6G 无界，有 AI》[R]．2020.

[7] Issued by Samsung Research. 6G The Next Hyper Connected Experience for All. White Paper[R]. 2020.

[8] Akyildiz I F, Chong H, Nie S. Combating the Distance Problem in the Millimeter Wave and Terahertz Frequency Bands[J]. IEEE Communications Magazine, 2018, 56(6):102-108.

[9] P. Yang. 6G Wireless Communications: Vision and Potential Techniques[J]. IEEE ,2019.

[10] MD Renzo, Debbah M, Phan-Huy D T, et al. Smart Radio Environments Empowered by AI Reconfigurable Meta-Surfaces: An Idea Whose Time Has Come[J]. EURASIP Journal on Wireless Communications and Networking, 2019, 2019(1).

[11] Hu, Sha, Rusek, et al. Beyond Massive MIMO: The Potential of Positioning With Large Intelligent Surfaces[J]. IEEE Transactions on Signal Processing A Publication of the IEEE Signal Processing Society, 2018.

[12] C. Huang. Reconfi Gurable Intelligent Surfaces for Energy Efficiency in Wireless Communication[J]. IEEE, 2019.

[13] Liaskos C, Nie S, Tsioliaridou A, et al. A New Wireless Communication Paradigm through Software-controlled Metasurfaces[J]. IEEE Communications Magazine, 2018, 56(9): 162-169.

[14] Kaina N, M Dupré, Lerosey G, et al. Shaping Complex Microwave Fields in Reverberating Media with Binary Tunable Metasurfaces[J]. Rep, 2014, 4:6693.

[15] Wu Q, Zhang R. Intelligent Reflecting Surface Enhanced Wireless Network via Joint Active and Passive Beamforming[J]. IEEE Transactions on Wireless Communications, 2019, (99):1-1.

[16] Tang W, Chen M Z, Chen X, et al. Wireless Communications with Reconfigurable Intelligent Surface: Path LoSs Modeling and Experimental Measurement[J]. 2019.

[17] Ayach O E, Rajagopal S, Abu-Surra S, et al. Spatially Sparse Precoding in Millimeter Wave MIMO Systems[J]. IEEE Transactions on Wireless Communications, 2013, 13(3):1499-1513.

[18] Han Y, Tang W, Jin S, et al. Large Intelligent Surface-Assisted Wireless Communication Exploiting Statistical CSI[J]. 2018.

[19] Taha A, Alrabeiah M, Alkhateeb A. Enabling Large Intelligent Surfaces with Compressive Sensing and Deep Learning[J]. 2019.

[20] O. Yurduseven. Dynamically Reconfi gurable Holo-graphic Metasurface Aperture for a Mills-Cross Monochro-matic Microwave Camera[J]. 2018.

[21] A. Pizzo, T. L. Marzetta, L. Sanguinetti. Spatial Char-acterization of Holographic MIMO Channels[J]. 2019.

[22] Wu Q, Zhang R. Towards Smart and Reconfigurable Environment: Intelligent Reflecting Surface Aided Wireless Network[J]. IEEE Communications Magazine, 2019, (99):1-7.

[23] Hieving A C, Thro B, Learning A, et al. Noncooperative Cellular Wireless with Unlimited Numbers of Base Station Antennas[M]. IEEE Press, 2010.

[24] Rusek, Fredrik, Edfors. Beyond Massive MIMO: The Potential of Data Transmission With Large Intelligent Surfaces.

[25] Poon A, Brodersen R W, Tse D. Degrees of freedom in Multiple-antenna Channels: a Signal Space Approach[J]. IEEE Transactions on Information Theory, 2005, 51(2):523-536.

[26] Franceschetti M. On Landau's Eigenvalue Theorem and Information Cut-sets[J]. Information Theory IEEE Transactions on, 2014, 61(9):5042-5051.

[27] C. E. Shannon. The Mathematical Theory of Communication[J]. Bell System Technical Journal, 2018.

[28] Robert G. Gallager. Principles of Digital Communication[J]. 2008.

[29] HJ Landau. On Szegő's eigenvalue distribution theory and non-Hermitian kernels[J]. Journal D Analyse Mathématique, 1975, 28(1):335-357.

[30] Pizzo A, Marzetta T L, Sanguinetti L. Spatially-Stationary Model for Holographic MIMO Small-Scale Fading. 2019.

[31] Kildal P S, Martini E, Maci S. Degrees of Freedom and Maximum Directivity of Antennas: A bound on maximum directivity of nonsuperreactive antennas[J]. IEEE Antennas and Propagation Magazine, 2017:1-1.

[32] O-RAN Alliance. O-RAN: Towards an Open and Smart RAN White Paper[R]. 2018.

[33] Eric J. Black. Holographic Beam Forming and MIMO[J]. 2020.

[34] Bjrnson E, Sanguinetti L, H Wymeersch, et al. Massive MIMO is a Reality——What is Next? Five Promising Research Directions for Antenna Arrays[J]. 2019.

[35] D-Phan-Huy, P. Ratajczak, R. D'Errico, et al. Massive multiple input massive multiple output for 5G wireless back-hauling[J]. IEEE, 2017.

[36] Bjrnson E, Sanguinetti L. Utility-Based Precoding Optimization Framework for Large Intelligent Surfaces[C]// 2019 53rd Asilomar Conference on Signals, Systems, and Computers. IEEE, 2020.

[37] 6G Research Visions.On Broadband Connectivity in 6G White Paper[R]. 2020.

[38] Josep, Miquel, Jornet, et al. Realizing Ultra-Massive MIMO (1024×1024) communication in the (0.06-10) Terahertz band[J]. Nano Communication Networks, 2016.

[39] 未来移动通信论坛. Wireless Technology Trends Towards 6G [R]. 2020.

[40] Hu, Sha, Rusek, et al. Beyond Massive MIMO: The Potential of Positioning With Large

Intelligent Surfaces[J]. IEEE Transactions on Signal Processing A Publication of the IEEE Signal Processing Society, 2018.

[41] Wymeersch H, Denis B. Beyond 5G Wireless Localization with Reconfigurable Intelligent Surfaces[J]. IEEE, 2020.

[42] He J, Wymeersch H, Kong L, et al. Large Intelligent Surface for Positioning in Millimeter Wave MIMO Systems[C]// 2020 IEEE 91st Vehicular Technology Conference (VTC2020-Spring). IEEE, 2020.

[43] J. V. Alegr´ıa, F. Rusek. Cramér-rao Lower Bounds for Positioning with Large Intelligent Surfaces using Quantized Amplitude and Phase[J]. 2019.

[44] Y. Liu, E. Liu, R. Wang. Reconfigurable Intelligent Surface Aided Wireless Localization[J]. 2009.

[45] Anna G, Francesco G, Davide D. Single Anchor Localization and Orientation Performance Limits using Massive Arrays: MIMO vs. Beamforming[J]. IEEE Transactions on Wireless Communications, 2017, PP:1-1.

[46] Guerra A, Guidi F, Dardari D, et al. Near-field Tracking with Large Antenna Arrays: Fundamental Limits and Practical Algorithms[J]. 2021.

[47] Zhang H, Zhang H, Di B, et al. MetaLocalization: Reconfigurable Intelligent Surface Aided Multi-user Wireless Indoor Localization[J]. 2020.

[48] Ma T, Xiao Y, X Lei, et al. Indoor Localization with Reconfigurable Intelligent Surface[J]. IEEE Communications Letters, 2020, (99):1-1.

[49] F Guidi, Dardari D. Radio Positioning with EM Processing of the Spherical Wavefront[J]. IEEE Transactions on Wireless Communications, 2021, (99):1-1.

[50] Abu-Shaban Z, K Keykhosravi, Keskin M F, et al. Near-field Localization with a Reconfigurable Intelligent Surface Acting as Lens[J]. 2020.

反侵权盗版声明

电子工业出版社依法对本作品享有专有出版权。任何未经权利人书面许可，复制、销售或通过信息网络传播本作品的行为；歪曲、篡改、剽窃本作品的行为，均违反《中华人民共和国著作权法》，其行为人应承担相应的民事责任和行政责任，构成犯罪的，将被依法追究刑事责任。

为了维护市场秩序，保护权利人的合法权益，我社将依法查处和打击侵权盗版的单位和个人。欢迎社会各界人士积极举报侵权盗版行为，本社将奖励举报有功人员，并保证举报人的信息不被泄露。

举报电话：（010）88254396；（010）88258888

传　　真：（010）88254397

E-mail：dbqq@phei.com.cn

通信地址：北京市万寿路173信箱
　　　　　电子工业出版社总编办公室

邮　　编：100036